Simulationsgestützte Synchronisation der Zeitplanungsparameter für Variantenfertiger

Simulation-based Synchronization of Time Planning Parameters for Variant Manufacturers

Von der Fakultät für Maschinenwesen
der Rheinisch-Westfälischen Technischen Hochschule Aachen
zur Erlangung des akademischen Grades eines
Doktors der Ingenieurwissenschaften
genehmigte Dissertation

vorgelegt von

Jan Hendrik Reschke

Berichter:

Univ.-Prof. Dr.-Ing. Dipl.-Wirt. Ing. Günther Schuh
Außerplanmäßiger Professor Dr.-Ing. Volker Stich

Tag der mündlichen Prüfung: 14. Juni 2019

SCHRIFTENREIHE RATIONALISIERUNG

Jan Reschke

Simulationsgestützte Synchronisation der Zeitplanungsparameter für Variantenfertiger

Herausgeber:
Prof. Dr.-Ing. Dipl.-Wirt. Ing. G. Schuh

Band 164

fir an der RWTH Aachen

Bibliografische Information der Deutschen Nationalbibliothek
Die Deutsche Nationalbibliothek verzeichnet diese Publikation in der Deutschen Nationalbibliografie; detaillierte bibliografische Daten sind im Internet über https://portal.dnb.de abrufbar.

Jan Reschke:

Simulationsgestützte Synchronisation der Zeitplanungsparameter für Variantenfertiger

1. Auflage, 2019

Gedruckt auf holz- und säurefreiem Papier, 100% chlorfrei gebleicht.

Apprimus Verlag, Aachen, 2019
Wissenschaftsverlag des Instituts für Industriekommunikation und Fachmedien an der RWTH Aachen
Steinbachstr. 25, 52074 Aachen
Internet: www.apprimus-verlag.de, E-Mail: info@apprimus-verlag.de

Druck: CPI Druckdienstleistungen GmbH, Ferdinand-Jühlke-Straße 7 | 99095 Erfurt

ISBN 978-3-86359-748-1

D 82 (Diss. RWTH Aachen University, 2019)

Für Steffi,
unser größtes Glück Henri
&
meine Familie

Simulationsgestützte Synchronisation der Zeitplanungsparameter für Variantenfertiger

Durch den immer stärker werdenden Wunsch nach kundenindividuellen Produkten, welche nicht als Standardprodukte angeboten werden können, gewinnt die Variantenfertigung zunehmend an Bedeutung. Diese zeichnet sich durch kundenanonyme Vorfertigung mit anschließender kundenindividueller Endfertigung aus. Bereits eine geringe Anzahl von Standardbauteilen führt in ihrer Kombination zu einer Vielzahl von möglichen Varianten. Daraus lässt sich die Komplexität der Planungs- und Steuerungsprozesse der Variantenfertigung ableiten. Der unternehmerische Alltag ist ohnehin schon durch eine Vielzahl von planerischen Aktivitäten und Entscheidungen sowie zahlreiche informatorische und prozessuale Wechselwirkungen geprägt. Entlang des Auftragsabwicklungsprozesses erhöht sich diese Komplexität durch die hohe Anzahl der beteiligten Unternehmensfunktionen, welche eine zweistufige Planung vornehmen müssen, noch weiter.

Die beteiligten funktionalen Einheiten folgen häufig ihren spezifischen Zielsystemen ohne die zeitlichen Optionen und Restriktionen vor- oder nachgelagerter Planungsinstanzen im Auftragsabwicklungsprozess ausreichend zu berücksichtigen. Die Zielsysteme der einzelnen funktionalen Einheiten sind dementsprechend nicht aufeinander abgestimmt. Eine Möglichkeit die Prognosegüte der Planung zu verbessern und eine Synchronisation der funktionalen Zielsysteme in Hinblick auf ihre Zeitplanungsgrößen zu ermöglichen, stellt die Synchronisierung von Zeitplanungsparametern dar.

An dieser aufgestellten Hypothese setzt die vorliegende Dissertationsschrift an, indem die Zielstellung verfolgt wird, eine Entscheidungsunterstützung in Form eines Gestaltungskonzeptes zu entwickeln, welches dabei unterstützt, das effiziente Set an Zeitplanungsparametern zu identifizieren und in etablierten betrieblichen Anwendungssystemen zu parametrieren. Hierzu werden zunächst die Einfluss- und Gestaltungsfaktoren entlang des Auftragsabwicklungsprozesses eines Variantenfertigers identifiziert und beschrieben sowie ein geeignetes Zielsystem abgeleitet. Die qualitativen Abhängigkeiten und Wechselwirkungen werden anschließend in ein Simulationsmodell überführt und formalisiert.

Als Resultat wird ein Gestaltungskonzept sowie ein Vorgehensmodell entwickelt, welche die simulationsgestützte Synchronisation der Zeitplanungsparameter für Variantenfertiger ermöglichen.

Simulation-based Synchronization of Time Planning Parameters for Variant Manufacturers

Due to the ever-increasing demand for customer-specific products that cannot be offered as standard products, variant manufacturing can be depicted as increasingly important. This is characterised by customer-anonymous prefabrication with subsequent customer-specific finishing. Even the combination of a small number of standard components lead to a large number of possible variants. The complexity of the planning and control processes for variant production can be inferred from this. A company's daily business is already characterized by a multitude of planning activities and decisions as well as numerous informational and process-related change effects. Along the order processing process this complexity increases even further due to the high number of company functions involved, which have to carry out two-stage planning.

The participating functional units often follow their specific target systems without sufficiently considering the time options and restrictions of upstream or downstream planning instances in the order processing process. Accordingly, the target systems of the individual functional units are not coordinated with each other. One way of improving the forecasting quality of the planning and enabling synchronization of the functional target systems with regard to their time planning is to synchronize time planning parameters.

The dissertation at hand is based on this hypothesis, in which the objective is to develop a decision support in the form of a design concept, which supports the identification of the efficient set of time planning parameters and their parameterization in established business application systems. First, the influencing and design factors along the order processing of a variant manufacturer are identified and described and a suitable target system is derived. The qualitative dependencies and interactions are then transferred and formalized into a simulation model.

As a result, a design concept and a procedure model will be developed that enable simulation-based synchronization of the time planning Parameters for Variant Manufacturers.

Inhaltsverzeichnis

Abbildungsverzeichnis

Tabellenverzeichnis

Abkürzungsverzeichnis

AAP	Auftragsabwicklungsprozess
APS	Advanced Planning and Scheduling
BDE	Betriebsdatenerfassung
bspw.	beispielsweise
BZ	Bearbeitungszeit
CAD	Computer Aided Design
CAE	Computer Aided Engineering
CAM	Computer Aided Manufacturing
CPPS	Cyber-Physisches Produktionssystem
CPS	Cyber-Physische Systeme
CRM	Customer Relationship Management
CRM	Virtual Reality
DBF	Dezentrale Bestandsorientierte Fertigungsregelung
DBMS	Datenbankmanagementsystem
DLZ	Durchlaufzeit
DLZ KA	Durchlaufzeit kundenanonym
DLZ KI	Durchlaufzeit kundenindividuell
ERP	Enterprise Resource Planning
FIR	Forschungsinstitut für Rationalisierung e. V. an der RWTH Aachen
HFP	Halbfertigprodukte
IKT	Informations- und Kommunikationstechniksysteme
IoT	Internet of Things
Kap.	Kapitel
KEP	Kundenentkopplungspunkt
LP	Lineare Programmierung
MDE	Maschinendatenerfassung
MES	Manufacturing Execution System
MRP	Material Requirement Planning
MRP II	Manufacturing Resource Planning
MTM	Methods Time Measurement

OPP	Order Penetration Point
OR	Operations-Research
PDM	Produktdatenmanagement
PDMS	Produktdatenmanagement-System
PLM	Product Lifecycle Management
PPS	Produktionsplanung und -steuerung
RHB	Roh-, Hilfs- und Betriebsstoffe
ROA	Return on Assets
ROCE	Return on Capital Employed
ROI	Return on Investment
S&OP	Sales and Operations Planning
SAP	Systeme, Anwendungen und Produkte in der Datenverarbeitung
SCM	Supply Chain Management
SRM	Supplier Relationship Management
U.a.	Unter anderem
UNB	Ungleichungsnebenbedingungen
VDI	Verband deutscher Ingenieure
ZPP	Zeitplanungsparameter

Formelverzeichnis

1 Einleitung

1.1 Ausgangssituation und Problemstellung

Der unternehmerische Alltag ist geprägt durch eine Vielzahl von Planungsaktivitäten. Insbesondere Unternehmen welche aufgrund der Lage ihres Kundenentkopplungspunktes (hier im Fokus: Varianten- und Lagerfertiger) stark auf Forecasts in der Absatzplanung angewiesen sind, wissen um die sinkende Prognosegüte mit gleichzeitig steigendem Planungshorizont. Fehler, Verspätungen oder Einschränkungen in der Absatzplanung setzen sich zusätzlich im Auftragsabwicklungsprozess, über die Produktion bis hin zum Einkauf verstärkt fort und führen zu unruhigen Prozessen (Fehlerfortpflanzungsgesetz[1]). Aus diesen betrieblichen Zusammenhängen wird gleichsam die Relevanz dieser Dissertationsschrift deutlich, da die Betrachtung der zeitlichen Detaillierung eine unmittelbare unternehmerische Verbesserung darstellt.

Aktuell folgen die funktionalen Einheiten eines Unternehmens ihren spezifischen Zielsystemen ohne die zeitlichen Optionen und Restriktionen vor- oder nachgelagerter Planungsinstanzen im Auftragsabwicklungsprozess ausreichend zu berücksichtigen. Die Zielsysteme der einzelnen funktionalen Einheiten sind dementsprechend nicht aufeinander abgestimmt (siehe Abbildung 1-1).

Eine Möglichkeit die Prognosegüte der Planung zu verbessern und eine Synchronisation der funktionalen Zielsysteme in Hinblick auf ihre Zeitplanungsgrößen zu ermöglichen, stellt die Synchronisierung von Zeitplanungsparametern dar.

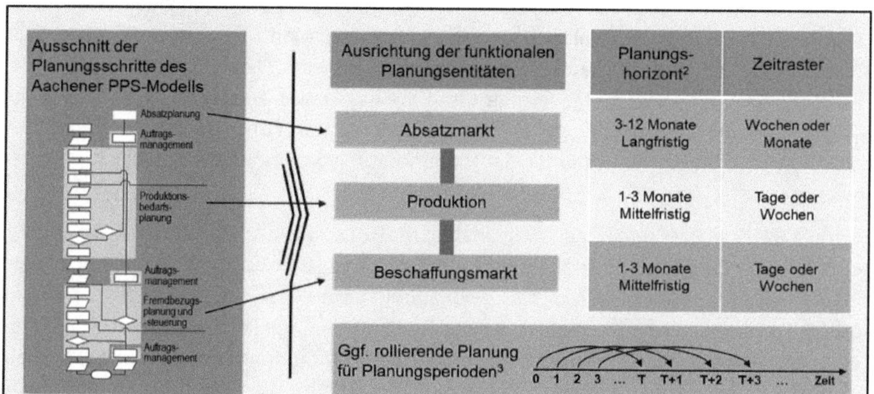

Abbildung 1-1: **Ausgangssituation der Dissertationsschrift**

Neben den permanent stattfindenden planerischen Aufgaben stehen produzierende Unternehmen im Zeitalter der Globalisierung und Digitalisierung vor weiteren (immer

[1] Siehe hierzu: Meyer-Eppler 1969, S. 41.

neuen) komplexen Herausforderungen. Auf der einen Seite muss aufgrund des steigenden Kostendrucks und der internationalen Konkurrenz die Effizienz gesteigert werden, um die Kosten und letztendlich auch die Preise zu senken. Auf der anderen Seite sind Unternehmen, gerade an Hochlohnstandorten wie Deutschland, gezwungen ihre Produktivität zu steigern und sich durch Merkmale, wie kurze Lieferzeiten, einer hohen Flexibilität und dem Angebot von Produkten mit einer hohen Individualität auszuzeichnen.

Der Auftragsabwicklungsprozess (im Folgenden AAP) eines Unternehmens ist dabei in der heutigen Zeit als sehr komplex einzustufen. Die Produktionsplanung und -Steuerung (im folgenden PPS) hat dabei den Anspruch, diesen in seiner Gesamtheit zu organisieren und sich nicht lediglich auf den wertschöpfenden Prozess, also die Produktion zu konzentrieren[2] (vgl. Schuh und Stich 2012, S. 6–7). Um im Spannungsfeld zwischen Kostensenkung und gleichzeitiger Steigerung der angebotenen Flexibilität und Individualität zu bestehen, muss sich das produzierende Unternehmen ganz auf seine Kernkompetenz konzentrieren. Es müssen demnach alle Stellhebel genutzt werden, um die PPS effizienter, aber gleichzeitig individueller zu gestalten.

Ein Aspekt, der dabei bislang nicht hinreichend betrachtet wurde, sind die Zeitplanungsparameter (im Folgenden ZPP), obwohl ihre Relevanz auch in der Wissenschaft durchaus anerkannt wird. Durch die aktuelle Verkürzung der Produktlebenszyklen wird die Relevanz der zeitlichen Parametrierung der Aufgaben aller Unternehmensfunktionen nochmals erhöht, da der Prozess der Neuplanung beziehungsweise Variantenplanung des AAP dadurch noch öfter durchlaufen wird. Es erscheint zudem logisch, dass sich Unterschiede auf prozessualer Ebene der Planung ergeben und sich dementsprechend auch ihr Ergebnis verändert, wenn wöchentlich jede Schicht auf Tagesbasis, oder nur einmal monatlich auf Wochenbasis geplant wird. Dies würde einer Veränderung der Parameter Planungsperiode und Planungsraster entsprechen. Während auf Tagesbasis die Genauigkeit der Planung erhöht werden kann, da sie mit aktuelleren Daten erfolgt, ist der Aufwand für die Planung auf Wochenbasis als deutlich geringer einzuschätzen.

Bereits 1996 wurde vom Forschungsinstitut für Rationalisierung in Aachen (im folgenden FIR) im Laufe von Betriebsuntersuchungen bei 19 deutschen Maschinenbauern festgestellt, dass die Einstellung der Zeitplanungsparameter in der betrieblichen Praxis große Probleme bereitet (vgl. Paegert und Reitz 1996). Dies liegt vor allem daran, dass eine Änderung der ZPP unterschiedlich gerichtete Wirkungen auf die einzelnen Ziele der PPS haben kann. Es ist demnach eine Quantifizierung erforderlich, da die Effekte einer veränderten zeitlichen Parametrierung durch produzierende Unternehmen nicht abschätzbar sind.

[2] Dies folgt dem Verständnis der Erweiterung des Aachener PPS Modells

Trotz dieser frühen Erkenntnis, hat sich dieser Umstand bis heute nicht geändert (vgl. Reschke und Schuh 2017). **In dieser Dissertationsschrift wird daher eine Entscheidungsunterstützung in Form eines Gestaltungskonzeptes und einer Heuristik entwickelt, welche dabei unterstützen, das effiziente Set an Zeitplanungsparametern zu identifizieren und in etablierten betrieblichen Anwendungssystemen zu parametrieren.**

Hierzu ist neben der Entwicklung eines spezifischen Zielsystems auch die Kenntnis über Einfluss- und Gestaltungsfaktoren, sowie deren Wechselwirkungen mit den ZPP und den letztendlichen Auswirkungen auf das Zielsystem erforderlich. Da es sich um komplexe, dynamische Zusammenhänge mit nicht ohne Hilfsmittel zu prognostizierenden Veränderungen im zeitlichen Verlauf handelt, ist hierzu ein konkretes Simulationsmodell erforderlich. Mit diesem kann die Einstellung der ZPP in einem produzierenden Unternehmen bewertet sowie aus den Analysen eine entsprechend einfach anzuwendende und implementierbare Heuristik abgeleitet werden.

Eng an die Zeitplanungsparameter geknüpft ist auch die Lage des Kundenentkopplungspunkts (im Folgenden KEP) eines Variantenfertigers. Dieser wird zwar oftmals in der Literatur als der Zeitpunkt der Zuordnung eines Auftrags zu einem bestimmten Kunden definiert und auch seine generelle Optimierungsrichtung erscheint klar, eine quantifizierte Abschätzung des Unternehmenserfolgs in Abhängigkeit des KEP fehlt jedoch. Dies liegt unter anderem daran, dass der Effekt einer Verschiebung des KEP in Richtung des Kunden als einzige sinnvolle Anpassung erscheint, um den Umsatz zu erhöhen. Es bleibt jedoch fraglich, welche weiteren Auswirkungen diese Verschiebung auf andere Unternehmensziele hat und vor allem, wie diese Auswirkungen quantifiziert werden können. Daher wird im Rahmen der Ausarbeitung dieser Dissertationsschrift zudem diskutiert wie unter effizienter Parametrierung der Zeitplanung, auch die Lage des Kundenentkopplungspunkts bewertet werden kann.

1.2 Zielsetzung

Die beschriebene Problemstellung resultiert wie eingangs angedeutet zu einem nicht unerheblichen Maß aus der Ungenauigkeit von Planungsverfahren und der zugrundeliegenden Datenbasis. Zentrale Planungsaspekte stellen zeitliche Planungsgrößen dar, welche im zu beplanenden Zeitraum (Planungshorizont) auf diese Datenbasis zurückgreifen müssen. Dabei wird nach unterschiedlich langen Perioden rollierend (Planungsperiode) mit einer gewissen Granularität (Planungsraster) geplant. Ziel dieses Dissertationsvorhabens ist die Zeitplanungsparameter der funktionalen Planungsentitäten bestmöglich einzustellen und in einem weiteren Schritt zu synchronisieren. Es wird vor dem Hintergrund der vorgestellten Ausgangssituation das Ziel verfolgt, ein Simulationsmodell zur Bewertung der Einstellung der Zeitplanungsparameter und des Kundenentkopplungspunktes in einem produzierenden Unternehmen zu entwickeln.

Aus dem komplexen Wirkungszusammenhängen des Simulationsmodells können im weiteren Verlauf einfachere mathematische Heuristiken abgeleitet werden.

Es soll Unternehmen so ermöglicht werden, auf Basis einer individuellen Gewichtung einzelner Zielgrößen, ihre aktuelle Einstellung der ZPP zu bewerten und mit anderen potenziellen Einstellungen zu vergleichen.

Auf Grundlage der geschilderten Zielsetzung werden die nachfolgenden Forschungsfragen formuliert:

Wie können Zeitplanungsparameter für Variantenfertiger simulationsgestützt synchronisiert werden?

Zur Beantwortung dieser übergeordneten Forschungsfrage sollen die folgenden Unterfragen einen Beitrag liefern:

- *Welche Einflussgrößen auf die Zeitplanungsparameter existieren und wie können diese typologisiert werden?*
- *Wie kann ein Zielsystem zur Synchronisation der Zeitplanungsparameter ausgestaltet werden?*
- *Wie können die dynamischen Wirkungszusammenhänge zwischen Einflussgrößen, Zeitplanungsparametern und Zielsystem in einem Simulationsmodell erfasst werden?*
- *Wie kann ein Gestaltungsmodell zur Synchronisation von Zeitplanungsparametern aussehen?*

1.3 Wissenschaftstheoretische Einordnung und Struktur der Untersuchung

Nachdem im vorherigen Abschnitt Zielsetzung und Forschungsfragen des Dissertationsvorhabens hergeleitet wurden kann dies nun als Basis für die wissenschaftstheoretische Einordnung (Kap. 1.3.1) sowie die Darstellung des strukturellen Aufbaus dieser Dissertationsschrift (Kap. 1.3.2) genutzt werden.

1.3.1 Wissenschaftstheoretische Einordnung

Wissenschaft dient dem Zweck den Vorrat an Wissen zu vergrößern und beschreibt daher den Prozess, Erkenntnisse zu gewinnen, um diesem Zweck zu dienen. Dieser Prozess bzw. die einzelnen Prozessschritte müssen sowohl systematisch, nach definierten Regeln des Vorgehens erfolgen, als auch intersubjektiv nachvollziehbar sein. Neben der Nachvollziehbarkeit sind die Ergebnisse zusätzlich intersubjektiv überprüfbar zu gestalten, um eine Adaption bzw. einen Übertrag der Ergebnisse auf vergleichbare Fragestellungen zu ermöglichen (vgl. Raffée 1995, S. 11) Unter dem Begriff der Wissenschaft kann somit ein dynamisches System mit allgemeingültigen Aussagen über Phänomene verstanden werden welche über Kausalbeziehungen (Ursache-Wirkungsbeziehungen) miteinander verbunden und somit auf rational erfassbare Form erklärt werden können. Somit kann ein solch dynamisches System bewusst und gleichzeitig gestaltet und entwickelt werden. (vgl. Becker 1993, S. 111–117)

Jede Dissertationsschrift hat den strengen Maximen dieser wissenschaftlichen Methode zu genügen. Die wissenschaftstheoretische Einordung stellt daher die Konformität dieses Vorhabens mit der wissenschaftlichen Methode sicher.

Grundsätzlich kann die Wissenschaftstheorie in zwei Themenbereiche differenziert werden. Häufig vorzufinden ist die Definition nach ULRICH & HILL welche zwischen Formal- und Realwissenschaften unterscheiden (siehe Abbildung 1-2). (vgl. Ulrich und Hill 1976, S. 305) Die Formalwissenschaften auf der einen Seite weisen keinen unmittelbaren Bezug zur Realität auf. Sie lassen sich nur mittels Deduktion, das heißt nur in logischer Hinsicht auf Ihre Richtigkeit überprüfen. (vgl. Ulrich und Hill 1976, S. 305) Klassische Vertreter der Formalwissenschaften sind bspw. die Logik und die Mathematik, vereinzelt wird auch die Systemtheorie inklusive der Kybernetik zugeordnet (vgl. Thommen 2018).

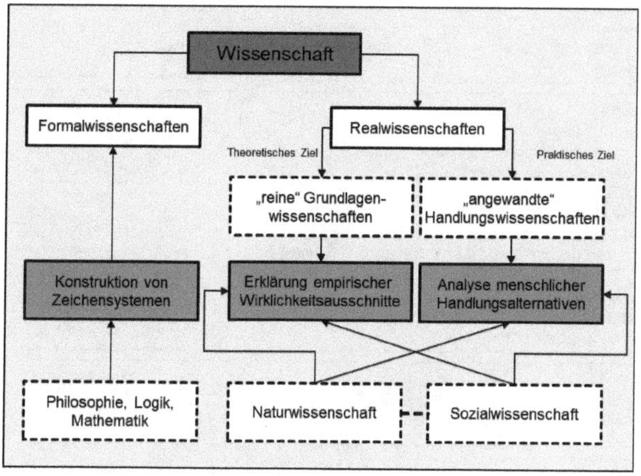

Abbildung 1-2: Wissenschaftssystematik nach ULRICH & HILL (i.A.a. Ulrich und Hill 1976, S. 305)

Die Realwissenschaften hingegen verfolgen das Ziel sinnvolle Wirklichkeitsausschnitte zu beschreiben, zu erklären und zu gestalten. Dabei werden auf der einen Seite Erklärungsmodelle fokussiert, welche Wirklichkeitsausschnitte insbesondere im Kontext der Naturwissenschaften fokussieren und dabei ein eher theoretisches Ziel im Sinne der Grundlagenwissenschaften verfolgen. (vgl. Ulrich und Hill 1976, S. 305) Auf der anderen Seite streben die Handlungswissenschaften nach der Gestaltung sozialer und technischer Systeme mit dem Zweck der Analyse menschlicher Handlungsalternativen. Es stehen praktische Zielsetzungen im Mittelpunkt welche häufig aus den Sozialwissenschaften heraus motiviert werden. Neben den (angewandten) Sozialwissenschaften, welchen auch die Betriebswirtschaftslehre zugehörig ist, wird zudem die technische Disziplin der Ingenieurwissenschaften diesem Bereich zugeordnet. (vgl. Ulrich und Hill 1976, S. 305)

Mit der Entwicklung eines Simulationsmodells zur Synchronisation der Zeitplanungsparameter für Variantenfertiger wird in dieser ingenieurwissenschaftlichen Dissertationsschrift ein pragmatisches Wissenschaftsziel verfolgt, wodurch sie über die angewandten Handlungswissenschaften den Realwissenschaften nach ULRICH & HILL zugeordnet werden kann.

Auch wenn die differenzierte Betrachtung nach ULRICH & HILL die Wissenschaftstheorie in Formal- und Realwissenschaften unterteilt, existieren bei tiefergehender Betrachtung und Analyse zahlreiche weitere wissenschaftstheoretische Beschreibungen, aus welchen sich allerdings keine allgemeingültigen Vorgehensweisen für die Bearbeitung von Forschungsvorhaben ableiten lassen. (vgl. Helmig 2012, S. 10)

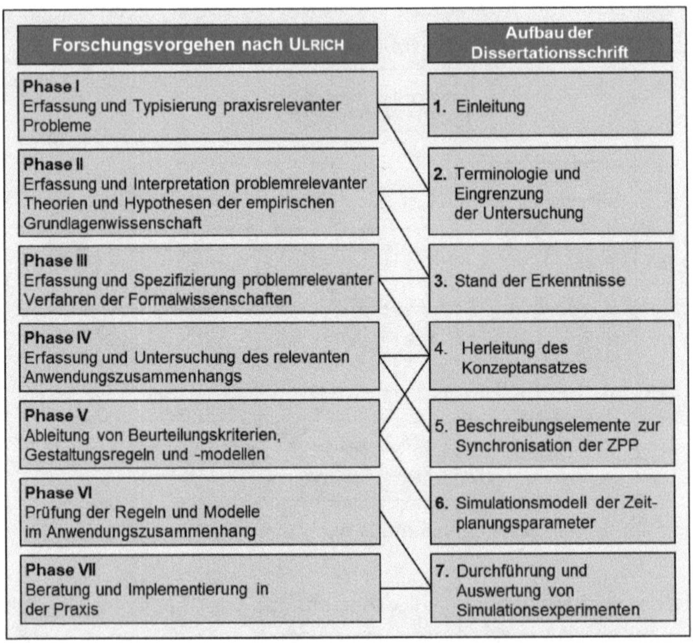

Abbildung 1-3: Aufbau der Dissertationsschrift (i.A.a. Ulrich et al. 1984)

HELMIG vergleicht in seiner im Jahr 2012 veröffentlichten Dissertation unterschiedliche Forschungskonzeptionen, u.a. wird die Forschungskonzeption noch ULRICH vorgestellt. Dieser skizziert drei Modelle welche in einem iterativen Prozess mittels analytisch-deduktivem Vorgehen durchlaufen werden. (vgl. Ulrich 1981, S. 19) Zunächst werden die relevanten Elemente, welche im Rahmen eines Forschungsvorhabens betrachtet werden sollen, in einem **Beschreibungsmodell** diskutiert. Die kausalen Zusammenhänge der einzelnen Elemente (im Sinne von Ursache-/Wirkungszusammenhängen) können anschließend in einem **Erklärungsmodell** aufgezeigt werden. Abschließend werden im **Gestaltungsmodell** Entscheidungsunterstützungen für spezifische Handlungsalternativen abgeleitet. Im Rahmen dieser Dissertationsschrift werden die Ableitung von Heuristiken als solche Entscheidungsunterstützungen interpretiert.

Die Vorgehensweise nach Ulrich stellt durch die Fokussierung auf den inhaltlichen Erfindergeist sowie die Relevanz der Forschung für die Praxis einen geeigneten Handlungsrahmen für diese Dissertationsschrift dar. Durch ihre Offenheit und Interaktivität unterstützt sie in besonderem Maße die effiziente und strukturierte Erstellung eines Gestaltungsmodells als Zielsetzung dieser Dissertationsschrift. Daher wird in Abbildung 1-3 das Forschungsvorhaben nach Ulrich dem Aufbau dieser Dissertationsschrift gegenübergestellt.

1.3.2 Struktur der Untersuchung

In den **Kapiteln 1 bis 3** werden zunächst die Grundlagen dieser Dissertationsschrift erarbeitet. In **Kapitel 1** werden initial die Ausgangssituation und die Problemstellung dargelegt. Daraus erfolgt die Ableitung der Zielsetzung inklusive der zugrundeliegenden und damit zu beantwortenden Forschungsfragen sowie – aufbauend auf einer wissenschaftstheoretischen Einordnung – der Aufbau bzw. die Struktur dieser Schrift. In **Kapitel 2** können dann eine terminologisch deskriptive Untersuchung der verwendeten grundlegenden Begrifflichkeiten sowie die Abgrenzung des Untersuchungsbereiches erfolgen. Darauf basierend wird mittels einer umfangreichen Literaturrecherche in **Kapitel 3** der Stand der Erkenntnisse für das Themenfeld der zeitlichen Parametrierung bzw. Synchronisation von Zeitplanungsparametern für Variantenfertiger diskutiert sowie eine kritische Würdigung des Erkenntnisstandes vorgenommen, aus welchem der Forschungsbedarf abgeleitet werden kann.

In **Kapitel 4 bis 7** wird sich der Forschungsmethodik nach ULRICH folgend mittels empirisch induktiven Aufbaus des Beschreibungsmodells sowie analytisch deduktiver Ableitung von Gestaltungsempfehlungen, der Modellentwicklung gewidmet. Hierzu wird in **Kapitel 4** zunächst der Konzeptansatz hergeleitet, indem die Aufgabenstellung konkretisiert und mittels Zielsetzung und Annahmen der Untersuchung determiniert wird. Darauf aufbauend können die Anforderungen an ein Gestaltungsmodell zur Synchronisation der Zeitplanungsparameter für Variantenfertiger entwickelt werden. Zudem werden also bestehende Modelle und Methoden vorgestellt, welche zur Erreichung der zuvor erläuterten Zielsetzung beitragen. Abschließend wird durch die Konkretisierung der Vorgehensweise der weitere Lösungsweg geebnet und eingegrenzt. In **Kapitel 5** erfolgt der Aufbau des Beschreibungsmodells, welches sich in die Struktur der Planungs- und Steuerungsaufgaben von Variantenfertigern, die Systemziele zur Synchronisation von Zeitplanungsparametern sowie der Ermittlung von Einflussfaktoren und Gestaltungsdimensionen untergliedert. Hierbei werden mittels Desk Research in einem analytisch deduktiven Ansatz qualitative Wirkungszusammenhänge hergeleitet. Die qualitativen Zusammenhänge können nun im Rahmen von **Kapitel 6** in ein quantifizierendes Simulationsmodell überführt werden. Hierzu ist im ersten Schritt eine Problemdefinition des dynamischen Systems erforderlich. Zur Formulierung der dynamischen Hypothesen der Untersuchung werden die Eingangsgrößen kategorisiert, beschrieben und ihre Wechselwirkungen dargestellt. Das sich aus drei ineinander verschachtelten Modulen zusammensetzende Simulationsmodell wird entlang seiner Struktur aufgebaut und erläutert und im Anschluss einer Modellvalidierung unterzogen.

Hierzu müssen zunächst die Grundlagen der Modellvalidierung erläutert und anschließend quantitative Validierungstests durchgeführt werden. In **Kapitel 7** erfolgt nun die Durchführung und Auswertung von Simulationsexperimenten sowie resultierend aus einer Detailanalyse die Ableitung einer Entscheidungsheuristik. Diese wird nachfolgend in ein Gestaltungskonzept zur simulationsgestützten Synchronisation der Zeitplanungsparameter überführt. Abschließend können die Ergebnisse dieser Dissertationsschrift in ein praxistaugliches und einfach anwendbares Vorgehensmodell integriert werden, welches die unternehmensspezifische Synchronisation der Zeitplanungsparameter ermöglicht. Das vorgeschlagene Verfahren ermöglicht somit eine unternehmensindividuelle, simulationsgestützte Parametrierung von Zeitplanungsparametern unter Berücksichtigung der vielschichtigen Wechselwirkungen innerhalb der Planungs- und Steuerungsprozesse der Variantenfertigung.

In **Kapitel 8 und 9** erfolgt abschließend die Validierung des gesamten Vorgehensmodells sowie Zusammenfassung und Ausblick. Hierzu wird in **Kapitel 8** eine Evaluierung des Gestaltungskonzeptes mittels Fallstudien vorgenommen und damit die Anwendbarkeit des Verfahrens sichergestellt. Schlussendlich wird in **Kapitel 9** eine Zusammenfassung dieser Dissertationsschrift vorgenommen, ein Fazit der Kernergebnisse gezogen sowie diese kritisch reflektiert und ein Ausblick für weitere Forschungsaktivitäten gegeben. Die gerade skizzierte Struktur dieser Dissertationsschrift kann Abbildung 1-4 entnommen werden.

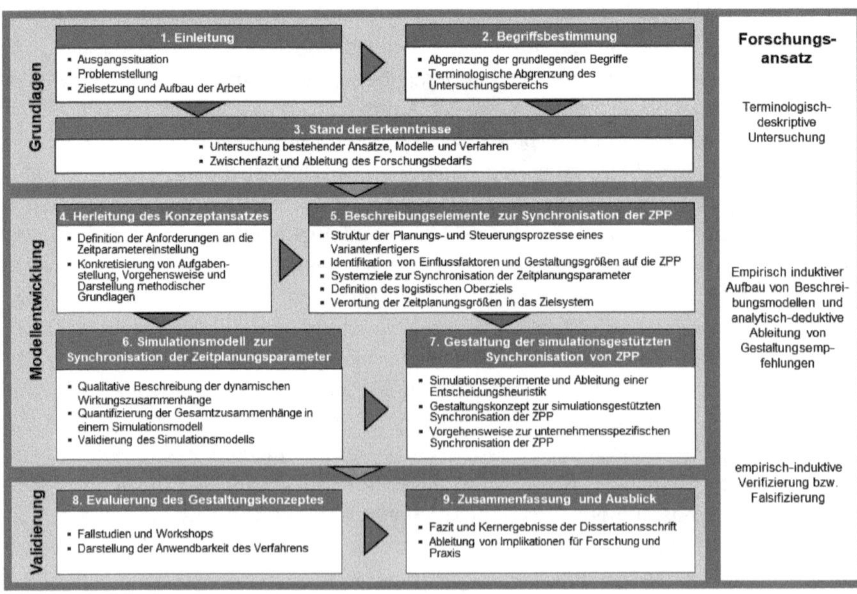

Abbildung 1-4: Struktur der Dissertationsschrift

2 Terminologie und Eingrenzung der Untersuchung

In diesem Kapitel werden die verwendeten Begrifflichkeiten beschrieben und damit die terminologischen Grundlagen deskriptiv untersucht. Dabei wird zunächst auf den verwendeten Ordnungsrahmen, das Aachener PPS-Modell, sowie auf das Vorgehen der hierarchischen Produktionsplanung eines idealtypischen Variantenfertiger eingegangen. Im weiteren Verlauf erfolgt eine definitorische Bestimmung der Zeitplanungsparameter (ZPP) sowie die Erläuterung der Synchronisation im Kontext der Produktionsplanung und -steuerung. Abschließend wird das Verfahren der Simulation definitorisch hergeleitet.

2.1 Grundlagen des Produktionsmanagements

Zur Eingrenzung des Produktionsmanagements wird zunächst die Produktionsplanung und -steuerung konkretisiert. Anschließend werden Zielsystem und Aufgaben der PPS diskutiert und das Aachener PPS-Modell als der dieser Arbeit zugrundeliegende Ordnungsrahmen eingeführt.

2.1.1 Grundlagen der Produktionsplanung und -steuerung

Die Produktionsplanung und –steuerung gehört zu den wichtigsten und anspruchsvollsten Aufgaben eines Industriebetriebes (vgl. Kurbel 2016, S. 10 ff.). Insbesondere in der heutigen Zeit kann dieser Aussage eine hohe Relevanz attestiert werden, da Unternehmen im Zuge der Globalisierung unter zunehmendem Wettbewerb leiden. Um die Konkurrenzfähigkeit bei volatilen Marktbedürfnissen zu gewährleisten müssen die Kundenforderungen nach immer kürzeren Lieferzeiten und steigenden Qualitätsansprüchen erfüllt werden (vgl. Wiendahl 2010, S. 249ff.). Dies kann langfristig nur mit einer umfassend durchgeführten Produktionsplanung und -steuerung gelingen.

Ursprünglich beschreibt der Begriff der PPS ein Konzept, welches die Integration von Material- und Zeitwirtschaft in die Produktion umfasst. Dieser Zusammenhang wurde erstmalig 1989 von Hackstein definiert. Seitdem wird dieser sowohl in der Industrie als auch in der Forschung verwendet (vgl. Hackstein 1989, S. 3ff). Da sich die Anforderungen an die PPS bis heute kontinuierlich weiterentwickelt haben, wurde die Definition zur Bewältigung des komplexeren Anforderungsprofils erweitert. So umfasst die PPS heutzutage den gesamten Auftragsabwicklungsprozess, einschließlich der Aufgabenbereiche Konstruktion, Vertrieb, Einkauf, Teilefertigung, Montage und Versand (vgl. Schotten et al. 1998, S. 2ff.). Zusammenfassend lässt sich die PPS als ganzheitliche termin-, kapazitäts- und mengenbezogene Planung und Steuerung des Auftragsabwicklungsprozesses definieren (vgl. Eversheim 2002).

Für ein differenziertes Verständnis der PPS bedarf es einer eigenständigen Darstellung der beiden Bestandteile der Produktionsplanung und Produktionssteuerung. Die Produktionsplanung beschreibt die sukzessive Abschätzung der nächsten Planungsperioden in Bezug auf benötigte Bedarfe und Auslastung der Produktion. Dies geschieht auf der Grundlage von Prognosen oder der Auswertung früherer Kundenaufträge (vgl. Lödding 2008, S. 81 ff.). Die Aufgabe der Produktionssteuerung ist die Umsetzung des durch die Planung entworfenen Produktionsprogramms. Die Herausforderung besteht darin, die Umsetzung möglichst optimal unter dem Einfluss unvorhergesehener externer und interner Störungen durchzuführen (vgl. Wiendahl 1997, S. 12).

2.1.2 Zielsystem und Aufgaben der Produktionsplanung und -steuerung

Die zentrale Aufgabe der PPS besteht darin, logistische und wirtschaftliche Ziele unter Berücksichtigung der gegenseitigen Abhängigkeiten in immer höherem Maße zu erreichen (vgl. Wiendahl 1997, S. 250). Diese logistischen und wirtschaftlichen Zielgrößen können auf die Leistungsgrößen, hohe Liefertreue und kurze Lieferzeiten, sowie die Kostengrößen, Prozesskosten und Kapitalbindungskosten übertragen werden.

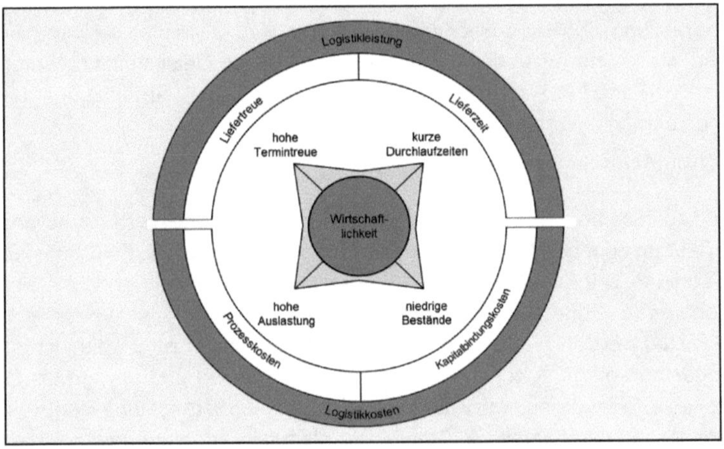

Abbildung 2-1: Zielsystem der PPS (Wiendahl 2010, S. 252)

Aus einer prozessorientierten Sicht besteht das Zielsystem der PPS, wie in Abbildung 2-1 dargestellt, aus den Zielgrößen hoher Termintreue, geringer Durchlaufzeiten, hoher und gleichmäßiger Kapazitätsauslastung, geringen Beständen und einer hohen Flexibilität. Im Fokus steht dabei immer das Erreichen einer hohen Wirtschaftlichkeit. Aufgrund ihrer Bedeutung für das übergeordnete Zielsystem der PPS werden die Zielgrößen im Folgenden einzeln definiert. (vgl. Wiendahl 2010, S. 245)

Termintreue

Die Termintreue beschreibt den prozentualen Anteil, der innerhalb einer definierten Termintoleranz gefertigten Aufträge, von der Gesamtheit der Aufträge. Eine hohe Termintreue wird durch die Minimierung der Terminabweichung zwischen Ist- und Soll-Termin erreicht.

Pufferzeiten zwischen Fertigstellungstermin und festgelegten Liefertermin können in den Fertigungsprozess eingeplant werden, um eine höhere Termintreue zu erzielen. (vgl. Lödding 2008, S. 31) Dies hat allerdings negative Auswirkungen auf die kundenseitig geforderten kurzen Lieferzeiten. Einflussgrößen auf die Termintreue sind unter anderem eine verspätete Auftragsfreigabe und Abweichungen zwischen den geplanten und den tatsächlichen Durchlaufzeiten, verursacht durch unvorhergesehene Störungen und Ausfälle im Fertigungsablauf.

Durchlaufzeit

Die Durchlaufzeit eines Arbeitsvorganges ist die zeitliche Differenz zwischen Auftragsfreigabe und Auftragsfertigstellung. Diese Zeitspanne wird auch als Belegungszeit beschrieben, welche sich wiederum in Rüst- / Bearbeitungs- und Übergangszeiten unterteilen lässt. Die Übergangszeit setzt sich zudem aus den Komponenten der Liege-, Transport- und Kontrollzeit zusammen (vgl. Schuh und Stich 2012, S. 48). Rüst- und Bearbeitungszeiten stellen dabei aktive Fertigungsprozessschritte dar, während (vgl. Nyhuis und Wiendahl 2012, S. 32; Jodlbauer 2008, S. 31)Transport- und Liegezeiten keine wertschöpfenden Prozessschritte. Die Liegezeiten beschreiben vielfach die am einfachsten zu optimierende Zeitspanne im Fertigungsprozess und hängen zudem in hohem Maße von den Beständen ab. (vgl. Wiendahl 1997, S. 48). Eine Verkürzung der Durchlaufzeiten kann zu einer Optimierung der Termintreue führen, wodurch zudem eine höhere Liefertreue erzielt werden kann.

Kapazitätsauslastung

Die Kapazitätsauslastung setzt sich aus dem Verhältnis der tatsächlichen genutzten Produktionskapazitäten in Relation zu den vorhandenen Kapazitäten zusammen. Daraus ergibt sich der relative Nutzungsgrad der Betriebsmittel des Unternehmens. (vgl. Nyhuis und Wiendahl 2012, S. 27) Ein Anstieg der Auslastung lässt sich unter anderem durch eine Erhöhung der Stückzahlen bewirken, welche aus betriebswirtschaftlicher Sicht zu einer Reduktion der fixen Stückkosten pro produzierter Einheit führt (vgl. Jodlbauer 2008, S. 22f.). Hohe Auslastungen verlangen jedoch hohe Umlaufbestände. Dieser Fakt führt zu höheren Durchlaufzeiten und bedingt somit eine Verschlechterung der Termintreue (vgl. Lödding 2008, S. 37)

Bestände

Aus industrieller Sicht lassen sich Bestände in Lager- und Umlaufbestände differenzieren (vgl. Nyhuis und Wiendahl 2012, S. 27). Rohmaterialien, Halbzeuge und Fertigerzeugnisse werden als Lagerbestände bezeichnet. Umlaufbestände sind Aufträge, die sich zu einem definierten Zeitpunkt in der Fertigung befinden (vgl. Lödding 2008,

S. 32f.). Bestände sind eine wichtige Stellgröße für die PPS, da sie einen großen Einfluss auf die Durchlaufzeiten, die Auslastung und die Termintreue haben. Im Allgemeinen werden die Bestände von der Auftragsfreigabe festgelegt. (vgl. Brecher 2011, S. 845) Hohe Bestände sorgen für eine hohe Materialverfügbarkeit an den einzelnen Stationen des Fertigungsprozesses und verringern damit das Risiko von Engpässen durch unvorhergesehene Maschinenausfälle (vgl. Kletti und Schumacher 2014, S. 49). Hohe Bestände führen allerdings zu einem hohen Umlaufvermögen und einer Kapitalbindung für das Unternehmen, weswegen gemeinhin ein niedriges Bestandsniveau angestrebt wird (vgl. Lödding 2008, S. 211).

Flexibilität

Die Flexibilität eines Fertigungssystems charakterisiert sich durch die Reaktionszeit der Produktion auf eine kapazitative Änderung der Nachfrage. Da sie quantitativ schwierig zu messen ist, beruht ihre Bewertung in der industriellen Praxis häufig auf subjektiven Einschätzungen (vgl. Nebl 2011, S. 363f.).

Polylemma der PPS

Die zuvor beschriebenen Kenngrößen unterliegen im Hinblick auf eine erhöhte Wirtschaftlichkeit des Unternehmens einer starken, teils negativ ausgeprägten Abhängigkeit (vgl. Heiserich et al. 2011, S. 21). So bewegen sich die logistischen Zielgrößen in einem Spannungsfeld, in dem es nicht möglich ist alle Ziele im gleichen Maße zu erfüllen (vgl. Nyhuis und Wiendahl 2012, S. 10).

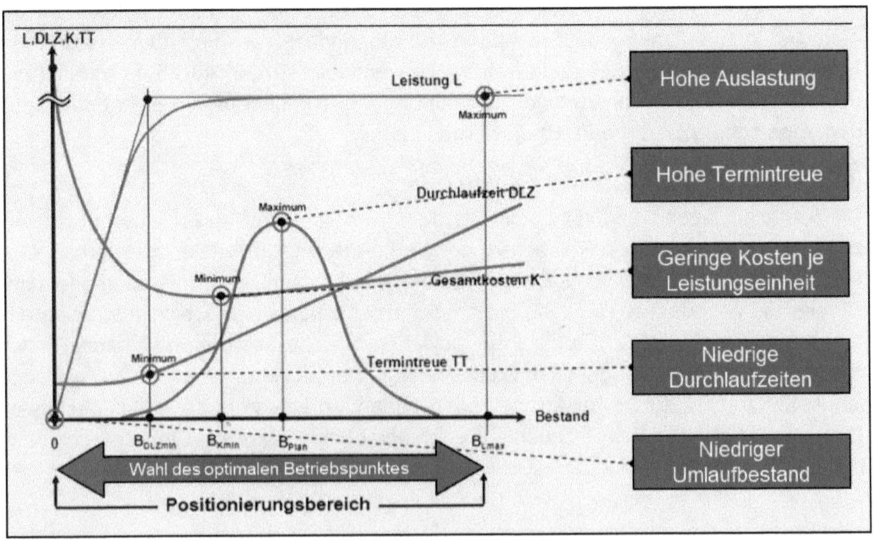

Abbildung 2-2: Polylemma der Produktionsplanung und –steuerung (Nyhuis und Wiendahl 2012)

Eine hohe Auslastung bei gleichzeitig niedrigen Beständen und kurzen Durchlaufzeiten ist nicht realisierbar. Dieser Zusammenhang wird in der Literatur häufig als „Dilemma der Ablaufplanung“ bezeichnet. (vgl. Gutenberg 1951, S. 158f.) Der Bedeutungsgewinn der Termintreue im Zuge der zunehmenden Kunden- und Serviceorientierung, insbesondere in Hochlohnländern, führt dazu, dass sie immer häufiger als vorrangiges Ziel der PPS ausgegeben wird.

Dies führt zu kürzeren Durchlaufzeiten und damit einhergehend niedrigeren Beständen, wird allerdings häufig von einer geringeren Auslastung flankiert. (vgl. Heiserich et al. 2011, S. 22; Lödding 2008, S. 88ff.) Die Gesamtheit der Zusammenhänge zwischen den Kenngrößen wird in Abbildung 2-2 dargestellt und als Polylemma der PPS bezeichnet.

Aus der Abbildung wird ersichtlich, dass eine optimale Positionierung innerhalb dieses Zielsystems nicht möglich ist. Unternehmen müssen sich daher in ihrer Strategie auf eine oder mehrere Zielgrößen fokussieren. (vgl. Lödding 2008, S. 37; Wiendahl 2010, S. 252f.)

2.1.3 Das Aachener PPS-Modell

Wie bereits in Kapitel 1 aufgezeigt, fokussiert diese Dissertationsschrift die Produktionsplanung und –steuerung eines Variantenfertigers basierend auf dem Aachener PPS Modell. Dieser Abschnitt erklärt die Grundlagen des Modells und geht dabei auf die sogenannten Referenzsichten und besonders auf die einzelnen Aufgabenbereiche ein.

Das Aachener PPS Modell wurde 1998 von Prof. Eversheim und Prof. Luczak veröffentlicht. Das Modell wurde durch die Forschung und Bearbeitung von Industrieprojekten des FIR an der RWTH Aachen entwickelt. 2006 wurde es von Prof. Schuh durch die Ergänzung eines ganzheitlichen, systemischen Ansatzes zum erweiterten Aachener PPS-Modell weiterentwickelt Der Anspruch, eine ganzheitliche Abbildung der Planungs- und Steuerungsaufgaben zu ermöglichen, führt zu einer hohen Komplexität. Selbige macht eine Untergliederung des Modells in verschiedene anforderungsspezifische Bereiche und Sichten erforderlich, welche jedoch miteinander verknüpft sind.

Die Besonderheit des Aachener PPS Modells ist, dass das gesamte Produktionsnetzwerk mit seinem Wertschöpfungsprozess im Fokus der Betrachtung steht. (vgl. Schuh und Stich 2012, S. 1ff.)

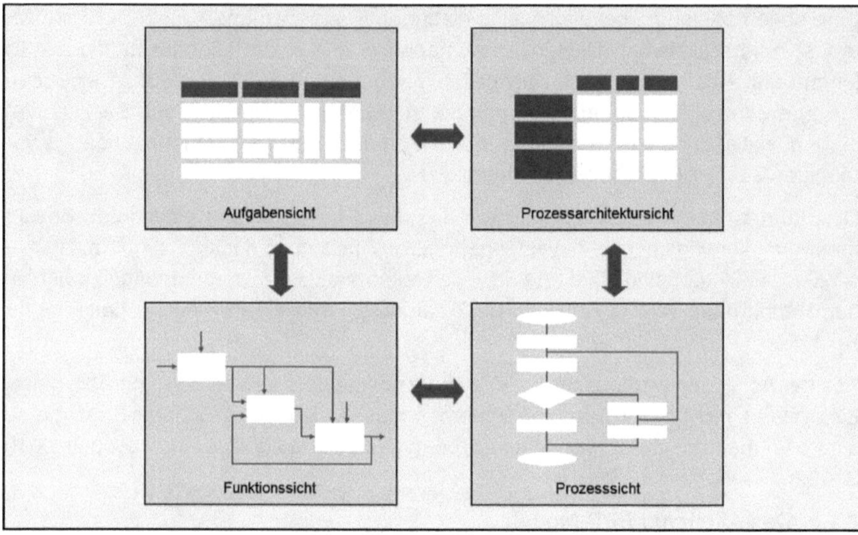

Abbildung 2-3: Sichten des Aachener PPS-Modells (Schuh und Stich 2012, S. 18)

Sichten des Aachener Modells

Das Aachener PPS Modell setzt sich aus vier verschiedenen Sichten zusammen, der Aufgabensicht, der Funktionssicht, der Prozessarchitektursicht und der Prozesssicht. Die einzelnen Sichten sind für die Verwendung in unterschiedlichen PPS-Projekten vorgesehen und verfolgen jeweils verschiedene Verwendungsabsichten. (vgl. Schuh und Stich 2012, S. 18) Die Verbindung der einzelnen Sichten ist in Abbildung 2-3 illustriert.

Aufgabensicht

Die Grundstruktur des Aachener PPS Modells bildet die Aufgabensicht. Durch sie werden die einzelnen Aufgaben (siehe Abbildung 2-4) der PPS detailliert beschrieben und verschiedenen Funktionsbereichen zugeordnet.

Prozesssicht

Die Prozesssicht ist ein Teil des Modells, welches zur Gestaltung der Aufbau- und Ablauforganisation verwendet wird. Dazu werden die Aufgaben in spezifische Prozesse überführt. Darüber hinaus werden Schnittstellen zu anderen unternehmensinternen und externen Prozessen definiert.

Prozessarchitektursicht

Die Prozessarchitektursicht ist die Verbindung zwischen den beiden zuvor beschriebenen Sichten. Durch sie wird eine Verteilung und Koordination der Prozesse und Aufgaben vorgenommen. Dies geschieht auf der Netzwerkebene.

Funktionssicht

Die Funktionssicht definiert die Anforderungen an die informationstechnische Unterstützung der PPS. Dabei liegt der Fokus auf den innerbetrieblichen Anforderungen der Systeme und der Sicherstellung der gesamtheitlichen Umsetzung der PPS. (vgl. Schuh und Stich 2012, S. 17f.)

Aufgaben innerhalb des Aachener Modells

In Abbildung 2-4 lässt sich die Grundstruktur der Aufgabensicht des Aachener PPS Modells entnehmen. Die Aufgaben werden zwischen den überbetrieblichen Netzwerkaufgaben und den innerbetrieblichen Kern- und Querschnittsaufgaben unterteilt, welche im Folgenden erläutert werden.

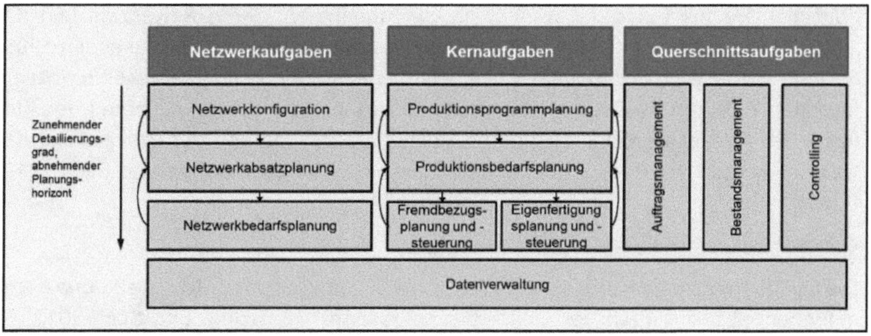

Abbildung 2-4: Aufgaben der Produktionsplanung und Steuerung nach dem Aachener PPS Modell (vgl. Schuh und Stich 2012, S. 21)

Netzwerkaufgaben

Die Internationalisierung der Beschaffungs- und Absatzmärkte, die Substituierbarkeit von Gütern sowie steigende Kundenansprüche führen bei vielen Unternehmen zu einer intensiveren Kooperation mit anderen Unternehmen und einem stetigen Absenken ihrer Wertschöpfungstiefe (vgl. Schuh und Stich 2012, S. 28). Die Netzwerkaufgaben versuchen diese Kooperationen zu koordinieren und die entstehenden Wertschöpfungsnetzwerke zu organisieren. Dabei dient die Netzwerkkonfiguration der strategischen Positionierung des einzelnen Unternehmens im Netzwerk (vgl. Schuh und Stich 2012, S. 346). Die Netzwerkabsatzplanung ist das unternehmensübergreifende Gegenstück der Produktionsprogrammplanung der Kernaufgaben (vgl. Schuh und Stich 2012, S. 256). Die Netzwerkbedarfsplanung wird definiert als das Ergebnis der im Netzwerk herzustellenden Erzeugnisse nach Art, Menge und Zeitpunkt (vgl. Schuh und Stich 2012, S. 34).

Kernaufgaben

Der Fokus der Kernaufgaben des Aachener PPS Modells liegt, im Gegensatz zu den zuvor beschriebenen Netzwerkaufgaben, auf dem Einzelunternehmen. Dabei bilden sie sämtliche Aufgaben des Fertigungsprozesses ab. Die Kernaufgaben differenzieren sich in die Produktionsprogrammplanung, die Produktionsbedarfsplanung, die Fremdbezugsplanung und –steuerung sowie die Eigenfertigungsplanung und -steuerung.

Die Aufgabe der Produktionsplanung ist es, einen realisierbaren Produktionsplan und ein entsprechendes Produktionsprogramm zu erstellen. Dies beinhaltet die Planung der zu produzierenden Erzeugnisse nach Art, Menge und Termin für einen definierten Zeitraum (vgl. Eversheim 1996, S. 125f.). Die Ergebnisse dieser Planungsebene dienen als Eingangsgröße für die Produktionsbedarfsplanung, die daraus die erforderlichen Bedarfe ableitet, die Beschaffungsart festlegt, die Aufträge anschließend terminiert und eine Kapazitätsabstimmung durchführt. Die Beschaffungsarten werden in Fremdbezug und Einzelfertigung unterschieden (vgl. Schuh und Stich 2012, S. 42f.). Die Aufgabe der Fremdbezugsplanung und –steuerung besteht aus der Ermittlung der optimalen Bestellmenge, der Einholung von Angeboten, deren Bewertung und der Auswahl von Lieferanten sowie der Kontrolle der Bestellungen (vgl. Eversheim 1996, S. 150). Hinsichtlich der Eigenfertigungsplanung und –steuerung bestehen die zu erfüllenden Pflichten aus der Ableitung der Losgrößen, der Feinterminierung der Aufträge, der Ressourcenfeinplanung, der Reihenfolgebildung und der Überprüfung der Verfügbarkeiten der Ressourcen und Produktionsmittel. (vgl. Schuh und Stich 2012, S. 49)

Querschnittsaufgaben

Die Optimierung der ganzheitlichen PPS sowie die Integration der Netzwerk- und Kernaufgaben ist der Auftrag der Querschnittsaufgaben (vgl. Schuh und Stich 2012, S. 255). Im Aachener PPS Modell umfassen sie das Auftragsmanagement, das Bestandsmanagement und das Controlling. Die Aufgaben des Auftragsmanagements liegen in der Erstellung eines Angebots auf Kundennachfrage, der anschließenden Bearbeitung dieses Angebots sowie der Koordination der resultierenden Aufträge. Bestandsplanung, Bestandsanalyse, Lagerverwaltung, Bestandsführung und Chargenverwaltung sind Bestandteile des Bestandsmanagements. Durch das Controlling werden benötige Betriebsdaten aufbereitet und entsprechende resultierende Maßnahmen abgeleitet. (vgl. Schuh und Stich 2012, S. 69f.)

Datenverwaltung

Die Datenverwaltung ist für sämtliche Aufgabenbereiche des Modells von Bedeutung, da die bereitgestellten Daten allen Aufgaben der PPS als Grundlage dienen. Die Daten werden in Stammdaten mit langer Lebensdauer und Bewegungsdaten mit kurzer Lebensdauer unterschieden. Eine hohe Qualität der Daten ist dabei für alle Aufgaben von entscheidender Bedeutung. (vgl. Schuh und Stich 2012, S. 71ff.)

2.2 Auftragsabwicklungstyp Variantenfertigung

Nachdem im vorangegangen Kapitel die Grundlagen der Produktionsplanung und – steuerung beschrieben worden sind, folgen nun die theoretischen Grundlagen, welche den Variantenfertiger charakterisieren. Dabei wird basierend auf einer grundlegenden Erklärung des Begriffs und der Eigenschaften zusätzlich das Konzept des Kundenentkopplungspunktes vorgestellt.

Die Variantenfertigung ist ein in der Industrie sehr verbreiteter Auftragsabwicklungstyp. Vorwiegend ist sie in Branchen mit hohen produzierten Stückzahlen und gleichzeitiger Orientierung an kundenindividuellen Gestaltungsmöglichkeiten, wie beispielsweise der Automobilindustrie oder der kommerziellen Luftfahrt, vorzufinden. (vgl. Piller und Tseng 2010, S. 1ff.)

Gemäß DIN 199-1:2002-03 verstehen sich unter dem Begriff der Varianten solche Erzeugnisse, die eine zueinander ähnliche Form oder Funktion mit einem meist hohen Anteil an identischen Baugruppen oder Teilen besitzen (vgl. DIN 199-1: 2002-3). Affirmierend definiert der VDI eine Variante als „Abart einer Grundausführung" (Verein Deutscher Ingenieure 1976, S. 179)

Der idealtypische Auftragsabwicklungsprozess des Variantenfertigers gemäß dem Aachener PPS Modell (siehe Kapitel 2.1.3) lässt sich hinsichtlich der kundenanonymen Vorproduktion und der kundenauftragsbezogenen Endproduktion differenzieren.

Die kundenanonyme Vorproduktion erfolgt ausschließlich auf Basis einer erwartungs- oder verbrauchsorientierten Abschätzung des Sekundärbedarfes und ist daher auf eine hohe Datenqualität der Prognosedaten angewiesen. Bei unzutreffenden Prognosen besteht die Gefahr eines Anstiegs von Lagerbeständen, was in einer hohen Kapitalbindung resultiert. Aus betriebswirtschaftlicher Sicht ist dies jedoch zu vermeiden. Zudem wird in der kundenneutralen Vorproduktion mit größeren Losgrößen gearbeitet als in der auftragsbezogenen Endproduktion. Letztere startet nach Eingang eines konkreten Kundenauftrags. Der Fertigungsprozess des Variantenfertigers ist darüber hinaus durch einen hohen Automatisierungs- und Standardisierungsgrad in den Arbeitsprozessen charakterisiert. (vgl. Schuh und Stich 2012, S. 168ff.)

Die Schnittstelle zwischen Vor- und Endproduktion wird Kundenentkopplungspunkt (KEP) genannt (vgl. Abbildung 2-5). (vgl. Schuh und Stich 2012, 168ff.)

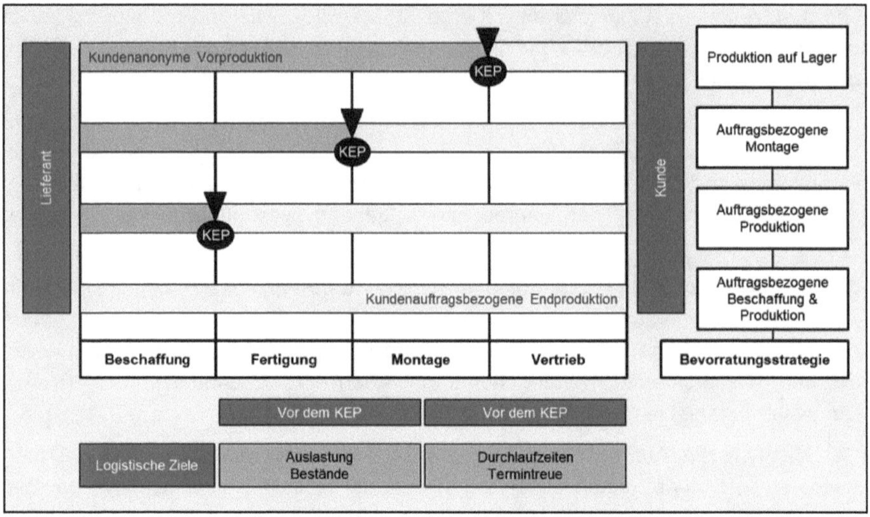

Abbildung 2-5: Kundenentkopplungspunkt – Einfluss auf die PPS und das ERP-System(i.A.a. Wiendahl 2014, S. 148)

Im Vorfeld des KEP wird die Standardisierung möglichst vieler Bauteile und Zusammenfassung in Baugruppen angestrebt, um die Variantenzahl gering zu halten und dadurch kürzere Lieferzeiten und Kostenvorteile zu realisieren (vgl. Wiendahl 2014, S. 97). Nach dem KEP wird eine kundenauftragsbezogene Endfertigung vollzogen. Es werden kleine Lose gefertigt und die Erfüllung der kundenindividuellen Anforderungen an das zu fertigende Produkt rücken in den Vordergrund. Vor dem KEP entspricht der Variantenfertiger im Prinzip einem Lagerfertiger, welcher versucht möglichst viele Bauteile und -gruppen zu standardisieren und auf Basis von Absatzprognosen mit großen Losen auf Lager zu fertigen. Nach dem KEP wandelt sich der Variantenfertiger dann in einen Auftragsfertiger, der mit kleinen Losen eine kundenauftragsbezogene Endmontage respektive -fertigung durchführt. Eventuell sind die Baugruppen bereits soweit vorgefertigt, dass sich die unterschiedlichen Varianten aus diesen montieren lassen, ohne dass spezielle Zusatzteile benötigt werden. Diese fortgeschrittene Vorfertigung ermöglicht dem Variantenfertiger zudem das Erreichen kurzer Lieferzeiten. Visualisiert wird dies in Abbildung 2-6 in welcher eine vergleichsweise kurze Auftragsdurchlaufzeit nach dem Eingang der Kundenanfrage im Vertrieb vorliegt.

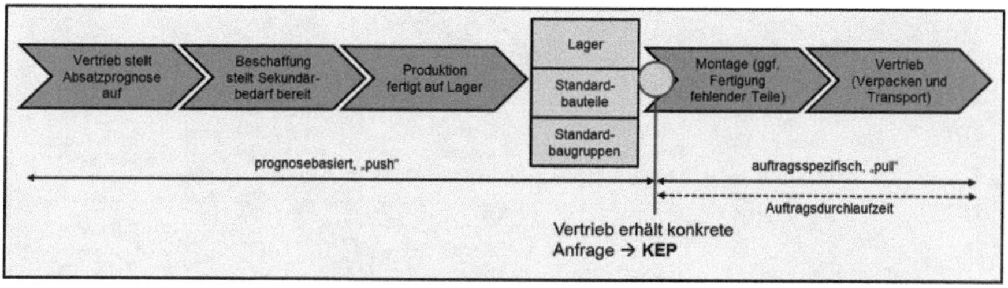

Abbildung 2-6: Kundenentkopplungspunkt eines Variantenfertigers Wird der KEP so weit nach hinten geschoben, dass die individuellen Bedürfnisse jedes Kunden erfüllt werden können wird von *Mass Customization* gesprochen. Durch Baukastensysteme ist es möglich, individualisierte Produkte auf einem identischen Kostenniveau wie den standardisierten Produkten auf dem Markt anzubieten. (vgl. Reichwald et al. 2009, S. 199)

Um im globalisierten Wettbewerb konkurrenzfähig zu bleiben, erhält die Erfüllung individualisierter Kundenanforderungen einen immer größeren Stellenwert. Um diese realisieren zu können, sind die Unternehmen gezwungen eine immer höhere Variantenvielfalt anzubieten.

Im zugrundeliegenden Planungsprozess des Variantenfertigers wird auf die klassische Form der hierarchischen, sukzessiven Produktionsplanung zurückgegriffen (siehe hierzu Kap. 3.1.2).

Zusammenfassend sind die Hauptcharakteristika des Variantenfertigers in Abbildung 2-7 dargestellt.

	Merkmal	Merkmalsausprägung				
1	Auftragsauslösungsart	Produktion auf Bestellung mit Einzelaufträgen	Produktion auf Bestellung mit Rahmenaufträgen	Kundenanonyme Vor-/ kundenauftragsbezogene Endproduktion	Produktion Auf Lager	
2	Erzeugnisspektrum	Erzeugnisse nach Kundenspezifikation	typisierte Erzeugnisse mit kundenspezifischen Varianten	Standarderzeugnisse mit Varianten	Standarderzeugnisse ohne Varianten	
3	Erzeugnisstruktur	mehrteilige Erzeugnisse mit komplexer Struktur	mehrteilige Erzeugnisse mit einfacher Struktur	geringteilige Erzeugnisse		
4	Ermittlung des Erzeugnis-/ Komponenten bedarfs	bedarfsorientiert auf Erzeugnisebene	erwartungs- & bedarfsorientiert auf Komponentenebene	erwartungsorientiert auf Komponentenebene	erwartungsorientiert auf Erzeugnisebene	verbrauchsorientiert auf Erzeugnisebene
5	Auslösung des Sekundärbedarfs	auftragsorientiert	teilw. auftragsorientiert/ teilw. periodenorientiert	periodenorientiert		
6	Beschaffungsart	weitgehender Fremdbezug	Fremdbezug in größerem Umfang	Fremdbezug unbedeutend		
7	Bevorratung	keine Bevorratung von Bedarfspositionen	Bevorratung von Bedarfspositionen auf unteren Strukturebenen	Bevorratung von Bedarfspositionen auf oberen Strukturebenen	Bevorratung von Erzeugnissen	
8	Fertigungsart	Einmalfertigung	Einzel- und Kleinserienfertigung	Serienfertigung	Massenfertigung	
9	Ablaufart in der Teilefertigung	Werkstattfertigung	Inselfertigung	Reihenfertigung	Fließfertigung	
10	Ablaufart in der Montage	Baustellenmontage	Gruppenmontage	Reihenmontage	Fließmontage	
11	Fertigungsstruktur	Fertigung mit hohem Strukturierungsgrad	Fertigung mit mittlerem Strukturierungsgrad	Fertigung mit geringem Strukturierungsgrad		
12	Kundenänderungseinflüsse während der Fertigung	Änderungseinflüsse in größerem Umfang	Änderungseinflüsse gelegentlich	Änderungseinflüsse unbedeutend		

Abbildung 2-7: Hauptcharakteristika des Variantenfertigers (vgl. Schuh und Stich 2012, S. 169)

2.3 Zeitplanungsparameter

Nachdem im vorangegangen Abschnitt die Grundlagen der Produktionsplanung und – steuerung vorgestellt und eine Einordung der Variantenfertigung in diesen Kontext vorgenommen wurde, widmet sich der folgende Abschnitt einer Beschreibung der relevanten Zeitplanungsparameter in der Produktionsplanung und -steuerung.

Für die Planung der bereits beschriebenen Aufgaben der PPS gilt es in einem Unternehmen gewisse zeitliche Parameter zu definieren und damit zeitliche Wechselwirkungen und Restriktionen zu berücksichtigen. Im Rahmen handelsüblicher ERP-Systeme erfolgt dies häufig über die sogenannten Zeitplanungsparameter (im Folgenden ZPP). Im Kontext der produktionsbezogenen Planungsaktivitäten sind dies der Planungshorizont, die Planungsperiode, das Planungsraster und der Planungsvorlauf. Im Zuge dieser Dissertationsschrift werden daher diese ZPP fokussiert.

Die Zeitplanung ist ein elementarer Bestandteil der Produktionsplanung und - steuerung. Sie hat großen Einfluss auf die Komponenten des in Kap. 2.1.2 beschriebenen Zielsystems. Eine definierte Zeitplanung im industriellen Kontext erfolgt durch die in Abbildung 2-8 dargestellten Parameter Planungshorizont, Planungsperiode, Planungsraster und Planungsvorlauf (vgl. Much und Nicolai 1995, S. 197ff.; Paegert 1997, S. 95ff.; Göpfert et al. 2013, S. 95ff.)

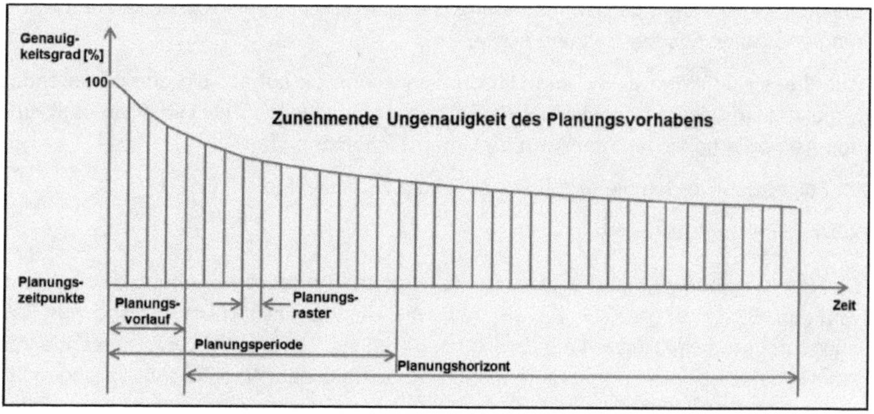

Abbildung 2-8: Differenzierung der Zeitplanungsparameter (i.A.a. Paegert 1997, S. 11))

Bei den ZPP handelt es sich grundsätzlich um extern vorgegebene Stellgrößen, die relevante Eigenschaften der Planung bereits im Vorfeld festlegen. Ein Parameter gewährt seinem Benutzer durch seine inhärente und substantielle Wirkung auf das System eine Einfluss- und Steuermöglichkeit und ist innerhalb eines Wertespielraums frei einstellbar (vgl. Much und Nicolai 1995, S. 148f.). Während die ZPP diese Eigenschaften erfüllen, kann die Bearbeitungszeit eines Teils auf einer Maschine nicht als Parameter betrachtet werden, da durch sie kein direkter Planungsspielraum besteht (vgl. Paegert 1997, S. 10).

In Abbildung 2-9 ist ein zunächst sinnvoll erscheinendes Vorgehen dargestellt. Die ZPP sollten auf Basis konkreter Zielgrößen ermittelt und anhand eines iterativen Prozesses bewertet und als Stellgröße angepasst werden. In der Praxis wird dieser Regelkreis jedoch häufig nicht durchlaufen. Stattdessen erfolgt die Einstellung in produzierenden Unternehmen häufig auf Basis von Erfahrungswerten sowie implizitem Wissen und wird nicht regelmäßig validiert (vgl. Niederauer 2014, S. 21 & S. 30). Es wird somit häufig nur der in der Abbildung grau hinterlegte Bereich durchlaufen.

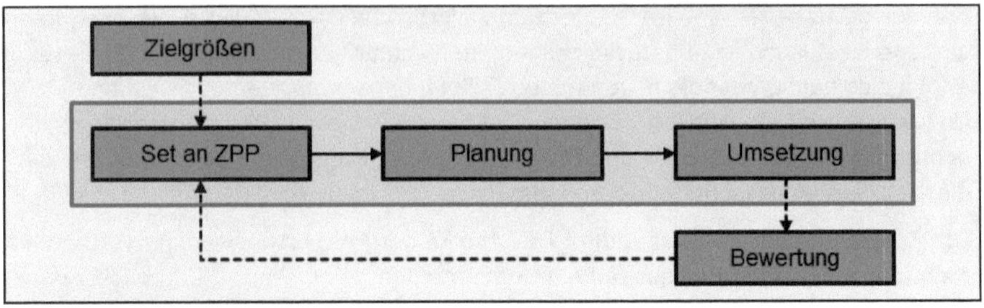

Abbildung 2-9: Regelkreis der Zeitplanungsparameter Einstellungen

Die Gründe dafür liegen in einem fehlenden Zielsystem und vor allem in fehlenden Wirkungszusammenhängen zwischen den ZPP und dem Zielsystem. Doch auch wenn die generellen Wirkungszusammenhänge bekannt sind, fällt eine quantifizierte Bewertung und Aufwandsabschätzung schwer.

Aus diesen Gründen zielt diese Dissertationsschrift darauf ab, ein quantifizierendes Simulationsmodell zu entwickeln, das auf einem sinnvollen Zielsystem aufbaut, und somit einen erheblichen Mehrwert für Unternehmen generiert.

Im Folgenden werden die einzelnen ZPP kurz vorgestellt.

2.3.1 Planungshorizont

Der Planungshorizont ist die gesamte Zeitspanne, für die eine Planung durchgeführt wird (vgl. Bichler et al. 2011, S. 138). Mit zunehmendem zeitlichem Abstand vom Planungsursprung sinkt jedoch die Qualität der Planung. Dies ist auf Unvorhersehbarkeiten wie beispielsweise ungeplante Maschinenausfälle oder Nachfrageänderungen zurück zu führen (vgl. Hackstein 1989, S. 90). Der Planungshorizont ist demnach definiert als die Länge des Zeitraums, für den eine Planung durchgeführt wird (vgl. Simon 2005; Bichler et al. 2011, S. 138). Dieser kann, angelehnt an die Aufgaben der PPS lang-, mittel- und kurzfristig ausgelegt sein (vgl. Much und Nicolai 1995, S. 188; Becker und Luczak 2003, S. 22).

Planungsprozesse beruhen meist auf Vergangenheits- und Zukunftsdaten, wobei letztere von vornherein mit einer gewissen Unsicherheit ermittelt werden, die sich negativ auf die Planungsgenauigkeit und Planungsgüte auswirken. Der Effekt ist nach *Hackstein* jedoch nicht linear. Stattdessen sinkt die Planungsgenauigkeit zunächst stärker und nähert sich bei immer länger werdendem Planungshorizont einem gewissen Planungsgenauigkeitsniveau asymptotisch an. Diesen Zusammenhang verdeutlicht die nachfolgende Abbildung 2-10:

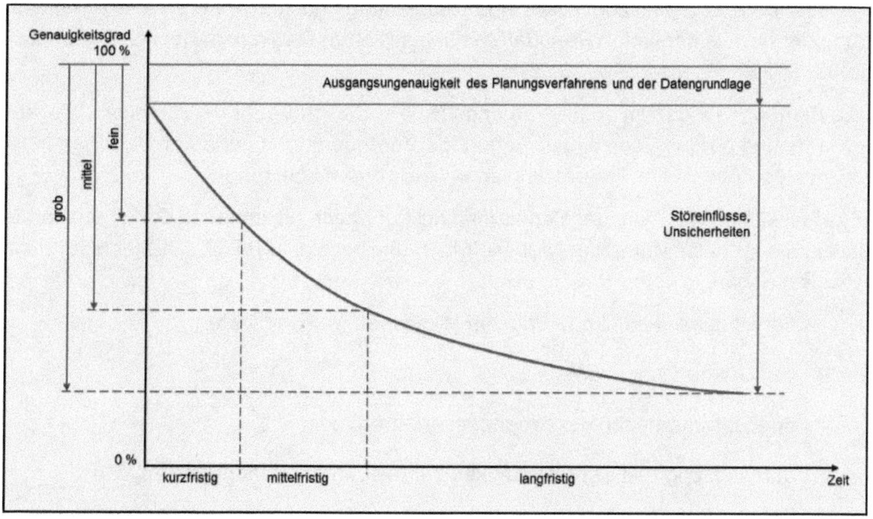

Abbildung 2-10: Genauigkeitsgrad bei steigendem Planungshorizont (i.A.a. Hackstein 1989, S. 90)

Beispiele für unterschiedlich lange Planungshorizonte können in den Aufgaben der PPS (vgl. Kapitel 2.1.1) gefunden werden. Ein langfristiger Planungshorizont ergibt sich in der Produktionsprogrammplanung, die üblicherweise für die nächsten sechs Monate bis zwei Jahre ausgelegt ist. Daran anschließend plant die Produktionsbedarfsplanung mit einem mittelfristigen Planungshorizont für die nächsten zwei Wochen bis drei Monate vor. Kurzfristige Planungen, wie die Eigenfertigungsplanung und –steuerung, arbeiten mit einem Planungshorizont zwischen einem Tag und zwei Wochen und somit einer maximalen Prognosegüte (vgl. Much und Nicolai 1995, S. 193).

Um eine höhere Planungsgenauigkeit zu erzielen und sich verändernde dynamische Daten (aus dem Absatz- oder Beschaffungsmarkt oder aus internen Quellen) zu berücksichtigen, wird die Planung nach Teilperioden aktualisiert und fortgeschrieben.

2.3.2 Planungsperiode

Als Planungsperiode wird die Zeit zwischen zwei konsekutiven Planungszeitpunkten verstanden. An den Planungszeitpunkten wird die Planung angepasst bzw. aktualisiert. Eine Anpassung könnte zum Beispiel eine Drosslung der Produktion auf Grund einer aktualisierten Absatzprognose sein. (vgl. Paegert 1997, S. 10). Sie beschreibt demnach die Zeit zwischen zwei aufeinanderfolgenden Planungszeitpunkten, an denen die Planung regelmäßig und rollierend erstellt bzw. aktualisiert wird. Der oben skizzierte Planungshorizont wird demnach in Planungsperioden unterteilt, für die konkrete Ziele und Sollgrößen nach aktueller Datenlage aufgestellt werden. Um die Vorausplanung über einen kompletten Planungshorizont beizubehalten muss die Planung nach einer Planungsperiode also auch um eine weitere Periode fortgeschrieben werden. Es erfolgt also zum einen eine Neuplanung und zum anderen eine Aktualisierung der bereits geplanten Perioden mit aktualisierten Daten (vgl. Becker und Luczak 2003, S. 222; Paegert 1997, S. 63).

Die Planungsperiode ist somit eine unmittelbare Stellgröße für die Adaptionsfähigkeit der Planung an das Echtzeitgeschehen, da Veränderungen genau an den Planungszeitpunkten nach einer Periode implementiert werden können.

Zwar lässt sich die Wahl der Periodenlänge nicht nach allgemeinen Grundsätzen ableiten, sie ist nach Much und Nicolai (Much und Nicolai 1995, S. 199) jedoch hauptsächlich abhängig von:

- der Häufigkeit der Änderung von relevanten Planungsdaten,
- dem Planungshorizont,
- den Unsicherheiten der Prognoseverfahren, oder
- dem Umfang und der Genauigkeit der relevanten Planungsdaten.

2.3.3 Planungsraster

Durch das Planungsraster wird festgelegt wie detailliert eine Planung durchgeführt wird. Das Raster ist die kürzeste Zeitspanne in der Planung. Es ist vergleichbar mit der Auflösung oder Abtastung in der Regelungstechnik. (vgl. Much und Nicolai 1995, S. 197ff.; Paegert 1997, S. 10). Es entspricht demnach der Länge des kürzesten Zeitraums, für den konkrete Zielvorgaben erstellt werden und legt somit den zeitlichen Detaillierungsgrad (Auflösung) fest (vgl. Much und Nicolai 1995, S. 199; Paegert 1997, S. 10; Becker und Luczak 2003, S. 252).

Dieser Parameter ist hinsichtlich seiner Einstellungsmöglichkeiten stark vom Anwendungsbereich abhängig (vgl. Schuh und Stich 2012, S. 398). Die Kausalkette entspricht dabei im allgemeinem folgendem Schema: Aus einer Abnahme des Planungshorizontes resultiert ein verkleinertes Planungsraster, was wiederum für eine steigende Detaillierung sorgt. Da für konkrete Zielvorgaben jedoch fundierte Datenmengen erforderlich sind, steigt der Rechenaufwand mit sinkendem Planungsraster.

Gängige Einstellmöglichkeiten für diesen Parameter sind in ERP-Systemen (Enterprise Resource Planning), wie SAP®[3] beispielsweise Tage oder Wochen (vgl. Dittrich 2009, S. 178).

---

[3] SAP steht für ***S**ysteme, **A**nwendungen und **P**rodukte in der Datenverarbeitung*

2.3.4 Planungsvorlauf

Der Planungsvorlauf ist der Zeitraum zwischen Abschluss der Planung und Beginn der Produktion. Dieser Zeitraum wird in der Literatur auch als „Frozen Zone“ bezeichnet, da keine inhaltliche oder terminliche Änderung mehr vorgenommen werden kann. Ein kurzer Planungsvorlauf bietet dem Unternehmen die Möglichkeit flexibel auf Änderungswünsche des Kunden reagieren zu können. Ein längerer Planungsvorlauf hingegen ist positiv für die Liefertermintreue und die Kapazitätsauslastung. (vgl. Göpfert et al. 2013, S. 93ff.). Der Planungsvorlauf entspricht dem Zeitraum zwischen dem Zeitpunkt der Festlegung einer Planung dem „Einfrieren“ und dem Startzeitpunkt des zugehörigen Planungshorizontes. Da ab diesem Zeitpunkt weder die Planungsparameter, noch die Absatz-, Produktions- und Beschaffungspläne geändert werden können, spricht man von der sogenannten „Frozen Zone“ (vgl. Göpfert et al. 2013, 93ff.).

Ein längerer Planungsvorlauf ermöglicht eine höhere Planungssicherheit, da kurzfristige Änderungen ausgeschlossen werden, verringert jedoch auch die Flexibilität Kundenwünschen gegenüber.

2.3.5 Zusammenfassende Darstellung der Zeitplanungsparameter

Zur anschaulichen Darstellung der zeitlichen Struktur einer Planung soll die Abbildung 2-11 und das fiktive Beispiel einer Produktionsprogrammplanung dienen.

Die Produktionsprogrammplanung befindet sich auf der obersten Ebene der hierarchischen Planung. Da es sich somit um eine langfristig angelegte Planung handelt, wird ein Planungshorizont von zwei Jahren angesetzt. Dieser wird in insgesamt 24 Planungsperioden unterteilt, die jeweils einen Monat lang sind. Ebenso lang soll auch der Planungsvorlauf sein, der eine höhere Planungssicherheit garantiert. Nach jeweils einem Monat, wird ein weiterer Monat geplant um den zweijährigen Planungshorizont beizubehalten. Zudem werden die bereits geplanten Perioden nach aktueller Datenlage geprüft und gegebenenfalls aktualisiert. Das Planungsraster beläuft sich in diesem Beispiel auf eine Woche, es werden also konkrete wöchentliche Ziele festgelegt.

Je höher der Detaillierungsgrad desto kleiner werden die einzelnen Parameter. Bei einer Eigenfertigungsplanung und –steuerung (niedrigste Ebene der hierarchischen Planung) kann der Planungshorizont beispielweise nur noch einen Monat betragen. Dementsprechend sinkt die Planungsperiode ebenso wie der Planungsvorlauf auf eine Woche oder wenige Tage und das Planungsraster auf wenige Stunden. Dadurch steigt natürlich der Detaillierungsgrad der Planung.

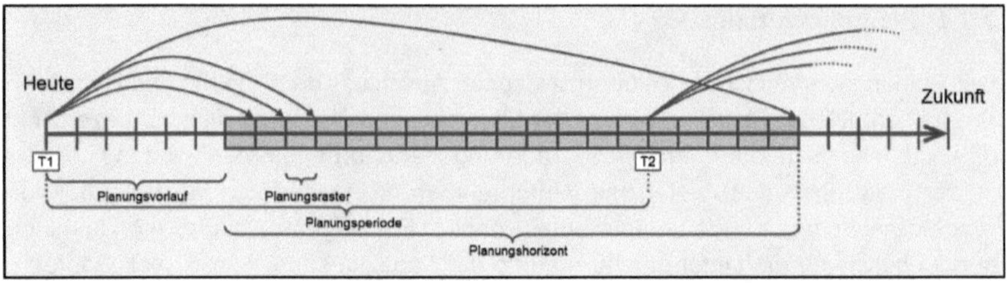

Abbildung 2-11: Grafische Darstellung der Zeitplanungsparameter (i.A.a. Becker und Luczak 2003, S. 252)

Bei T1, dem ersten Planungszeitpunkt werden also die Daten für sämtliche Planungsperioden aktualisiert und eine weitere Planungsperiode geplant, um die Länge des Planungshorizonts konstant zu halten. Theoretisch verläuft die Planung der Planungsperioden schon unter konkreter Beachtung des jeweiligen Planungsrasters. In der Praxis werden die in weiter Zukunft liegenden Planungsperioden jedoch meist noch grob geplant und die kommenden Planungsperioden in detaillierte Planungsraster unterteilt. In dem Zeitraum des Planungsvorlaufs wird noch auf die Planung des vorherigen Planungszeitpunkts zurückgegriffen, bevor danach mit der aktualisierten Planung weitergearbeitet wird.

2.4 Synchronisation im Kontext der Produktionsplanung

Im Kontext der Produktionsplanung und Steuerung bezieht sich die Synchronisation in den meisten Fällen auf die Produktion und den Absatz also das in Einklang bringen von Kapazitätsbedarfen (Absatz) und Kapazitätsangeboten (Produktion). Dabei liegt den meisten Modellen der Produktionsplanung die Annahme zugrunde, dass Produktion und Absatz sich wie selbstverständlich im Gleichlauf befinden (Wirtschaftslexikon 24 2015). Insbesondere bei der kundenanonymen Prognose zukünftiger Bedarfe unterliegt die Planung (vor allem bei längeren Planungshorizonten, vgl. hierzu Kap. 2.3.1) aber einer gewissen Unsicherheit. Dies kann zu einem abweichenden zeitlichen Verlauf der Absatz- und Produktionsmengen führen wodurch Kostenreduktionspotentiale durch die planmäßige Nutzung dieser unterschiedlichen Verläufe entstehen können (Wirtschaftslexikon 24 2015).

2.4.1 Strategien und Ansätze zur Planung von Absatz und Produktion

Bei einer Planung von Absatz und Produktion steht die Problematik der Nachfrageprognose im Vordergrund. Durch saisonale und konjunkturelle Schwankungen in der Nachfrage gilt es eine Systematik zu finden, die diese in der Produktion ausgleicht, sodass die Nachfrage zu jeder Zeit gedeckt werden kann ohne zu hohe Lagerkosten zu verursachen. Saisonale Schwankungen können dabei relativ gut prognostiziert werden, da sie sich im Vergleich zu Vorjahren nicht sehr stark verändern. So kann bspw. der Bedarf an Sommer- oder Winterreifen gut vorhergesagt werden. Konjunkturelle Schwankungen dagegen sind wesentlich schwerer vorherzusagen. Diese werden nicht nur vom Bedarf der Konsumenten an einem Produkt beeinflusst, sondern auch von der Liquidität und Bereitschaft der Käufer die Opportunitätskosten aufzubringen. Aus diesem Grund wird versucht mit Hilfe der Prinzipien von Synchronisation, Emanzipation und Entkopplung die Produktion in Bezug auf den Nachfrageverlauf, also den Absatz, zu planen. (Stöppler 1984, S. 97–98) Eine Übersicht kann Abbildung 2-12 entnommen werden.

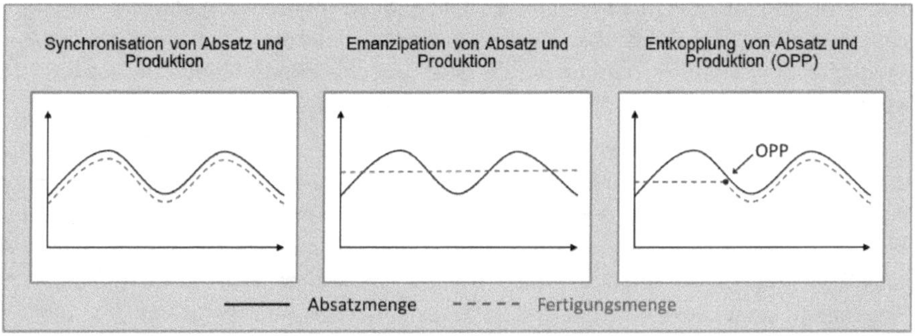

Abbildung 2-12: Übersicht über die Strategien zur Planung von Absatz und Produktion

Synchronisation, aus dem griechischen von *‚σύγχρονος'* [synchronos] „gleichzeitig, von gleicher Zeit und Dauer", bezeichnet einen zeitlichen Abgleich von Vorgängen (Digitales Wörterbuch der deutschen Sprache 2017b). Im Hinblick auf Absatz und Produktion bezeichnet Synchronisation eine vollständige Anpassung des Produktionsverlaufs an den Nachfrageverlauf. Dies bedeutet, dass mit dem Eintreffen der Nachfrage produziert wird, bei extrem hohen Nachfragen zieht dies eine Überlastung der Produktion, bei extrem geringen Nachfragen eine Unterforderung der Produktion mit sich. Der Vorteil einer vollständigen Synchronisation liegt bei den nicht vorhandenen Lagerkosten, da die Enderzeugnisse direkt an den Kunden ausgeliefert werden. Hierbei sollte beachtet werden, dass die Kosten der Fertigungsanpassung niedrig sind, da bei einer vollständigen Synchronisation auch mit der Art der Nachfrage umgerüstet werden muss. Aus diesen Gründen wird das Prinzip der Synchronisation nur gewählt, wenn ein Produkt nicht lagerfähig ist, bzw. die Lagerkosten sehr hoch ausfallen würden und die Rüstkosten gering sind. Für gewöhnlich wird dieses Prinzip deshalb bei einer Auftragsfertigung („build-to-order") angewandt. Dies erfordert eine Kenntnis der Phasen der Schwankungen, sowie der Zeitdauern, nach denen die Anpassungsmaßnahmen wirksam werden. Der Nachfrageverlauf bei Anwendung einer vollständigen Synchronisation sollte sich zudem um einen konstanten Mittelwert bewegen. Dieser Verlauf ist auch Abbildung 2-12 zu entnehmen. (Stöppler 1984, S. 97–98)

Emanzipation, aus dem lateinischen von *‚emancipatio'* „Freilassung", bezeichnete die Freilassung eines Sklaven oder Sohnes aus der väterlichen Gewalt (Digitales Wörterbuch der deutschen Sprache 2017a). Bei dem Prinzip der Emanzipation im Kontext der Absatz- und Produktionsplanung bedeutet es eine Loslösung der Nachfrage von der Produktion, vereinfacht wird dadurch ausgedrückt, dass die produzierten Stückzahlen nicht an die nachgefragten Stückzahlen gebunden sind. Das liegt daran, dass ein Durchschnittswert der prognostizierten Nachfrage produziert wird, und nicht die eigentlich nachgefragte Stückzahl. Der Verlauf von Absatz- und Fertigungsmenge kann aus Abbildung 2-12 abgelesen werden. Die überschüssigen Produkte, die nicht direkt abgesetzt werden, werden eingelagert und dazu genutzt Nachfrageüberschüsse aufzufangen, sodass die Nachfrage gedeckt werden kann. Dieses Prinzip wird für gewöhnlich angewandt, wenn die Lagerkosten relativ niedrig und die Rüstkosten der Fertigung vergleichsweise hoch sind, wie es bei der Massenproduktion und Lagerfertigung („build-to-stock") der Fall ist. Beachtet werden sollte, dass ein ausreichend großes Auffanglager aufgebaut werden muss, um eine gleichbleibende Menge produzieren zu können. (Stöppler 1984, S. 97–98; Dyckhoff et al. 2010, S. 235)

Eine weitere Strategie der Produktionsprogrammplanung ist eine Aufteilung des Produktionsprozesses durch einen Order Penetration Point (OPP) im deutschen auch Kundenentkopplungspunkt (KEP) genannt. Da die beiden Prinzipien der Synchronisation und Emanzipation Extrempositionen darstellen, wurde eine Mischform entwickelt, die als Montageproduktion („assemble-to-order") bezeichnet wird. Dabei wird der Kundenentkopplungspunkt innerhalb des Produktionsprozesses festgelegt. Vor diesem Punkt folgt die Produktion dem Prinzip der Emanzipation, überschüssige Produkte werden vor Erreichen des KEP eingelagert, oder gegebenenfalls zu diesem Punkt wieder in die Produktion eingeschleust. Hinter dem Entkopplungspunkt folgt die Produktion dem Prinzip der Synchronisation, das Zwischenprodukt wird kundenspezifisch nach Auftrag fertiggestellt. (Herrmann 2011, S. 203) Vor dem KEP spricht man auch vom Push-Prinzip, was bedeutet, dass die Produktion auch am ersten Produktionsschritt angestoßen und dann bis zum Entkopplungspunkt vorangetrieben wird. Das Prinzip danach wird auch als Pull-Prinzip bezeichnet, dabei werden die Aufträge rückwärts vom Kunden über die Endfertigung hin zum KEP ‚gezogen'. (Dickmann 2015, S. 315)

2.4.2 Synchronisation und Glättung der Produktionskapazitäten

Durch Schwankungen und unterschiedliche Einflüsse in der Produktion haben Produktionspläne oft keine lange Beständigkeit. Dieser Aspekt resultiert daraus, dass herkömmliche Planungssysteme auf kurzfristige Änderungen nicht flexibel genug reagieren können. Um eine Glättung oder Nivellierung von Produktionskapazitäten zu erreichen wird das Heijunka Prinzip, welches dem Toyota Produktionssystem entstammt, angewandt. Eine Glättung bedeutet in diesem Fall einen Ausgleich von Schwankungen, die in der Produktion durch Nachfragevariabilität auftreten. (Dickmann 2015, S. 315) Das Ziel des Heijunka Prinzips ist es also eine gleichmäßige Ausbringungsrate eines Endprodukts mit gleichzeitiger gleichmäßiger Bedarfsrate eines Vorprodukts zu erreichen. Dadurch können geringe Sicherheitsbestände und ein harmonisches Produktionssystem erreicht werden. (Tegel 2012, S. 3)

Eine Beruhigung der Produktionsprozesse soll durch eine schrittweise Reduzierung und Eliminierung von internen und externen Schwankungen erreicht werden. Diese wird auf Basis des Pull-Prinzips, also rückwärts von der Endfertigung zum ersten Produktionsschritt, eingeführt. Um hohe Durchlaufzeiten und Bestände durch hohe Losgrößen zu vermeiden sollen zusätzlich Losgrößen minimiert werden. (Dickmann 2015, S. 315)

Das übergreifende Ziel einer Glättung von Produktionskapazitäten zieht mehrere untergeordnete Ziele nach sich, die zunächst erreicht werden müssen. Dazu zählen konstante Material- und Informationsflüsse, eine Entkopplung der Produktion von Kundenabrufen durch Hilfsmittel wie dem Order Penetration Point (vgl. Kapitel 2.4.1), standardisierte Arbeitsabläufe, eine Reduzierung der Rüstkosten, sowie stetiges und planbares Arbeitspensum. Außerdem sollen die Bestände entlang der Wertströme minimiert werden ohne dabei Lagerengpässe zu verursachen. Um dies zu erreichen müssen die Losgrößen minimiert werden, um eine definierte und langfristige Flexibilität zu erreichen. Ist die standardisierte Produktion bereits durch eine hohe Variabilität gezeichnet, so kann spontan auf Eilbestellungen und Nachfrageschwankungen reagiert und andere Varianten in die Produktion eingeschleust werden. Um sicherzustellen, dass aus Gewohnheit nicht wieder große Losgrößen gebildet werden, dürfen nur Aufträge für kurze Zeiträume durchgegeben werden. (Dickmann 2015, S. 315–316)

2.5 Simulation dynamischer Systeme

Unter Simulation werden nach der VDI Norm 3633 Verfahren verstanden, welche die Nachbildung von Systemen und deren dynamischer Prozesse in einem experimentierbaren Modell ermöglichen. Hieraus können dann Erkenntnisse geschlossen werden, welche auf die Realität übertragbar sind. In einem erweiterten Verständnis der Simulation werden zudem das Vorbreiten, die Durchführung sowie die Auswertung von Simulationsexperimenten verstanden. Wesentlichen Nutzen der Simulation stellt dabei die Untersuchung des zeitlichen Ablaufverhaltens komplexer Systeme dar (vgl. Richtlinie 3633, S. 16). Im Vergleich mit analytischen Methoden liegt der Vorteil in der systemspezifischen Modellierung dynamischer Abhängigkeiten über die Zeit sowie der Berücksichtigung stochastischer Aspekte bei der Abbildung des Systemverhaltens (vgl. Wenzel et al. 2008, S. 1).

Zur begrifflichen Herleitung der Simulation, gilt es die beiden Begriffe System und Modell zu erläutern, welche sehr eng miteinander verknüpft sind. (vgl. Eley 2012, S. 3)

In der Literatur lassen sich zahlreiche Definitionen des Begriffs finden. Allgemein kann unter der Simulation die Nachbildung des Verhaltens eines realen Systems über einen bestimmten Zeitraum verstanden werden (vgl. Anderson 2016, S. 696). Es handelt sich also um zielgerichtetes Experimentieren an einem Modell, um Erkenntnisse zu gewinnen, die zur Lösung eines realen Problems geeignet sind (vgl. Flemming und Schach 2011, S. 8). Grundsätzlich lassen sich statische und dynamische Systeme unterscheiden. Während eine statische Simulation das System lediglich an einem bestimmten Zeitpunkt abbildet, ist bei einer dynamischen Simulation das Verhalten des Systems im Zeitverlauf relevant, da die Ausprägungen der Modellelemente in Abhängigkeit der Zeit variieren (vgl. Fröming 2009, 123 ff.).

Bei dem im Zuge dieser Dissertation zu erstellenden Simulationsmodell handelt es sich um ein komplexes System, das bereits auf Grund der zu bewertenden Größen, der Zeitplanungsparameter, dynamische Zusammenhänge aufweist. Die zu verwendende Simulationsmethode muss demnach in der Lage sein, dynamische Zusammenhänge abbilden zu können und zudem eine einfache Parametrierung erlauben. Dies erleichtert die Anwendbarkeit des Modells auf verschiedene Unternehmen mit ganz unterschiedlichen Eingangsgrößen. Ein weiteres wichtiges Kriterium für die Auswahl der geeigneten Simulationsmethode ist die übersichtliche Darstellung der Wirkungszusammenhänge, da dies einen großen Beitrag zum Systemverständnis leisten kann (vgl. Baeumle-Courth 2004, S. 53). Dieses Systemverständnis ist wegen seiner großen Wirkung auf die Akzeptanz der abzuleitenden Entscheidungsunterstützung essentiell für das zu erstellende Modell (vgl. Snabe 2007, S. 64; Siebert 2009, S. 12). Diese Relevanz muss sich auch in der entsprechenden Methode wiederspiegeln, diese muss also für eine Abbildung der komplexen Systemzusammenhänge geeignet sein.

BAUHOFF untersucht im Rahmen seiner Dissertation vier verschiedene Methoden zur Simulation dynamischer Systeme (siehe Abbildung 2-13). In seiner Dissertation verfolgt er den Ansatz, ein Simulationsmodell im Rahmen des Aachener PPS-Modells bei gleichzeitiger Berücksichtigung des kybernetischen Produktionsmanagementmodells zu erstellen. Dieses Vorgehen ähnelt dem Ansatz dieser Dissertation sehr stark. Aus diesem Grund soll an dieser Stelle Bezug auf seine Ausführungen genommen werden (vgl. Bauhoff 2013, S. 58ff.). Die Kriterien anhand derer BAUHOFF die verschiedenen Methoden in Anlehnung an WIENHOLDT bewertet, besitzen ebenso Gültigkeit für die Auswahl einer Simulationsmethode zur simulationsgestützten Synchronisation der Zeitplanungsparameter für Variantenfertiger.

Kriterien	Methoden zur Simulation dynamischer Systeme			
	Operations-Research	Petri-Netze	Logistische Simulation	System-Dynamics
Beitrag zum Systemverständnis	◑	●	●	●
Abbildung von systeminhärenter Dynamik	◑	◑	●	●
Anwendung bei Vielzahl abhängiger Variablen	◑	◑	◑	●
Interdependenzen und Rückkopplungen	◑	◑	◑	●
Eignung für komplexe Fragestellungen	●	●	●	●
Praktikabilität, einfache Anwendung	○	◑	◑	●
Standardisierte Modellerstellung	○	●	◑	◑
Möglichkeit zur Szenariobildung	◑	●	●	●
Möglichkeit zu Sensitivitätsanalysen	●	◑	●	●

Legende: ● Wird berücksichtigt ◑ Wird teilweise berücksichtigt ○ Wird nicht berücksichtigt

Abbildung 2-13: Eignung der betrachteten Methoden zur Simulation dynamischer Systeme (i.A.a. Wienholdt 2011, S. 57)

Insgesamt zeigt sich anhand dieser Abbildung, dass die Methode System Dynamics die umfangreichste Abdeckung der für diese Dissertation relevanten Kriterien gewährleistet. Daher wird diese Methode zur weiteren Verwendung genutzt. Allerdings ergaben sich im Verlauf der Erstellung dieser Dissertationsschrift, insbesondere bei der Losgrößenbestimmung nach Wagner-Within Anforderungen, welche mit System Dynamics nicht gelöst werden konnten. Aus diesem Grund wird die Losgrößenbestimmung als ein zentraler Baustein der Bewertungsgrundlage, in einem Operations-Research Modell abgebildet und die beiden Modelle für die Gesamtbewertung miteinander verknüpft.

Aus diesem Grund wird im weiteren Verlauf sowohl eine detailliertere Einführung in die Methode des System Dynamics als auch in die Methode des Operations-Research gegeben (vergleiche hierzu Kap. 4.2.4).

2.6 Abgrenzung des Untersuchungsbereiches

Die Erstellung eines Simulationsmodells im Rahmen dieser Arbeit erfordert eine sehr konkrete Eingrenzung des Adressatenkreises, da andernfalls die Gefahr besteht zu oberflächliche Wirkungsbeziehungen aufzustellen, was besonders bei einem Simulationsmodell zu ungenauen und sogar falschen Ergebnissen führen könnte. Dafür müssen verschiedene weitere Gesichtspunkte der Realität ausgeblendet werden (vgl. Malone und Crowston 1994, S. 100). Daher wird im Folgenden auf Grundlage der zuvor definierten Terminologien der Untersuchungs- und somit Gültigkeitsbereich der vorliegenden Arbeit eingegrenzt.

In Abbildung 2-14 wird der Untersuchungsbereich in Form eines morphologischen Merkmalsschemas dargestellt. Den Merkmalen sind dort in der Realität auftretende Ausprägungen zugeordnet. Diese Merkmalsausprägungen werden in betrachtete, zum Teil betrachtete und nicht betrachtete Bestandteile differenziert.

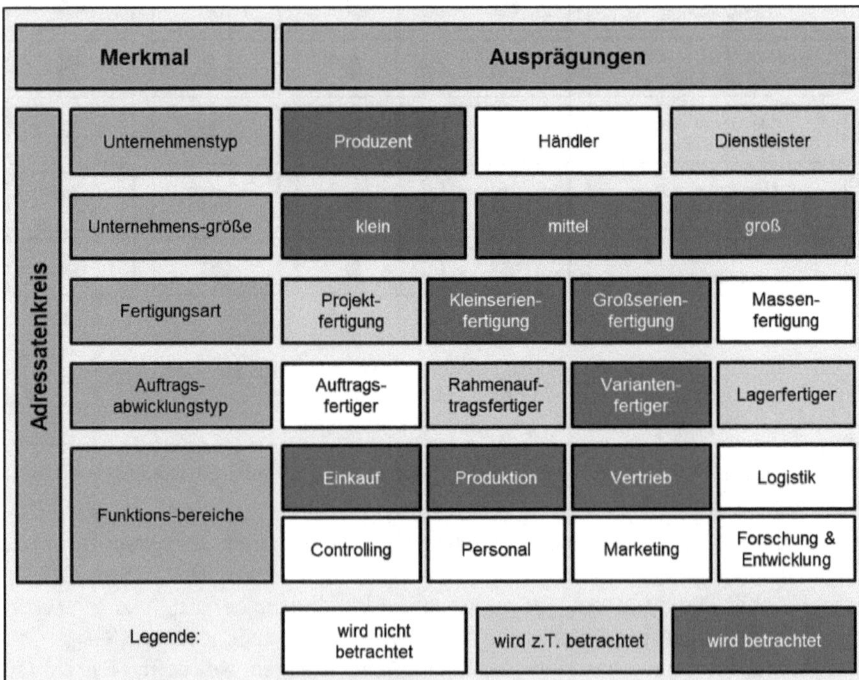

Abbildung 2-14: Abgrenzung des Untersuchungsbereichs

Die Untersuchung dieser Arbeit richtet sich primär an produzierende Unternehmen. Es sollte jedoch im Nachgang geprüft werden, ob Dienstleister ebenfalls Erkenntnisse aus den Ergebnissen dieser Arbeit ziehen können. Dies würde vor allem aus dem Grund Sinn machen, da sich immer mehr produzierende Unternehmen zu einem Dienstleister wandeln (vgl. Schuh et al. 2016, 12 f.; Busse 2005). In der Praxis ist dies beispielsweise bei Claas zu beobachten.

Die Unternehmensgröße spielt für den Untersuchungsbereich keine größere Rolle. Das zu erstellende Simulationsmodell hat den Anspruch eine Entscheidungsgrundlage für Variantenfertiger zu bilden. Von diesen Erkenntnissen können jedoch auch Auftrags- und Lagerfertiger profitieren, da der Variantenfertiger durch den Kundenentkopplungspunkt in zwei unterschiedliche Konzepte getrennt wird, die diesen Auftragsabwicklungstypen sehr stark ähneln.

Der Fokus dieser Arbeit liegt auf dem Auftragsabwicklungsprozess des Produzenten. Es werden also die Funktionsbereiche Vertrieb, Produktion und Einkauf einbezogen. Sekundäre Unternehmensprozesse, wie das Controlling, werden demnach nicht betrachtet. Auch das wäre jedoch ein Forschungsansatz, der im Nachgang weiterverfolgt werden könnte.

Zur Erstellung eines quantifizierenden Simulationsmodells müssen selbstverständlich weitere Annahmen getroffen werden. Diese werden erst im weiteren Verlauf dieser Dissertationsschrift erörtert (vgl. hierzu Kap.4.1)

3 Stand der Erkenntnisse

Nach der im vorherigen Abschnitt erfolgten Abgrenzung des Untersuchungsbereiches wird im nachfolgenden Kapitel der Stand der Erkenntnisse analysiert. Im Mittelpunkt dieser Dissertationsschrift steht die (zeitliche) Parametrierung der Produktionsplanung und -steuerung von Variantenfertigern. Daher werden in einem ersten Schritt *Ansätze und Beiträge zur Planung und Steuerung von Produktionssystemen* diskutiert (siehe Kap. 3.1).

Anschließend werden *Referenzmodelle zur Unterstützung der Produktionsplanung und -steuerung* beleuchtet (siehe Kap. 3.2), um darauf basierend kritisch zu reflektieren inwiefern die in dieser Dissertationsschrift zentralen Zeitplanungsparameter bereits berücksichtigt und in die Planungsprozesse integriert werden (siehe Kap. 3.2.6)

Insbesondere in Zeitalter von Industrie 4.0 und der fortschreitenden Digitalisierung wird die Planung entlang des Lebenszyklus eines Produktes zunehmend durch (produktionsnahe) betriebliche Anwendungssysteme unterstützt. Daher werden im weiteren Verlauf *betriebliche Anwendungssysteme zur Unterstützung der Produktionsplanung und -steuerung* vorgestellt (siehe Kap 3.4). Im Betrachtungsbereich liegen hierbei sämtliche Systeme welche mittel- und unmittelbare Unterstützung der PPS im Sinne der Automatisierung von Geschäfts- und Planungsprozessen ermöglichen.

Der übergreifenden Zielsetzung dieser Dissertation - der Synchronisation und damit bestmöglichen Einstellung der Zeitplanungsparameter – entsprechend, werden nachfolgend bestehende *Ansätze, Methoden und Verfahren zur Optimierung und Synchronisation von Parametern* (siehe Kap. 3.5) diskutiert.

Abschließend kann eine *kritische Würdigung des Erkenntnisstandes und Ableitung des Forschungsbedarfes* erfolgen (siehe Kap. 3.6).

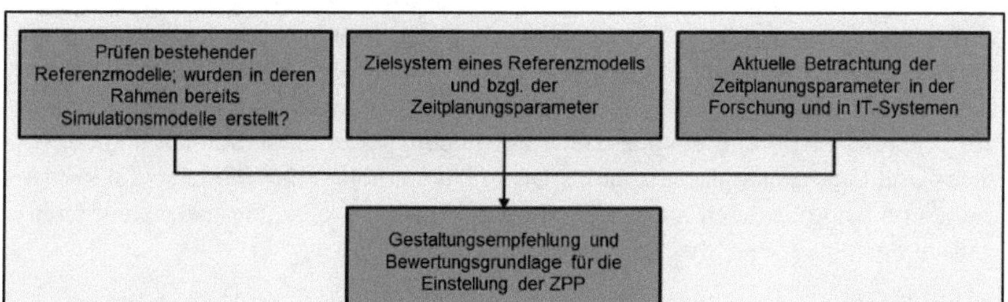

Abbildung 3-1: Struktur der Untersuchung in Kapitel 3

3.1 Ansätze und Beiträge zur Planung und Steuerung von Produktionssystemen

Wie geschildert soll zunächst ein umfassender Überblick der Produktionsplanung und –steuerung geschaffen werden. Beginnend mit einer Einordnung in den betrieblichen

Kreislauf und einer Vorstellung der klassischen Ansätze wird die PPS eingegrenzt und beschrieben. Zur operativen Unterstützung wurden verschiedene Modelle und Systeme entwickelt, die im Anschluss vorgestellt werden.

In diesem Kapitel werden die klassischen Ansätze vorgestellt, die ursprünglich für die PPS entwickelt wurden. Dabei wird auf das hierarchische Produktionssystem eingegangen, welches noch heute als Grundlage für verschiedene Modelle dient. Des Weiteren wird das Konzept des Material Requirements Planning aufgegriffen.

3.1.1 Einordnung der Produktionsplanung und –steuerung in den betrieblichen Kreislauf

Um die Bedeutung der Produktionsplanung und –steuerung im Unternehmen nachvollziehen zu können, wird zunächst die Einordnung in die betriebliche Planung vorgenommen. Anschließend werden die Aufgaben und Ziele der PPS erläutert.

Die Produktion stellt den Mittelpunkt der betrieblichen Planung dar. Sie ist der wertschöpfende Prozess, bei welchem Rohmaterialien zu vertriebsfertigen Produkten verarbeitet werden. In enger Zusammenarbeit mit der Produktionsplanung stehen Beschaffungs- und Absatzplanung, die der Produktion unmittelbar vor- bzw. nachgelagert sind. Diese drei bilden gemeinsam den Kern der betrieblichen Planung, welche durch unternehmerische Zielvorgaben bestimmt wird, die wiederrum stark mit der Finanzplanung interagieren. Weitere Einflüsse werden durch die Situationen am Beschaffungs- bzw. Absatzmarkt, sowie die allgemeinen Bedingungen am Standort des Unternehmens, die politischer oder geographischer Natur sein können, bedingt. (vgl. Kistner und Steven 2001, S. 6)

Durch eine Veränderung der äußeren Einflüsse, vor allem in Bezug auf schwindende Rohstoffe und gesättigte Märkte nimmt die Optimierung der betrieblichen Planung eine größere Bedeutung an. Dies wird weiterhin durch eine Erwartungshaltung der Kunden bedingt, die ihre Anforderungen schneller umgesetzt sehen möchten sowie der größeren Konkurrenz, die durch die Globalisierung und den Online-Handel zustande kommt. Die Produktion bietet großes Potenzial zur Optimierung, welches durch eine Reduktion der Durchlaufzeiten und eingesetzter Ressourcen, sowie einer Optimierung der Prozesse und Lagerzeiten umsetzbar ist. Diese Ziele erhöhen den Planungsaufwand immens und sind nur durch eine zielgerichtete Produktionsplanung und –steuerung zu realisieren. (vgl. Söhner 1995, S. 1; Koch 2017, S. 3)

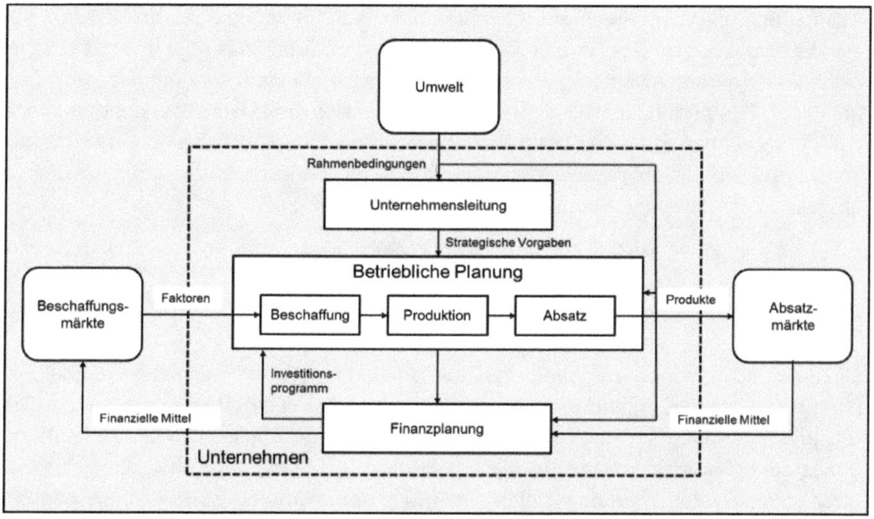

Abbildung 3-2: Der betriebliche Kreislauf (i. A. a. (vgl. Kistner und Steven 2001, S. 6)

Die PPS soll somit die Aufgaben der Termin-, Kapazitäts- und mengenbezogenen Planung und Steuerung der Fertigungs- und Montageprozesse übernehmen. Dabei fokussiert sich die Produktionsplanung auf den Inhalt und die Gestaltung der Einzelprozesse der Fertigung, die bereits im Zuge der Produktentwicklung festgelegt werden. Die Produktionssteuerung folgt einem kurzfristigeren Zeitplanungshorizont, da sie sich mit der Steuerung des Ablaufs der Tätigkeiten im Rahmen der Auftragsabwicklung beschäftigt. Das bedeutet, dass die Reihenfolge der Aufträge mit den zur Verfügung stehenden Kapazitäten synchronisiert wird, um sicherzustellen, dass alle Aufträge innerhalb des vereinbarten Zeitfensters abgewickelt werden können.
Aus den Aufgaben ergeben sich auch die Ziele der Produktionsplanung und –steuerung. Sie umfassen zum einen eine hohe Flexibilität und Termintreue, um die Kundenwünsche bestmöglich erfüllen zu können. Für eine kostengünstige Produktion umfassen sie weiterhin eine hohe und gleichmäßige Kapazitätsauslastung, sowie geringe Durchlaufzeiten, Lager- und Werkstattbestände. (vgl. Schuh und Stich 2012, S. 29) Der Zielkonflikt zwischen der betrieblichen Sicht und der Termintreue, ein für die Kundenzufriedenheit entscheidendes Kriterium, erhöht die Komplexität der PPS weiter. Die Stückkosten werden durch eine hohe Auslastung der Ressourcen sowie niedrige Bestände reduziert. Allerdings führen sie auch zu verlängerten Warte- und Durchlaufzeiten, welche die Termintreue verschlechtern. (vgl. Brandenburg et al. 2015, S. 22–23)

Im Zuge der Aufgaben der PPS soll auch auf den Lean Management Ansatz eingegangen werden. Dieser stellt eine Zielvorgabe dar, auf welche die Ausrichtung der Unternehmensprozesse und der Produktion hinstrebt, die bei allen Modellen eine bedeutende Rolle spielt. Die wichtigsten Ziele sind die Vermeidung von Verschwendung,

Ausrichtung aller Unternehmensaktivitäten auf die Zufriedenheit des Endkunden, sowie die Humanisierung der Arbeit. Die Vermeidung von Verschwendung umfasst dabei nicht nur eine Verschwendung von physischen Gegenständen, sondern auch von Zeit, unnötigen Beständen, überflüssige Bewegungen sowie eine Verschwendung im Sinne von Fehlerbehebungen. Der Lean Management Ansatz soll durch eine Lean Production auf die Produktion angewandt und auch in allen anderen Unternehmensbereichen umgesetzt werden. (vgl. Schuh und Stich 2012, S. 304–306)

Ansätze, die versuchen diese Problemstellungen zu lösen, werden im nächsten Kapitel vorgestellt.

3.1.2 Hierarchisches Produktionssystem

Um die beschriebenen Aufgaben und Ziele erfüllen zu können, muss die Produktionsplanung sukzessive in mehreren Schritten erfolgen, damit die Abhängigkeiten der Daten und Informationen über Produktionssystem, Materialfluss, Produkte und Fertigungstechnik ausreichend berücksichtigt werden. Zu Zeiten der Entwicklung des hierarchischen Systems war das Problem aufgrund der informationstechnischen Möglichkeiten nicht simultan lösbar. Des Weiteren stehen zu Beginn der Planungsphase keine ausreichend fundierten Daten zur Verfügung, sodass ein hierarchisches System sinnvoller ist. Zum heutigen Zeitpunkt sind die Möglichkeiten jedoch um ein Vielfaches größer, sodass die Grenzen nicht von den technischen Möglichkeiten, sondern vielmehr durch die Informationsbereitstellung und die Kapazitäten des Menschen gesetzt werden. Aus diesem Grund muss die Produktionsplanung weiterhin sukzessive verlaufen, sodass das Modell weiterhin gültig ist. (vgl. Söhner 1995, S. 9; Claus et al. 2015, S. 7)

Der Planungsprozess wird zeitlich in die lang-, mittel- und kurzfristige Planung gegliedert. Dabei umfasst für gewöhnlich die langfristige Planung einen Zeithorizont von mehreren Jahren, die mittelfristige Planung von ca. einem Jahr oder einem Saisonzyklus und die kurzfristige von maximal einem Monat. Diese Einteilung unterscheidet sich von der zeitlichen Strukturierung der Planungsphasen anderer Unternehmensbereiche, da die Produktion an einen saisonalen Zyklus gebunden ist und demnach kürzere Zeiträume vorsieht. (vgl. Kistner und Steven 2001, S. 12)
Des Weiteren unterscheidet man nach ANTHONY (ANTHONY 1965, S. 15) die drei Hierarchieebenen strategische Planung, taktische Planung sowie operative Steuerung und Kontrolle. Die strategische Planung beschreibt dabei sowohl die Ausrichtung des Unternehmens im Sinne seiner Ziele und Visionen, als auch die Strategien, die zur Erreichung dieser Ziele entwickelt wurden. Die taktische Planung ist die Planung der effizienten Umsetzung der Ziele unter einem optimalen Einsatz der Ressourcen. Diese Umsetzung wird abschließend von der untersten Hierarchieebene, der operativen Steuerung und Kontrolle, überwacht.

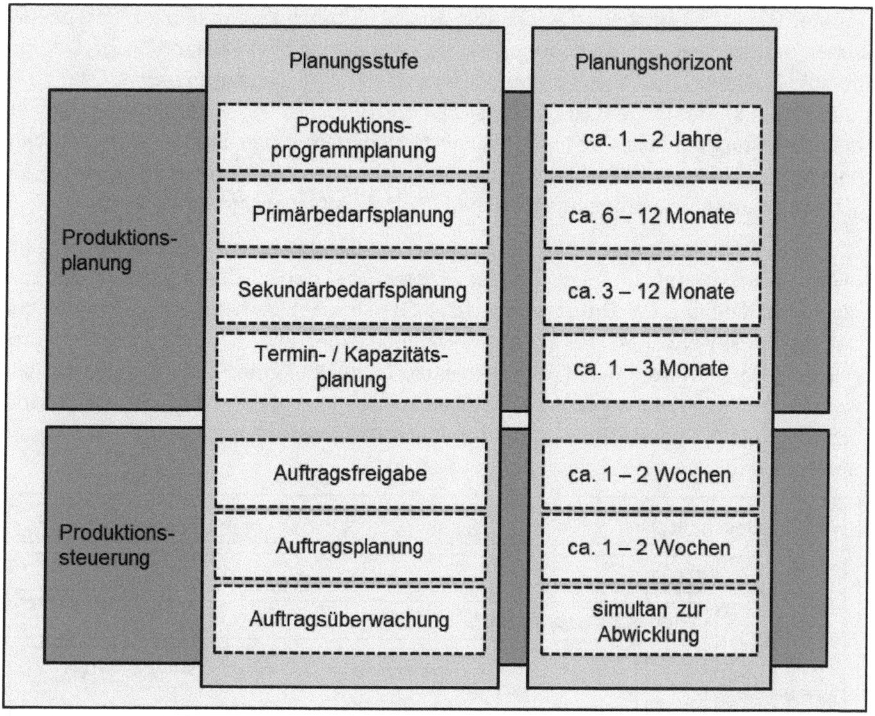

Abbildung 3-3: Mittel- und kurzfristige Planung eines hierarchischen PPS-Systems (i. A. a. (vgl. Siepermann 2015) und (vgl. Söhner 1995, S. 14))

Man kann von keiner vollständigen Übereinstimmung der drei Hierarchie- und Planungsebenen ausgehen, obwohl sich feststellen lässt, dass in der strategischen Planung langfristige, in der taktischen Planung mittelfristige und in der operativen Steuerung und Kontrolle kurzfristige Aspekte dominieren. Da die strategische Planung meist nicht in der Produktionsplanung selbst vorgenommen, sondern unternehmensweit festgelegt wird, wird diese in der Darstellung von Abbildung 3-3 nicht berücksichtigt. Sie steht in der Einordnung von Abbildung 3-2 vor der betrieblichen Planung. (vgl. Kistner und Steven 2001, S. 12–13)

3.1.3 Klassische Ansätze der Produktionsplanung und -steuerung

Aus dem hierarchischen System heraus wurde ein Ansatz für die Bedarfsermittlung, das Material Requirements Planning (MRP), entwickelt.

Bei diesem Verfahren wird ausgehend von der obersten Ebene, der Produktionsprogrammplanung, stufenweise der Bedarf der nachgelagerten Ebenen ermittelt um den Gesamtbedarf einer Periode 0 zu erhalten. Dabei werden neben den Prognosen für fertige Produkte auch absatzfähige Komponenten sowie Ersatzteile berücksichtigt. Auf Basis des Bedarfs von Periode 0 kann der Bruttobedarf einer jeweiligen Periode ermittelt werden. Den Nettobedarf erhält man anschließend, indem man die Differenz zwischen den terminierten Bruttobedarfen und dem disponiblen Bestand bildet. Der disponible Bestand berechnet sich aus den ausstehenden Zugängen verringert um bereits verplante Bestände. Die benötigte Zeit zur Bereitstellung wird inkl. eines Sicherheitszuschlags berücksichtigt, sodass der Nettobedarf in den Bruttobedarf der nachgelagerten Ebene einfließen kann. Abschließend wird der Gesamtbedarf zu wirtschaftlichen Losgrößen zusammengefasst. (vgl. Gotzel und Inderfurth 2010, S. 12–13)

Da die Kapazitäten innerhalb der Produktion bei diesem Ansatz unberücksichtigt geblieben sind, entstanden immer wieder Probleme bei der Zuverlässigkeit der Produktionspläne. Aus diesem Grund wurde das MRP-Konzept um die Kapazitätsplanung in der Produktion erweitert. Mit Hilfe des Nachfolgekonzepts Manufacturing Resource Planning (MRP II) werden mit der Kapazitätsprüfung über eine Rückkopplungsschleife Korrekturen im Produktionsplan ausgelöst, sodass Fertigungs-/Montagelose gebildet werden können und die Terminplanung unterstützt werden kann. (vgl. Gotzel und Inderfurth 2010, S. 14–15; Brandenburg et al. 2015)

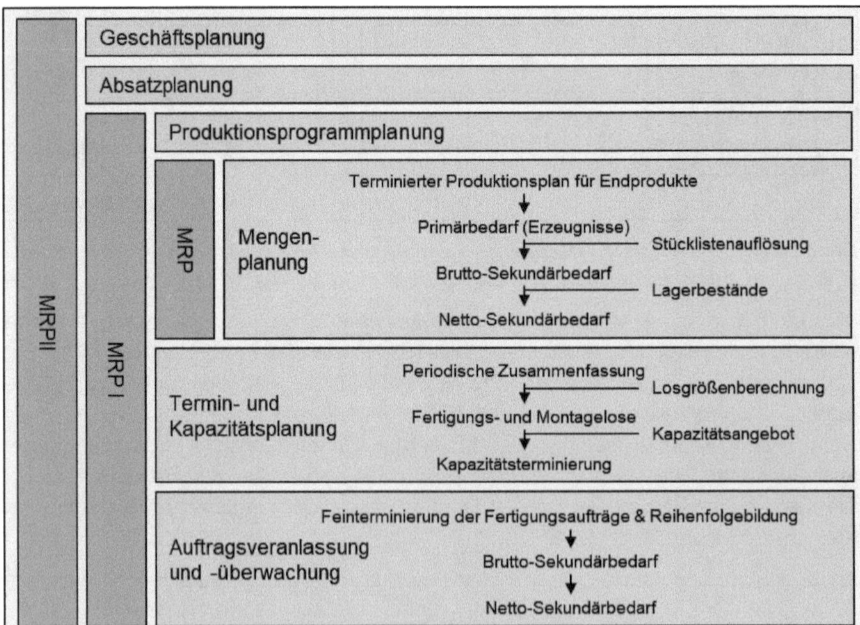

Abbildung 3-4: Die Entwicklung von MRP zu MRP II (i.A.a. Scheer 1990, S. 35)

MRP II entstand in den 80er Jahren und berücksichtigt zusätzlich wirtschaftliche und strategische Gesichtspunkte der Produktionsplanung (vgl. Abbildung 3-4). Das MRP II Konzept findet noch heute vielfältige Anwendung in der Produktionsplanung und -steuerung, da es als Basis für den größten Teil der existierenden IT-Systeme im produktionsnahen Bereich dient.

3.1.4 Integrierte Absatz- und Produktionsplanung

Mit Sales & Operations Planning (S&OP) entwickelte sich in den 80er-Jahren ein Prozess für die Absatz- und Produktionsplanung, welcher vor allem die Synchronisierung über die operationelle Ebene hinaus in den Vordergrund rückte. Als anerkannte Erfinder des Prozesses und des Begriffes können Dick Ling und Walter Goddard mit der Veröffentlichung von „Orchestrating Success: Improve Control of the Business with Sales & Operations Planning“ im Jahr 1988 benannt werden (vgl. Ling et al. 2003, S. 5). Dabei muss S&OP im Zusammenhang mit der Entwicklung von Manufacturing Resource Planning (MRPII) gesehen werden. Während bereits MRP in den 60er-Jahren eine Verbesserung der Planungsfähigkeiten eines Unternehmens durch Ableitung des Sekundärbedarfs aus dem Primärbedarf erwirkte, ist die MRP II Logik eine konsequente Weiterentwicklung von MRP, welche die effektive Planung aller Ressourcen eines Produktionsunternehmens zum Ziel hat (vgl. Ptak und Schragenheim 2004, S. 4ff.; Blackstone 2013, S. 99). Aufgrund dieser Planungsinstrumente war es den Unternehmen möglich, mit einer viel höheren Planungsgenauigkeit und einem größeren Planungsumfang zu arbeiten. Ling stellte daraufhin fest, dass zur optimalen Nutzung der verbesserten Planungsgrundlage ein voraus schauender Planungsprozess nötig sein würde (vgl. Ling et al. 2003, S. 1). Vom Zeitpunkt der Entwicklung bis heute hat sich S&OP stetig gewandelt und entwickelt, zum einen aufgrund des hohen Praxisbezugs und der starken Anwendung in der Industrie, zum anderen durch die Wandlungen des Unternehmensumfeldes. Während einige Autoren S&OP als taktisches Instrument ansehen (vgl. Feng et al. 2008, 189 ff.), verorten andere Autoren S&OP auf der strategischen Ebene (vgl. Alexander 2013, S. 16ff.). Des Weiteren hat sich der Fokus von S&OP im Laufe der Zeit verschoben: War es zu Anfang ein Instrument, das nur die Abstimmung von Primärbedarf und Produktionsangebot zum Ziel hatte und die Vorgänge der Supply Chain optimieren wollte, entwickelte sich auf Grund der großen Potentiale eine Sichtweise auf S&OP, die die Synchronisation aller relevanten Pläne im Unternehmen zum Ziel hatte und damit weitere Funktionen in den S&OP-Prozess integrierte. Dies führte unter anderem dazu, dass andere Begriffe wie „Integrated Business Planning“, „Rolling Forecast and Budget“, „Sales Inventory and Operations Planning“ für S&OP in den Umlauf kamen (vgl. Ling et al. 2003, S. 2). Als einen weiteren Grund für die Evolution von S&OP sind die veränderten Rahmenbedingungen zu sehen. So hat sich die Planungskomplexität durch eine breitere Produktpalette, einer höheren Volatilität der Kundennachfrage sowie einer zunehmenden Produktion in Unternehmensnetzwerken weiter gesteigert (vgl. Schuh und Stich 2012, 29f.). So hat sich beispielsweise von 1995 bis 2007 die Anzahl der Fahrzeug-Modelle bei Mercedes-Benz Cars verdreifacht (vgl. Ostertag 2008, S. 3). Gleichzeitig haben sich die zur Verfügung stehenden IT-Systeme vor allem auf Grund der stark gesteigerten Rechnerleistung weiterentwickelt. Deshalb war und ist der S&OP-Prozess als eine in der Praxis angewandte Methode konstanten Änderungen unterworfen. Eine anerkannte Definition, die Sales & Operations Planning in umfassender Weise zusammenfasst, ist die Folgende aus dem APICS Wörterbuch:

"A process to develop tactical plans that provide management the ability to strategically direct its businesses to achieve competitive advantage on a continuous basis by integrating customer-focused marketing plans for new and existing products with the management of the supply chain. The process brings together all the plans for the business (sales, marketing, development, manufacturing, sourcing, and financial) into one integrated set of plans. [...] Executed properly, the sales and operation planning process links the strategic plans for the business with its execution and reviews performance measurements for continuous improvement."(vgl. Blackstone 2013, S. 154)

3.2 Referenzmodelle zur Unterstützung der Produktionsplanung und -steuerung

Da die grundlegende Neuentwicklung von Modellen mit hohem Aufwand verbunden sein kann, haben sich in Wissenschaft und Praxis Referenzmodelle als Grundlage zur Ableitung spezifischer Modelle etabliert (vgl. Reiter 1999, S. 46; Koch 2011, S. 80). Referenzmodelle können als eine Art Standardisierung für abgegrenzte Problembereiche verstanden werden. Durch diese Standardisierung kann eine Steigerung der Effizienz und Effektivität der Modellierung erreicht werden, da der Modellierungsaufwand reduziert und die Modellqualität verbessert wird (vgl. Koch 2011).

BAUHOFF analysierte im Rahmen seiner Forschung vier verschiedene Referenzmodelle (u.a. das Modell des kybernetischen Produktionsmanagements, vgl. Kap. 3.2.6) mit der Zielsetzung eine selbstoptimierende Regelung der Materialdisposition mithilfe eines Simulationsmodells zu erreichen. Dafür zog er zur Bewertung Kriterien wie die Prozessoptimierung oder Nachvollziehbarkeit und einfache Adaption heran (vgl. Bauhoff 2013, S. 57 f.).

Im Folgenden werden weitere Modelle, die der Unterstützung der Produktionsplanung und –steuerung dienen, vorgestellt. Ausgehend vom Product Lifecycle Management (PLM) wird das Enterprise Resource Planning (ERP) sowie das Aachener PPS-Modell erläutert (eine detaillierte Beschreibung des Aachener PPS erfolgte bereits in Kap. 2.1.3). Anschließend wird das Dortmunder Prozesskettenmodell vorgestellt. So kann ein Verständnis über die Modelle erlangt werden, bevor im nächsten Unterkapitel die dazugehörigen Systeme erläutert werden (siehe Kap. 3.4).

3.2.1 Product Lifecycle Management (PLM)

Das PLM ist ein gesamtheitlicher Managementansatz, welcher über die Produktionsplanung und –steuerung hinausgeht. Da die Produktentwicklung und die Produktion jedoch ein wesentlicher Bestandteil des Produktlebenszyklus sind und das Modell für die Synchronisation unterschiedlicher Unternehmensbereiche von Bedeutung ist, wird es hier behandelt. Bislang gibt es keine einheitliche Definition des Product Lifecycle Managements, grundsätzlich kann man jedoch von zwei verschiedenen Sichtweisen ausgehen, die der Wissenschaft und die der PLM-Softwareanbieter. Diese Dissertationsschrift stützt sich auf die wissenschaftliche Definition nach SCHUH:

„Beim Product Lifecycle Management […] handelt es sich um einen Ansatz zur ganzheitlichen, unternehmensweiten Verwaltung und Steuerung aller Produktdaten und Prozesse des gesamten Lebenszyklus – von der Entwicklung und Produktion über den Vertrieb bis hin zur Wartung. Ziel dabei ist es, den Produktentstehungsprozess durch Datenmanagement zu unterstützen und die Entwicklungsproduktivität zu erhöhen. Zur Unterstützung dieses Ansatzes existieren Informationstechnologie (IT-) basierende PLM-Lösungen, die mit ihren Funktionen die Umsetzung des PLM-Ansatzes in großen Teilen erst ermöglichen." (vgl. Schuh 2015)

Nach der Definition von SCHUH und dem allgemeinen Verständnis ist PLM somit kein IT-System, sondern vielmehr ein übergreifendes Managementkonzept, welches IT zur Unterstützung nutzt. (vgl. Uam 2012, S. 45)

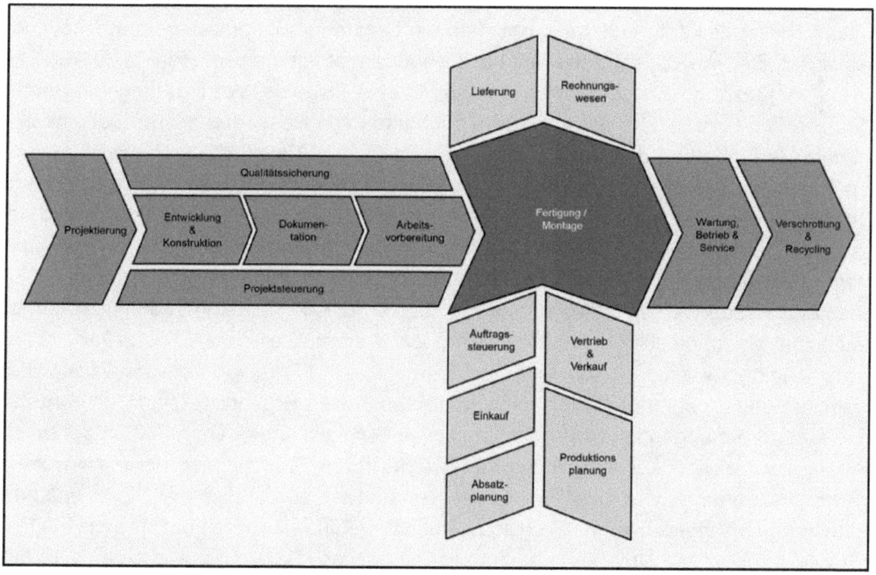

Abbildung 3-5: Konzept des Product Lifecycle Managements inkl. Darstellung des Enterprise Resource Planning (i.A.a. Arnold 2011, S. 10)

Product Lifecycle Management stellt die horizontale Integration entlang der unternehmensübergreifenden Wertschöpfungskette dar. Wie in Abbildung 3-5 dargestellt, umfassen die direkt dem PLM zugeordneten, hellblau hinterlegten, Funktionen den gesamten Lebenszyklus. Auch das Zusammenspiel zwischen PLM und dem Modell des Enterprise Resource Planning lässt sich in der Abbildung gut erkennen. Die dem ERP direkt zugeordneten Funktionen sind hierbei weiß hinterlegt. Die beiden Modelle überschneiden sich in der Fertigung/ Montage. Das ERP Modell beschränkt sich in diesem Bereich auf die vertikale Integration und ist dabei im Gesamten dem PLM zugeordnet. Auf die Aufgaben und Bestandteile des ERP Modells wird im Folgenden genauer eingegangen. Das Zusammenspiel der Systeme, vor allem im Hinblick auf die informationstechnische Umsetzung wird in Kapitel 3.4 beschrieben.

3.2.2 Enterprise Resource Planning (ERP)

Beim Enterprise Resource Planning steht eine ganzheitliche Betrachtung zur Planung und Verwendung der Unternehmensressourcen im Vordergrund. Die Betrachtung erstreckt sich dabei, wie in Abbildung 3-5 erkennbar ist, von der Absatzplanung über Produktionsplanung, Einkauf, Verkauf, der eigentlichen Fertigung bis hin zur Lieferung und dem Rechnungswesen. Im Zuge dieser umfassenden Betrachtung wird die isolierte Sicht auf einzelne Prozesse in den jeweiligen Unternehmensbereichen für eine prozessorientierte, unternehmensweite Betrachtung in den Hintergrund gerückt. Dadurch wird es ermöglicht nicht nur für einzelne Unternehmensbereiche Optima zu kreieren, sondern eine Verbesserung zu erlangen, die für das Gesamtunternehmen optimal ist. (vgl. Winkelmann 2013a)

Das ERP-Modell unterstützt und optimiert die Unternehmensprozesse durch Rationalisierung. Der Fokus liegt dabei auf der Verfügbarkeit von Ressourcen, Liefertreue zu Kunden, Flexibilität bei der Bedienung des Marktes sowie der Verringerung von Durchlaufzeit und Kosten. Der Aspekt der Verfügbarkeit von Ressourcen bedeutet eine optimale Verfügbarkeit der Ressourcen mit dem Just-in-Time (JiT) – Prinzip, um eine rechtzeitige Bereitstellung zu garantieren aber gleichzeitig auch die Lagerkosten minimal zu halten. Dieses Prinzip, welches nicht von ERP-Systemen abgebildet wird, ist nur durch komplexe IT-Systeme realisierbar, auf die im weiteren Verlauf dieser Dissertationsschrift eingegangen werden wird. Die Liefertreue zeichnet sich durch eine Einhaltung der zugesagten Liefertermine aus. So kann die Kundenzufriedenheit sichergestellt und Marktanteile gehalten und vergrößert werden. Die Terminfindung verläuft iterativ, beginnend mit dem Kundenwunschtermin und mit Hilfe von Vor- und Rückwärtsterminierungen, sodass ein für beide Seiten optimales Ergebnis erzielt wird. Um gut mit Unterbrechungen in der Produktion, sowie Schwankungen am Markt umgehen zu können, ist eine Flexibilität im zeitlichen Ablauf des Produktionsprozesses wichtig. Auch die Variantenvielfalt sollte flexibel gestaltet werden, damit der Markt entsprechend bedient werden kann. Die Reduzierung der Durchlaufzeiten beschreibt eine Reduzierung über alle Unternehmensfunktionen hinweg. Daraus folgt auch eine Reduzierung der Kosten, die sich nicht auf die im operativen Geschäft anfallenden Kosten beschränkt, sondern außerdem die Behauptung am Markt einschließt. (vgl. Osterhage 2014, S. 5–8)

3.2.3 Aachener PPS-Modell

Als weiteres Referenzmodell wird das Aachener PPS-Modell betrachtet. Eingeordnet in die Abbildung 3-5 befasst es sich mit Teilen des PLM-, sowie des ERP-Modells, die genaueren Funktionen werden im Laufe dieses Kapitels aufgegriffen und erläutert.

Das Aachener PPS-Modell dient in Produktionsplanungsprojekten als Unterstützung bei der Auswahl und Einführung von PPS-Systemen, der Reorganisation der Produktionsplanung und –steuerung und der Entwicklung entsprechender Konzepte und Systeme, sowie der Harmonisierung von PPS-Prozessen.
Zusätzlich werden die Aufgaben der Beschreibung verschiedener Teilaspekte der

PPS, der Ermittlung der Zielausprägung und der Unterstützung bei der Anwendung von Gestaltungs-/Optimierungsmethoden übernommen.

Die vorrangige Aufgabe des Modells besteht allerdings in der Beschreibung und Darstellung von Teilen der Produktionsplanung und –steuerung aus verschiedenen Blickwinkeln, sodass es unterschiedlichen Verwendungszwecken dienen kann. (vgl. Schuh und Stich 2012, S. 12)
Um diese verschiedenen Blickwinkel zu ermöglichen, wurden vier Referenzsichten des Aachener PPS-Modells erzeugt. Die Grundstruktur bildet die Aufgabensicht, dargestellt in Abbildung 2-4, welche zur Beschreibung und Abgrenzung von Aufgaben der PPS und zur Auftragsabwicklung genutzt wird. Zu Verteilung und Koordination von Prozessen und Prozesselementen wurde die Prozessarchitektursicht entwickelt. Die dritte Organisationssicht ist die Prozesssicht, sie dient zur Analyse und Gestaltung von Prozessen. Die vierte Sicht ist eine IT-Systemsicht und dient zu Beschreibung von Anforderungen an IT-Systemen, sowie zur Unterstützung bei der Auswahl geeigneter IT-Systeme. (vgl. Schuh und Stich 2012, S. 19)

In der Aufgabenreferenzsicht lassen sich die Funktionen aus der Absatzplanung, Auftragssteuerung und des Rechnungswesens aus Abbildung 3-5, die dem ERP direkt zugeordnet sind, wiederfinden. Des Weiteren wird die Dokumentation und Arbeitsvorbereitung aus dem PLM-Modell aufgegriffen. Das Aachener PPS Modell gliedert sich somit weder dem PLM-, noch dem ERP-Modell direkt unter, sondern fokussiert sich auf die, für die Produktionsplanung und –steuerung wichtigen Inhalte beider Modelle.

3.2.4 Dortmunder Prozesskettenmodell

Im Zuge des Dortmunder Prozesskettenmodells kommt das Prozesskettenmanagement zum Einsatz. Dabei eröffnet eine prozessorientierte Betrachtungsweise weitreichende Möglichkeiten, Nutzenpotentiale und Verbesserungsansätze von Wertschöpfungsketten zu identifizieren und spezifizieren. Das Prozesskettenmanagement kommt nicht nur innerhalb der Produktionsplanung und –steuerung zum Einsatz, sondern bietet auch die Möglichkeit administrative sowie logistische Abläufe prozessorientiert zu analysieren, visualisieren, gestalten und verbessern. Es vereint den mitarbeiterorientierten KAIZEN-Ansatz und die revolutionäre Neugestaltung von Geschäftsprozessen aus dem Reengineering-Ansatz. Aus diesem Grund weist es sowohl Parallelen zum Aachener PPS-Modell, als auch zum PLM- und ERP-Modell auf. (vgl. Jungmann und Uygun 2010, S. 371–372)

Bei Anwendung des Prozesskettenmanagements wird zunächst der Ist-Zustand mit Hilfe der Prozesskettenelemente aufgenommen. So sollen Schwachstellen identifiziert und Verbesserungspotentiale abgeleitet werden. Die Prozessketten bilden die Basis zur Entwicklung von Soll-Konzepten, deren Bewertung, Auswahl und Umsetzung. Dabei stellt die Prozessorientierung ein zentrales Merkmal des Vorgehens dar. Sie ermöglicht es, den gesamten Auftragsdurchlauf eines Auftrags innerhalb des Unternehmens zu modellieren. (vgl. Jungmann und Uygun 2010, S. 371–372) Die Prozesskettenelemente sind in Abbildung 3-6 dargestellt.

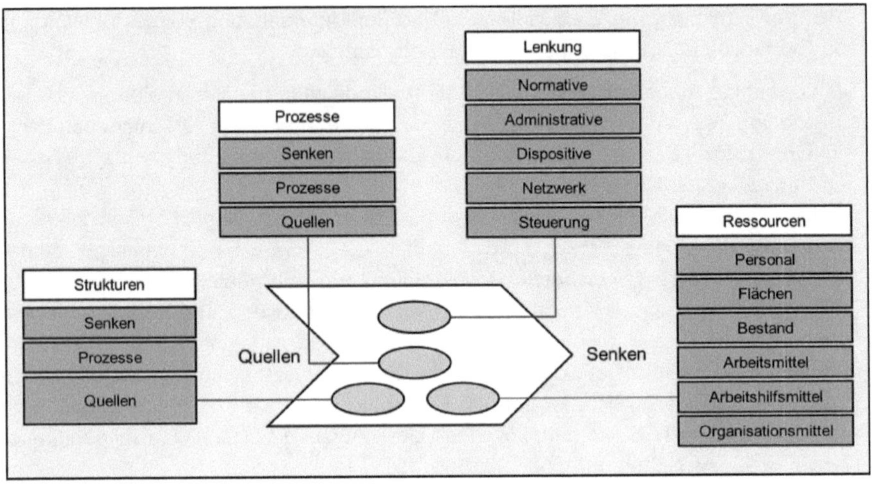

Abbildung 3-6: 17 Potentialklassen von Prozesskettenelementen (vgl. Jungmann und Uygun 2010)

Im Anschluss an die Aufnahme der Prozesse, werden sie nach ihrem Beitrag zum Kundennutzen und ihrem Verhältnis zum Ressourcenverbrauch klassifiziert. Die Einordnung findet in den Kategorien Nutz-, Stütz-, Blind-, und Fehlprozesse statt. Dabei werden Potentiale zur Prozessverbesserung aufgedeckt.

Nutzprozesse stellen Prozesse dar, deren Folge das fertige Produkt oder die Dienstleistung ist. Stützprozesse hingegen sind geplante Prozesse, welche die Nutzprozesse unterstützen, und dabei nicht den Kundennutzen steigern. Blindprozesse unterschieden sich von Stützprozessen dadurch, dass sie ungeplant sind. Fehlprozesse sind ungeplante Prozesse, die den Kundennutzen verschlechtern und Ressourcen in Anspruch nehmen. Sie sind dementsprechend zu vermeiden. (vgl. Jungmann und Uygun 2010, S. 371–372)

Zur Erstellung einer Prozesskette müssen vier elementare Grundfragen beantwortet werden, mit Hilfe derer die Parameter „Prozesse", „Ressourcen", „Lenkung" und „Strukturen" dargestellt werden können.

Für die Darstellung des Parameters *Prozesse* muss der Weg des Inputs analysiert werden. Er soll die Fragen beantworten, woher der Input kommt, was im System geschieht und wohin der Output geht. Der Parameter *Ressourcen* stellt die Betriebs- und Hilfsmittel dar. Er befasst sich mit der Frage, womit das System die Prozesse durchführt. Um darstellen zu können, wie die Prozesse im Gesamtsystem verbunden sind, wird der Parameter *Lenkungsebenen* eingesetzt. Der vierte Parameter *Strukturen* beschäftigt sich mit der Frage warum bestimmte Beziehungssetzungen existieren. (vgl. Jungmann und Uygun 2010, S. 366) Die 17 Potentialklassen der vier Parameter sind in Abbildung 3-6 gemeinsam mit den Prozesskettenelementen abgebildet.

3.2.5 Verfahren der Fertigungssteuerung nach Lödding

LÖDDING entwickelt ein Modell der Fertigungssteuerung bestehend aus den vier Elementen Aufgaben der Fertigungssteuerung und Produktionsplanung sowie den Stellgrößen, Regelgrößen und Zielgrößen, welche durch Wirkzusammenhänge verknüpft sind, zu sehen in Abbildung 17. Die Aufgaben legen die Stellgrößen fest. Die Regelgrößen werden als Abweichung jeweils zweier Stellgrößen berechnet. Schließlich werden die Zielgrößen von den Regelgrößen bestimmt. Somit schafft dieses Modell eine Verbindung der Wirkzusammenhänge zwischen den Aufgaben und den Zielgrößen der Fertigungssteuerung (vgl. Lödding 2008, S. 7).

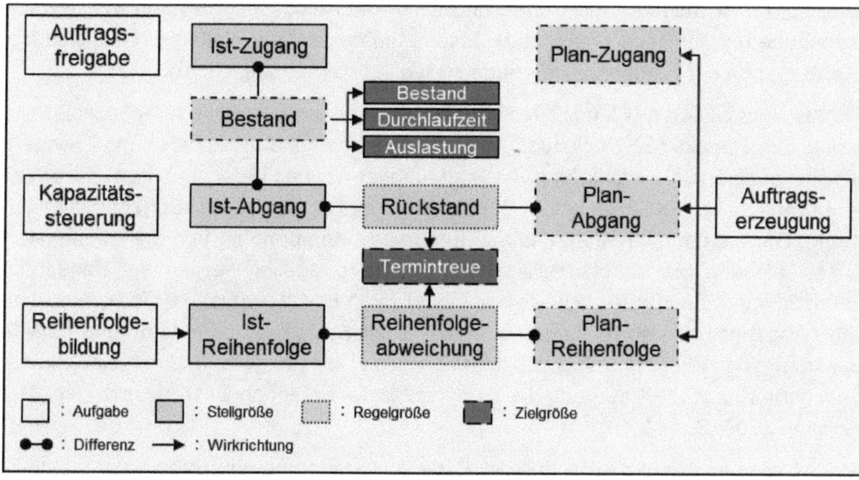

Abbildung 3-7: Modell zur Fertigungssteuerung (vgl. Lödding 2008, S. 7)

Die Auftragsfreigabe legt den Zeitpunkt und die Reihenfolge fest, in welcher Aufträge für die Fertigung freigegeben werden. Beispiele für Auftragsfreigabeverfahren sind Conwip, Workload Control oder die Bestandsorientierte Auftragsfreigabe (vgl. Lödding 2008, S. 373ff.). Sie bestimmt somit über die Stellgröße *Ist-Zugang*. Die Kapazitätssteuerung bestimmt über den *Ist-Abgang* der Fertigung, indem sie über die Höhe der Kapazitäten in der Fertigung verfügt, wie z.B. Arbeitszeiten der Mitarbeiter und welcher Mitarbeiter wie lange an welcher Maschine arbeitet. Die *Reihenfolgebildung* legt z.B. durch Periodisierungsregeln wie „First-In-First-Out", „Last-In-First-Out" oder „kürzeste Operationszeit" (vgl. Lödding 2008, S. 443ff.) fest, in welche Reihenfolge die Aufträge in einem Arbeitssystem bearbeitet werden. Aus ihr entsteht die *Ist-Reihenfolge*. Schließlich legt die *Auftragserzeugung* die Planwerte für Zugang und Abgang der Fertigung sowie *Plan-Reihenfolge* fest. Sie gehört zur Produktionsplanung und umfasst viele Unteraufgaben, wie die Produktionsprogrammplanung, die Sekundärbedarfsermittlung und die Termin- und Kapazitätsplanung.

Die Regelgrößen ergeben sich aus der Differenz von jeweils zwei Stellgrößen und bestimmen die logistischen Zielgrößen. Die Regelgröße *Bestand* wirkt auf die Zielgrößen

Bestand, Durchlaufzeit und Auslastung. Somit kann die Größe Bestand sowohl Regelgröße wie auch Zielgröße sein. Die Zielgröße *Termintreue* wird durch die Größen Rückstand und Reihenfolgeabweichung geregelt (vgl. Lödding 2008, S. 8).

Das Modell kann zur Analyse mangelnder Zielerreichung genutzt werden, da es systematisch die internen Wirkzusammenhänge darstellt. Des Weiteren ermöglicht sie dadurch eine Gestaltung einer Fertigungsregelung sowie den Aufbau eines Systemverständnisses der Fertigungssteuerung. Zudem verdeutlicht sie den Unterschied zwischen Planung und Steuerung (vgl. Lödding 2008, S. 9).

Nachtteile des Modells sind die fehlende Abbildung externer Zielgrößen, die Fokussierung auf die wichtigsten Zielgrößen und somit die Auslassung weiterer Wirkzusammenhänge und fehlende quantitative Zusammenhänge. Des Weiteren bildet sie nicht alle Aufgaben der Fertigungssteuerung ab (vgl. Lödding 2008, S. 10).

BEGEMANN erweitert das Modell von Lödding um eine terminorientierte Kapazitätssteuerung. Die Regelgröße Rückstand wird um die Abgangsterminabweichung erweitert, die sich auch durch die Differenz von Plan- und Ist-Abgang berechnen lässt. Des Weiteren verknüpft er an dieser neuen Regelgröße eine Rückkopplung zur Kapazitätssteuerung. Daraus entsteht eine zusätzliche regelnde Komponente und die Abgangsterminabweichung kann durch die Kapazitätssteuerung reguliert werden (vgl. Begemann 2005, S. 53ff.). Ziel dieses erweiterten Modells von BEGEMANN ist es, die voraussichtliche Abgangsterminabweichung der Aufträge im System zu berechnen und mithilfe der kurzfristig verfügbaren Kapazitätsflexibilität der Arbeitssysteme durch eine terminorientierte Kapazitätssteuerung die Termintreue der Fertigung zu verbessern (vgl. Begemann 2005, S. 54).

NYHUIS baut auch auf das Modell der Fertigungssteuerung von LÖDDING auf. Mithilfe eines morphologischen Kastens katalogisiert er die verschiedenen Ausprägungen im Fertigungsbereich unter steuerungsrelevanten Zielen, Anforderungen und Fähigkeiten (vgl. Nyhuis und Wiendahl 2012, S. 288). Mit diesem morphologischen Kasten lässt sich anschließend der untersuchte Fertigungsbereich auf Zielgrößen, Stärken und Schwächen analysieren. Daraufhin werden verschiedene existierende Verfahren der Fertigungssteuerung anhand einer Punkteskala auf Eignung überprüft (vgl. Nyhuis und Wiendahl 2012, S. 289ff.).

BREITHAUPT baut sein Modell auf das Trichtermodell (vgl. Bechte 1984) und logistischen Kennlinien (vgl. Nyhuis und Wiendahl 2012) auf, und entwickelt einen Ansatz zur rückstandsorientierten Produktionsregelung. Der Rückstandsregler wird an die Kapazität gekoppelt und womit durch Kapazitätserhöhungen Rückstande eliminiert werden können. Im Gegenzug leitet ein Auslastungsregler den Kapazitätsabbau ein, wenn ein Auslastungsminimum unterschritten wird. Ein zentraler Bestandsregler reguliert die Zugangsrate der Aufträge, indem sie darauf achtet, dass die Belastung im Fertigungsbereich im Rahmen der Kapazitätsflexibilität auch ordnungs- und zeitgemäß verarbeitet werden kann (vgl. Breithaupt 2001, S. 126f.).

Wiendahl überträgt in einem theoretischen Ansatz die Grundprinzipien der Regelungstechnik auf die Produktionsplanung und –steuerung. Durch Rückkopplungsmechanismen und Vergleich von Ist-Werten mit Soll- und Planwerten mithilfe von Kennzahlen werden Abweichungen analysiert und Maßnahmen zur Erhöhung der Zielerreichung vorgeschlagen. Solch ein Ansatz dient zu einem der Überwachung der Auftragsabwicklung, und zudem dem überbetrieblichen Vergleich und Benchmarking logistischer Zielsysteme (vgl. Wiendahl 2010, S. 345ff.).

Kletti entwickelt einen Ansatz für die Produktionsregelung mit dem Fokus auf die Zielgrößen Wirtschaftlichkeit, Termintreue und Flexibilität. Zur Erreichung dieser Ziele wird auf Reaktionsfähigkeit und Transparenz des Produktionssystems gesetzt. Die Wichtigkeit der vollständigen und zeitnahen Datenerfassung in der Produktion wird betont und das Fehlen dessen in vielen heutigen Unternehmen bemängelt. Zudem wird mit der hohen Reaktionsfähigkeit gefordert, dass mit überschaubaren Aufwand Veränderungen am Fertigungsablauf durchgeführt werden können (vgl. Kletti und Schumacher 2011, S. 4ff.). Unter diesen Voraussetzungen wird ein „Short Interval Technology“ Regelkreis entwickelt, dass auf Konzepten von ERP- und MES- Regelkreisen (Manufacturing Execution System) basiert (vgl. Kletti und Schumacher 2011, S. 109ff.).

LÖDDING konzipierte in seiner Dissertation eine Fertigungsregelung, die auf zwei wesentlichen Charakteristiken beruht, die Dezentralität und die Verwendung des Bestands als Regelgröße. Die Dezentralität ermöglicht die Einbeziehung der Fertigungsmitarbeiter in den einzelnen Arbeitssystemen in die Verantwortung für Bestände und Durchlaufzeiten. Zudem ermöglicht es eine individuelle Regelung der Arbeitssysteme (vgl. Wiendahl und Lödding 2001, S. 203). Die Bestandsorientierung folgt aus der Theorie der Produktionskennlinien und aus der Überlegung, dass der Bestand sich besser als Regelgröße eignet als die Leistung. Ein weiterer Vorteil dieses Vorgehens ist die Identifizierung von Durchsatzengpässen (vgl. Lödding 2001, S. 16f.). Weitere, auf der dezentralen, bestandsorientierten Fertigungsregelung basierenden Methoden wie die „Meilenstein-DBF“ (Dezentrale Bestandsorientierte Fertigungsregelung), der „DBF mit überlappter Fertigungssteuerung“ und der „dezentralen Rückstandsregelung mit der DBF“ bieten zusätzliche Funktionen und Hilfestellungen zur effektiven Fertigungssteuerung (vgl. Wiendahl und Lödding 2001, S. 206). Die „Meilenstein-DBF“ beschränkt die Bestandsregelkreise auf Meilenstein-Arbeitssysteme und senkt somit den Regelungsaufwand (vgl. Lödding 2001, S. 116ff.). Die „DBF mit überlappter Fertigungssteuerung“ ermöglicht ein Arbeitssystem mit der Bearbeitung eines im Vorgängerarbeitssystem angefangenen, aber noch nicht fertigstellten Auftrages (vgl. Lödding 2001, S. 125ff.). Somit werden Bestand und Durchlaufzeiten reduziert. Die „dezentrale Rückstandsregelung mit der DBF“ reguliert über die Kapazität den Rückstand, um die Termintreue zu erhöhen (vgl. Lödding 2001, S. 133ff.).

3.2.6 Das kybernetische Produktionsmanagementmodell

Das kybernetische Produktionsmanagementmodell nach BROSZE resultiert aus der Erweiterung des adaptierten Aachener PPS-Modells (vgl. Schmidt 2008b, S. 57) um Modellelemente zur Gewährleistung der Wandlungsfähigkeit, Selbstoptimierung und Anpassung an dynamische Rahmenbedingungen (vgl. Brosze 2011, S. 167).

Im Rahmen dieser Dissertationsschrift soll auf das kybernetische Produktionsmanagementmodell zurückgegriffen werden. Bereits in der Einleitung wurde angesprochen, dass das Aachener PPS-Modell als Ordnungsrahmen dieser Dissertation fungiert. Das kybernetische Produktionsmanagementmodell stellt als Referenzmodell, das auf dem Aachener PPS-Modell aufbaut, somit die optimale Grundlage für das zu erstellende Simulationsmodell dar.

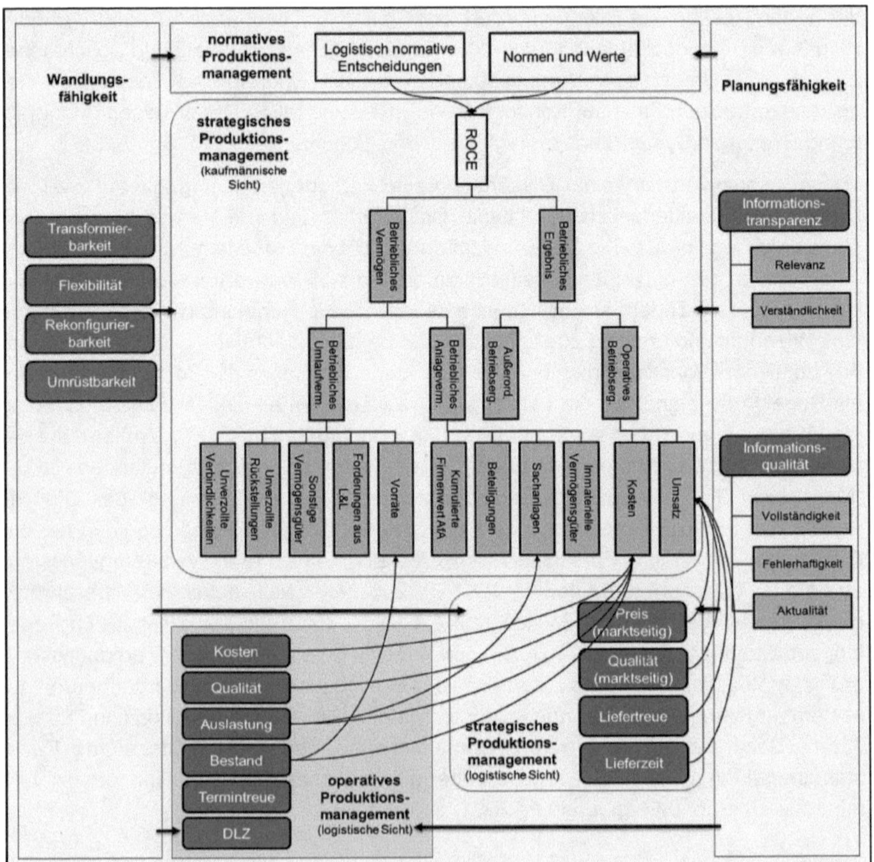

Abbildung 3-8: Zielsystem des kybernetischen Produktionsmanagementmodells (vgl. Brosze 2011, S. 156)

Das kybernetische Produktionsmanagementmodell verfügt über ein relativ komplexes Zielsystem, welches in Abbildung 3-8 dargestellt ist. Dieses beruht im Grundsatz auf einer kaufmännischen Zielgröße, nämlich der Rendite des eingesetzten Kapitals, dem sogenannten *Return on Capital Employed (ROCE)*. Aus logistischer Sicht mündet dieses Ziel in den logistischen Zielen des operativen Produktionsmanagements (hellblau hinterlegt).

Sämtliche Teilzielsysteme werden um die Zielgrößen der Wandlungsfähigkeit und Planungsfähigkeit ergänzt. Diese sind als Zielgrößen der sekundären Dimension, als Befähiger zu verstehen, die die primären Zielgrößen, zu denen auch die logistischen Ziele gehören, verbessern können (vgl. Brosze 2011, S. 156).

Die primären Zielgrößen beruhen dabei aus logistischer Sicht auf den praxisbewährten Betriebskennlinien nach NYHUIS und WIENDAHL, die die Wirkungszusammenhänge zwischen den logistischen Zielgrößen der Produktionslogistik abbilden (vgl. Lödding 2016, S. 102; Brosze 2011, S. 137; Wiendahl 2012, S. 53; Nyhuis und Wiendahl 2012, S. 36) (vergleiche hierzu Kap. 2.1.2, Abbildung 2-1).

WIENDAHL definiert in seinem Modell die zwei übergreifenden Kategorien Logistikleistung und Logistikkosten (vgl. Wiendahl 2014, S. 250 f.; Schmidt 2008b, S. 59 ff.).

Während die Logistikleistung möglichst hoch sein sollte und am Markt bewertet wird, müssen die Logistikkosten für eine hohe Wirtschaftlichkeit intern möglichst gering gehalten werden (vgl. Wiendahl 2014, S. 250).

Die Unterkategorien beruhen dabei auf unternehmensinternen Größen. So setzt eine kurze Lieferzeit eine kurze Durchlaufzeit voraus und niedrige Kapitalbindungskosten können nur dann erreicht werden, wenn auch die Bestände auf einem niedrigen Niveau sind. Diese Zusammenhänge sollen in den folgenden Ausführungen kurz dargelegt werden.

3.2.6.1 Durchlaufzeit

Wiendahl definiert die Durchlaufzeit (im Folgenden DLZ) als Zeitdauer zwischen der Auftragsfreigabe und dem Bearbeitungsende eines Auftrags (vgl. Wiendahl 1997, S. 82). Die gesamte DLZ eines Auftrags setzt sich aus den einzelnen Durchlaufzeiten der an einem Produktionsauftrag beteiligten Arbeitsvorgänge zusammen. Die DLZ der einzelnen Arbeitsvorgänge besteht wiederum aus der Bearbeitungszeit, der Rüstzeit und der Übergangszeit (vergleiche Abbildung 3-9).

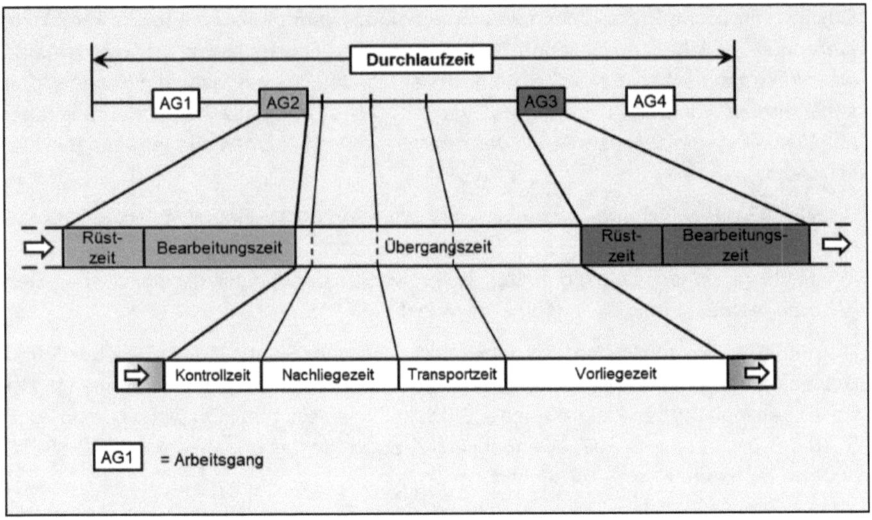

Abbildung 3-9: Durchlaufzeiten in der Fertigung (i.A.a. Wiendahl 2010, S. 260)

Während sich die Bearbeitungszeit lediglich durch technologische Neuerungen kürzen lässt und daher nicht weiter betrachtet werden (vgl. Paegert 1997, S. 42–43), können die Rüst- und Übergangszeiten durch eine effiziente PPS beeinflusst werden.

Bei der Rüstzeit würde beispielsweise die Möglichkeit einer Aneinanderreihung fertigungstechnisch ähnlicher Aufträge oder der Erhöhung von Losgrößen bestehen. Letztere Lösung würde jedoch zu längeren Vor- und Nachliegezeiten führen (vgl. Hildebrand und Mertens 1992, S. 12).

Wie Abbildung 3-9 bereits zeigt, bildet die Übergangszeit, also die Dauer des Wechsels von Aufträgen zwischen den einzelnen Arbeitsvorgängen, oftmals den Großteil der gesamten DLZ. Die Übergangszeit selbst setzt sich aus Vor- und Nachliegezeiten, sowie Transport- und Kontrollzeiten zusammen. Da die PPS auf die Übergangszeit großen Einfluss nehmen kann, wird an dieser Stelle nochmals die Relevanz der PPS herausgestellt. Sind die Vorliegezeiten vor einem Produktionsprozess auffallend hoch, sodass sich große Bestände vor dem Prozess bilden, kann dies ein Anzeichen für einen nachfolgenden Engpass oder Störungen im Material- und Informationsfluss sein (vgl. Hildebrand und Mertens 1992, S. 12).

3.2.6.2 Termintreue

Generell lässt sich sagen, dass die Liefertreue eine hohe Termintreue bedingt, welche eine geordnete und sichere Auftragsabwicklung voraussetzt (vgl. Ostgathe 2012, S. 20).

Die Termintreue als Zielgröße und betriebliche Kennzahl beschreibt die Pünktlichkeit der Lieferungen des Endproduktes an den Kunden (vgl. Hess 2008, S. 351). Sowohl

Verspätungen als auch Verfrühungen eines Auftrags können zu empfindlichen Konsequenzen führen. Gerade eine Verspätung kann zu einer reduzierten Kundenzufriedenheit und eventuell sogar Konventionalstrafen führen. Durch die Verfolgung der Lean Production Regeln vieler Unternehmen, ist es heut zu Tage nicht unüblich, dass Kunden vor dem Hintergrund eigener Lagerhaltungskosten die Abnahme von verfrühten Aufträgen ablehnen.

Yu definiert die Termintreue als prozentualen Anteil der innerhalb einer gegebenen Termintoleranz fertiggestellten Aufträge (vgl. Yu 2001, S. 14).

Im Laufe dieser Dissertationsschrift wird die Termintreue noch weiter differenziert. Hierzu wird die Termintreue in die jeweiligen Anteile der am Auftragsabwicklungsprozess beteiligten Fachabteilungen untergliedert und der Zusammenhang entsprechend der Definition von Yu formal dargelegt.

3.2.6.3 Bestände

Unter dem Gesamtbestand versteht man die mengen- oder wertmäßigen Substanz eines Unternehmens zu einem bestimmten Zeitpunkt (vgl. Much und Nicolai 1995, S. 59). In Abbildung 3-10 wird eine für diese Dissertationsschrift sinnvolle Kategorisierungen der Bestände vorgenommen.

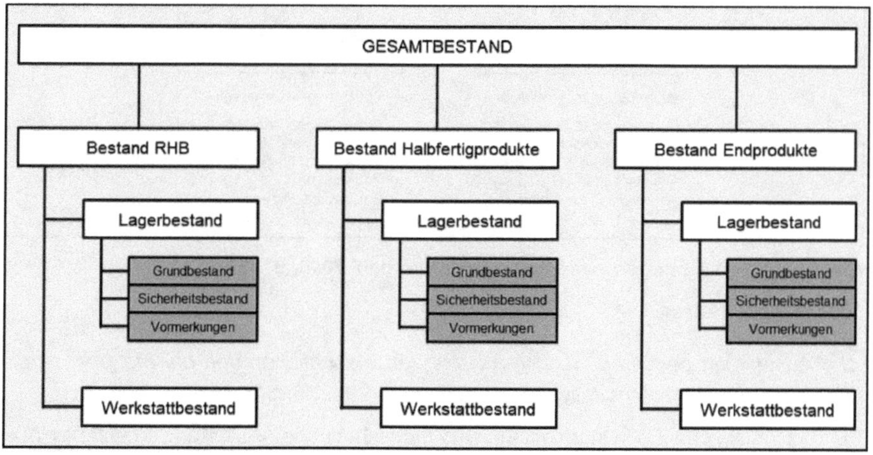

Abbildung 3-10: Kategorisierung der Bestände

Diese ergeben sich durch die Betrachtung eines Variantenfertigers. Dieser verfügt neben dem Bestand an Roh-, Hilfs- und Betriebsstoffen und dem Bestand an Endprodukten noch zusätzlich über einen Bestand an Halbfertigprodukten, die bei Eingang einer konkreten Kundenbestellung weiterverarbeitet werden können.

Zudem lässt sich der Bestand in Lager- und Werkstattbestände unterteilen. Während Lagerbestände den klassischen Bestand darstellt und im Lager auf weitere Verarbeitung oder den Versand wartet, umfassen Werkstattbestände Teile, die sich gerade in der Fertigung befinden. Werkstattbestände lassen sich direkt durch eine Reduzierung der DLZ senken, da sich dann kontinuierlich weniger Teile im Umlauf befinden.

Während Bestände in den Anfängen des Produktionsmanagements noch positiv angesehen wurden, da sie eine reibungslose Produktion und vor allem ein hohes Servicelevel ermöglichten, hat sich diese Meinung im Laufe der Zeit und vor allem basierend auf den Überlegungen des Lean Production Managements grundlegend geändert. Bestände stellen einen großen Teil des Umlaufvermögens dar und mindern durch Zinsaufwände, da sie meist aus Fremdkapital finanziert werden, und Lagerkosten den Gewinn direkt. Zudem verdecken Bestände unabgestimmte Kapazitäten und störanfällige Prozesse (vgl. Reinhold 2001, S. 2). So kann eine Produktion mit großen internen Problemen nach außen hin intakt erscheinen, da schlichtweg aus dem Bestand weiterproduziert beziehungsweise weitergeliefert werden kann. Eine Veranschaulichung der beschriebenen Konsequenzen liefert die folgende Abbildung:

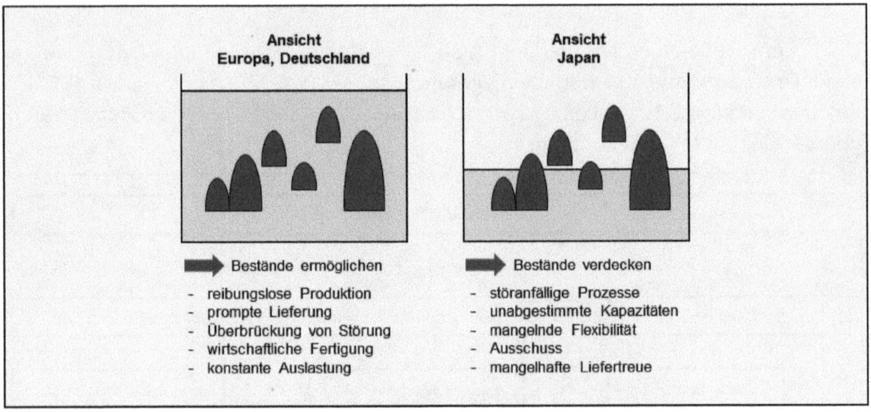

Abbildung 3-11: Funktion von Beständen (Wiendahl 2010, S. 352)

3.2.6.4 Auslastung

„Die Auslastung beschreibt das Verhältnis der tatsächlichen und der maximal möglichen Leistung eines Arbeitssystems." (Ostgathe 2012, S. 34)

Für das logistische Zielsystem gilt es, eine möglichst hohe Auslastung zu erzielen (vgl. Mönch 2006, S. 108). Dies führt allerdings zu dem Dilemma der Ablaufplanung, das besagt, dass kürzere Durchlaufzeiten und niedrigere Bestände erstrebenswert sind, auf der anderen Seite aber eine hohe Auslastung gefordert wird, die wiederum nur auf Basis von Beständen erreicht werden kann (vgl. Gutenberg 1971, S. 216). Gerade in der Vergangenheit nutzten viele Unternehmen eine hohe Auslastung zur Refinanzierung teurer Maschinen und hinterfragten nicht, ob dies, gerade in Bezug auf die Unternehmensengpässe überhaupt sinnvoll ist. Die Engpässe entstehen aus dem Grund, dass Aufträge Arbeitssysteme immer ungleichmäßig auslasten (vgl. Lödding 2016, S. 41; Schönsleben 2007, S. 244 ff.).

In einer gegensätzlichen Wirkungsbeziehung zu der Auslastung steht jedoch die Flexibilität, die als Fähigkeit der PPS gilt, auf eine geänderte Unternehmenssituation, die eine Termin-, Mengen- oder Artänderung verursacht, zu reagieren. Es gilt also für ein Unternehmen einen geeigneten Kompromiss aus Beständen, Auslastung, Durchlaufzeit und Flexibilität zu finden.

3.3 Betrachtung der ZPP in PPS-Modellen

In den nachfolgenden Kapiteln werden zunächst PPS-Modelle von SCHUH, WIENDAHL, LÖDDING und HOPP SPEARMAN inhaltlich vorgestellt und bezüglich ihrer zentralen Unterschiede differenziert. Darauf aufbauend werden sie im Hinblick auf vier, im Folgenden definierten Kriterien bewertet. Auf Basis dieser Bewertungen sollen das Theoriedefizit und die wissenschaftliche Begründung dieser Dissertationsschrift hinsichtlich der Regulation und Synchronisation von Zeitplanungsparametern abgeleitet werden.

Zur Analyse und Bewertung der Literatur werden im Detail die folgenden Kriterien verwendet:

- *Betrachtung des Zeitkontextes:* Es wird untersucht, ob eine generelle Beachtung des Parameters „Zeit“ in der Planungsdurchführung in den verschiedenen Modellen berücksichtigt wird.
- *Herausstellung der Bedeutung der Zeitplanung:* Dieses Kriterium bewertet, ob und inwiefern die Relevanz der Zeitplanung in Bezug auf die Produktionsplanung und –steuerung von den Autoren der Modelle abgebildet worden ist.
- *Differenzierung verschiedener Zeitplanungsperioden:* Es wird analysiert, ob eine Unterteilung der Zeitplanung in die in Kapitel 2.3 beschriebenen Parameter „Planungsvorlauf“, „Planungsraster“, „Planungsperiode“ und „Planungshorizont“, vorgenommen wird.
- *Einstellungsempfehlung für die Zeitplanung:* Mit diesem Bewertungskriterium wird untersucht, ob von den Autoren die Bedeutung einer unterschiedlichen Einstellung der Zeitplanungsparameter herausgearbeitet wurde und ob Einstellungsempfehlungen für die Parameter, beispielweise in Form von Heuristiken, vorliegen.

3.3.1 Produktionsplanung und Steuerung nach Schuh

Wie bereits in Kapitel 2.1.3 dargestellt, dient das Aachener PPS-Modell maßgeblich der Beschreibung von Aufgaben der PPS in den unterschiedlichen Phasen eines Projektes (vgl. Schuh und Stich 2012, S. 12). Zielkonzeption des Modells ist es, ein ganzheitliches Produktionssystem unter Berücksichtigung aller relevanten Zusammenhänge abzubilden. Da das Aachener PPS bereits detailliert dargestellt wurde (siehe Kap. 2.1.3), werden sowohl der Aufbau als auch die Besonderheiten des Modells nicht weiter thematisiert, sondern lediglich die Zeitplanung anhand der vorab definierten Kriterien analysiert.

Betrachtung des Zeitkontextes

Im Aachener PPS erfolgt eine Berücksichtigung des Zeitkontextes in nahezu allen Planungs- und Steuerungsaufgaben. Um dies zu verdeutlichen werden im Folgenden einige relevante Punkte herausgearbeitet.

Ein Beispiel stellt der allgemeine Auftragsabwicklungsprozess dar. Er wird durch die langfristige Produktionsprogrammplanung, die mittelfristige Produktionsbedarfsplanung und die kurzfristige Eigenfertigungs- und Fremdbezugsplanung und –steuerung beschrieben. Die Produktionsbedarfsplanung erhält als Eingangsgröße den Produktionsplan, der das Ergebnis der Produktionsprogrammplanung darstellt. In diesem Plan sind bezogen auf unterschiedliche Produkte oder Produktbereiche, beispielsweise für einen Planungshorizont von einem Jahr, monatlich zu produzierende Mengen vorgegeben. Die Unterteilung der Mengen innerhalb des Planungshorizontes entspricht dem Planungsraster. (vgl. Schuh und Stich 2012, 59ff.)

Darüber hinaus rekurriert die Betrachtung der Zeitplanung häufig mit dem Verbrauch von Ressourcen. Dies erstreckt sich über die verschiedenen Primär- und Sekundärbedarfe und umfasst somit alle Mittel, die in die betrieblichen Produktionsprozesse einfließen.

Ebenfalls ist eine kumulative Berücksichtigung des Zeitplanungskontextes in der Absatzplanung zu verzeichnen, die die zu fertigenden Erzeugnisse für einen definierten Planungszeitraum unter Berücksichtigung des Absatzmarktes festlegt. Der Planungshorizont ist abhängig von den zu erstellenden Produkten, im Durchschnitt handelt es sich jedoch um eine jährliche Planung. (vgl. Schuh und Stich 2012, 200ff.)

Zudem wird die Zeitplanung von SCHUH verstärkt in der Beschreibung der klassischen Zeitwirtschaft und im Zusammenhang mit Reorganisationsprojekten berücksichtigt. (vgl. Schuh und Stich 2012, 59/313ff.)

Obwohl die Detaillierungsgrade hinsichtlich der Beschreibung des Zeitkontextes variieren wird dieses Kriterium in der Gesamtbetrachtung als vollumfänglich erfüllt bewertet.

Bedeutung der Zeitplanung

Eine Aussage über die Bedeutung der Zeitplanung wird exemplarisch von der Beschreibung der Kapazitätsbedarfsermittlung und der Absatz- und Produktionsprogrammplanung abgeleitet.

Die Aufgabe der Kapazitätsbedarfsermittlung ist die Ermittlung des Kapazitätsbedarfes aus den terminierten Arbeitsgängen in den Planungsperioden. Die Stückzeiten werden mit den Stückzahlen multipliziert. Man erhält die Bearbeitungszeit, mit der die dem Arbeitsgang zugeordnete Kapazität oder Kapazitätsgruppe in der betroffenen Planungsperiode belastet wird. Nachdem die Kapazitätsbedarfe der Arbeitsgänge für alle relevanten Aufträge ermittelt wurden, werden sie pro Planungsperiode summiert. Das Ergebnis der Kapazitätsbedarfsermittlung ist folglich ein Kapazitätsbedarfsplan, in dem für jede betrachtete Einheit der Kapazitätsbedarf je Planungsperiode für den Planungshorizont dargestellt wird. (vgl. Schuh und Stich 2012, S. 49)

Auffällig ist, dass SCHUH in seinem Werk häufig die Begriffe Planungszeitraum und Planungshorizont verwendet. Daraus lässt sich implizit ihre Bedeutung für die Aufgabe der Produktionsplanung und –steuerung ableiten. Er verfasst jedoch keine genauere Definition der ZPP. Zudem werden die Potentiale, die sich für ein Unternehmen aus einer optimierten Einstellung der Zeitplanungsparameter ergeben, an keiner Stelle berücksichtigt. Aufgrund dieses Aspekts und der vorangegangenen Beschreibung ist dieses Kriterium als teilweise erfüllt zu bewerten.

Differenzierung der Zeitplanungsparameter/ -aspekte

Es werden die Zeitplanungsparameter Planungshorizont, Planungsperiode und Planungsrhythmus unterschieden. Der Planungsrhythmus entspricht inhaltlich dem in Kapitel 2.3.3 definierten Planungsraster.

Zur Illustration der Differenzierung der ZPP soll die Beschreibung der Produktionsprogrammplanung verwendet werden. Sie wird von SCHUH wie folgt beschrieben: „Die Produktionsprogrammplanung ist eine rollierende Planung, die periodisch, z. B. monatlich, durchgeführt wird. Die Planungsperioden werden dabei gegenüber der letzten Planung jeweils um eine Periode in die Zukunft fortgeschrieben. Planungshorizont und -genauigkeit können in Abhängigkeit von Branche, den zu planenden Erzeugnissen und Komponenten individuell sehr verschieden sein." (vgl. Schuh und Stich 2012, S. 39)

Ein ergänzendes Beispiel findet sich in der Prozessbeschreibung: „Durch die Analyse der in diesem Zusammenhang eingesetzten Planungs- und Steuerungsverfahren sowie der damit verbundenen Planungsparameter (z. B. Planungshorizont, Planungsperiode, Planungsgenauigkeit) sind Rückschlüsse auf die Qualität der Planung und Steuerung in Verbindung mit den zur Verfügung stehenden Daten und den eventuell einzusetzenden Hilfsmitteln zu ziehen." (vgl. Schuh und Stich 2012, S. 323)

Die Beispiele zeigen deutlich, dass drei der vier im Grundlagenteil definierten Zeitplanungsparameter in den Ausführungen verwendet werden, somit ist dieses Bewertungskriterium als nahezu erfüllt zu bewerten.

Einstellungsempfehlung

Eine Empfehlung zur Einstellung der Zeitplanungsparameter wird von SCHUH im Rahmen des Aachener PPS nicht gegeben. Dieses Kriterium wird somit als nicht erfüllt bewertet.

3.3.2 Produktionsplanung und Steuerung nach Wiendahl

Nach WIENDAHL gibt es zwei verschiedene Methoden der Produktionsplanung und –steuerung. In seinen Ausführungen werden die Aufgaben der PPS unter dem Begriff der Auftragsmanagement-Konfiguration zusammengefasst (vgl. Wiendahl 2002, S. 143).

Die Grundannahme der ersten Methode liegt in der Trennung der Gestaltung des Auftragsmanagements und der Auswahl der verwendeten Methoden für die notwendigen Aufgaben. Hierzu wird der Ablauf der Planung in vier Schritte unterteilt. Im ersten Schritt werden die charakteristischen Merkmale, welche für die Planung und Steuerung der Fertigung relevant sind, identifiziert (vgl. Wiendahl 2002, S. 143). Im zweiten Schritt werden die auf die jeweiligen Planungsaufgaben bezogenen Gestaltungsmerkmale festgelegt. Hierfür werden die Merkmale aus dem vorangegangen Schritt den Gestaltungsmerkmalen gegenübergestellt (vgl. Wiendahl 2002, S. 143). Im nächsten Schritt werden die Methodenanforderungen identifiziert. Die Anforderungen ergeben sich einerseits aus den Situationsmerkmalen, wie beispielsweise der Materialflusskomplexität, andererseits aus den Gestaltungsmerkmalen. Als Beispiel ist hier die Ausrichtung des logistischen Leitbildes zu nennen (vgl. Wiendahl 2002, S. 143). Im letzten Schritt werden geeignete Methoden ausgewählt und zu einem Methoden-Set zusammengefasst (vgl. Wiendahl 2002, S. 143). Dieses wird auf zwei Bereiche bezogen: Die Grobplanung, welche die Überprüfung der abgeleiteten Anforderungen hinsichtlich der Erfüllbarkeit sicherstellt und die Feinplanung, welche die Umsetzung der abgeleiteten Anforderungen unterstützt (vgl. Wiendahl 2002, S. 170).

Die zweite Methode fokussiert den Prozess der Durchgängigkeit der Logistikstrategie bis zur operativen Planungs- und Steuerungsentscheidung. Zu Beginn erfolgt die Ist-Analyse des logistischen Systems. Im zweiten Schritt müssen sich die beteiligten Akteure über die logistischen Anforderungen bezüglich der Lieferung, Produktion und Beschaffung beraten. Im letzten Schritt erfolgt die Ausgestaltung des Auftragsmanagements. (vgl. Wiendahl 2002, S. 170)

Im Hinblick auf die Bewertung der Zeitplanungsaspekte werden die Ansätze zusammengefasst untersucht.

Betrachtung des Zeitkontextes

Der Zeitkontext wird an verschiedenen Stellen berücksichtigt, insbesondere jedoch bei der Produktionsplanung und der Kapazitäts- und Terminplanung. Die zentrale Aufgabe der Terminplanung und –steuerung besteht darin, festzustellen, wann ein Auftrag bei vorgegebenem Endtermin gestartet werden muss.

Um ermitteln zu können, wann der Auftrag die einzelnen Arbeitsplätze erreichen wird, müssen die Fertigungsaufträge im Rahmen der Mengenplanung vorliegen. Die Kapazitätsplanung stellt dabei die grundsätzliche Realisation der Ausführung sicher. Die Zeitplanungsparameter werden in diesem Zusammenhang benutzt, um die Planung durchführen zu können. Typische Werte für den Planungshorizont sind in diesem Zusammenhang z.B. eine Woche, ein Monat oder ein Jahr. Bezogen auf die Planungsperiode sind wiederum eine Schicht oder ein Tag als typische Werte angegeben. (vgl. Wiendahl 2010, S. 253/316)

Wiendahl betrachtet den Zeitplanungskontext in seinen Ausführungen in einem geringeren Ausmaß als Schuh, weshalb dieses Kriterium als nahezu erfüllt zu bewerten ist.

Bedeutung der Zeitplanung

Die Bedeutung der Zeitplanung für die Produktionsplanung und –steuerung wird von WIENDAHL nur vereinzelt und interpretativ thematisiert, weshalb dieses Kriterium als kaum erfüllt zu bewerten ist.

Differenzierung der Zeitplanungsparameter/ -aspekte

WIENDAHL verwendet die Begriffe Planungshorizont und Planungsperiode an mehreren Stellen. Dies soll der folgende Auszug beispielhaft darlegen: „Dabei teilt man zunächst die absehbare Zukunft – den so genannten Planungshorizont – in gleich große Zeitabschnitte ein: die Planungsperioden." (vgl. Wiendahl 2010, S. 316).

Darüber hinaus beschreibt er den Planungsvorlauf im Zusammenhang mit der Auftragsterminierung sinngemäß folgendermaßen: „Nur hier ist wegen der meist vertraglich vereinbarten Leistungen und Termine nicht mehr die Möglichkeit gegeben, bei Überschreiten der Kapazität in Teilbereichen den Auftrag hinsichtlich Umfang oder Endtermin zu verändern." (vgl. Wiendahl 2010, S. 278). In seinen weiteren Ausführungen geht er jedoch nicht näher auf diesen Parameter ein.

Dieses Kriterium wird als teilweise erfüllt bewertet. WIENDAHL beschreibt zwei der vier definierten Zeitplanungsparameter und erläutert den Planungsvorlauf in beispielhafter Form, definiert diesen Begriff jedoch inhaltlich nicht explizit.

Einstellungsempfehlung

Eine Empfehlung zur Einstellung der Zeitplanungsparameter wird von WIENDAHL in denen - im Rahmen dieser Dissertationsschrift - untersuchten Werke nicht gegeben. Aufgrund dessen ist dieses Kriterium als nicht erfüllt zu bewerten.

3.3.3 Produktionsplanung und Steuerung nach Lödding

Die Produktionsplanung und -steuerung nach LÖDDING wird in vier Aufgabenbereiche unterteilt. Die Auftragserzeugung, die Auftragsfreigabe, die Reihenfolgebildung und die Kapazitätssteuerung (vgl. Lödding 2008, S. 7f.).

Die Auftragserzeugung wird anhand der Analyse von drei Kriterien durchgeführt. Diese sind die Planbarkeit des Bedarfes, die Planungsnotwendigkeit und der Erzeugungsumfang (vgl. Lödding 2008, S. 531f.). Die Planbarkeit des Bedarfes vereint die Prognosefähigkeit des Aufwands, des Vorlaufs und die Genauigkeit der ermittelten Bedarfe eines Produktes. Die Planungsnotwendigkeit ergibt sich aus den auf Fehlplanungen basierenden Kosten der Bedarfe. Der Erzeugungsumfang wird in die ein- und mehrstufige Auftragserzeugung unterteilt. (vgl. Lödding 2008, S. 532)

Die Auftragsfreigabe wird in zwei Schritte unterteilt. Zuerst wird eine Verfahrensklasse ermittelt, anschließend wird innerhalb dieser Verfahrensklasse ein Auftragsfreigabeverfahren bestimmt. Die Verfahrensklassen werden wiederum in drei Gruppen untergliedert: die sofortige Auftragsfreigabe, die Auftragsfreigabe nach Termin und die bestandsregelnde Auftragsfreigabe. (vgl. Lödding 2008, S. 534)

Die Auswahl von Reihenfolgeregelungen erfolgt anhand von vier Entscheidungskriterien. Das erste Kriterium ist die logistische Zielsetzung. Als zweites Kriterium nennt LÖDDING das Potential der Reihenfolgeregelungen zur Beeinflussung der logistischen Zielgrößen. Das dritte Entscheidungskriterium ist die Durchsetzbarkeit einer Reihenfolgeregel. Als letztes Kriterium nennt LÖDDING den Detaillierungsgrad und die Güte der Auftragsterminierung. (vgl. Lödding 2008, S. 540f.)

Bei der Auswahl eines Kapazitätsteuerungsverfahrens unterscheidet LÖDDING zwischen den Möglichkeiten der Kapazitätsflexibilität der Fertigung. Zum einen ist es das Ausmaß der möglichen Kapazitätsanpassung. Zum anderen die Geschwindigkeit mit der Kapazitätsänderungen wirksam werden. (vgl. Lödding 2008, S. 462/542f.)

Ausgehend von der inhaltlichen Beschreibung des PPS-Modells von LÖDDING werden die definierten Kriterien hinsichtlich der Zeitplanung bewertet.

Betrachtung des Zeitkontextes

Der Zeitkontext wird von LÖDDING in seinen Ausführungen zur Produktionsplanung und –steuerung an den verschiedensten Stellen betrachtet. Besonders bei der Beschreibung der Bedarfsermittlung geht LÖDDING auf die Bedeutung des Zeitaspektes für die Primär- und Sekundärbedarfsermittlung ein. Darüber hinaus wird im Zusammenhang mit der Termin- und Kapazitätsplanung sowie der Durchlaufterminierung explizit auf die Bedeutung der Zeitplanung eingegangen.

Dieses Kriterium ist als nahezu erfüllt zu bewerten, da der Zeitkontext in fast allen Bereichen der PPS berücksichtigt wird. Der Erfüllungsgrad dieses Kriteriums ist vergleichbar mit den Ausführungen von WIENDAHL, jedoch etwas geringer ausgeprägt als bei SCHUH.

Bedeutung der Zeitplanung

Die Bedeutung der Zeitplanungsaspekte wird von LÖDDING nicht explizit thematisiert es lässt sich jedoch an einigen Stellen auf deren Bedeutung für die PPS schließen.

So wird im Rahmen der Produktionsplanung über die Planwerte und ihre Auswirkungen auf die Fertigungssteuerung und die Bedarfe eingegangen: „Die Produktionsplanung plant die Produktion für die nächsten Planungsperioden voraus. Aus Sicht der Fertigungssteuerung sind die relevanten Ergebnisse der Produktionsplanung die Planwerte für den Zugang, den Abgang und die Reihenfolge. Wegen dieser unmittelbaren Wirkung auf die Fertigungssteuerung soll hier ein kurzer Überblick über die Produktionsplanung gegeben werden. Dieser enthält für jedes Erzeugnis und jede Planungsperiode die Menge, die geliefert werden soll (Brutto-Primärbedarf)." (vgl. Lödding 2008, S. 81)

Ein weiteres Beispiel lässt sich im Abschnitt zur Kapazitätsbedarfsrechnung finden: „Aufgabe der Kapazitätsbedarfsrechnung ist es, für jede Ressource und Planungsperiode den erforderlichen Kapazitätsbedarf zu bestimmen." (vgl. Lödding 2008, S. 86)

Die angeführten Beispiele dienen der zielorientierten exemplarischen Darstellung, auf eine ausführlichere Betrachtung wird im Rahmen dieser Dissertationsschrift verzichtet.

Trotz der nicht eindeutigen Formulierung in Bezug auf die Bedeutung ist dieses Kriterium aufgrund der Vielzahl impliziter Verweise als nahezu erfüllt zu bewerten.

Differenzierung der Zeitplanungsparameter/ -aspekte

Es werden zwei verschiedene Zeitplanungsparameter in den Ausführungen von LÖDDING verwendet. Zum einen die Planungsperiode und zum anderen der Planungshorizont. Da zwei der vier definierten Parameter verwendet wurden, ist dieses Kriterium als teilweise erfüllt zu bewerten.

Einstellungsempfehlung

LÖDDING geht in geringem Maße auf die Einstellung der Zeitplanungsparameter ein.

„Die Länge der Planungsperioden kann in den meisten PPS-Systemen vom Benutzer vorgegeben werden. Der erforderliche Detaillierungsgrad nimmt mit abnehmender Länge des Planungshorizontes zu. Insbesondere im kurzfristigen Planungsbereich kann auch eine minutengenaue Einplanung der Aufträge sinnvoll sein.“ (vgl. Lödding 2008, S. 86)

Es wird ein Zusammenhang zwischen der Einstellung der ZPP und der Zielerreichung in der PPS aufgezeigt. Dieses Kriterium ist als kaum erfüllt zu bewerten.

3.3.4 Produktionsplanung und Steuerung nach Hopp/ Spearman

Der Ansatz zur Produktionsplanung und –steuerung von HOPP UND SPEARMAN unterteilt sich in drei Schritten. Zunächst erfolgt die Teilung des Gesamtsystems in Teilsysteme, um auf unterschiedlichen Unternehmensebenen verschiedene Planungs- und Steuerungsmethoden anzuwenden. Im zweiten Schritt werden Schnittstellen zwischen den verschiedenen Teilsystemen ermittelt, sodass bereichsübergreifende Planungen in allen Ebenen umgesetzt werden können. Im letzten Schritt sollen Rückmeldedaten genutzt werden, um die Beständigkeit des Systems zu sichern.

Betrachtung des Zeitkontextes

Der Zeitkontext wird von HOPP UND SPEARMAN ausführlich beschrieben. Wie bereits in der Einleitung erwähnt, baut ihr Modell auf den drei Stufen der langfristigen Strategie, der mittelfristigen Taktik und des kurzfristigen Controllings auf (vgl. Hopp und Spearman 2011, S. 432). Auf allen Stufen wird die Zeitplanung detailliert behandelt, sodass dieses Kriterium als vollumfänglich erfüllt zu bewerten ist.

Bedeutung der Zeitplanung

Im Zusammenhang mit der Produktionsplanung und –steuerung wird von HOPP UND SPEARMAN die Zeit in besonderem Ausmaß berücksichtigt. Sie wird als: „One of the most important dimensions along which manufacturing systems are typically broken down is that of time.” beschrieben (vgl. Hopp und Spearman 2011, S. 432).

Die große Bedeutung der Zeitplanungsparameter wird zudem in der Darstellung der Beschreibung der langfristigen Planung ersichtlich. Dort wird neben den Aufgaben auch die typische Zeitspanne eines Planungshorizontes angegeben: „At the top of the hierarchy we have long-range planning. This involves three functions: resource planning, aggregate planning, and forecasting. The length of the time horizon for long-range planning ranges from around six months to five years." (vgl. Hopp und Spearman 2011, S. 136)

Aufgrund der großen Anzahl weiterer Erwähnungen in den Ausführungen von HOPP UND SPEARMAN ist dieses Kriterium als vollumfänglich erfüllt zu bewerten.

Differenzierung der Zeitplanungsparameter/ -aspekte

Wie in den anderen zuvor beschriebenen Modellen wird auch von HOPP UND SPEARMAN zwischen verschiedenen Parametern differenziert. Es wird von Planungshorizonten und Planungsperioden gesprochen. Im Vergleich zu den Modellen von SCHUH, WIENDAHL und LÖDDING wird jedoch dezidiert auf den Planungsvorlauf eingegangen, der von HOPP UND SPEARMAN als „Frozen zone" definiert wird:

„Since early planned order releases are the ones in which change is most disruptive, a frozen zone, an initial number of periods in the MPS in which changes are not permitted, can dramatically reduce the problems caused by nervousness.

In some companies the first X weeks of the MPS are considered frozen. However, in most real systems, the term *frozen* may be too strong, since changes are resisted but not strictly forbidden. (Perhaps *slushy zone* would be a more accurate metaphor.)" (vgl. Hopp und Spearman 2011, S. 134)

Dieses Kriterium ist aufgrund der Verwendung von drei unterschiedlichen Zeitplanungsparametern als nahezu erfüllt zu bewerten.

Einstellungsempfehlung

Analog der anderen Modelle wird auch hier keine eindeutige Einstellungsempfehlung formuliert. An einem anschaulichen Beispiel wird jedoch erklärt wie sich eine veränderte Einstellung des Planungshorizontes auswirkt. Unter anderem aufgrund des folgenden Beispiels ist dieses Kriterium als kaum erfüllt zu bewerten.

„Long term problems are like long-distance travel. We require a map that covers a large amount of distance, but not in great detail. A map that shows only major highways may be adequate for our needs. Likewise, a long-term decision problem requires a tool that covers a large amount of time (i.e., long planning horizon): but not in great detail. In contrast, short-term problems are like short-distance travel. We require a map that does not cover much distance, but gives lots of details about what it does cover. A map showing city streets, or even individual buildings, may be appropriate. Analogously, for a short-term decision problem, we require a tool that does not cover much time (i.e., short planning horizon), but gives considerable detail about what it does cover." (vgl. Hopp und Spearman 2011, S. 411)

3.4 Betriebliche Anwendungssysteme zur Unterstützung der Produktionsplanung und –steuerung

Innerhalb eines Unternehmens existieren eine Vielzahl verschiedener IT-Systeme, die im Zuge einer vertikalen Integration aufeinander aufbauen und zum anderen durch eine horizontale Integration ineinandergreifen und zusammenarbeiten. Dies lässt sich auch Abbildung 3-12 entnehmen.

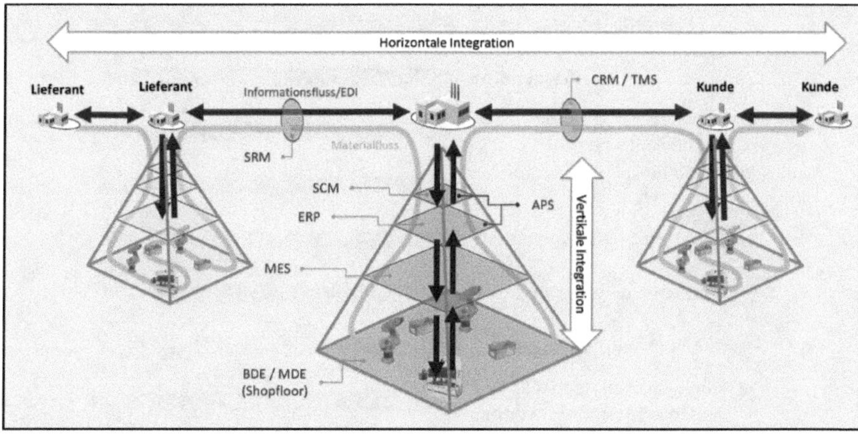

Abbildung 3-12: Inner- und überbetrieblicher Informationsfluss (i. A. a. Schuh 2013, S. 271)

In diesem Kapitel wird zunächst eine Übersicht über die in der Produktionsplanung und -steuerung relevanten Anwendungssysteme gegeben. Im Anschluss daran werden die einzelnen Anwendungssysteme genauer vorgestellt. Der Fokus liegt hierbei auf dem Enterprise Resource Planning System (ERP).

Die darunterliegenden Systeme werden weniger detailliert betrachtet, da sie für die Zielsetzung und den Betrachtungsbereich dieser Dissertation eine eher untergeordnete Rolle spielen. Die Systeme auf den oberhalb des ERP-Systems liegenden Ebenen werden genauer betrachtet, um einen Überblick über die Möglichkeiten von Product Lifecycle Management – Lösungen zu erhalten. Der Fokus liegt jedoch auf der vertikalen Integration.

Beginnend mit der untersten Ebene der Produktionssysteme werden die unternehmensinternen Systeme anhand des Informationsflusses erläutert. Zudem wird auf die externen Schnittstellen der jeweiligen betrieblichen Anwendungssysteme eingegangen.

Dies spiegelt auch das Verständnis vieler Unternehmen wieder, da das ERP-System oftmals das zentrale IT-System innerhalb eines Unternehmens darstellt. Erkennen lässt sich dies beispielsweise an einer Umfrage des Statistischen Bundesamts, die besagt, dass branchenübergreifend 93% aller befragten, großen Unternehmen (>250

Mitarbeiter) ein ERP-System nutzen (vgl. Abbildung 3-13). Im verarbeitenden Gewerbe lag der Anteil sogar bei 98% (vgl. Statistisches Bundesamt 2017, S. 33).

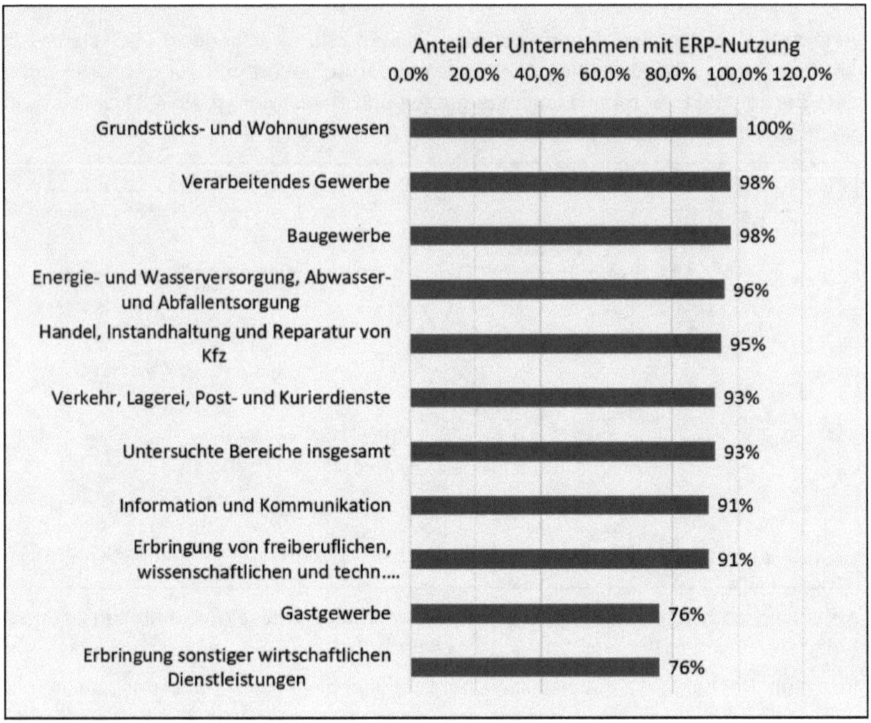

Abbildung 3-13: Anteil großer Unternehmen mit ERP-System Nutzung (vgl. Statistisches Bundesamt 2017, S. 33)

Im Zeitalter der Digitalisierung und Industrie 4.0 sind zahlreiche weitere Systeme und Modulerweiterungen in bestehenden ERP-Systemen auf den Markt gekommen, die den Anspruch haben, Unternehmen bei der horizontalen und vertikalen Integration zu unterstützen.

Da der Begriff Industrie 4.0 seit seiner Einführung auf der Hannover Messe 2011 fast inflationär genutzt wird (vgl. Bauernhansl et al. 2017, S. 259), soll an dieser Stelle betont werden, dass Industrie 4.0 innerhalb dieser Dissertationsschrift entsprechend der Definition des Bereichs Produktionsmanagements des Forschungsinstituts für Rationalisierung (im Folgenden FIR), verstanden wird:

„Industrie 4.0 ist die echtzeitfähige, horizontale und vertikale Vernetzung von Menschen, Objekten und Informations- und Kommunikationstechniksystemen zum dynamischen Management von Systemen.“

Zum besseren Verständnis der Definition sollen im Folgenden die Begriffe *horizontale* und *vertikale Integration* näher erläutert werden:

Unter vertikaler Integration versteht man die Vernetzung einzelner Funktionsbereiche mit dem Ziel, dass die Produkte jederzeit eindeutig identifizierbar und lokalisierbar sind und zudem ihre eigene Historie kennen (vgl. Kagermann et al. 2012, S. 36). In diesem Kontext fällt oft der Begriff *Smart Factory*. Diese soll zukünftig Teil einer durchgängig vernetzten Wertschöpfungskette sein, in der Material, Maschinen, Lager- und Logistiksysteme direkt miteinander kommunizieren (vgl. Dais 2017, S. 263).

Diese Definition kann als Überleitung zur horizontalen Integration verstanden werden. Diese spricht eben jene vernetzte Wertschöpfungskette zwischen verschiedenen Unternehmen über das Wertschöpfungsnetzwerk an. Ein echtzeitoptimiertes Wertschöpfungsnetzwerk erlaubt eine durchgängige Transparenz und flexible Reaktionen auf Störungen oder kundenseitige Änderungswünsche. Zudem kann der Kunde den Produktionsprozess aktiv verfolgen und so selbst frühzeitig erkennen, welche Änderungen noch möglich sind und wann das Produkt voraussichtlich geliefert wird (vgl. Kagermann et al. 2012, S. 265).

Solche weitreichenden Strukturänderungen machen natürlich auch, beziehungsweise gerade vor der Produktionsplanung nicht Halt. Diese wird sich vor allem durch die gesteigerte Datenvielfalt und –qualität verändern. Vor allem im Zuge der Verbindung von Cyber-Physischen Systemen (im Folgenden CPS) zu Cyber-Physischen Produktionssystemen (im Folgenden CPPS) muss auch hinterfragt werden, ob eine zentrale Planung, wie sie heute in Unternehmen abläuft und auf der auch die ZPP beruhen, überhaupt noch notwendig ist. CPS sind ein zentraler Aspekt von Industrie 4.0 und stellen physikalische Systeme dar, die um Sensoren erweitert sind und mithilfe digitaler Netze verknüpft sind (vgl. Kagermann et al. 2013, S. 84). Werden solche Systeme, zu denen beispielsweise Maschinen, Betriebsmittel oder Lagersysteme gehören zum eigenständigen Datenaustausch verbunden, spricht man von CPPS. Aktuellen Forschungen zufolge werden diese CPPS die zentrale Planung zwar auf ein neues Level heben und eine neue Planungsgenauigkeit, vor allem mit Echtzeitbezug ermöglichen, jedoch keinesfalls obsolet machen. Beispiele für Aufgaben, die eine zentrale Produktionsplanung weiterhin zu erfüllen hat, sind die Stammdatenpflege und die Terminabsprachen, vor allem zwischen den einzelnen Funktionsbereichen (vgl. Ganschar et al. 2013, S. 98). Auch eine selbststeuernde Fabrik wird demnach keinesfalls ohne eine zentrale Planung auskommen. Diese bietet stattdessen die Möglichkeit zur Optimierung des Gesamtsystems und liefert überhaupt erst die Basis, auf der CPS produktiv funktionieren können (vgl. Nyhuis et al. 2015, S. 14).

Aktuelle Module von ERP-Systemen, die für die Produktionsplanung zuständig sind, wie beispielsweise SAP PP planen für Produkte mit einem festgelegten Planungsrahmen einzelne Aspekte auf Basis aktualisierter Datengrundlage, bereits automatisiert. Dies soll an dem folgenden Beispiel erläutert werden: Liegen in einem Unternehmen für sämtliche Produkte die nötigen Produktionsdaten, wie Produktionsschritte, Durchlaufzeiten und Stücklisten vor, so wird basierend auf aktuellen Absatzzahlen und Störungen, der Produktionsplan erstellt. Dazu gehören Aspekte wie die Materialfreigabe und Sekundärbedarfsbeschaffung (vgl. Weber 2017). Die aktuellen Absatzzahlen werden im Idealfall über eine elektronische Schnittstelle automatisiert ermittelt. Dies geschieht heue beispielsweise in der Automobilbranche bereits über SupplyOn.

Andere Anbieter, wie Inform, setzen auf neue Software (FELIOS), dessen marktsynchrone Planung bereits im Vorhinein durch eine Simulation verifiziert werden soll. Neben diesen beiden bereits angesprochenen Software Lösungen, die in der Praxis bislang am Verbreitesten sind, gibt es noch viele weitere, kleinere Anbieter auf dem Markt. Im Rahmen der Literaturrecherche fiel dabei vor allem die Preactor APS Lösung von der SimPlan AG auf. Diese unterstützt das Unternehmen neben der Planung auch bei der strategischen Ausrichtung der Produktionskapazität und bietet Schnittstellen zu den meisten gängigen ERP-Systemen (vgl. SimPlan AG 2017).

Zu guter Letzt ist die Automatisierung der Produktionsplanung auch Bestandteil diverser Forschungsprojekte. Dabei fällt vor allem die semi-automatisierte Produktionsplanung für den Mittelstand der Universität Siegen ins Auge. Dies ist bei der Bilsing Automobiltechnik GmbH bereits in Anwendung gegangen und zeugt von großem Praxisbezug. Auch hier wird jedoch betont, dass das Tool den Planer keinesfalls ersetzen, sondern lediglich unterstützen soll, damit dieser „seine Expertise in die letzten fünf Prozent der wirklich kniffligen Fälle stecken kann“ (vgl. Unternehmenskolloquium der Universität Siegen 2017).

Es lässt sich also festhalten, dass zu den bereits komplexen IT-Landschaften in Wertschöpfungsketten, weitere Software zur Automatisierung hinzukommen wird. Auch wenn dieses Vorgehen den richtigen Ansatz verfolgt, nämlich die leichter zu erhaltende und genauere Datengrundlage für die vertikale und horizontale Integration von Unternehmen zu nutzen, offenbart genau dieser Punkt auch eine große Gefahr:

Die immer komplexer werdende Landschaft von IT-Systemen in Unternehmen sorgt für Unsicherheit bei den Mitarbeitern und in der Folge Zeitverschwendung. Dies wird vor allem bei der Stammdatenverwaltung offensichtlich, bei der die Änderungen im Extremfall in allen Systemen einzeln eingetragen werden müssen. Für die ferne Zukunft muss es demnach das Ziel der Unternehmen sein, eine einzige Datenbank, eine sogenannte *Single Source of Truth* einzurichten, in der auch moderne Automatisierungslösungen als Module integriert werden können (vgl. Schuh et al. 2017, S. 116).

Für diese Dissertationsschrift ist es allerdings entscheidend, dass sich Unternehmen zwar den Daten für eine teilautomatisierte Planung behelfen können, dies die klassischen Planungstreffen jedoch nicht überflüssig machen, sondern nur verändern wird. Dies stellt gleichzeitig die handlungsleitende Hypothese dieser Dissertationsschrift dar:

Bis zu einem gewissen Grad wird die hierarchische Sukzessivplanung weiterhin Bestand haben. Ein Rumpf an vorausschauender, IT-gestützter Produktionsplanung und -steuerung wird auch in Zeiten von Industrie 4.0 und dem Lernen aus Daten essentielle Grundlage jedweder Planungsschritte in produzierenden Unternehmen.

Dies spiegelt sich sehr deutlich wieder, wenn der in Aachen entwickelte Ordnungsrahmen des *Internet of Production* betrachtet wird. Hier wird deutlich, dass die IT-Systeme entlang des gesamten Lebenszyklus eines Produktes zum Einsatz kommen. (siehe Abbildung 3-14). Dabei erstreckt sich die Betrachtung aus der Entwicklung (Development Cycle) über die Produktion (Production Cycle) bis hin zur Anwendung des Produktes durch den Endkunden im After Sales Bereich (User Cycle). Als Basis jedweder Unternehmung werden dabei auf unterster Ebene die Rohdaten in der entsprechenden Applikationssoftware verarbeitet. Dabei wird von einer weiterhin föderalen Datenhaltung ausgegangen, was bedeutet, dass die Daten dezentral in den jeweiligen Datenbanken gespeichert werden. Der Zugriff auf diese proprietären Systeme und Datenbanken wird über die sogenannte Middleware+ Ebene gewährleistet. Wichtig hierbei ist, dass nicht der maximale Datensatz, sondern nur die jeweils relevanten (zu Informationen) aggregierten Daten verarbeitet und an die Smart Data Ebene kommuniziert werden. Hier findet mittels Methoden und Verfahren der künstlichen Intelligenz eine Auswertung und Analyse der Daten statt, um die Ergebnisse in Form von Entscheidungsunterstützungen den letztendlichen Nutzern bzw. Entscheidern zur Verfügung zu stellen. Dies erfolgt idealerweise auf mobilen Endgeräten. Nichts desto weniger fungieren diese Endgeräte primär als visualisierendes Element. Die Planungslogiken und Planungsalgorithmen im Sinne der PPS verbleiben weiterhin in den jeweiligen Expertensystemen auf unterster Ebene. Insofern muss die getroffene Entscheidung auch in einer Art Regelkreis wieder in die Systeme zurückgespielt werden. Die simulationsgestützte Synchronisation der Zeitplanungsparameter ließe sich diesen Ausführungen folgend in der Smart Data Ebene verorten. Sowohl ZPP als auch weitere planungsrelevante Größen werden aus der Applikationssoftware in die Simulationsumgebung geladen und deren Einstellung mittels simulationsgestützter Synchronisation einem Optimum angenähert. Letztendliche Entscheidung über die Parametrierung liegt aber beim (menschlichen) Entscheider, welcher auf Basis seines persönlichen bzw. unternehmensspezifischen Zielsystems das Set an ZPP auswählt und für die nächste Planungsiteration oder einen Planungszeitraum in die Systemebene zurückspielt.

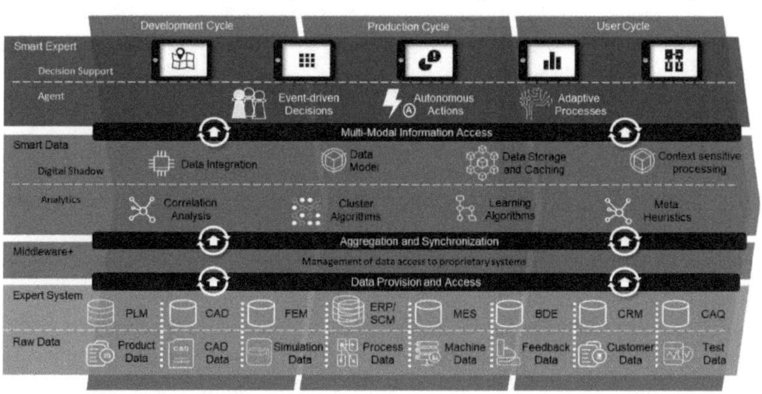

Abbildung 3-14: Das Internet of Production als Ordnungsrahmen für die PPS (Brecher et al. 2017, S. 121)

Das bedeutet, dass das zu erstellende Simulationsmodell, welches die übergeordnete Zielsetzung dieser Dissertation darstellt, mit synchronisierten und dadurch optimierten Eingabeparametern im Sinne der ZPP, welche Input für die PPS-Systeme darstellen, auch noch in einer Zukunft, in der Industrie 4.0 weitreichend umgesetzt sein wird, Relevanz besitzt.

Nachfolgend wird die für diese Dissertationsschrift relevante Applikationssoftware vorgestellt.

3.4.1 Betriebs- und Maschinendatenerfassung

Auf dem Shopfloor (der Produktion selbst) kommen die Systeme der Betriebsdatenerfassung (BDE) und der Maschinendatenerfassung (MDE) zum Einsatz.
Hauptsächlich beschränken sie sich auf eine Erfassungs- und Ausgabefunktionalität, verfügen aber zusätzlich noch über Vorverarbeitungs- und Aufbereitungsmöglichkeiten, um die betrieblichen Daten, die sie in der Produktion aufgenommen haben, entsprechend an das Manufacturing Execution System weiterzugeben. Zu diesen Daten können Auftragsdaten, Personaldaten, Betriebsmitteldaten, Werkzeug- und Vorrichtungsdaten, Lager- und Materialdaten sowie Qualitätsdaten gehören. Sie sind zwingend erforderlich, um mit Hilfe von MES und ERP Produktionspläne erstellen zu können. (vgl. Mönch 2015a)

3.4.2 Manufacturing Execution System

Zwischen der Produktionsebene mit den Systemen BDE/MDE und der Produktionsplanungsebene mit dem ERP-System fungiert das Manufacturing Execution System (MES) als Produktionssteuerer und schließt so die Lücke zwischen den beiden Ebenen. Dabei werden neben der Verarbeitung von BDE und MDE die Aufgaben des Betriebsmittel-, Material-, Personal-, Informations-, und Qualitätsmanagements sowie die Leistungsanalyse und Feinplanung übernommen. (vgl. Mönch 2015b) Definiert ist der Leistungsumfang eines ME-Systems durch die VDI 5600 Richtlinie.

MES zeichnet sich vor allem durch seine Echtzeitdaten aus. Dies ermöglicht es ihm, Konzepte wie Just in Time und Just in Sequence umzusetzen, sodass die Prozesse in der Fertigung schlanker gestaltet werden können. (vgl. Kletti 2015, S. 21–22)

3.4.3 Enterprise Resource Planning

Für das in Kapitel 3.2.2 vorgestellte ERP Modell existiert ein umfangreiches IT-System, welches alle zugeschriebenen Aufgaben übernimmt und eine unternehmensweite Ressourcenoptimierung entlang des gesamten Auftragsabwicklungsprozesses ermöglicht. Da das Modell und seine Aufgaben bereits erläutert wurden, wird im Folgenden ausschließlich auf das System und seine Funktionsweise eingegangen. Dabei liegt der Fokus auf der Grundstruktur, den Datenkategorien sowie Einstellungsmöglichkeiten von Enterprise Resource Planning-Systemen (ERP). Der allgemein gehaltene Ansatz erlaubt die Anwendung auf Systeme verschiedener Anbieter.

3.4.3.1 Grundstruktur von ERP-Systemen

Ein ERP-Systems gliedert sich nach GRONAU (vgl. Gronau 2014, S. 9–10) in vier Schichten, welche in Abbildung 3-15 aufgezeigt sind.

Die unterste Schicht bildet die Datenhaltungsschicht, die aus dem Datenbankmanagementsystem (DBMS) sowie der Schnittstelle zu anderen Datenbanken besteht. Das DBMS verschafft dem ERP-System einen Zugang zu einzelnen Datenbeständen, die in einer Datenbank verwaltet werden. Die Datenbank selbst ist nicht Teil des ERP-Systems, trotzdem ist sie stark integriert. Die Schnittstelle zu anderen Datenbanken verschafft Zugriff auf externe Datenbanken außerhalb der Produktionsplanung und -steuerung sowie den Datenbanken anderer Informationssysteme. (vgl. Gronau 2014, S. 9–10)

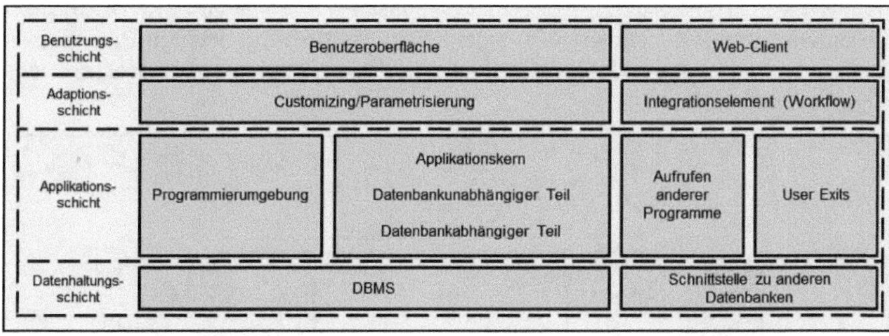

Abbildung 3-15: Aufbau eines ERP-Systems (vgl. Gronau 2014, S. 9)

Die darüberliegende Applikationsschicht teilt sich in eine Programmierumgebung sowie einen Applikationskern mit datenbankabhängigem und -unabhängigem Teil. Die Schnittstelle zu Fremdsystemen wird durch die Funktion des Aufrufens anderer Programme und User Exits sichergestellt. Die Programmierumgebung wird benötigt, um Anwendungen mit Hilfe der ERP-System eigenen Programmiersprache ergänzen und erweitern zu können. Der Applikationskern gliedert sich in einen datenbankabhängigen und -unabhängigen Teil, sodass auf die unterschiedlichen Optimierungsrouten der einzelnen Datenbanken eingegangen werden kann. User Exits ermöglichen die Integration von Programmierbausteinen in anderen Programmiersprachen. Die Voraussetzung des einfachen Aufrufens anderer Programme wird durch die entsprechende Schnittstelle geschaffen. (vgl. Gronau 2014, S. 9–10)

Um die Funktionalität des Programms an die unternehmensspezifischen Prozesse und Datenstrukturen anpassen zu können wird die Adaptionsschicht benötigt. Diese Anpassung des ERP-Systems, die je nach Ausmaß und Reichweite des Systems sehr umfangreich ausfallen kann, wird auch Customizing genannt und in Kapitel 3.4.3.3 genauer erläutert. Der zweite Teil der Adaptionsschicht stellt das Integrationselement zu Workflow-Management-Systemen dar, wobei auch rudimentäre Funktionen integriert sind. (vgl. Gronau 2014, S. 9–10)

Die oberste Schicht bildet die Benutzungsschicht ab. Diese ist typischerweise als Web-Client dargestellt, da hier nur die Installation eines Web-Browsers erforderlich ist. Im Gegensatz zum normalen Client kann dabei die Funktionalität eingeschränkt sein. Aus diesem Grund muss der Anwender abwägen, ob er die normale Benutzeroberfläche des Systems verwenden will oder auf den Web-Client zurückgreift, um die Installation auf allen Rechnern einfach zu halten. (vgl. Gronau 2014, S. 9–10)

3.4.3.2 Datenkategorien von ERP-Systemen

Daten werden hauptsächlich anhand zweier Merkmale unterschieden. Dazu zählt zum einen der Verwendungszeck der Daten und zum anderen die zeitliche Variabilität. SCHEMM unterscheidet zwischen Zustands- und Abwicklungsdaten, welche weiter in Stamm- und Bestandsdaten sowie in Bewegungs- und Änderungsdaten unterteilt werden, wie sich aus Abbildung 3-16 entnehmen lässt. (vgl. Schemm 2013, S. 20) Diese Daten werden meist losgelöst vom eigentlichen ERP-/PPS-System in Datenbanken hinterlegt, welche über Datenschnittstellen mit dem System kommunizieren. (vgl. Schuh und Stich 2012, S. 72)

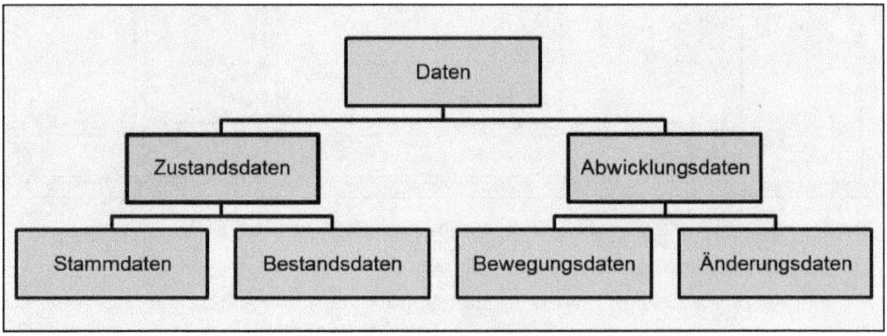

Abbildung 3-16: Datenkategorien (i.A.a. Schemm 2013, S. 20)

Zustandsdaten beschreiben den Zustand betrieblicher Objekte. Die dazugehörigen Stammdaten haben hierbei eine lange Lebensdauer und benötigen umfassenden Pflege- und Planungsaufwand. Sie beschreiben die Kernobjekte eines Unternehmens. Im Laufe eines Planungsprozesses wird immer wieder auf die Stammdaten zurückgegriffen. Zu den typischen Stammdaten zählen Material-, Ressourcen-, Kunden-, Lieferantenstammdaten, Stücklisten und Arbeitspläne. Eine spezielle Form der Stammdaten sind Referenzdaten, die für Vergleiche herangezogen werden (vgl. Schuh und Stich 2012, S. 73; Schemm 2013, 9-10). Bestandsdaten beschreiben die betriebliche Mengen- und Wertestruktur und unterliegen einer systematischen Veränderung. Lagerbestandsdaten zum Beispiel ändern sich immer, sobald Aufträge ausgeführt werden. Neben Lagerbestandsdaten zählen Kontostände und Produktionskapazitäten zu dieser Kategorie. (vgl. Schemm 2013, S. 20)

Abwicklungsdaten stellen die zweite Oberkategorie dar und teilen sich in Bewegungsdaten und Änderungsdaten. Bewegungsdaten besitzen nur eine begrenzte Lebensdauer, da sie die Veränderung in den Bestandsdaten hervorrufen und nach Abschluss der Änderung nicht mehr benötigt werden. Die Informationen sind ab diesem Zeitpunkt in den Bestandsdaten hinterlegt. Ihre wesentlichen Merkmale sind ein zeitlicher Bezug sowie die Verwaltung unterschiedlicher Statuszustände, zum Beispiel bei Produktionsauftragsdaten „in Bearbeitung". Des Weiteren zählen Lagerbewegungen, Rechnungen und Betriebsdaten zu den Abwicklungsdaten. (Schuh und Stich 2012, S. 78; Schemm 2013, S. 20);

Änderungsdaten stellen abwicklungsorientierte Daten dar, die eine Änderung in den Stammdaten auslösen. Sie sind das Äquivalent zu den Bewegungsdaten in Relation zu den Bestandsdaten. Sie können Änderungen in Kundenstammdaten, wie zum Beispiel die einer Adresse, oder in Materialstammdaten, wie das Einführen einer neuen Produktverpackung, hervorrufen. (vgl. Schemm 2013, S. 20)

Diese Daten stellen das Grundgerüst des ERP-/PPS-Systems im Unternehmen dar. Über systemseitig festgelegte Datenfelder, die durch den Anwender befüllt werden müssen, werden sie in das System eingelesen. Das System unterscheidet die Daten nach weiteren vier Datenkategorien. Das sind identifizierende Daten, die einen programmtechnischen Zugriff gewährleisten und qualifizierende Daten, die betriebliche Objekte beschreiben. Darüber hinaus wird von quantifizierenden Daten gesprochen, die die Eigenschaften von Objekten darstellen und Schwankungen unterliegen. Die vierte Kategorie sind steuernde Daten, die Programmoperationen veranlassen. Zu ihnen zählen auch Parameter. (vgl. Schuh und Stich 2012, S. 372)

3.4.3.3 Einstellungsmöglichkeiten von ERP-Systemen

Um das ERP-System im Unternehmen implementieren zu können, müssen in den meisten Fällen Anpassungen vorgenommen werden. Diese können am ERP-System oder an den Unternehmensprozessen erfolgen. Man teilt diese Anpassungen, auch Customizing genannt, in ‚Process Customization' und ‚Technical Customization' auf. (vgl. Luo und Strong 2004, S. 324–325)

Process Customization beschreibt die Anpassungen der Unternehmensprozesse an ein ERP-System. Unter einem Geschäftsprozess wird in dieser Dissertationsschrift eine Reihenfolge von verknüpften Wertschöpfungsaktivitäten mit einem oder mehreren Inputs und einem Kundennutzen stiftenden Output verstanden (Lackes et al. 2017). An diesen Geschäftsprozessen können radikale Änderungen, erhöhte oder keine elementaren Änderungen vorgenommen werden. Letztgenannter Fall bedeutet, dass die Beziehungen zwischen den einzelnen Aufgaben und die Konfiguration der Ressourcen nicht verändert wird. Die Aufgaben und Ressourcen selbst können jedoch verändert werden. Dies ist zum Beispiel bei Arbeiten, die zunächst manuell von Personen ausgeführt werden und anschließend automatisiert erfolgen der Fall. Die zweite Kategorie der erhöhten Veränderungen involviert zusätzlich eine Änderung der Beziehungen zwischen einzelnen Aufgaben sowie Aufgaben und Ressourcen, jedoch keine Änderung an dem Ergebnis des Prozesses. Radikale Veränderungen als dritte Kategorie bedeutet eine fundamentale Restrukturierung des Geschäftsprozesses und werden auch als Business Process Reengineering bezeichnet. (vgl. Luo und Strong 2004, S. 324–325)

Technical Customization beschreibt hingegen die Anpassung des ERP-Systems an die bestehenden Geschäftsprozesse. Auch hierbei wird eine Unterteilung in drei verschieden intensive Änderungen am System vorgenommen, welche als Modulauswahl, Tabellenkonfiguration oder Codeänderung bezeichnet werden. Im Zuge der Modulauswahl entscheiden die Unternehmen sich für mehrere vom ERP-Anbieter vorprogrammierte Module um ihr ERP-System passend zu gestalten. Dies stellt die geringsten technischen Anpassungserfordernisse dar. Da die meisten ERP-Systeme tabellenbasiert aufgebaut sind, besteht außerdem die Möglichkeit eine Konfiguration innerhalb der Tabellen vorzunehmen, um das System an die Bedürfnisse des Unternehmens anzupassen. Ein ERP-System verfügt über eine sehr große Anzahl von Tabellen und Konfigurationsmöglichkeiten, sodass dies eine zeitaufwendige Aufgabe ist. Außerdem ist es notwendig genau zu verstehen, wie sich welche Konfiguration auf das System auswirkt, da sich nur so sicherstellen lässt, dass die Anpassungen funktionieren und den Anforderungen entsprechen. Als dritte Möglichkeit gibt es die Codeänderung. Hier wird in der ERP eigenen Programmiersprache der Code des Systems angepasst. Je nach Anbieter gibt es eine Programmierumgebung, die die Codeänderung erleichtert. In manchen Fällen werden sogar umfangreiche Programmiersprachen wie C++ unterstützt. Diese Anpassungsmöglichkeit bietet am meisten Flexibilität und die größten Anpassungsmöglichkeiten, zieht aber auch hohe Risiken und Kosten mit sich. Die Programmierung muss in den meisten Fällen in Auftrag gegeben werden. Außerdem werden diese Codeänderungen bei einem Update des Systems nicht berücksichtigt, sodass genau abgewogen werden muss, ob diese Art von Anpassung gewählt wird.

In der Kombination aus Process und Technical Customization lassen sich zusammenfassend neun Möglichkeiten ableiten, welche in der Abbildung 3-17 dargestellt sind. (vgl. Luo und Strong 2004, S. 324–325)

		Process Customization Options		
		No change	Incremental Change	Radical Change
Technical Customization Options	Module customization	No customization	Process Adaptation	Process Conversion
	Table customization	Fit System to Process	Mutual Adaptation	Fit Process to System
	Code customization	System Conversion	System Conversion and Process Adaptation	System and Process Reengineering

Abbildung 3-17: Übersicht der Customizing Möglichkeiten (i. A. a. Luo und Strong 2004, S. 326)

Wenn der Geschäftsprozess zu dem Systemprozess passt, ist keine Individualisierung notwendig und die Implementierung des ERP-Systems verläuft einfach. Eine Prozessanpassung impliziert hier lediglich eine Anpassung des Geschäftsprozesses in geringen Ausmaßen. Ein Business Process Reeingineering wird erst bei der Prozessumwandlung vollzogen. Bei der Tabellenkonfiguration reichen die Möglichkeiten von einer Anpassung des Systems an den Prozess über eine gleichmäßige Anpassung von Prozess und System bis hin zu einer Anpassung des Prozesses an das System. Die Adaption, die dabei am System vorgenommen wird, fällt im Vergleich zur Codeänderung gering aus. In der letzten Zeile, die der Codeänderung, wird bei der reinen Systemumwandlung davon ausgegangen, dass das Unternehmen die Geschäftsprozesse nicht als anpassungsfähig ansieht, sodass das System in großen Umfängen modifiziert werden muss. Wird die erhöhte Änderung der Prozessanpassungsmöglichkeiten umgesetzt, steht man im Extremfall vor einem kompletten Redesign, welches ein System und Prozess Reengineering bedeutet. (vgl. Luo und Strong 2004, S. 326)

3.4.4 Betrachtung der ZPP in gängigen ERP Systemen

Die Abbildung des Standes der Technik und der Praxisdefizite baut auf der Untersuchung der ERP Systeme AP+ ERP, PSI penta ERP[4] und SAP ERP[5] auf. Die Systeme werden in den nachfolgenden Kapiteln zunächst vorgestellt und im Hinblick auf fünf, im Folgenden definierte Kriterien bewertet. Grundlage der Analyse ist die kombinierte Betrachtung der System-Handbücher und des Online-Supports. Auf Basis dieser Bewertungen sollen das Praxisdefizit und die wissenschaftliche Forschungslücke dieser Dissertation hinsichtlich der Einstellung und Synchronisation von Zeitplanungsparametern abgeleitet werden.

Zur Analyse und Bewertung der Literatur werden im Detail die folgenden Kriterien verwendet:

- *Berücksichtigung der Zeitplanungsparameter:* Es wird untersucht, ob die zuvor definierten Zeitplanungsparameter in den Systemen verwendet werden oder vergleichbare Parameter zur Einstellung der Zeitplanung vorzufinden sind.

[4] PSIpenta stellt einen ERP-Kern dar, der von der PSI Automotive & Industry GmbH angeboten wird und die zentralen Bereiche der Auftragsbearbeitung in Fertigungsunternehmen abdeckt (PSI Automotive & Industry 2018). Das Kernsystem kann um zahlreiche Module für spezielle Aufgabenbereiche erweitert werden. Weiterführende Informationen finden sich unter den detaillierten Produktbeschreibungen unter http://www.psipenta.de/de/erp.

[5] SAP ERP ist das Hauptprodukt der Firma SAP und wurde als modular aufgebautes Softwaresystem zur bereichs- und funktionsübergreifenden, elektronischen Unterstützung von Geschäftsprozessen entwickelt (Gubbels 2013, S. 33). Weiterführende Informationen lassen sich insbesondere im Onlinehandbuch unter *https://help.sap.com/* abrufen (SAP SE 2018).

- *Manuelle Einstellungsmöglichkeit der Zeitplanungsparameter:* Dieses Kriterium dient der Bewertung, in welcher Ausprägung die untersuchten ERP Systeme eine benutzerindividuelle Einstellung der ZPP zulassen.
- *Optimierungsmöglichkeiten der Produktionsplanung und -steuerung:* Es wird analysiert, ob eine Optimierungsfunktion der Produktionsplanung und -steuerung in den ERP Systemen integriert ist.
- *Einstellungsempfehlung für die Zeitplanungsparameter – Empirisch:* Dieses Kriterium wird verwendet, um zu bewerten ob in den ERP System eine empirische Einstellungsempfehlung für die ZPP integriert ist.
- *Einstellungsempfehlung für die Zeitplanungsparameter – Analytisch:* Dieses Kriterium wird verwendet, um zu bewerten ob in den ERP System eine analytische Einstellungsempfehlung für die ZPP integriert ist.

3.4.4.1 Zeitplanungsparameter in Asseco APplus

APplus ist eine ERP-Softwarelösung der Firme Asseco Solutions. Asseco Solutions ist seit 25 Jahren im Bereich Unternehmenssoftware tätig und hat sich auf spezialisierte ERP-Lösungen für mittelständische produzierende Unternehmen fokussiert (vgl. Asseco Solutions 2016c). Das System soll den Kunden ermöglichen, ihre Unternehmensressourcen optimal einzusetzen und Prozesse kontrolliert einzuhalten und durchzuführen (vgl. Asseco Solutions 2016d). APplus zeichnet sich im Gegensatz zu anderen ERP-Systemen durch eine offene und webbasierte Softwarearchitektur aus (Asseco Solutions 2016b, vgl.).

Berücksichtigung der Zeitplanungsparameter

APplus bietet die Möglichkeit der optischen Darstellung und Einstellung vieler für die Produktionsplanung relevanter Parameter. Dies sind unter anderem Rüstzeiten, Auslastungen, Reihenfolgen, die Terminplanung oder Arbeitsplatzbelegungen. Im Zusammenhang mit diesen Größen wird in den untersuchten Materialien häufig der Zeitplanungsparameter „Planungshorizont" genannt (vgl. Asseco Solutions 2016a, S. 30)

Da der Planungshorizont der einzige erwähnte Zeitplanungsparameter ist, ist dieses Kriterium als kaum erfüllt zu bewerten.

Manuelle Einstellungsmöglichkeit der Zeitplanungsparameter

„Planungshorizonte können beliebig eingestellt und durch verschiedene Filterfunktionen verfeinert werden." (vgl. Asseco Solutions 2016a, S. 30). In Bezug auf diese Information ist dieses Kriterium als vollumfänglich erfüllt zu bewerten.

Optimierungsmöglichkeit der Planung

APplus bietet eine Optimierung der Planung mit dem Ziel einer besseren Nutzung der Ressourcen. Die Optimierung leistetet einen Beitrag, um eine Verbesserung der Kriterien Liefertermintreue, Durchlaufzeit und Bestandsreduzierung zu erreichen (vgl. Asseco Solutions 2016a, S. 30).

Aufgrund der integrierten Optimierungsmöglichkeiten für die Produktionsplanung und -steuerung ist dieses Kriterium als vollumfänglich erfüllt zu bewerten.

Einstellungsempfehlung für die Zeitplanungsparameter – Empirisch

Im analysierten Material werden keine diesem Kriterium entsprechenden Informationen gegeben. Aufgrund dessen ist dieses Kriterium als nicht erfüllt zu bewerten.

Einstellungsempfehlung für die Zeitplanungsparameter – Empirisch

Im analysierten Material werden keine diesem Kriterium entsprechenden Informationen gegeben. Aufgrund dessen wird für den weiteren Verlauf dieser Dissertationsschrift, dieses Kriterium als nicht erfüllt bewertet.

3.4.4.2 Zeitplanungsparameter in PSI penta

PSI penta ist das ERP-System der Firma PSIPENTA Software Systems GmbH (vgl. PSIpenta 2016b).

Das Ziel von PSI penta ist die Optimierung betriebswirtschaftlicher Aspekte und technischer Abläufe entlang der gesamten Wertschöpfungskette von Fertigungsunternehmen. Der Fokus liegt dabei auf der Erstellung hoch flexibler und individueller Systeme, welche für die diskrete Fertigung neben dem kompletten Planungsprozess vom Projektmanagement bis zur Feinplanung auch die Supply Chain von der Beschaffung bis zum Absatz abbilden sollen. (vgl. PSIpenta 2016a)

Berücksichtigung der Zeitplanungsparameter

Im analysierten Material findet sich kein Verweis einer Berücksichtigung der Zeitplanungsparameter. Die Absenz dieser Parameter erscheint jedoch eher unwahrscheinlich. Aufgrund der fehlenden Informationen ist zu vermuten, dass PSI die Bedeutung einer optimierten Einstellung der ZPP noch nicht realisiert hat.

Dieses Kriterium ist als nicht erfüllt zu bewerten.

Manuelle Einstellungsmöglichkeit der Zeitplanungsparameter

PSI penta erlaubt es dem Benutzer „Korrektur-, Steuerungs- und Einstellungsmöglichkeiten in allen Planungsebenen“ (vgl. PSIpenta 2016a) vorzunehmen. Unter der Annahme, dass Zeitplanungsparameter im ERP-System enthalten sind, würden diese den Einstellungsmöglichkeiten zugeordnet werden und somit einer manuellen Einstellung dienen.

Unter der Voraussetzung, dass die Annahme zutreffend ist, ist dieses Kriterium als teilweise erfüllt zu bewerten.

Optimierungsmöglichkeit der Planung

Laut den Angaben des Herstellers bietet das ERP-System die Möglichkeit einer multikriteriellen Optimierung der Produktionsreihenfolgen, wobei die Sequenzierung der Aufträge unter Berücksichtigung benutzerindividueller Zielkriterien geschieht. Ergänzend zu dieser Optimierungsmöglichkeit werden noch weitere angeführt, deren weitere

Beschreibung für die Bewertung des Kriteriums jedoch als nicht relevant angesehen wird.

Die Optimierungsmöglichkeit der Planung ist als vollumfänglich erfüllt zu bewerten.

Einstellungsempfehlung für die Zeitplanungsparameter – Empirisch

Im analysierten Material werden keine diesem Kriterium entsprechenden Informationen gegeben. Aufgrund dessen ist dieses Kriterium als nicht erfüllt zu bewerten.

Einstellungsempfehlung für die Zeitplanungsparameter – Analytisch

Im analysierten Material werden keine diesem Kriterium entsprechenden Informationen gegeben. Aufgrund dessen ist dieses Kriterium als nicht erfüllt zu bewerten.

3.4.4.3 Zeitplanungsparameter in SAP ERP

SAP ERP ist das Hauptprodukt der deutschen Softwarefirma SAP SE. SAP ERP setzt alle geschäftsrelevanten Bereiche eines Unternehmens in einem System in Zusammenhang (vgl. SAP 2016c). Das System wird von nahezu 50,000 Firmen in 25 verschiedenen Industriebereichen verwendet. Damit ist SAP der weltweite Marktführer im Bereich ERP-Lösungen (vgl. SAP 2016a).

Die Bewertung der definierten Kriterien erfolgt auf der Basis einer Analyse des SAP Support Portals, in dem alle relevanten Systeminformationen von SAP zur Verfügung gestellt werden.

Berücksichtigung der Zeitplanungsparameter

In den von SAP bereitgestellten Materialien wird, im Zusammenhang mit allen Planungsbereichen, von verschiedenen „planning horizons" gesprochen (vgl. SAP 2016b, S. 32). Diese englische Bezeichnung kann mit „Planungsperioden" übersetzt werden. Daraus ist abzuleiten, dass die weiteren Zeitplanungsparameter in nicht näher definierter Weise berücksichtigt werden.

Aufgrund der nicht erkennbaren Differenzierung dieser „planning horizons" ist dieses Kriterium als teilweise erfüllt zu bewerten.

Manuelle Einstellungsmöglichkeit der Zeitplanungsparameter

Eine beliebige manuelle Einstellung der Planungsparameter kann mit SAP ERP vorgenommen werden (vgl. SAP 2016b, S. 32)

Dieses Kriterium ist als vollumfänglich erfüllt zu bewerten.

Optimierungsmöglichkeit der Planung

„Using the optimization tool, you can optimize the resource schedule according to certain criteria, such as setup times and setup costs, to improve the planning situation and solve particular detailed scheduling problems." (vgl. SAP 2016b, S. 123)

Wie im Zitat deutlich wird, ist dieses Kriterium als vollumfänglich erfüllt zu bewerten.

Einstellungsempfehlung für die Zeitplanungsparameter – Empirisch

SAP ERP bietet die Möglichkeit, verschiedenste Heuristiken für die Lösung von Planungsproblemen anzuwenden. Heuristiken existieren beispielsweise für die Verbesserung der Produkt- und Ressourcennutzung, aber auch zur Optimierung der Produktions- und Zeitplanung ist eine Heuristik verzeichnet (vgl. SAP 2016b, S. 102ff.). Eine genauere Analyse dieser Heuristik ist im Rahmen dieser Dissertationsschrift und mit den zu Verfügung stehenden Informationen nicht möglich. Dennoch liegt die Vermutung nahe, dass ZPP auf unbestimmte Weise beeinflusst werden könnte.

Dieses Kriterium ist aufgrund der nicht vorhandenen Informationen bezüglich des genauen Inhaltes der Heuristik als kaum erfüllt zu bewerten.

Einstellungsempfehlung für die Zeitplanungsparameter – Analytisch

Im analysierten Material werden keine diesem Kriterium entsprechenden Informationen gegeben. Aufgrund dessen ist dieses Kriterium als nicht erfüllt zu bewerten

3.4.5 Supply Chain Management und Advanced Planning and Scheduling

"Supply Chain Management (SCM) ist die unternehmensübergreifende Koordination der Material- und Informationsflüsse über den gesamten Wertschöpfungsprozess von der Rohstoffgewinnung über die einzelnen Veredelungsstufen bis hin zum Endkunden mit dem Ziel den Gesamtprozess sowohl zeit- als auch kostenoptimal zu gestalten."
(vgl. Okhrin 2015; Scholz-Reiter und Jakobza 1999, S. 8)

In Abgrenzung zur Logistik, mit welcher das Supply Chain Management oftmals gleichgesetzt wird, betrachtet es darüber hinaus auch alle begleitenden Auftragsabwicklungs- und Geldflussprozesse. SCM berücksichtigt somit sämtliche Geschäftsprozesse in einer unternehmensweiten Sicht auf der Ebene des Material- und Informationsflusses. Damit verbindet es Bereiche wie Einkauf, Produktion, Distribution, Marketing, Controlling usw. in der taktisch-operativen Planung. SCM-Systeme schließen zusätzlich noch Funktionen zur strategischen Konfiguration ein, bei welcher sie Supply-Chain-Konfigurationen und Netzwerkplanung vornehmen. Somit wird es auch eine Ebene über ERP angeordnet. Das Ziel ist jedoch das gleiche wie beim ERP: Eine Optimierung der Prozesse über das gesamte Unternehmen hinweg, anstelle einer Optimierung einzelner Prozesse in untergeordneten Funktionen. (vgl. Okhrin 2015)

SCM-Softwarelösungen sind in den meisten Fällen modular aufgebaut und variieren je nach IT-Anbieter oder der unternehmensspezifischen Konfiguration, die gewählt wurden. Diese Module lassen sich in Kategorien gliedern. Dazu zählen das Modul zur strategischen Netzwerkplanung, der Produktionsplanung, Nachfrage- und Verfügbarkeitsplanung, Distributionsplanung, der Produktionsgrob- und –feinplanung sowie ein Modul zur Steuerung und Kontrolle der gesamten Supply-Chain im Sinne der Bestands- und Transportsteuerung sowie –überwachung.

Im Kontext von SCM ist auch Advanced Planning and Scheduling (APS) zu nennen. Die APS- Software dient als Entscheidungsunterstützung bei der restriktions- und engpassorientierten Planung. Dabei bedient sie sich aufwendiger mathematischer Lösungsalgorithmen um alle einzuhaltenden Restriktionen simultan betrachten zu können. Die benötigten Stamm- und Auftragsdaten werden aus dem ERP-System abgerufen und anschließend werden die Resultate in die entsprechenden Systeme zurückgespielt. (vgl. Stadtler 2015, S. 74)

Es lassen sich drei Hauptmerkmale hervorheben, welche APS Lösungen von ERP- und SCM-Systemen unterscheiden. Als erstes Merkmal ist eine ganzheitliche Planung der gesamten Supply-Chain zu nennen. Die Betrachtung umfasst mindestens die Wertschöpfungskette vom Lieferanten bis hin zum Kunden eines Betriebes oder gar eines gesamten Netzwerkes. Das zweite Merkmal bezeichnet die echte Optimierung, bei welcher alle Alternativen, Objekte und Einschränkungen betrachtet werden, indem die oben erwähnten Lösungsalgorithmen oder Heuristiken verwendet werden. Dies grenzt APS sehr deutlich von ERP-Systemen ab, da diese Lösungsalgorithmen in reinen ERP-Systemen nicht aufzufinden sind. Das hierarchische Planungssystem stellt das dritte Merkmal dar, da eine simultane Lösungsfindung für alle Planungsaufgaben schlichtweg nicht möglich ist. (vgl. Stadtler 2015, S. 74) APS kann als eigene Software vorliegen oder als Modul in ERP-/SCM- oder ME-Systeme integriert werden. Um zeitnah auf Änderungen reagieren zu können, müssen MES und APS verknüpft sein, damit der Datenaustausch schnell ablaufen kann. (vgl. Marczinski 2008)

Da auch das ERP-System auf der klassischen hierarchischen Produktionsplanung basiert, können hier wieder Gemeinsamkeiten aufgezeigt werden. Das bedeutet, dass APS zum einen in ERP-Systemen und zum anderen in SCM-Systemen implementiert sein kann. Diese sind dann jedoch nicht mehr als einfache ERP-/SCM-Systeme zu bezeichnen. In der Abbildung 3-12 ist dies durch eine Verbindung von APS zu ERP und SCM dargestellt.

3.4.6 Customer-Relationship-Management

Customer-Relationship-Management (CRM) beschreibt in erster Linie einen strategischen Ansatz, der für alle den Kunden involvierende Prozesse genutzt wird und eine kundenorientierte Ausrichtung als Ziel hat. Um erfolgreich zu sein, muss dieser Ansatz in die Unternehmensphilosophie und alle Prozesse einfließen. Customer-Relationship-Management umfasst so das gesamte Unternehmen und den gesamten Kundenlebenszyklus. Es beinhaltet das Database Marketing und wird von einer CRM-Software als Steuerungsinstrument unterstützt. (vgl. Holland 2017)

CRM-Systeme zielen außerdem darauf ab, die Insellösungen im Marketing, Sales und Service in eine Systemlandschaft zu vereinen, um eine einheitliche Sicht auf die Kundendaten im Unternehmen zu erlangen. Durch die Unterstützung im Marketing, Sales und Service, die Einbindung aller Kommunikationskanäle zwischen Kunde und Unternehmen sowie der Zusammenführung und Auswertung aller Kundeninformationen ist eine hohe Komplexität des Systems gefordert. Das CRM-System ist dadurch in verschiedene Komponenten zerlegt, die sich in die zwei Kategorien Operative und Analytische CRM-Systeme gliedern. (vgl. Hippner et al. 2011, S. 131–133)

Die analytischen CRM-Systeme haben eine direkte Schnittstelle zum ERP-System und sind vor allem für die systematische Aufzeichnung von Kundenkontakten und –reaktionen verantwortlich, um die kundenbezogenen Geschäftsprozesse auswerten und kontinuierlich verbessern zu können. So wird CRM zu einem lernenden System. (vgl. Hippner et al. 2011, S. 131–133)

Die operativen CRM-Systeme umfassen alle Bereiche, die in direktem Kontakt mit dem Kunden stehen. Es wird vor allem für das Tagesgeschäft genutzt und unterstützt die anfallenden Prozesse im Marketing, Sales und Service. Hier ist auch eine Schnittstelle zum SCM-System angesetzt. (vgl. Hippner et al. 2011, S. 131–133)

3.4.7 Product Lifecycle Management

Wie in Kapitel 3.2.1 beschrieben, ist Product Lifecycle Management ein Ansatz, der die Betrachtung der Unternehmensprozesse über den gesamten Produktlebenszyklus hinweg vorsieht. Nach den LIEBENSTEINER THESEN gibt es zur Umsetzung dieses Ansatzes kein einfach zu installierendes Programm oder allumfassendes IT-System, vielmehr offerieren PLM-Anbieter Komponenten oder Dienstleistung, die bei der Umsetzung von PLM Konzepten unterstützen. Die dazu benötigten Komponenten schließen Computer Aided Design (CAD), Computer Aided Engineering (CAE), Computer Aided Manufacturing (CAM), Virtual Reality (VR), Produktdatenmanagement (PDM), etc. für den Produktentstehungsprozess ein. Schnittstellen zu anderen Anwendungsbereichen wie ERP, SCM oder CRM, gehören ebenfalls zu wichtigen Komponenten eines PLM-Konzeptes. Abgesehen vom Produktdatenmanagement werden die Systeme zur Produktentwicklung in dieser Dissertationsschrift nicht weiter betrachtet, da sie für die Modelle und Verfahren der Produktionsplanung und –steuerung von keiner größeren Relevanz sind. Produktdatenmanagement hingegen bildet den Kern einer PLM-Lösung, sodass es im Folgenden genauer erläutert wird. (vgl. Sendler 2009, S. 27–28)

Das Produktdatenmanagement wird durch ein entsprechendes System abgewickelt. Hier werden Produkt-, Prozess- und Organisationsdaten, welche durch die Steuerung der Daten- und Informationsflüsse über den Produktlebenszyklus entstehen, gesteuert, abgelegt und bereitgestellt. (vgl. Feldhusen 2008, S. 74–75)

„Ein Produktdatenmanagement-System (PDMS) ist ein rechnerunterstütztes Datenbank- und Kommunikationssystem zur Speicherung, Verwaltung und Bereitstellung aller produktbeschreibenden Daten während des gesamten Produktlebenszyklus [Feldhusen et al. 2005a, in Anlehnung an die VDI-Richtlinie 2219]." (vgl. Feldhusen 2008, S. 75)

Das Datenmanagementsystem greift auf Datenbanken mit Metadaten zu, welche wiederrum die Daten aus Dateiarchiven (Vaults) abrufen. Diese Daten werden dann durch das Datenbankmanagementsystem verschiedenen Funktionsmodulen bereitgestellt, sodass der Anwender darauf zugreifen kann. Nicht nur der Anwender hat Zugriff auf die Daten, sondern auch verschiedenste Systeme. Das Produktdaten- und Dokumentenmanagement wird auch dazu genutzt Stammdaten anzulegen und zu bearbeiten.

Zur Verwaltung von Strukturdaten, Klassifizierung und Teilefamilienmanagement, Benutzermanagement und vielen weiteren systemseitigen Funktionen wird auf das PDMS zurückgegriffen. So müssen die Daten nicht für jedes IT-System neu angelegt werden, sondern es können verschiedenste Systeme darauf zugreife. Dies bedeutet eine erhebliche Einsparung an Zeit beim Anlegen und Warten von Daten, insbesondere von Stammdaten. (vgl. Feldhusen 2008, S. 75–77)

Aufbauend auf das Produktdatenmanagement wurde das Konzept des Product Lifecycle Managements entwickelt. (Eigner und Stelzer 2013, S. 37)
Durch die Anwendung des PDM über den gesamten Produktlebenszyklus entstand der Bedarf nach weiteren Anwendungen wie Anforderungs-, Funktions-, Wartungs-, Service- und Ersatzteilmanagement sowie Erweiterungen des Konfigurationsmanagements. Im Zuge dieser Entwicklung ist die PLM-Lösung entstanden. Ergänzend zu PDM ist die Internet-basierende Einbindung von Lieferanten und Kunden im Form einer Engineering Collaboration Plattform Teil einer PLM-Lösung. So entstanden auch die Schnittstellen zu CRM, Supplier Relationship Management (SRM) – welches das Äquivalent der Lieferanten zum CRM darstellt – und SCM, die in Abbildung 2-7 aufgezeigt wurden. (Stelzer 2015) Man kann die PLM-Lösung so als horizontale Integration des betrieblichen Informationsflusses sehen, die zusätzlich die vertikale Integration berücksichtigt.

3.5 Ansätze, Methoden und Verfahren zur Optimierung und Synchronisation von Parametern

3.5.1 Optimierung von Parametern

Durch die IT-gestützte Arbeit in der Produktionsplanung und –steuerung existieren in den einzelnen Systemen große Mengen an Parametern zur Steuerung, Darstellung und Einstellung diverser Sachverhalte. Soll mit Hilfe dieser Systeme der Output vergrößert werden und Prozesse optimiert, so muss auch eine mögliche Veränderung und Anpassung dieser Parameter berücksichtigt werden. So werden nicht nur die Randbedingungen des spezifischen Produktionssystems auf die IT-Systeme übertragen, sondern auch eventuelle Verbesserungen, die mit Hilfe der IT-Systeme und den Optimierungsverfahren ermittelt wurden, auf das Produktionssystem angewandt. Vor diesem Hintergrund werden im folgenden Kapitel Ansätze, Methoden und Verfahren zur Optimierung von Parametern erläutert.

Eine Optimierung im Allgemeinen kann als Hilfsmittel bei der Entscheidungsfindung in einem bestimmten Entscheidungsspielraum verstanden werden. Sie soll dem Entscheidungsfinder unter Berücksichtigung von Entscheidungsrestriktionen und –auswirkungen, die Entscheidung nennen, die die spezifische Zielsetzung am ehesten erfüllt. Das Anwendungsgebiet dieser Optimierungsverfahren erstreckt sich von Betriebs- und Volkswirtschaften bis zu den Ingenieurwissenschaften. Die verbalen Probleme innerhalb dieser Wissenschaften müssen zu mathematischen Problemen umformuliert werden, um mithilfe von Optimierungsverfahren gelöst werden zu können. Dabei müssen sie der typischen Struktur von Optimierungsaufgaben folgen: Bestimmen des Gesuchten unter Berücksichtigung der Restriktionen und Bedingungen, sodass die Gütefunktion minimal wird. Die Gütefunktion ist hierbei abhängig von dem Gesuchten und dem Gegebenen. (Papageorgiou et al. 2015, S. 1–3) Dieses Gebiet der mathematischen Optimierung von betrieblichen Frage- und Problemstellungen wird unter Operations-Research zusammengefasst, welches in Kapitel 4.2.4.2 noch genauer behandelt wird.

Ein wichtiger Spezialfall von Optimierungsproblemen ist die Lineare Programmierung (LP). Dieser Spezialfall tritt auf, sobald alle beteiligten mathematischen Funktionen linear sind. Dieser Spezialfall beschreibt die am weitesten verbreitete Optimierungsaufgabe und wird vor allem bei wirtschaftlichen, Transport-, Produktions-, Ingenieur- oder weiteren Problemen verwendet. Aus diesem Grund liegt der Fokus in dieser Dissertationsschrift auch bei linearen Optimierungsverfahren. Im Rahmen der Linearen Programmierung werden zuverlässig unter Zuhilfenahme numerischer Lösungsverfahren globale Minima ermittelt. (Papageorgiou et al. 2015, S. 147) Es gilt also die verbale Problemstellung in ein mathematisches Problem umzuwandeln, welches durch einen Extremwert zu lösen ist.
Die beiden wichtigsten Verfahren der LP, die im Folgenden genauer betrachtet werden, sind die Simplex-Methode, sowie das Innere-Punkte-Verfahren.

3.5.1.1 Simplex Methode

Die Simplex-Methode verfolgt eine *activeSet* Strategie, das bedeutet, dass die Ungleichungsnebenbedingungen (UNB) im Minimum iterativ durch Ausprobieren verschiedener Mengen aktiver UNB bestimmt werden. Unter einer UNB wird eine mathematische Restriktion in einem Optimierungsproblem verstanden. Da sie als Ungleichung formuliert werden, besitzen sie auf einer Seite keine obere Grenze, sodass die Menge der Werte, die die Ungleichung erfüllen, unendlich groß ist. Die Simplex-Methode generiert eine endliche Sequenz zulässiger Randpunkte um bei der gesuchten Lösung zu enden. Anschaulich bedeutet dies, dass die Eckpunkte eines zulässigen Polyeders nach einer optimalen Ecke abgesucht werden. (Jarre und Stoer 2004, S. 23; Papageorgiou et al. 2015, S. 113–114) In dieser Form hat sich die Simplex-Methode sehr oft bewährt. Durch das Absuchen der Randpunkte, im schlimmsten Fall aller, ist die Anzahl der Iterationen und somit auch der damit verbundene Rechenaufwand sehr hoch. Die Anzahl der Randpunkte wächst zusätzlich exponentiell mit der Anzahl der Entscheidungsvariablen, sodass nach anderen Algorithmen geforscht wurde, deren Rechenaufwand nicht exponentiell wächst. (Papageorgiou et al. 2015, S. 154)

3.5.1.2 Innere-Punkte-Verfahren

Im Zuge der Forschungen, ein Verfahren mit geringerem Rechenaufwand als die Simplex-Methode zu finden, wurden die Innere-Punkte Verfahren entwickelt. Das am Rande liegende Minimum, welches auch bei der Simplex-Methode gesucht wird, wird hierbei nicht durch iterative Verfahren mit Randwerten ermittelt, sondern aus dem Inneren des zulässigen Bereichs erreicht. Dabei werden die Ungleichungsnebenbedingungen zu jeder Zeit strikt erfüllt und der Abstand zum Rand des zulässigen Bereichs dauerhaft überwacht. Es muss demnach nicht für jeden Randpunkt überprüft werden, ob alle Ungleichungen erfüllt sind. Die kombinatorische Komplexität der *activeSet* Strategie wird so umgegangen, was vor allem bei umfangreichen Problemen von Vorteil sein kann. Das Innere-Punkte-Verfahren benötigt durch die Vermeidung der kombinatorischen Struktur der Eckpunktemenge weder praktisch noch theoretisch eine exponentielle Anzahl von Rechenschritten und wird mit Hilfe des Newton-Verfahrens gelöst. Das besondere des Innere-Punkte-verfahrens ist außerdem, dass es auch bei nicht linearen Problemen angewandt werden kann. (Papageorgiou et al. 2015, S. 113–114; Jarre und Stoer 2004, S. 67–68)

3.6 Kritische Würdigung des Erkenntnisstands und Ableitung des Forschungsbedarfs

Zum Abschluss dieses Kapitels sollen die Ergebnisse der vorangegangenen Analysen der Modelle und der ERP-Lösungen zusammengefasst und der sich daraus ergebende Handlungsbedarf abgeleitet werden.

Es ist zu erkennen, dass der Zeitkontext im Zusammenhang mit der Planung in verschiedensten Publikationen betrachtet wird. Auch die Bedeutung der Zeit für die Produktionsplanung und -steuerung wird von allen Autoren, wenn auch mit unterschiedlichem Ausprägungsgrad, berücksichtigt. Bei der Differenzierung der unterschiedlichen Zeitplanungsparameter zeigen sich erste größere Unterschiede, so wird der Planungsvorlauf nur von HOPP und SPEARMAN in vollem Umfang berücksichtigt. Es ist jedoch nicht abzuleiten, ob die anderen Autoren diesem Planungsparameter keine Bedeutung beimessen, das Potential nicht erkennen oder die Zusammenhänge nicht ausreichend untersucht und verbreitet wurden. Im Hinblick auf eine optimale Einstellungsempfehlung weisen alle der hier vorgestellten Modelle Defizite auf. So werden keine konkreten Aussagen über die Auswirkungen einer optimierten Einstellung der Planungsparameter auf das Zielsystem der Produktionsplanung getätigt, obwohl alle Autoren der Zeitplanung eine hohe Bedeutung beimessen.

Die Relevanz der Zeitplanungsparameter wird zwar in vielen theoretischen Modellen angesprochen, eine konkrete Einstellungsempfehlung ist jedoch nicht gegeben (Reschke und Schuh 2017). So wird beispielsweise auch im Aachener PPS Modell betont, dass die verschiedenen Planungsaufgaben mit unterschiedlichen zeitlichen Einstellungen ablaufen und dass diese Einstellungen entscheidend für den Unternehmenserfolg sind, ein wirklicher Ansatz, inwieweit ein Praktiker diese in seinem Unternehmen einstellen soll, wird jedoch nicht geliefert. Während die Relevanz und auch die Art der verschiedenen ZPP noch in vielen Modellen herausgestellt wird, erfolgt in keinem der theoretischen Modelle eine konkrete Einstellungsempfehlung. Die Ergebnisse der Untersuchung der PPS – Modelle ist in der folgenden Abbildung 3-18 dargestellt.

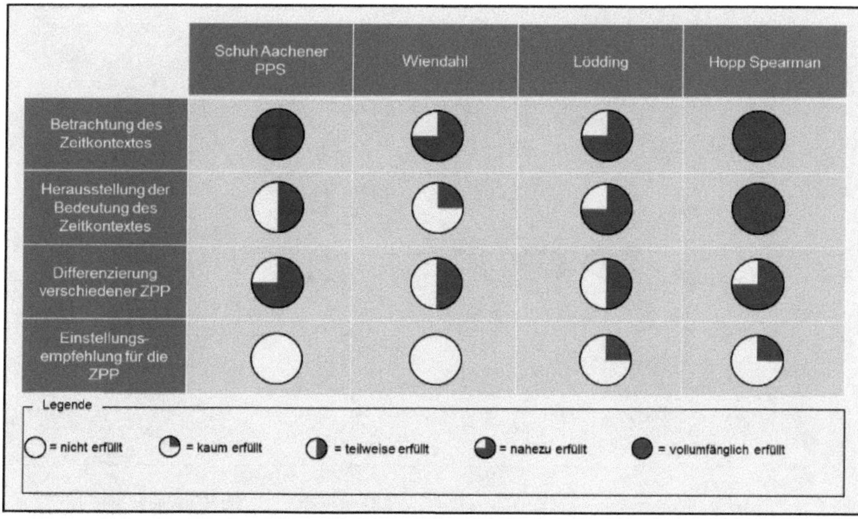

Abbildung 3-18: Analyse theoretischer Modelle bezüglich der Beachtung von Zeitplanungsparametern(Reschke und Schuh 2017, S. 62)

In der Praxis müssten die Zeitplanungsparameter wie bereits in Kapitel 3.4 aufgezeigt, in das jeweilige ERP-System des Unternehmens integriert werden. Nach der Untersuchung verschiedener ERP-Systeme wurde deutlich, dass moderne ERP-Systeme zwar dazu dienen, die PPS zu optimieren und die manuelle Einstellung von Zeitplanungsparametern erlauben, eine wirkliche Empfehlung für die Einstellung der ZPP auf empirischer oder analytischer Basis jedoch nicht vorgenommen wird (vergleiche Abbildung 3-19).

Bezüglich der in der Praxis angewandten Systeme zeichnet sich ein relativ einheitliches Bild ab. Planungsparameter werden in den Systemen berücksichtigt und lassen sich benutzerdefiniert einstellen. Auch eine Optimierung der Produktionsplanung und -steuerung ist mit allen Systemen möglich. Hinsichtlich der Einstellungsempfehlungen der ZPP erscheinen alle Systeme defizitär. Mit Ausnahme der Software SAP ERP liegen keine empirischen oder analytischen Einstellungsempfehlungen vor.

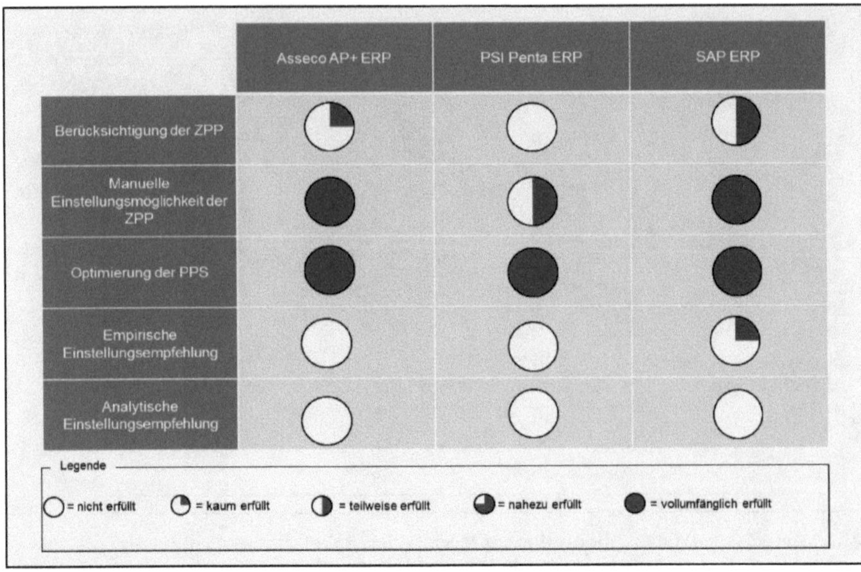

Abbildung 3-19: Analyse aktueller ERP-Systeme bezüglich der Beachtung von Zeitplanungsparametern (Reschke und Schuh 2017, S. 62)

Nach der Untersuchung verschiedener ERP-Systeme wurde deutlich, dass moderne ERP-Systeme zwar dazu dienen, die PPS zu optimieren und die manuelle Einstellung von Zeitplanungsparametern erlauben, eine wirkliche Empfehlung für die Einstellung der ZPP auf empirischer oder analytischer Basis jedoch nicht vorgenommen wird (vergleiche Abbildung 3-19).

Bezüglich der in der Praxis angewandten Systeme zeichnet sich ein relativ einheitliches Bild ab. Planungsparameter werden in den Systemen berücksichtigt und lassen sich benutzerdefiniert einstellen. Auch eine Optimierung der Produktionsplanung und -steuerung ist mit allen Systemen möglich. Hinsichtlich der Einstellungsempfehlungen der ZPP erscheinen alle Systeme defizitär. Mit Ausnahme der Software SAP ERP liegen keine empirischen oder analytischen Einstellungsempfehlungen vor.

Nach der abschließenden Betrachtung der Analyseergebnisse lässt sich sowohl ein Theorie- als auch Praxisdefizit ableiten. In der Theorie wird die Relevanz der Zeitplanungsparameter hervorgehoben, es werden jedoch keine Aussagen über die Zusammenhänge und die Auswirkung einer Variation der Einstellung auf die Produktionsplanung und –steuerung getätigt. In der Praxis erhält der Anwender die Möglichkeit der benutzerdefinierten Einstellung der Planungsparameter, es werden jedoch keine Einstellungsempfehlungen oder Optimierungspotentiale ausgesprochen.

Somit besteht hinsichtlich der aufgezeigten Defizite eindeutiger Handlungsbedarf. Die Zusammenhänge und Beeinflussungen der Zeitplanungsparameter in Bezug auf das Zielsystem der Produktionsplanung und -steuerung bedürfen weiterer Forschungen, ebenso müssen die Abhängigkeiten bestimmt werden. Basierend darauf müssen die

Auswirkungen einer Variation der ZPP auf das Zielsystem untersucht werden, um Einstellungsempfehlungen für die Industrie ableiten zu können.

Die Zielsetzung von Kapitel 3 war es daher eine strukturierte Analyse und Bewertung des aktuellen Stands der Erkenntnisse sowie deren Relevanz hinsichtlich der Zielsetzung und des Untersuchungsbereichs dieser Dissertation vorzunehmen. Dafür wurden Referenzmodelle analysiert, bestehende Zielsystemen geprüft und bewertet, inwieweit Zeitplanungsparameter bereits in der Forschung und in der Praxis berücksichtigt werden.

Dabei wurde dargelegt, dass bereits ein Referenzmodell existiert, dessen Umgebung sehr gut für die Erstellung eines Simulationsmodells im Rahmen des Aachener PPS-Modells geeignet ist. Dieses kybernetische Produktionsmanagementmodell soll auch im Rahmen dieser Dissertationsschrift genutzt werden.

Es existiert jedoch kein konkretes Zielsystem oder gar eine Gestaltungsempfehlung für die Einstellung der ZPP.

Die vorliegende Dissertation versucht daher, einen Beitrag zur Beseitigung der in diesem Kapitel aufgezeigten Forschungsdesiderata zu leisten.

Zusammenfassend lässt sich sagen, dass die Betrachtung des Stands der Erkenntnisse einen Forschungsbedarf hinsichtlich der ZPP herausgestellt hat. Trotz dem Herausstellen der Relevanz mangelt es an Einstellungsempfehlungen aus der Wissenschaft. Dies spiegelt sich auch in der Praxis wieder. Im Zuge dieser Dissertationsschrift soll durch die Erstellung eines anwendungsbezogenen Simulationsmodells ein erster Schritt zur Schließung dieser Lücke gemacht werden. Im folgenden Kapitel soll dargelegt werden, wieso dieser Forschungsbedarf auch in Zukunft, im Zeitalter von Industrie 4.0 und der Digitalisierung noch bestehen wird.

4 Herleitung des Konzeptansatzes

Nachdem in Kapitel 1.2 die Forschungsfragen formuliert und in Kapitel 3.6 der unmittelbare Forschungsbedarf aufgezeigt wurde, gilt es in diesem Kapitel die weitere Vorgehensweise festzulegen. Dabei ist zu berücksichtigen, dass die Vorgehensweise dem Kriterium der intersubjektiven Nachvollziehbarkeit genügen muss, um als wissenschaftlich fundierte Lösung akzeptiert zu werden (vgl. Lehmann 2011, S. 5).

Bevor also im Zuge der nächsten Kapitel auf die konkreten Inhalte und die Erstellung des Modells eingegangen wird, sollen an dieser Stelle die formalen und inhaltlichen Anforderungen an das Modell, sowie die zu Grunde liegenden Annahmen dargelegt werden (vgl. Bänsch und Alewell 2009, S. 20).

Zunächst wird also eine *Konkretisierung der Aufgabenstellung* (siehe Kap. 4.1) vorgenommen, indem die Zielsetzung und die Annahmen der Untersuchung, sowie die inhaltlichen und formalen Anforderungen beschrieben werden. Anschließend werden die *methodischen Grundlagen* (siehe Kap. 4.2) dargelegt. Dabei werden die Grundlagen der Modellbildung, sowie die Auswahl der zu Grunde liegenden Software fokussiert. Abschließend wird die *Konkretisierung der weiteren Vorgehensweise* (siehe Kap. 4.3) vorgenommen indem die grundlegenden Inhalte sowie die Struktur des weiteren Vorgehens beziehungsweise der nachfolgenden Kapitel dargestellt werden.

4.1 Konkretisierung der Aufgabenstellung

Die Konkretisierung der Aufgabenstellung ist für das bessere Verständnis der Dissertationsschrift und vor allem für eine Bewertung unerlässlich. Es werden also die Zielsetzung und Annahmen, sowie die inhaltlichen und formalen Anforderungen genauer definiert.

4.1.1 Zielsetzung und Annahmen der Untersuchung

Die Zielsetzung der vorliegenden Dissertationsschrift baut auf den in Kapitel 1.2 dargestellten Forschungsfragen auf. Demnach ist der Zweck dieser Dissertation die Entwicklung eines Simulationsmodells, das auf einem sinnvollen Zielsystem aufbaut und die Einstellung der vier Zeitplanungsparameter in einem Unternehmen bewertet. Wie bereits in Kapitel 3 erstmals erwähnt, würde für die Industrie vor allem eine selbstregelnde Einstellungsempfehlung der Zeitplanungsparameter einen großen Fortschritt darstellen. Daher fokussiert diese Dissertation im weiteren Verlauf die Erstellung eines Zielmodells, die Definition aller relevanten Eingangsgrößen und eine modellgestützte Bewertung der aktuellen Parametereinstellung. Dazu muss in einem ersten Schritt ein geeignetes Zielsystem entwickelt werden, um im weiteren Verlauf die Einfluss- und Gestaltungsgrößen darzulegen und deren qualitative Wechselwirkungen mit dem erstellten Zielsystem zu untersuchen. Abschließend können die Beziehungen im Rahmen eines Modells quantifiziert untersucht werden.

Das zu entwickelnde Modell konzentriert sich dabei explizit auf den in Kapitel 2.6 und Abbildung 2-14 eingeführten Untersuchungsbereich. Wie dort bereits angekündigt, sollen an dieser Stelle weitere Annahmen hinzugefügt werden. Ohne entsprechende Annahmen bestünde die Gefahr, dass das Modell für den Anwender zu unübersichtlich wird und vor allem Zusammenhänge modelliert werden, die für die Bewertung der ZPP als irrelevant eingestuft werden können:

- Die Einstellung der Zeitplanungsparameter darf sich während des Planungshorizonts nicht ändern.
- Die Durchlaufzeit setzt sich, wie in 3.2.6.1 definiert, aus der Bearbeitungszeit, der Rüstzeit und der Übergangszeit zusammen; Störungen werden nicht weiter beachtet beziehungsweise werden diese durch Schwankungen in der normalverteilten Übergangszeit abgefangen.
- Die prognostizierten Bedarfsmengen für die zugekauften Teile müssen zwar bereits eine Planungsperiode vor der Planung der Produktion vorliegen, eine konkrete Wiederbeschaffungszeit wird jedoch nicht berücksichtigt.
- Den Unternehmen stehen ausreichend Lagerkapazitäten zur Verfügung.
- Um den Einkauf im Betrachtungsbereich zu integrieren, wird ebenfalls exemplarisch ein Zulieferteil betrachtet. Grundsätzlich liegen die benötigten Sekundärbedarfe bis auf dieses Einbauteil, das vom Einkauf losgrößenoptimal beschafft wird, in Form von Konsignationslagern dauerhaft vor.
- Die Preise sind sowohl mit den Lieferanten, als auch mit den jeweiligen Kunden in Form von Rahmenverträgen definiert und schwanken nicht über den Planungshorizont.

4.1.2 Anforderungen an ein Gestaltungskonzept für die Synchronisation von Zeitplanungsparametern

Die Anforderungen an ein Forschungsergebnis sind möglichst konkret zu formulieren, um die Zielorientierung des Forschungsprozesses sicherzustellen (Hevner et al. 2004, S. 85; Schmidt 2008a, S. 43). Unter Anforderungen werden dabei diejenigen Eigenschaften des Forschungsergebnisses verstanden, die gegeben sein müssen, um die Erwartungen des Anwenders zu erfüllen (vgl. Nachreiner 1997, S. 87 f.). Dabei sind neben inhaltlichen Anforderungen an das Modell auch formale Anforderungen zu beachten. Diese haben im Allgemeinen das Ziel, den auf den inhaltlichen Anforderungen basierenden Nutzen des Modells sicherzustellen.

PATZAK definiert hierzu fünf Anforderungen: (vgl. Patzak 1982, S. 309f.)

- Empirische Richtigkeit
- Formale Richtigkeit
- Produktivität
- Handhabbarkeit
- Geringer Aufwand

Unter dem Begriff der empirischen Richtigkeit versteht PATZAK das möglichst korrekte Abbilden des Systems. Diese Anforderung soll insbesondere durch die sich anschließenden Überlegungen aus der Systemtheorie gewährleistet werden. Die formale Richtigkeit fokussiert die Aspekte der Widerspruchsfreiheit, Reproduzierbarkeit als auch der Nachprüfbarkeit der Ergebnisse. Die Produktivität soll garantieren, dass die aus dem Modell resultierenden Antworten sowohl inhaltlich als auch formal qualitativ hochwertig und verwendbar sind. Die Handhabbarkeit beschreibt die benutzerfreundliche Ausgestaltung der Methodik im Hinblick auf eine Anwendung und mögliche Interpretation der Ergebnisse. Zusätzlich formuliert PATZAK die Forderung nach einem möglichst geringen Aufwand sowohl bei der Erstellung des Modells als auch bei etwaigen späteren Anpassungen.

Abbildung 4-1 verschafft einen Überblick über die relevanten, identifizierten inhaltlichen und formalen Anforderungen an das zu entwickelnde Modell.

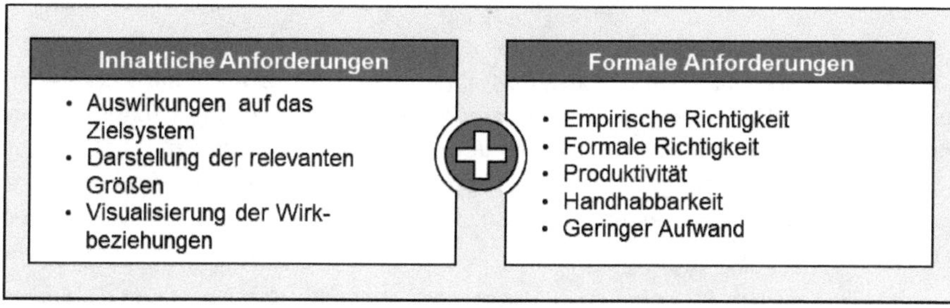

Abbildung 4-1: Inhaltliche und formale Anforderungen an das Modell*Inhaltliche Anforderungen*

Die inhaltlichen Anforderungen ergeben sich aus dem in Kapitel 3.6 identifizierten Forschungs- und Handlungsbedarf. Zum einen muss das Modell die potenziellen Auswirkungen, die sich durch eine veränderte Einstellung der Zeitplanungsparameter auf das definierte Zielsystem ergeben, aufzeigen. Zum anderen sollten alle relevanten Planungsaufgaben, welche durch die ZPP zu beeinflussen sind, aufgezeigt werden. Des Weiteren soll die Art der Beeinflussung in ihrer Ausprägung dargestellt werden, eine weiterführende Differenzierung erfolgt dabei in positive und negative Beeinflussungen der Zielgrößen. Im Folgenden sind die Anforderungen einzeln aufgelistet:

- Es ist ein relevantes Zielsystem zu definieren, das aus einer Symbiose der bereits vorgestellten Zielsysteme besteht.
- Es gilt Einfluss- und Gestaltungsgrößen zu erarbeiten, die im Kontext der Zeitplanungsparameter Einfluss auf das Zielsystem nehmen. Im Sinne der Komplexitätsreduzierung ist die Relevanz der Einflussfaktoren zu überprüfen. Zudem sind die Wirkungszusammenhänge übersichtlich darzustellen.
- Als Grundlage für die Bewertung der aktuellen Zeitplanungsparametereinstellungen eines Unternehmens ist ein Simulationsmodell bereitzustellen.

Die Dissertationsschrift hat den Anspruch Transparenz zu schaffen und das Verständnis für Zeitplanungsparameter, sowie für deren Bedeutsamkeit zu fördern. Daher müssen die Zusammenhänge und Ausführungen übersichtlich dargelegt werden und sich durch eine hohe Praktikabilität auszeichnen.

Formale Anforderungen

Neben diesen inhaltlichen Anforderungen muss eine Arbeit auch formale Gütekriterien erfüllen, um als wissenschaftlich fundiert zu gelten. Hierzu zählen vor allem die Aspekte *Validität*, *Reliabilität* sowie *Utilität* (vgl. Schlick et al. 2010, S. 57; Sprung und Sprung 1984, S. 171 ff.). Nachfolgend sollen diese Kriterien kurz eingeführt werden:

Die Gültigkeit eines Lösungskonzepts für eine zu betrachtende Problemstellung wird als Validität beschrieben. Diese liegt demnach vor, wenn das Modell bei verschiedenen produzierenden Unternehmen zu korrekten und zuverlässigen Ergebnissen führt, also auf reale Systeme übertragbar ist (vgl. Fastabend 1997, S. 21 f.).

Reliabilität umfasst die Beschreibung der Zuverlässigkeit des Modells. Sie lässt sich anhand der Reproduzierbarkeit bewerten, da sie den Einfluss von Zufällen und Störgrößen auf das Ergebnis abbildet (vgl. Friedrichs 2002, S. 102). In der anwendungsorientierten Forschung ist der Nachweis der Reliabilität nur schwer zu erbringen, da sich die Umweltbedingungen je Anwendungsfall stark unterscheiden. Daher wäre eine hohe Anzahl an Anwendungen bei gleichzeitiger Prüfung der Kriterien Validität und Utilität nötig (vgl. Hering 2014, S. 62).

Unter Utilität wird im Allgemeinen die Nachvollziehbarkeit, Nützlichkeit und die Praktikabilität des Lösungskonzepts verstanden. Dabei stellt sie ein Konstrukt aus den Subkriterien Relevanz, Funktionalität, Praktikabilität und Effizienz dar (vgl. Grünewald 1992, S. 35).

4.2 Methodische Grundlagen

Auf Basis der in Kapitel 4.1 definierten inhaltlichen und formalen Anforderungen zur Erstellung einer Bewertungsgrundlage für die simulationsgestützte Synchronisation von Zeitplanungsparametern von Variantenfertigern, gilt es im Folgenden die methodischen Grundlagen zu erläutern.

4.2.1 Grundlagen der Systemtheorie und Modellbildung

Reale Systeme, wie beispielsweise Unternehmen, können in der Regel nicht direkt analysiert werden, da sie schlichtweg zu komplex sind. Aus diesem Grund sind Problemstellungen, die diesem realen System entstammen, einer wissenschaftlichen Lösung ebenfalls nicht direkt zugänglich (vgl. Bamberg et al. 2008, S. 13). Daher werden Modelle gebildet, die ein vereinfachtes Abbild der Realität darstellen und gleichzeitig auch als Vorbild für reale Systeme dienen können (vgl. Stachowiak op. 1973, S. 129; 1Altıok und Melamed 2010). Es muss jedoch berücksichtigt werden, dass alle problemrelevanten Eigenschaften und Beziehungen des realen Systems dargestellt werden.

Dies kann als Übergang zu den notwendigen Merkmalen, denen ein Modell nach der allgemeinen Modelltheorie nach STACHOWIAK entsprechen muss, verstanden werden. Die Berücksichtigung aller problemrelevanten Eigenschaften und Beziehungen wird in dem *Abbildungsmerkmal* wiedergespiegelt. Dieses charakterisiert das Modell als eine strukturgleiche oder zumindest –ähnliche Abbildung der Realität. Laut dem *Verkürzungsmerkmal* soll das Modell lediglich die problemrelevanten Aspekte aus der Realität abbilden. Abschließend betont das *pragmatische Merkmal* den Zielansatz des Modells. Dies bedeutet, dass unter pragmatischen Gesichtspunkten eine vollständige Abbildung nicht zwingend notwendig ist. Stattdessen muss die Frage gestellt werden, welchem Zweck das Modell konkret dient (vgl. Krüger 2012, S. 212f.).

Die folgende Abbildung 4-2 soll den grundlegenden Gedanken von Modellen verständlich machen:

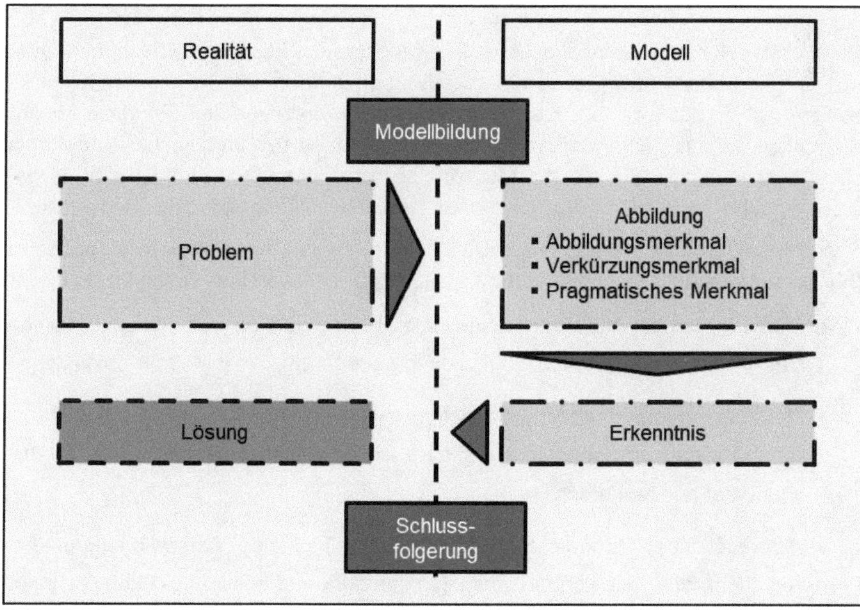

Abbildung 4-2: Konzept der Modellbildung

Modelle können vor allem anhand ihres Verwendungszwecks klassifiziert werden (vgl. Krallmann et al. 2002, S. 34 ff.). Wird lediglich ein Abbild der Realität geschaffen (siehe Abbildung 4-2), so spricht man von einem *Beschreibungsmodell*, oder auch deskriptiven Modell. Diese konzentrieren sich rein auf die möglichst präzise Darstellung des Sachverhalts und dienen so beispielsweise der Abgrenzung des Untersuchungsbereichs oder als Grundlage für die Kommunikation über ein reales System (vgl. Lehner et al. 2008, S. 30 f.).

Auf diesem Beschreibungsmodell aufbauend, erweitert das *Erklärungsmodell* dieses um mathematisch formulierte Wirkungsbeziehungen zwischen einzelnen Elementen. Diese befähigen das Modell Prognosen über geplante Systemeingriffe aufzustellen.

Die anspruchsvollste Modellklasse bilden die *Gestaltungsmodelle*, die theoretisches Wissen auf die Praxis abbilden sollen. In einem Gestaltungsmodell wird das Erklärungsmodell um ein Zielsystem und die Berücksichtigung relevanter Rahmenbedingungen des Entscheidungsträgers erweitert.

Im Rahmen dieser Dissertationsschrift soll ein Gestaltungsmodell zur Bewertung der Zeitplanungsparametereinstellungen gebildet werden. Wie die vorangegangenen Ausführungen jedoch zeigen, impliziert dies auch den Aufbau eines Beschreibungs- und Erklärungsmodells, da diese Stufen der Modellarten aufeinander aufbauen.

4.2.1.1 Ursache-Wirkungs-Modelle

Die Zuhilfenahme vereinfachter Modelle ermöglicht es, komplexe Zusammenhänge aus der Realität zwischen Ursache- und Wirkungsgrößen hinreichend genau darzustellen (vgl. Yu 2001, S. 22). Sie stellen somit Hilfswerkzeuge dar, um diese Zusammenhänge auf das Wesentliche zu verkürzen, strukturiert zu untersuchen und daraus Handlungsempfehlungen für die Modellnutzer abzuleiten (vgl. John 2007, S. 34). Nachfolgend wird das Grundkonzept eines Ursache-Wirkungs-Modells dargestellt.

STACHOWIAK fasst die drei grundlegenden Hauptmerkmale eines Modells folgendermaßen zusammen (vgl. Stachowiak 1973, S. 131f.; Oedekoven und Schuh 2011, S. 61):

- Abbildungsmerkmal: Modelle sind stets Abbildungen, Repräsentationen von natürlichen oder künstlichen Originalen, die wiederum selbst Modelle sein können.
- Verkürzungsmerkmal: Modelle stellen im Allgemeinen nicht alle Eigenschaften des Originals dar, sondern nur solche, die dem Modellerschaffer bzw. Modellbenutzer relevant erscheinen.
- Pragmatisches Merkmal: Modelle sind ihren Originalen nicht zwingend eindeutig zugeordnet. Sie können die Originalen nur unter bestimmte Subjekte, innerhalb bestimmter Zeitintervalle und unter Einschränkung auf bestimmte gedankliche Operationen ersetzen.

Die Bildung von Modellen erfolgt grob in drei Schritten. Zuerst erstellt sich der Modellerschaffer durch Abstraktion, Reduktion und Zerlegung der Realität auf das Wesentliche ein mentales Abbild des Originals. Im zweiten Schritt wird sie formal dargestellt. Im dritten Schritt wird sie schließlich eingesetzt, dessen Ergebnisse kontrolliert und sie wird in einem kontinuierlichen Verbesserungsprozess mithilfe von Rückkopplungen ständig verbessert (vgl. John 2007, S. 35ff.)

Als solches ist die Aufgabe eines Ursache-Wirkungs-Modells, die wesentlichen dynamischen Wirkbeziehungen zwischen Einfluss- und Zielgrößen vereinfacht und übersichtlich darzustellen und Problemursachen zu identifizieren, aufgrund dessen Handlungsempfehlungen zur Zielerreichung abgeleitet werden können. Das bekannteste dieser Modelle ist das Ishikawa-Diagramm, benannt nach seinem Erfinder Kaoru Ishikawa, auch Fishbone-Diagramm genannt, indem zu einer bestimmten Wirkung Haupt- und Nebenursachen in einer strukturierten Übersicht grafisch dargestellt werden (vgl. Toutenburg und Knöfel 2009, S. 134f.).

Wie jedoch noch im Verlaufe der vorliegenden Dissertationsschrift zu sehen ist, bestehen zwischen die betrachteten logistischen Zielgrößen dynamische Wechselwirkungen, so dass jede Größe zugleich Ursache wie auch Wirkung sein kann. Da diese Wechselwirkungen im Ishikawa Diagramm nicht dargestellt werden können (vgl. Schulte-Zurhausen 2014, S. 591), werden stattdessen Kausalitätskreisdiagramme benutzt (vergleiche hierzu auch Kap. 4.2.4.1). Diese eignen sich besonders dazu, dynamische Prozesse sowie Rückkopplungen aufzuzeigen. In einem Kausalitätskreis kann jede Größe gleichzeitig als Ursache wie auch als Wirkung dargestellt werden (vgl. Unger 2014, S. 15). Abschließend werden alle Größen in einer Einflussmatrix eingetragen, um eine gesamtübersichtliche Betrachtung zu ermöglichen (vgl. Schulte-Zurhausen 2014, S. 594)

4.2.2 Zielsysteme

Ziele stellen erwünschte, zu erreichende Soll-Zustände dar, die Handlungsbedarf aufweisen und jegliche Entscheidungen in einem Unternehmen lenken (vgl. Töpfer 2007, S. 425). Oft existieren dabei gleichzeitig mehrere Ziele, die in unterschiedliche Wechselwirkungen zueinanderstehen. Eindeutige Formulierungen der Ziele sowie Wissen über die Beziehungen der Ziele zueinander werden als grundlegende Voraussetzungen betrachtet, um betriebliche Entscheidungsprozesse rational koordinieren zu können (vgl. Hillebrand 2002, S. 39). Dabei können diese Wechselwirkungen prinzipiell unabhängig, konfliktär sowie komplementär zueinanderstehen (vgl. Heinen 1991, S. 14ff.). Sie sind unabhängig, wenn sie sich in ihrer Erfüllung gegenseitig nicht beeinflussen, konfliktär, wenn die Erfüllung eines Zieles die Erfüllung eines anderen behindert und komplementär, wenn die Erfüllung eines Zieles eine positive Einwirkung auf die Erfüllung eines anderen Zieles zur Folge hat (vgl. Schneeweiß 1991, S. 58f.). Ziele können jedoch auch in einem Ergebnisbereich komplementär, und in einem anderen Bereich konfliktär zueinanderstehen. Bei konfliktären Zielen müssen sie in Haupt- und Nebenzielen hierarchisch eingeteilt werden, um eindeutige Handlungsempfehlungen geben zu können. Darüber hinaus müssen Ziele vollständig und präzise formuliert werden, operational sowie koordinationsgerecht sein. Außerdem müssen Präferenzrelationen gewonnen werden können, die Handlungsalternativen eines Entscheidungsprozesses in einer Wertrangfolge darstellen. Unter Operationalisierung wird die Überprüfbarkeit und Messbarkeit des Grades der Zielerreichung verstanden. Ist ein Ziel nicht direkt messbar, wird es anhand einer Zielhierarchie aufgeteilt. An der Spitze der Zielhierarchie steht das Oberziel, das mithilfe von messbaren Zwischen- bzw. Unterzielen erreicht werden kann. Koordinationsgerecht bezieht sich auf die Bedingung, dass sich aus der Summe der isoliert getroffenen Teilentscheidungen eine für das Gesamtsystem zufriedenstellende Lösung ergibt (vgl. Bamberg et al. 2008, S. 29; Schneeweiß 1991, S. 59f.; Hillebrand 2002, S. 40). Letztendlich sollten Ziele stets auf verändernde Rahmenbedingungen anpassbar sein (vgl. Meyer 2011, S. 66).

4.2.3 Verfahren und Modelle zur Entscheidungsunterstützung

Im Zuge der Produktionsplanung und –steuerung müssen viele, auch strategische, Entscheidungen getroffen werden. Vor allem bei der Evaluierung des Einsatzes von Modellen und übergreifenden Management Ansätzen, die in den bisherigen Kapiteln beleuchtet wurden. Deshalb werden in diesem Kapitel Verfahren und Modelle zur Entscheidungsunterstützung erläutert, die auch in der PPS eingesetzt werden können. Der Fokus liegt dabei auf heuristischen verfahren, Methoden innerhalb der Operations-Research, empirische Verfahren sowie Simulationen.

4.2.3.1 Heuristische Verfahren

Heuristische Verfahren werden vor allem eingesetzt, wenn Ermittlung optimaler Entscheidungsalternativen zu komplex oder wirtschaftlich nicht sinnvoll ist. Heuristische Verfahren beschränken sich auf die Findung einer befriedigenden Lösung, die nicht zwingend optimal sein muss. So kann der Lösungsfindungsprozess verkürzt werden, da mehr Lösungsalternativen zur Verfügung stehen. Die Entwicklung und Anwendung heuristischer Verfahren ist bereits Bestandteil der PPS. Vor allem auf Ebene der kurzfristigen Produktionssteuerung werden diese verwendet. Im Folgenden werden Verfahren der qualitativen und quantitativen Heuristik vorgestellt, die auch auf höher gelegenen Ebenen angewandt werden können, auch wenn dies bisher nicht der Fall ist. (Jacob 1980, S. 78)

4.2.3.1.1 Qualitative Heuristik

Die qualitative Heuristik bedient sich einer vereinfachten Analysetechnik mit Hilfe dialogischer Erhebungsmethoden und einem erweiterten Methodenspektrum. Sie beschreibt also eine allgemeine und umfassende Forschungsstrategie und ist besonders für qualitative Daten geeignet, aber nicht auf diese beschränkt. (Kleining 2010, S. 66) Eine dialogische Erhebungsmethode bedeutet dabei mit der Forschungs- oder in diesem Fall Entscheidungsfrage in den Dialog zu treten. Dabei sollen Fragen an den Entscheidungsgegenstand, oder Personen, Gegenstände oder Texte, die mit dem Entscheidungsgegenstand in Verbindung stehen, gestellt werden. Die Beantwortung der Frage führt wiederum immer zu einer neuen Fragestellung, bis die neue Frage keine neuen Erkenntnisse mehr liefern kann. (Kleining 2010, S. 69–70)

Die Methodologie der qualitativen Heuristik folgt vier Regeln, die dem Forschenden oder Fragenden eine Arbeitsweise vorgeben. Die erste Regel, die die Offenheit der Untersuchungsperson festlegt, fordert dabei vom Fragenden Zugänglichkeit für Neues. Dies bedeutet, dass der Forschende seine Meinung bei neu erlangtem Wissen anpassen soll. Die zweite Regel, definiert, dass dem Gegenstand der Untersuchung

Offenheit entgegengebracht werden soll. Dies bedeutet eine eventuelle Änderung bzw. Anpassung der Forschungs-/Entscheidungsfrage, sollte sich eine neue Datengrundlage entwickeln, die dies erfordert. Die ersten beiden Regeln reflektieren gemeinsam das Subjekt-Objekt-Verhältnis, also Beziehung zwischen dem Untersuchenden und dem Gegenstand.

In der dritten Regel wird verlangt, dass der Forschende die Frage von allen Seiten betrachtet und dabei bewusst verschiedene Sichtweisen einnimmt, es wird eine maximale strukturelle Variation der Perspektiven erwartet. Eine Analyse auf Gemeinsamkeiten wird von der vierten Regel gefordert, die Gemeinsamkeiten beziehen sich dabei auf die in Regel drei gesuchten unterschiedlichen Sichtweisen. In den letzten beiden Regeln, die sich auf die Datenerhebung und Analyse beziehen, untersucht man die Gemeinsamkeiten der Unterschiede. (Kleining 2010, S. 67–69)

4.2.3.1.2 Quantitative Heuristik

Quantitative Heuristiken fallen unter den Oberbegriff „Operations Research", welcher Methoden und Modelle zur Entscheidungsunterstützung vereint. Zunächst beschränkte sich Operations-Research (OR) auf die Betriebswirtschaftslehre und die Mathematik. Über die Jahre hinweg entwickelte es sich zu einem Gebiet, welches auch für Ingenieure, Informatiker und Mediziner von großer Bedeutung ist. Das OR hat die Absicht für reale Problemstellungen optimale Handlungsalternativen zu bestimmen. Dem Einsatz der Methoden und Modelle der Operations-Research geht eine Planung voraus, die sich durch eine systematische und rationale Bestimmung von Maßnahmen zur Erreichung des Ergebnisses oder der Bestimmung der Ergebnisse selbst auszeichnet. Dabei folgt OR dem ökonomischen Prinzip, welches sich durch das Maximum- und Minimumprinzip charakterisiert. Das Maximumprinzip bedeutet eine Erreichung des maximalen Ergebnisses unter Einsatz gegebener, knapper Güter. Das Minimumprinzip beabsichtigt die Erreichung eines bestimmten Ergebnisses unter minimalem Einsatz knapper Güter. Die quantitative Heuristik folgt außerdem dem vorher erläuterten Prinzip der Heuristik. Das bedeutet, dass mit Hilfe der mathematischen Modelle nicht die optimale Handlungsalternative gesucht wird, sondern eine befriedigend. (Zimmermann 2008, V; Werners 2008, S. 1–3)

Fuzzy Logic

Im Rahmen einer Überführung von verbalen Problemstellungen in mathematische Systeme kam immer wieder die Problematik unscharfer Begriffe auf. Die ursprüngliche mathematische Zuordnung war lediglich durch ein Binärsystem möglich, sie war entweder vollkommen (1) oder gar nicht (0). Die menschliche Sprache jedoch verwendet nicht nur eindeutige, sondern auch unscharfe Zuordnungen, die sich zum Beispiel bei fußläufigen Entfernungen durch zu weit, weit, kurz und sehr kurz ausprägen. Dabei kann eine Entfernung von 2km vielleicht sehr weit sein, aber noch fußläufig zu bewältigen, sodass es keine klare Zuordnung gibt. Um unscharfe Begriffe abbilden zu können, wurde die Fuzzy Logic von ZEDAH entwickelt. Diese Logik wird bereits in einigen Gebieten, vor allem der Steuerung und Regelung, der Prozessüberwachung und –

diagnose, der Mustererkennung, der Medizin und Psychologie, der Wirtschaftswissenschaften sowie der Mathematik angewandt und weiter erforscht. (Bothe 1995, S. 1; Zimmermann 1993)

Im Rahmen der Entscheidungsunterstützung wurde auch für die Fuzzy Logic eine Entscheidungstheorie entwickelt, die dabei unterstützt, Problemstellungen mit verbalen und unscharfen Restriktionen zu lösen. Ursprünglich wurden diese mit Hilfe von Durchschnittswerten in reelle Zahlen umgewandelt, um mathematische Lösungsalgorithmen anwenden zu können und so die Problematik zu lösen. Durch die Substitution mit Mittelwerten kann es passieren, dass das Realproblem nur verzerrt dargestellt wird. Die errechneten Lösungen können dann zwar optimale Lösungen des Modells sein, jedoch keine Lösungen des Realproblems. Um dem entgegen zu wirken, wurden Fuzzy-Programmierungsmodelle entwickelt, bei welchen die Größen nur so genau bestimmt werden müssen, wie der Entscheidungsfinder dies mit gutem Gewissen leisten kann. Dabei wird sukzessive vorgegangen und zusätzliche externe Informationen mit aufgenommen. Diese fließen Schritt für Schritt ein, sodass nur die relevanten Informationen beschafft werden müssen, was zudem ein großes Kosteneinsparungspotenzial bietet. Ein weiterer Vorteil der Entscheidungsmodelle mit Fuzzy Logic ist ein transparenter Entscheidungsprozess, da die linguistischen Einflüsse von einer größeren Gruppe verstanden werden, als rein mathematischen Modelle. (König 2003, S. 898–899, 2003, S. 894)

4.2.3.2 Empirische Verfahren und Methoden

Empirische Verfahren sind ein Teilgebiet der empirischen Sozialforschung, die sich im Allgemeinen mit der Wissenschaft auseinandersetzt, die auf menschlichen Erfahrungen, deren Erhebung und Auswertung beruht. Die in der empirischen Sozialforschung genutzten Methoden zur Datenerhebung/Informationsbeschaffung umfassen die Befragung, die Beobachtung und die Inhaltsanalyse. Diese drei Verfahren werden im Folgenden detaillierter vorgestellt. (Kromrey 2002, S. 33, 2002, S. 309; Häder 2015, S. 189)

4.2.3.2.1 Befragung

Befragungen sind eine Erhebungsmethode, die auf einer systematisch gesteuerten Kommunikation zwischen den beiden Gesprächspartnern beruht. Die Befragungen in der sozialwissenschaftlichen Forschung unterscheiden sich in einigen Punkten von Befragungen, die uns im Alltag begegnen. Dazu zählt, dass sie planmäßig und asymmetrisch verlaufen, da nur der Interviewer sie lenkt. Sie werden außerdem als künstlich deklariert, finden unter Fremden statt und sind folgenlos. Diese Merkmale ergeben sich, da die Interviews ein wissenschaftliches Ziel verfolgen. (Häder 2015, S. 189–190)

Als meist verbreitete Befragungsmethode ist dabei wohl das Interview in verschiedenen Formen zu nennen. Neben einem persönlichen Interview gibt es noch weitere Arten von Befragungen die über verschiedene Medien und Kanäle erfolgen können. Dazu zählen zum Beispiel auch handschriftliche Umfragebögen, Telefoninterviews oder Online Befragungen. Befragungen dienen der zielgerichteten Erfassung von Erfahrungen verschiedener Personen bestimmter Zielgruppen oder auch der Allgemeinheit. (Häder 2015, S. 189–190)

4.2.3.2.2 Beobachtung

Als nächstes Verfahren wird die Beobachtung vorgestellt. Auch sie stammt aus dem alltäglichen Leben ab. Demnach gibt es einige Parallelen zwischen dem alltäglichen Beobachten und dem Beobachten als empirische Erhebungsmethode, wozu zum Beispiel die Festlegung auf einen zu beobachtenden Gegenstand/ eine zu beobachtende Person zählt. (Häder 2015, S. 305–307)

Bei den zu beobachtenden Sachverhalten kann es sich um Sprache, Mimik, Gestik, soziale Merkmale (Kleidung, Fahrzeugtyp, etc.), geronnenes Verhalten (Schaufensterdekoration, Hausfassaden, etc.) handeln. Besonders bei der wissenschaftlichen Beobachtung sind dabei vier Merkmale relevant. Darunter fällt die Bildung von Hypothesen, welche die gewünschten Erkenntnisse einer Beobachtung definieren, der Kontrolle der Beobachtung durch z.B. mehrere Beobachter oder einer strengen Systematik. Des Weiteren ist die wissenschaftliche Form der Beobachtung sehr zielgerichtet, wobei das Ziel zu begründen ist. Sie sind außerdem so angelegt, dass sie reproduzierbar sind. (Häder 2015, S. 305–307)

4.2.3.2.3 Inhaltsanalyse

Das Verfahren der Inhaltsanalyse, ist die dritte sozialwissenschaftliche Grundmethode zur Datenerhebung. Wie die beiden bereits vorgestellten Verfahren, stammt auch dieses aus dem alltäglichen Leben. Im Gegensatz zu den zahlreichen Inhalten, die im Alltag analysiert werden können, beschränkt sich das empirische Erhebungsverfahren auf bewusste Kommunikationsinhalte wie Texte, Bilder, Filme, Lieder, etc. Außerdem ist es offen für verborgene und offensichtliche Sachverhalte. (Häder 2015, S. 327–328)

4.2.4 Methoden zur Simulation dynamischer Systeme

Im Folgenden wird auf die Simulation im Kontext der Entscheidungsunterstützung eingegangen. Übergreifend bedeutet Simulation ein zielgerichtetes Experimentieren mit Modellen, durch welche Erkenntnisse über Zustände und Verhaltensweisen des abgebildeten Systems gewonnen werden. So können zum Beispiel Prognosen über zukünftige Entwicklungen getätigt werden. Dies bietet den Entscheidungsträgern die Möglichkeit, die Konsequenzen und Auswirkungen ihrer Handlungsalternativen zu überprüfen. Nicht nur der Output von Entscheidungen und Einflüssen lässt sich so abbilden und simulieren, auch können Einflüsse identifiziert werden, die sich negativ auf ein Unternehmen auswirken. (Schöneborn 2004, S. 159) Im Laufe der Zeit wurden verschiedene Methoden zur Simulation entwickelt. Eine Übersicht gibt die Abbildung 4-3.

In diesem Kapitel wird nur die dynamische Simulation behandelt, da ein Unternehmen, sobald es über einen Zeitraum betrachtet wird und nicht zu einem einzelnen Zeitpunkt, nicht als statisch angesehen werden kann. Bei der dynamischen Simulation wird weiterhin zwischen kontinuierlich und diskreter Simulation unterschieden, das bedeutet, dass es entweder eine diskrete (sprunghafte) oder kontinuierliche (andauernde) Veränderung gibt.

Kontinuierliche und diskrete Simulationstechniken lassen sich jeweils weiter in stochastische (zufallsverteilte) und deterministische (definierte) Simulation differenzieren, wobei die Attribute das Verhalten der Variablen beschreiben.

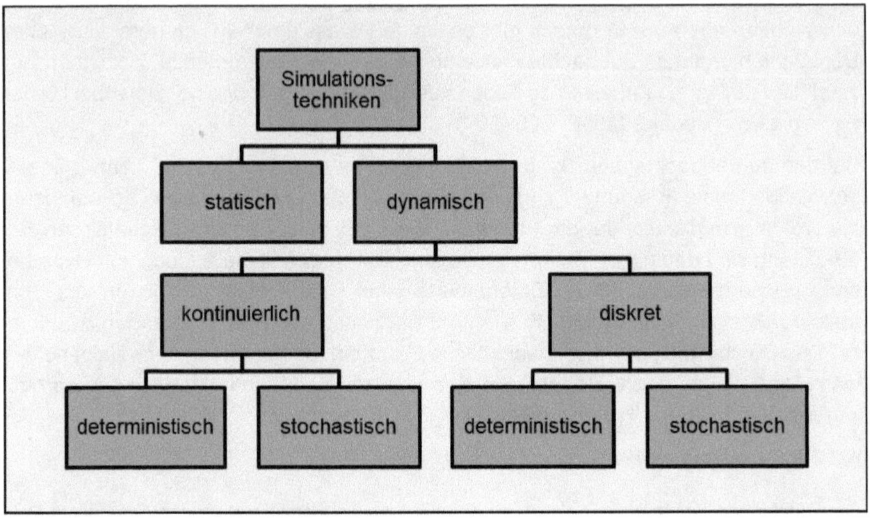

Abbildung 4-3: Übersicht Simulationstechniken

4.2.4.1 System Dynamics

System-Dynamics ist eine Methode die es dem Anwender ermöglicht, komplexe Systeme sowohl qualitativ als auch quantitativ zu modellieren und basierend darauf das Systemverhalten zu analysieren (vgl. Boysen 2011, S. 79). Sie wird in verschiedensten Simulationsprogrammen angewendet. Zu den verbreitesten Programmen der System-Dynamics Simulation zählen VENSIM und ANYLOGIC. Im Rahmen dieser Dissertationsschrift werden für die Erstellung des System-Dynamics Modells beide Programmumgebungen genutzt.

System-Dynamics ermöglicht dem Benutzer, die Struktur und die Dynamik komplexer Systeme zu verstehen. Dabei werden Komplexität, Nichtlinearitäten und Rückkopplungen abgebildet (vgl. Sterman 2000, S. 7; Wessely und Stölzle 2011, S. 38). FORRESTER entwickelte diesen Ansatz 1958 mit dem Ziel, die Zusammenhänge des Managements in der Industrie zu untersuchen. Im weiteren Verlauf wurde der Ansatz weiterentwickelt und auf weitere Anwendungsfelder adaptiert. (vgl. Wilke 2012, S. 142) In der heutigen Systemanalyse verwendet man System-Dynamics typischerweise für Langzeit- und Strategieplanungen, bei denen ein hoher Abstraktionsgrad vorliegt. Dies können die Entwicklung der Bevölkerung, die Darstellung von Produktions- und Logistikprozessen, die Bewertung von Potentialen eines Unternehmens sowie die Beschreibung von verschiedenen Strategien sein (vgl. Grigoryev 2015, S. 101). Die

Methodik ist explizit darauf ausgerichtet, das Systemverständnis zu fördern und Aussagen über das Verhalten des Systems ableiten zu können (vgl. Boysen 2011, S. 79). Konkret soll also das Verständnis der strukturellen Wirkungsbeziehungen, die das Systemverhältnis bestimmen, verbessert werden.

Der Kern dieser Simulationsmethodik sind die zwei grafischen Modellierungsbenen. Die Grundlage bilden die „causal loop diagrams“ (Kausaldiagramme), in denen die qualitativen Zusammenhänge des zu modellierenden Systems analysiert und verdeutlicht werden. Dieses Teilsystem dient dem Systemverständnis. Nachdem das System und die Wirkbeziehungen verstanden wurden, wird das qualitative „causal loop diagram“ in eine quantitatives „stock and flow diagram“ (Speicher- und Flussdiagramm) überführt. Das „stock and flow diagram“ stellt die eigentliche Simulation dar und ermöglicht dem Benutzer die Ableitung quantitativer Ergebnisse. (vgl. Ranganath und Rodrigues 2008, S. 4)

Die Darstellung der „causal loop diagrams“ erfolgt duch die Abbildung der einzelnen Elemente und der Wirkbeziehung zwischen diesen Elementen. Dies ist vergleichbar mit den in Kapitel 4 dargestellten Abbildungen. Die Wirkbeziehungen werden durch ein „+“ (positve Beeinflussung) oder ein „-“ (negative Beeinflussung) verdeutlicht (vgl. Sterman 2000, S. 12). Wie oben bereits erwähnt ist die Kenntnis dieser Wirkbeziehungen für eine Überführung in die „stock and flow diagrams“ notwendig (vgl. Frank und Suchan 2012, S. 76). Das „stock and flow diagram“ besteht aus verschiedenen Bestands- oder Gestaltungsgrößen. Den in Anylogic durch ein „Viereck“ dargestellten „stocks“ sowie den „sources“ und „sinks“, welche innerhalb von Anylogic durch eine „Wolke“ dargestellt werden. Durch „stocks“ werden im allgemeinen Zustände innerhalb des Unternehmens dargestellt, aus denen Informationen für den Entscheidungsprozess abgeleitet werden (vgl. Sterman 2000, S. 192). Verbindungen zwischen diesen Größen werden mit „flows“ simuliert. Ein „flow“ beschreibt die Änderungsrate der Bestandsgröße, dies könnten beispielsweise Veränderungsraten sein. Weitere Verbindungselemente sind „connectors“, welche die Informationsbeziehung abbilden. Informationen können aus definierten „parameters“ und „variables“ entnommen werden. (vgl. Grigoryev 2015, S. 101).

In den Kausaldiagrammen können durch die Wirkungsbeziehungen zwischen den Variablen Rückkopplungsschleifen gebildet werden. Diese zeigen geschlossene Wirkungsketten auf, die die wichtigste darzustellende Struktur in der qualitativen Ebene sind und durch die Kombination mehrerer Elemente und Wirkungsbeziehungen ermöglicht werden (vgl. Sterman 2004, S. 598). Dadurch lassen sich beispielsweise exponentielles Wachstum durch positive Rückkopplungen, sowie Dämpfungen durch negative Rückkopplungen ableiten. Von besonderem Interesse ist jedoch die Kombination aus unterschiedlichen positiven und negativen Rückkopplungsschleifen und wie diese im zeitlichen Verlauf Einfluss auf das Verhalten des Gesamtsystems nehmen (vgl. Thomassen 2013, S. 129). Diese Wechselwirkungen lassen sich jedoch erst nach einer geeigneten Quantifizierung ableiten.

Im Rahmen des Modellierungsprozesses mit System-Dynamics werden fünf Prozessschritte iterativ durchlaufen (vgl. Sterman 2004, S. 87 ff.; Schröter 2006, S. 140 ff.). Diese sind in der folgenden Tabelle kurz beschrieben:

Tabelle 4-1: Vorgehensweise des System Dynamics (iterativer Prozess)

1. Problemdefinition und Zielsetzung	Beschreibung der Problemstellung und des Modellierungszwecks (vgl. Morecroft 2011, S. 106) Identifizierung der Systemgrenzen und erster Schlüsselvariablen des Modells (vgl. Sterman 2004, S. 89 ff.)
2. Systemkonzept	Formulierung der dynamischen Hypothesen, Aufbau und Visualisierung der Kausaldiagramme (vgl. Sterman 2004, S. 94 ff.)
3. Modellformulierung	Umwandlung der dynamischen Hypothese und qualitativen Zusammenhänge in ein quantitatives Modell mit Hilfe einer mathematischen Beschreibung der Wirkungszusammenhänge (vgl. Sandrock 2006, S. 72)
4. Modellvalidierung	Erste Gesamtvalidierung, die ein lauffähiges Computermodell voraussetzt (vgl. Jürging 2008, S. 102) Grundsätzlich sollen jedoch in jeder Phase Validierungsaktivitäten durchgeführt werden
5. Modellanwendung	Ableitung von Handlungsempfehlungen, Strategien und Entscheidungsregeln zur Verbesserung des Systemverhaltens in der Realität (vgl. Bossel 1989, S. 27)

4.2.4.2 Simulationen im Operations Research

Operations-Research fasst als Oberbegriff verschiedene mathematische Optimierungsmethoden zur bestmöglichen Entscheidungsfindung bei betriebswirtschaftlichen Fragestellungen zusammen (vgl. Heinrich 2007, S. 1). Es geht also im Kern darum eine Entscheidungsunterstützung auf Basis analytischer und logischer Methoden und Überlegungen zu liefern. In klassischen Modellen wird die Optimierung einer Zielgröße unter Berücksichtigung verschiedener Restriktionen und Bedingungen angestrebt.

Im Rahmen dieser Dissertationsschrift soll das Operations-Research Modell die optimale Losgröße des Einkaufs berechnen und die Termintreue analysieren. Dafür wird die Programmiersprache *Python* genutzt, die den Vorteil hat, dass die Codes übersichtlich und recht gut lesbar sind (vgl. Walerowski 2008, S. 13 ff.). Die Programmiersprache muss jedoch in einer so genannten *Library* umgesetzt werden. An dieser

Stelle wurde dafür *Panda* gewählt, da diese die Übersichtlichkeit Pythons betont und zudem im Zuge von Big Data immer häufiger für intelligente Algorithmen genutzt wird.

Im Bereich der Operations-Research sind verschiedene Methoden zur Simulation von Modellen bekannt. Dazu zählen lineare Optimierungsprobleme und die Modelle der Linearen Programmierung (vgl. 4.2.3.1.2), dynamisch, diskrete Simulationen sowie Simulationen mit Petri-Netzen.

4.2.4.2.1 Diskrete Simulation

Unter der diskreten Simulation wird die Simulation diskreter Prozesse verstanden. Das bedeutet, dass sich das System sprunghaft verändert. Diese Änderungen werden als Ereignis bezeichnet. Für die diskreten Simulationen wurden softwaretechnische Lösungen entwickelt, die das Systemverhalten im zeitlichen Ablauf nachbilden können. Diese können die diskreten Zustandsänderungen berechnen und zufällige Phänomene modellieren. Diskrete Systeme können kontinuierlichen Zeitparametern folgen, die Ereignisse finden trotzdem sprunghaft und zu bestimmten Zeitpunkten statt. Ist dies der Fall, muss bei der Simulation auf die Wahl geeigneter Zeitpunkte zur Neuberechnung des Systems geachtet werden. Zu diskreten Simulationen zählen auch Simulationen mit Petri Netzen, die im Folgenden näher erläutert werden. (Hedtstück 2013, S. 24–25)

4.2.4.2.2 Simulation mit Petri-Netzen

Eine Simulation mit Petri-Netzen stellt die Simulation eines Modells dar, welches auf Petri-Netze basiert. Ein Petri-Netz stellt einen endlich zusammenhängenden gerichteten Graphen dar, der meistens zur Modellierung von Geschäftsprozessen verwendet wird.

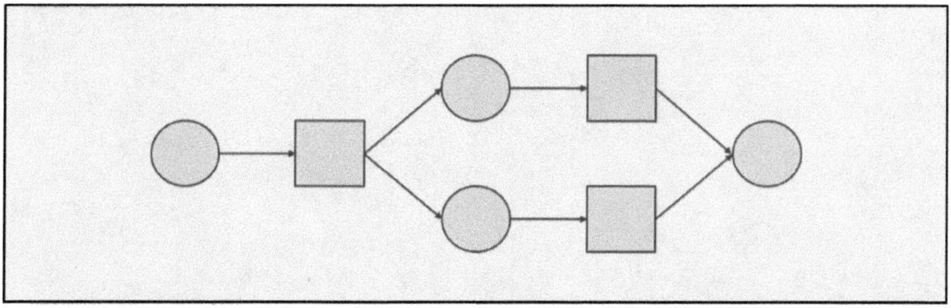

Abbildung 4-4: Struktur eines einfachen Petri-Netzes (i. A. a. Hedtstück 2013, S. 218)

Es zeichnet sich durch zwei verschiedene Arten von Knoten aus. Diese beiden Arten werden Stellen und Transitionen genannt und dürfen nur abwechselnd aufeinander folgen. Dabei stellen Transitionen aktive Elemente dar und sind als Rechteck abgebildet und Stellen die passiven Elemente eines Prozesses, die durch Kreise repräsentiert werden. Abbildung 4-4 zeigt die Struktur eines einfachen Petri-Netzes auf. In dieser

Struktur können vielfältige Geschäftsprozesse modelliert werden. Wie bei allen Modellen ist mit Hilfe der passenden Software eine Simulation möglich. (Hedtstück 2013, S. 217–218)

4.2.4.2.3 Stochastische Simulation

Um auch Simulationen unter Risiko darstellen zu können, müssen einige Einflüsse stochastisch, also zufallsabhängig dargestellt werden. Diese Simulation werden stochastische Simulationen oder Monte-Carlo Simulationen genannt. Für die Generation solcher zufälligen Einflüsse werden Zufallsgeneratoren verwendet, die eine Reihe echter, oder von echten kaum zu unterscheidenden, Zufallszahlen produziert. (Werners 2008, S. 269, 2008, S. 275) Einige Elemente der modellierten Geschäftsprozesse können somit durch solche Zufallszahlen ersetzt werden, um Erkenntnisse aus stochastischen Simulationen zu erlangen und die Einwirkung von zufälligen Einflüssen zu ermitteln.

4.2.5 Grundlagen der statistischen Versuchsplanung

Die Grundlagern der statistischen Versuchungsplanung werden in Kapitel 7.1.1 dargelegt.

4.3 Konkretisierung der Vorgehensweise

Auf Grundlage der wissenschaftlichen Methoden und formalen Anforderungen an diese Dissertationsschrift, soll im Folgenden der Aufbau des Verfahrens zur Erstellung des Modells zur simulationsgestützten Synchronisation der Zeitplanungsparameter von Variantenfertigern konkret ausgestaltet werden.

Wie bereits in Kapitel 4.2.1 erwähnt, soll das Modell als Gestaltungsmodell beziehungsweise nach der Ausdrucksweise der Systemtheorie als Lenkungsmodell dienen. Es wurde jedoch ebenfalls betont, dass die einzelnen Modellarten aufeinander aufbauen. Um demnach ein Gestaltungsmodell zu bilden, muss zunächst ein Beschreibungs- und Erklärungsmodell erstellt werden. Die zuvor erläuterten Methoden und Modelle bilden dabei die wissenschaftliche Basis

Daher wird in Kapitel 5 zunächst ein geeignetes Zielsystem entwickelt und die relevanten Einflussfaktoren und Gestaltungsdimensionen identifiziert.

Das konkrete Vorgehen lässt sich der nachfolgenden Abbildung 4-5 entnehmen:

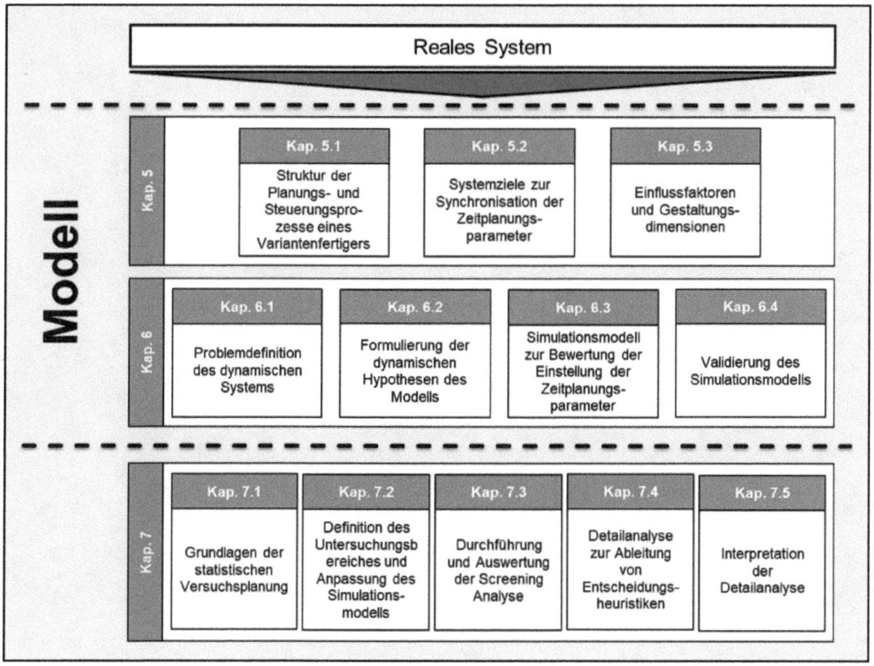

Abbildung 4-5: Konkretisierung der Vorgehensweise

5 Beschreibungselemente zur Synchronisation von Zeitplanungsparametern

In den vorherigen Kapiteln wurden der Forschungsbedarf sowie das Forschungsdefizit im Bereich der Produktionsplanung aufgezeigt. Das in dieser Dissertationsschrift zu entwickelnde Modell soll zur Verringerung der aufgezeigten Defizite beitragen. Dazu werden in diesem Kapitel die methodischen Grundlagen angewandt sowie die wesentlichen Bausteine in Form von Einfluss- und Gestaltungsgrößen sowie des dem Modell zugrundliegenden Zielsystems zur Synchronisation unterschiedlicher Zeitplanungsparameter in produzierenden Unternehmen dargestellt.

Dazu wird einleitend die *Struktur der Planungs- und Steuerungsaufgaben von Variantenfertigern* diskutiert (siehe Kap. 5.1). Hierzu wird zunächst der Auftragsabwicklungsprozess der Variantenfertigung betrachtet, welcher sich in eine kundenanonyme Vorproduktion sowie eine kundenauftragsbezogene Endproduktion unterteilen lässt. Anschließend werden die *Systemziele zur Synchronisation von Zeitplanungsparametern* (siehe Kap. 5.2) definiert. Hierfür ist zunächst eine grundlegende Betrachtung unternehmerischer Zielsysteme erforderlich. Dabei wird, ausgehend von der Definition der Obersten Zielebene, im Top-Down Verfahren, auf die darunterliegen Ebenen und deren Zielgrößen Durchlaufzeit, Kapazitätsauslastung, Bestand, Termintreue und Planungsaufwand eingegangen. Innerhalb der einzelnen Unterziele werden die jeweiligen Abhängigkeiten zwischen den Zielgrößen und den jeweiligen Gestaltungsgrößen, Einstellungsgrößen und Zeitplanungsparametern abgebildet.

Abschließend werden die *Einflussfaktoren und Gestaltungsdimensionen* (siehe Kap. 5.3) diskutiert. Die Planungsaufgaben und die Frage nach ihrer etwaigen Beeinflussung durch die ZPP basieren auf den Vorüberlegungen von PAEGERT. In seiner Dissertationsschrift *Entwicklung eines Entscheidungsunterstützungssystems zur Zeitparametereinstellung (1997)* formuliert er die Zusammenhänge auf der Grundlage von Experteninterviews in empirischer Form und liefert somit einen Ansatzpunkt für das im Folgenden entwickelte Modell (Paegert 1997).

Im Rahmen dieser Dissertationsschrift wird mittels umfangreicher Analyse der auftretenden Wechselwirkungen innerhalb der Planungs- und Steuerungsprozesse, im konkreten Betrachtungsbereich der Variantenfertigung, dieser Ansatz umfangreich erweitert. Mittels Desk Research werden aus vorhandenem Datenmaterial die Prozessabläufe der Variantenfertigung beleuchtet und diskutiert sowie die Wechselwirkungen in einer extensiven Analyse qualitativ bewertet. Die Synthese mit unternehmensspezifischen Zielen zur funktionsübergreifenden Synchronisation der Zeitplanungsparameter ermöglicht im weiteren Verlauf die simulationsgestützte Quantifizierung (siehe Kap. 6) und anschließende Parametrierung der Zeitplanungsparameter (siehe Kap. 7)

5.1 Struktur der Planungs- und Steuerungsprozesse eines Variantenfertigers

Das im Rahmen dieser Dissertationsschrift entwickelte Ursache-Wirkungs-Modell ist auf den Fertigungstyp der Variantenfertigung ausgelegt. Hierzu ist es notwendig den Begriff der Varianten und der Variantenfertigung näher zu bestimmen.

Gemäß DIN 199-1: 2002-03 verstehen sich unter dem Begriff der Varianten solche Erzeugnisse, die eine zueinander ähnliche Form oder Funktion mit einem meist hohen Anteil an identischen Baugruppen oder Teilen besitzen. Dahingegen definiert der VDI eine Variante als „Abart einer Grundausführung" (vgl. Verein Deutscher Ingenieure 1976, S. 179).

Darüber hinaus lassen sich Varianten anhand ihrer Merkmale in technische Varianten, Strukturvarianten und Mengenvarianten einteilen.

Bei *technischen Varianten* besteht die Abweichung der Erzeugnisse in ihrer Geometrie (z.B. Schraube mit kreuzschlitz oder mit längsschlitz oder auch Schraube M6x30 abweichend zu M6x40), ihrem Material (z.B. Schrank aus Kiefernholz oder aus Spanplatten mit Kunststofffolie) oder ihrer Technologie (z.B. geschweißt oder geklebt). (Lingnau 1994, S. 25)

Strukturvarianten unterscheiden sich durch die Zuordnung einer Komponente zum Endprodukt, von welcher unterschiedliche Ausprägungen möglich sind. (z.B. PKW mit 120 PS oder mit 150 PS Motor, Staubsauger mit rotem oder blauem Gehäuse). (vgl. Lingnau 1994, S. 26; Kurbel 2005, S. 73)

Eine *Mengenvariante* liegt vor, wenn das Endprodukt eine unterschiedliche Anzahl von einem bestimmten Bauteil enthält (z.B. eine oder zwei Innenleuchten, Motorblock mit 8 oder 16 Ventilen). (vgl. Kurbel 2005, S. 73; Much und Nicolai 1995, S. 265)

Kennzeichnend für die Variantenfertigung sind die kundenanonyme Vorproduktion der Grundausführung des Erzeugnisses und die anschließende kundenauftragsbezogene Endfertigung. Der Zeitpunkt, ab dem für ein anonym vorproduziertes Produkt ein Kundenauftrag vorliegt wird Kundenentkopplungspunkt genannt. Vor diesem Punkt wird nach Absatzprognose ohne konkrete Aufträge produziert und danach auftragsbezogen komplettiert. (vgl. Schuh und Stich 2012, S. 168; Wiendahl 2008, S. 255)

Schließlich besteht das Endprodukt aus standardisierten Grundkomponenten und kundenindividuellen Bauteilen. Um Kostenvorteile zu nutzten sollte der standardisierte Anteil der Produktion möglichst hoch sein und Gleichteile in frühen Produktionsphasen bei hohen Volumina verbaut werden. Die Produktionsmengen richten sich bis dahin nach einer Absatzprognose. Die mit dem Kundenauftrag eintretende Differenzierung des Endprodukts sollte demnach in möglichst späten Produktionsphasen erfolgen. (vgl. Piller 2006, S. 210; Schuh 2014, S. 40)

Eine typische Variantenfertigung liegt beispielsweise bei der Produktion von PKW, Einbauküchen und Herrenanzügen vor. Im industriellen Bereich werden u.a. Werkzeugmaschinen und Fertigungsroboter in Varianten hergestellt.

5.1.1 Auftragsabwicklung des Variantenfertigers

Die Auftragsabwicklung wird nachfolgend zeitlogisch beim Kunden beginnend bis zum KEP betrachtet, bevor der Blick auf die teils vorgelagerten oder parallel stattfindenden Abläufe der kundenanonymen Vorproduktion gerichtet wird. Auch wenn es prinzipiell das Ziel des Variantenfertigers ist, alle Erzeugnisse so weit wie möglich kundenanonym vorzuproduzieren und damit den KEP und die Variantenexplosion in Richtung des Kunden zu verschieben, kann auch der Kundenauftragsbezug einen Großteil der Produktion prägen (vgl. Schuh und Stich 2012, S. 171). In der Realität ist eben dies durch den anhaltenden Trend zu immer individuelleren Kundenanforderungen und wachsender Variantenvielfalt, beispielsweise in der Automobilbranche, zunehmend zu beobachten (vgl. Gehr und Hellingrath 2007, S. 8).

5.1.1.1 Kundenauftragsbezogene Endproduktion

Ausgangspunkt des kundenspezifischen AAP des Variantenfertigers ist die Angebotserstellung auf Grundlage einer konkreten Kundenanfrage. Aufgrund der gegebenen Typisierung bzw. Standardisierung der angebotenen Erzeugnisse, aus denen ein Kunde wählt, kann die Angebotsbearbeitung weitestgehend automatisiert erfolgen. Sie umfasst die Variantenkonfiguration, die Lieferterminermittlung, die Preisermittlung und die abschließende Angebotserstellung. Im Zuge der Variantenkonfiguration erzeugt der Kunde durch die Kombination von Standardbaugruppen oder –teilen seine spezifische Erzeugnisvariante, für die im Normalfall auch unmittelbar Stücklisten und Arbeitspläne generiert werden können. Auf dieser Datenbasis werden Preis- und Lieferterminkalkulation durchgeführt, die anschließend im fertigen Angebot an den Kunden gesandt werden (vgl. Schuh und Stich 2012, S. 171).

Nach dessen Freigabe werden ein Auftrag auf Grundlage des ausgegebenen Angebots erstellt und im Unternehmen die ersten Grobplanungen durchgeführt, im Rahmen derer sowohl Ecktermine der Auftragsbearbeitung, als auch der zugehörige Ressourcenbedarf abgeschätzt und mit den entsprechenden Kapazitäten abgeglichen werden. Zusätzlich muss geprüft werden, ob durch die Spezifikationen des Auftrages ein Konstruktionsbedarf entsteht, im Rahmen dessen individuelle Stücklisten, Zeichnungen und Arbeitspläne erstellt werden müssen. Dies ist zwar je nach Branche und Enderzeugnisart durchaus möglich, mit Blick auf den Idealtypen des Variantenfertigers aber eher selten (vgl. Schuh und Stich 2012, S. 174). Sind derartige Konstruktionsaufgaben abgeschlossen oder nicht notwendig, wird die grundsätzliche Realisierbarkeit des konkreten Kundenauftrages bestätigt, bevor dieser unternehmensintern freigegeben, an die Produktionsbedarfsplanung weitergeleitet und als kundenauftragsbezogener Anteil in das gesamte Produktionsprogramm eingespeist wird. Dort fließen die Bedarfe an kundenanonym vorproduzierten Teilen zur Erfüllung der real vorhandenen Kundenaufträge mit den Bedarfen zusammen, die aus den Planaufträgen zur Vorproduktion resultieren (Schuh und Stich 2012, S. 176). Die Einführung von Dispositionsstufen hilft in diesem Kontext dabei, den Bedarfen zugehörige Bestände in der richtigen terminlichen Abfolge zuzuordnen (vgl. Much und Nicolai 1995, S. 52).

5.1.1.2 Kundenanonyme Vorproduktion

Simultan wird eben dieser kundenanonyme Anteil am Produktionsprogramm ermittelt, indem eine Absatzplanung auf Grundlage der erwarteten Nachfrageentwicklung am Zielmarkt durchgeführt wird (vgl. Grabner 2017, S. 191). Die Enderzeugnisse des Variantenfertigers werden dabei entweder als fest definiertes Standardprodukt einer übergeordneten Produktgruppe geführt oder über eine Produktkonfiguration innerhalb einer gewählten Produktgruppe frei erstellt. Auf diese Weise entsteht das Absatzprogramm, in dem die prognostizierten Produktgruppenbedarfe zusammengefasst sind. Aus diesen werden im Rahmen der Primärbedarfsplanung Bruttoprimärbedarfe abgeleitet, die in einem nächsten Schritt mit den Bestandsdaten des Unternehmens abgeglichen werden, um abschließend den vorhandenen Nettoprimärbedarf zu ermitteln. Dieser wird als Produktionsprogrammvorschlag in die auftragsanonyme Ressourcengrobplanung überführt, die in Analogie zur zuvor beschriebenen auftragsbezogenen Ressourcengrobplanung im Rahmen des Auftragsmanagements durchgeführt und mit dieser abgestimmt wird. Ist das Ergebnis, dass der Produktionsprogrammvorschlag als realisierbar bewertet wird, erfolgt die auftragsanonyme Produktionsprogrammfreigabe (vgl. Schuh und Stich 2012, S. 174–176).

Auf Grundlage des aufgestellten Produktionsprogramms wird nun der zugrundeliegende Bruttosekundärbedarf ermittelt, indem die den Erzeugnissen zugeordneten Stücklisten aufgelöst werden. Um den Nettosekundärbedarf zu bestimmen, wird anschließend auf die Bestandsdaten zurückgegriffen und abgeglichen, welcher Anteil des Bruttosekundärbedarfs bereits durch Lagerbestände gedeckt werden kann (vgl. Schuh und Stich 2012, S. 176). Im nächsten Schritt muss dem offenen Nettosekundärbedarf eine Beschaffungsart zugeordnet und damit die Entscheidung getroffen werden, ob dieser durch Eigenfertigung oder Fremdbezug gedeckt werden soll. Die folgenden Prozesse der Durchlaufterminierung, Kapazitätsbedarfsermittlung und –abstimmung sowie der Verfügbarkeitsprüfung beziehen sich in erster Linie auf den Fall der Eigenfertigung und werden unter Rückgriff auf schon bekannte Auftragsdaten oder Erfahrungswerte durchgeführt (vgl. Schuh und Stich 2012, S. 178). Wird das vorgeschlagene Beschaffungsprogramm als realisierbar bewertet, erfolgt die Freigabe und Initiierung der unmittelbar resultierenden Beschaffungsaufträge. Diese können nach Abgleich mit den Bestandsdaten noch quantitativ erweitert werden, um eventuell erzeugte Bestellbestandsunterschreitungen auszugleichen. Alternativ zu dem gerade beschriebenen Prozessabschnitt können insbesondere im Kontext der kundenauftragsanonymen Vorproduktion, wenn für bestimmte Komponenten die Bedarfe sehr gleichmäßig und gut prognostizierbar sind, Beschaffungsaufträge für diese auch ohne Durchlaufen der Produktionsbedarfsplanung periodisch angestoßen werden. Dazu werden in der Bestandsführung einfach feste Soll-Bestandsgrößen und Beschaffungslosgrößen hinterlegt, gemäß derer dann eine automatisierte, regelmäßige Beschaffung erfolgen kann (vgl. Schuh und Stich 2012, S. 178).

Die beiden Bestandteile des aufgestellten Beschaffungsprogramms, Eigenfertigungs- und Fremdbezugsprogramm, werden nun parallel realisiert. Die für die Eigenfertigung notwendigen Planungsprozesse der kundenanonymen Vorproduktion laufen größtenteils bereits während der Produktionsbedarfsplanung ab, sodass anschließend zeitnah ein Werkstattprogrammvorschlag erstellt, freigegeben und die eigentliche Fertigung durchgeführt werden kann (vgl. Schuh und Stich 2012, S. 178–181).

Mit Blick auf das Fremdbezugsprogramm steht beim Variantenfertiger die effiziente Bestellrechnung im Vordergrund, da viele Kundenaufträge auf dieselben, aus Unternehmenssicht extern zu beziehenden Teile oder Baugruppen zurückgreifen (vgl. Schuh und Stich 2012, S. 181). Dementsprechend liegt viel wirtschaftliches und prozessbezogenes Potential in einer intelligenten Bündelung von Bedarfen gleicher Art oder identischer Lieferanten. Nach der obligatorischen Realisierbarkeitsprüfung des Fremdbeschaffungsprogramms erfolgen dessen Freigabe und die eigentliche Bestellung.

5.1.2 Betrachtete Unternehmensfunktionen des Variantenfertigers

Im Folgenden werden die Unternehmensfunktionen Vertrieb, Produktion und Einkauf charakterisiert, die entlang des AAP eines idealtypischen Variantenfertigers, wie er vorangehend beschrieben wurde, angesprochen werden. Es werden dabei jeweils einleitend die Funktion und zugeordnete Aufgaben im Allgemeinen beschrieben, bevor beides mit Blick auf den Variantenfertiger konkretisiert wird.

5.1.2.1 Vertrieb

Der Vertrieb verbindet als Schnittstellenfunktion die Unternehmenssphäre über entsprechende Vertriebskanäle mit dem relevanten Absatzmarkt. Eine seiner Hauptaufgaben ist die außenwirksame Positionierung und kontinuierliche Etablierung des Unternehmens am Absatzmarkt durch Vermarktung der eigenen Produkte sowie Akquise und Betreuung von Kunden (vgl. Winkelmann 2013b, S. 38; Evers 1979, S. 11). Weiterhin fallen die Planung, Steuerung und Überwachung aller Material- und zugehöriger Informationsflüsse von der unternehmensinternen Produktion bis zur unternehmensexternen Kundensphäre in den Kompetenzbereich des Vertriebs (vgl. Winkelmann 2013b, S. 38). Diese Teilaufgabe lässt sich in die akquisitorische und die logistische bzw. physische Komponente unterteilen, die sich auf die vertraglichen Grundlagen des Vertriebs einerseits und die operative Abwicklung andererseits beziehen (vgl. Backhaus und Voeth 2014, S. 270). Abbildung 5-1 zeigt schematisch, welche beispielhaften Kompetenzen unter dem operativen und welche im akquisitorischen Teilbereich des Vertriebs einzuordnen sind.

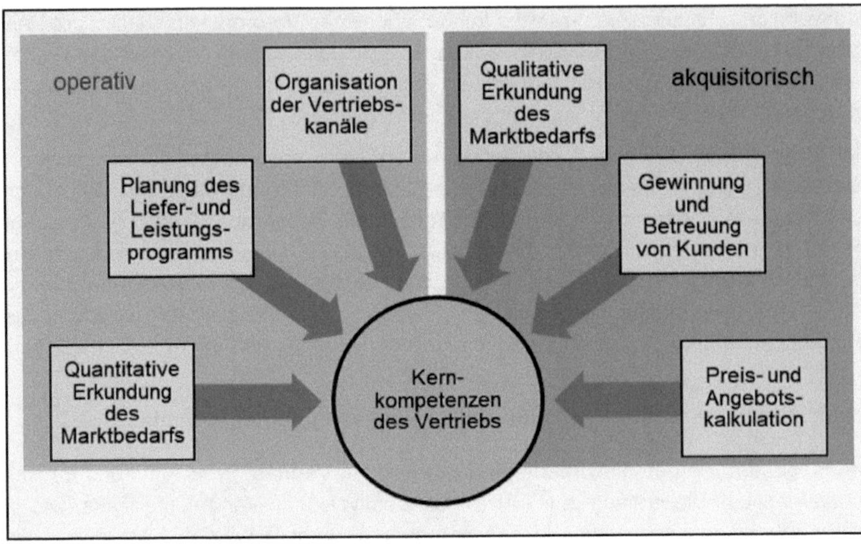

Abbildung 5-1: Kernkompetenzen des Vertriebs

Mit Blick auf den Variantenfertiger sind insbesondere die quantitative Erkundung des Marktbedarfs und die resultierende Absatzprognose von herausragender Bedeutung (vgl. Albers und Herrmann 2002, S. 621). Auf ihrer Grundlage wird der Umfang der kundenanonymen Vorproduktion determiniert und ein wesentlicher planerischer Grundstein für die Wirtschaftlichkeit des Fertigungsprozesses gelegt (vgl. Grabner 2017, S. 191). Zurückgegriffen wird dabei in aller Regel auf Erfahrungswerte und Vergangenheitsdaten, die im Rahmen verschiedener Prognoseverfahren weiterverarbeitet und über Parameter variiert werden, die beispielsweise Markterwartungen abbilden (vgl. Schuh und Stich 2012, S. 41). Das Ergebnis ist ein Absatzplan, der als wichtigste Eingangsgröße in die Produktionsprogrammplanung einfließt. Auf dieser Grundlage wird die unternehmenseigene Absatzprognose zu Arten, Mengen und einzuhaltenden Terminen der im Planungshorizont zu fertigenden Erzeugnisse konkretisiert. Neben dem Absatzplan werden auch weitere vorgelagerte Planungen und Informationsquellen miteinbezogen, unter denen mit Blick auf den Variantenfertiger insbesondere Rahmenaufträge und konkrete Kundenanfragen oder –angebote relevant sind. Am Ende dieses Vorgangs steht der qualitativ und quantitativ den über den Planungshorizont erwarteten Kundenbedarf deckende Produktionsprogrammplan. Die Rolle der Absatzprognosegüte als Kennzahl wird in Kapitel 5.2.1.2 genauer beleuchtet. Dem Vertrieb zugeordnet werden darüber hinaus die in Kapitel 5.1.1.1 beschriebenen Aufgaben des Auftragsmanagements sowie die Freigabe und Einlastung der kundenauftragsbezogenen Ressourcenbedarfe in das gesamte Produktionsprogramm.

Den beschriebenen Aufgaben und der funktionalen Motivation entsprechend ist der Vertrieb naturgemäß in hohem Maße auf den Absatzmarkt ausgerichtet. Das typische funktionale Zielsystem ist dementsprechend markt- und kundenbezogen sowie geprägt von Budget- und Erfolgszielen (vgl. Winkelmann 2010, S. 65).

5.1.2.2 Produktion

Die Produktion stellt das Herzstück eines jeden Industrieunternehmens dar und weist dementsprechend die organisatorischen Merkmale einer rein intraorganisationalen Unternehmensfunktion auf, die anders als Beschaffung und Vertrieb über keine direkte Schnittstelle zu anderen Unternehmen bzw. Mitgliedern der überbetrieblichen Supply Chain verfügt.

Im Rahmen der Produktion erfolgt die eigentliche Leistungserstellung und Wertschöpfung. Diese basiert in Art und Umfang auf dem zuvor erstellten Produktionsprogrammplan, der in seiner Umsetzung auf die vorhandenen Produktionskapazitäten verteilt werden muss (vgl. Much und Nicolai 1995, S. 226). Dies geschieht im Rahmen der Produktionsbedarfsplanung, wie sie zuvor in Kapitel 5.1.1 beschrieben wurde und an deren Ende das gesamte Beschaffungsprogramm steht. Dieses beinhaltet beim idealtypischen Variantenfertiger neben den Aufträgen für den Fremdbezug, die im Funktionsbereich der Beschaffung bearbeitet werden, auch solche für die Eigenfertigung (vgl. Much und Nicolai 1995, S. 224). Die dafür notwendigen Aufgaben der Eigenfertigungsplanung und –steuerung fallen ebenfalls in den funktionalen Bereich der Produktion.

Aufgrund der beschriebenen Aufgaben ist das Zielsystem primär intern orientiert auf den eigenen Produktionsbetrieb gerichtet und von Kennzahlen geprägt, die die unmittelbare Leistungserstellung und den Fertigungsablauf betreffen (vgl. Kletti und Schumacher 2014, S. 4). Zu den wichtigsten Zielen in diesem Kontext gehören die Steigerung der Kapazitätsauslastung zur wirtschaftlichen Optimierung und Harmonisierung des Fertigungsprozesses sowie die Reduzierung der Bestände zur Senkung der Kapitalbindung (vgl. Paegert 1997, S. 1). Als Ergebnis einer Kaskadierung von Kundenansprüchen über den Vertrieb hinweg in den Bereich der Produktion spielen jedoch auch die Zielgrößen der Durchlaufzeit und funktionsbezogenen Termintreue eine tragende Rolle (vgl. Paegert 1997, S. 1; Kletti und Schumacher 2014, S. 165). Eine Minimierung der Durchlaufzeit ist neben der aus Produktionssicht unmittelbar wirkenden Bestandssenkung auch ein entscheidender Faktor zur Realisierung von kurzen Lieferzeiten mit entsprechend positiver Wirkung für die Kundenakquise und –zufriedenheit (vgl. Kletti und Schumacher 2014, S. 165).

5.1.2.3 Einkauf

Die originäre Aufgabe der Beschaffung ist es, die Versorgung des Unternehmens mit extern zu beschaffendem Material zu organisieren und sicherzustellen, das notwendig für die Fertigung ist, aber nicht selber hergestellt werden kann oder soll (vgl. Schuh und Hoppe 2014, S. 5; Large 2012, S. 2). Zu erfüllen ist dabei die Bereitstellung in der korrekten Menge, zu dem gewünschten Zeitpunkt und in der geforderten Qualität. Einen Überblick über die gesammelten Kompetenzen der Beschaffung liefert Abbildung 5-2: Kernkompetenzen des Einkaufs.

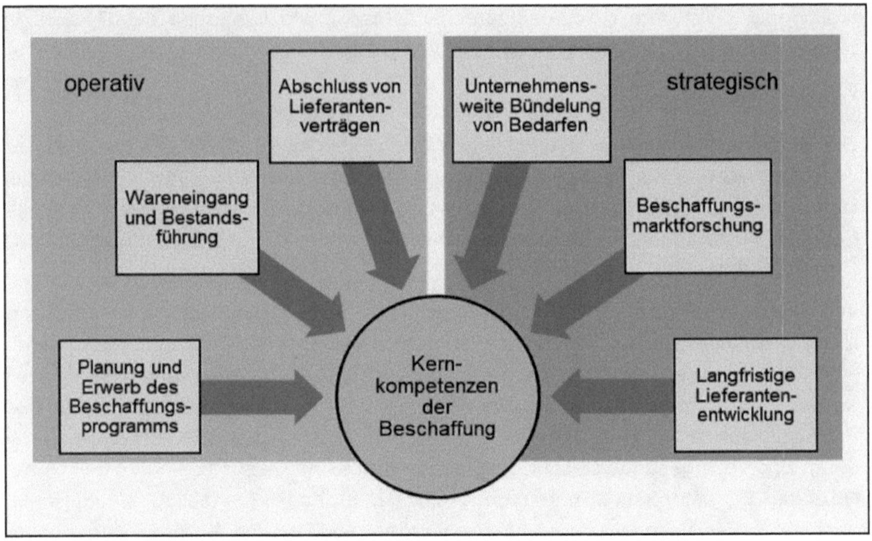

Abbildung 5-2: Kernkompetenzen des Einkaufs

Als Unternehmensfunktion, die ähnlich wie der Vertrieb an einer interorganisationalen Schnittstelle zwischen dem eigenen Unternehmen und externen Zulieferern angesiedelt ist, fällt dem Einkauf eine besondere Rolle bei der Realisation von Wettbewerbsvorteilen zu. Die über die Lieferantenauswahl und individuelle Verhandlungen determinierten Beschaffungspreise üben entscheidenden Einfluss auf das finanzielle Unternehmensergebnis aus. Dies lässt sich unter anderem daran festmachen, dass die Materialkosten der deutschen Industrie schon seit Langem durchschnittlich mehr als die Hälfte der Herstellkosten verursachen (vgl. Versteeg 1999, S. 30; Schuh und Hoppe 2014, S. 5). Potentiale von Optimierungen im Bereich der Beschaffung zeigt dabei auch die in der Automobilbranche gängige Formel, nach der Einsparungen bei Material- und Materialgemeinkosten in Höhe von nur einem Prozent so viel Zusatzgewinn generieren wie eine Umsatzsteigerung um mindestens 10 Prozent (vgl. Wannenwetsch 2014, S. 2). Mit Blick auf die Beschaffung des Variantenfertigers üben insbesondere die Ausgestaltung und Güte der Bedarfsprognose der kundenanonymen Vorproduktion einen wichtigen Einfluss auf das Ergebnis des Funktionsbereiches aus. Je weiter der entsprechende Planungshorizont in Zukunft reicht und je präziser die Prognosewerte eintreten, desto valider und positionsstärker kann mit Lieferanten beispielsweise über Preisnachlässe wegen langfristiger Rahmenaufträge oder umfangreicher, da gebündelter Bestellungen verhandelt werden.

Aufgrund der beschriebenen Aufgaben wird das funktionale Zielsystem des Einkaufs von prozessorientierten Kosten-, Zeit- und Qualitätskennzahlen dominiert, die sich auf die Interaktion mit Lieferanten und die Abläufe des Wareneingangs beziehen. (vgl. Kramer 2002, S. 129)

5.2 Systemziele zur Synchronisation von Zeitplanungsparametern

Ein klar definiertes Zielsystem ist essentiell für die Bewertung der Zeitplanungsparameter Einstellungen, da es als Maßstab für eben jene Bewertung dient (vgl. Meyer 2011, S. 64; Laux et al. 2014, S. 3). Es bildet also die Basis für ein rationales Entscheiden und Handeln (vgl. Kirchhoff 1987, S. 40).

Für die Herleitung des Zielsystems werden zunächst die Grundlagen zum Aufbau eines Zielsystems dargelegt. Bei der folgenden Entwicklung des Zielsystems werden deduktive und induktive Elemente der Zielfindung und –strukturierung kombiniert. Zunächst erfolgt demnach eine deduktive Synthese des Zielsystems aus bestehenden Ansätzen betriebs- und ingenieurswissenschaftlicher Ziel- und Kennzahlensysteme. Im Anschluss wird es induktiv um kontextbezogene Zielgrößen operationalisiert.

Die Untersuchungen im Rahmen dieser Dissertationsschrift beschränken sich auf den, durch die PPS im engeren Sinne, beschriebenen Auftragsabwicklungsprozess bei Variantenfertigern. Es werden somit die Einflüsse auf Zeitplanungsparameter anhand von Zielen und deren Einflussgrößen für die Bereiche Vertrieb, Produktion und Einkauf dargestellt.

Der Auftragsabwicklungsprozess beschreibt die planerische und operative Durchführung eines Kundenauftrags. Wie bereits in Kapitel 5.1.1.2 beschrieben, werden bei Variantenfertigern zunächst anhand einer Absatzprognose kundenauftragsanonyme Standardkomponenten produziert. Hierzu liefert der Vertrieb die eigentliche Prognose woraufhin der Einkauf den errechneten Sekundärbedarf beschafft. Schließlich werden Fertigungsaufträge in der Produktion ausgeführt und die erzeugten Halbfertigprodukte eingelagert.

Sobald konkrete, kundenindividuelle Aufträge über den Vertrieb eintreffen wird der Kundenentkopplungspunkt erreicht und die ehemals anonymen Vorprodukte werden einem erteilten Auftrag zugeordnet. Wiederum kümmert sich der Einkauf um die Deckung und Bereitstellung des Sekundärbedarfs, sodass die Standardkomponenten zusammen mit weiteren RHB-Stoffen der Endfertigung zugeführt werden können.

Produzierende Unternehmen können gegenüber ihrer Konkurrenz nur langfristig erfolgreich sein, wenn es ihnen gelingt, qualitativ hochwertige Produkte bei niedrigen Kosten zu einem geringen Preis auf dem Markt anbieten zu können. Diese maßgebenden Erfolgsfaktoren erfordern die Zusammenarbeit der zahlreichen Unternehmensbereiche und –funktionen. Hierbei nimmt die Produktionsplanung und –steuerung eine integrative Schlüsselstellung ein, gerade auch um der wachsenden Produktvielfalt und den sinkenden Lieferfristen gerecht werden zu können. (vgl. Eversheim 1996, S. 143)

Um die Ursachen und Wirkungen der Produktionsplanung und –steuerung untersuchen zu können, werden zuerst die relevanten **Zielgrößen** einer Unternehmung identifiziert und in einem hierarchischen Zielsystem geordnet. Da der Aufwand zur Produktionsplanung und –steuerung betrieben wird, um die Unternehmensziele besser und effizienter zu erreichen, ist es dienlich die Einflüsse der PPS auf den Zielerreichungsgrad zu betrachten. Dabei besteht ein Unternehmensziel aus einer Kennzahl als Zielgröße (z.B. Durchlaufzeit) und einer angestrebten Richtung, in welche die wertmäßige Optimierung der Kennzahl erfolgen soll (z.B. Minimierung der Durchlaufzeit). Für die Ursache-Wirkungs-Zusammenhänge sind insbesondere diese Zielgrößen als Kennzahlen von Bedeutung, weshalb sie im Fokus der Betrachtung stehen. Die angestrebte Richtung wird in der Beschreibung und Definition der Zielgröße angegeben. Im definitionsgemäßen Gegensatz zur Einflussgröße kann auf den Wert der Zielgröße durch Veränderung der relevanten Variablen direkt Einfluss genommen werden, wobei diese Erhöhung oder Verringerung der Zielgröße wiederum direkten Einfluss auf den Wert einer weiteren Zielgröße haben kann.

Neben den Zielgrößen existieren **Einflussgrößen**, welche in Kapitel 5.3 identifiziert und beschrieben werden. Einflussgrößen sind hier als Kennzahlen bzw. Parameter definiert, die von außen vorgegeben oder intern festgelegt werden. Sie können die Zielgrößen beeinflussen, sind aber selbst nicht von der wertmäßigen Veränderung der Zielgrößen oder der Zeitplanungsparameter abgängig. So werden Einflüsse durch beispielsweise ungeplante Maschinenausfälle oder durch die Volatilität der Nachfrage berücksichtigt.

5.2.1 Grundlagen unternehmerischer Zielsysteme

Im Folgenden werden die wichtigsten Zielgrößen von Unternehmen und deren Bereiche Vertrieb, Produktion und Einkauf definiert. Zum Erreichen eines optimalen Ergebnisses gilt es diese Zielgrößen möglichst gut zu erfüllen.

Ziele kann man als angestrebte Zustände interpretieren, die man mit entsprechenden Aktivitäten erreichen möchte. Wichtig ist, dass die Ziele widerspruchsfrei, realistisch und messbar formuliert sind. (vgl. Kleinaltenkamp und Saab 2009, S. 69; Schmidt-Sudhoff 1967, S. 16)

Die Gesamtheit der Unternehmensziele lässt sich differenziert betrachten und in hierarchisch geordnete Zielebenen gliedern. Diese Ebenen können als Pyramide dargestellt werden (Abbildung 5-3), wobei die Anzahl und der Konkretisierungsgrad der Ziele von oben herab zunimmt. (vgl. Meffert et al. 2015, S. 227; Becker 2013, S. 29; Domschke und Scholl 2005, S. 8) Die übergeordneten Ziele dienen als Prämissen bzw. Leitlinien für die Unternehmung, wonach Strategien gebildet und ausgewählt werden. Die konkreten Handlungsziele sind aus den Strategien abzuleiten und stellen operativ angestrebte Zustände dar. An der Spitze der Pyramide steht der **Unternehmenszweck**, der bestimmt, welche Arten von Leistungen erbracht werden sollen. Die **Unternehmensidentität** legt Verhalten, Kommunikation und Erscheinungsbild des Unternehmens nach innen (Mitarbeiter) und nach außen (Umwelt) fest.

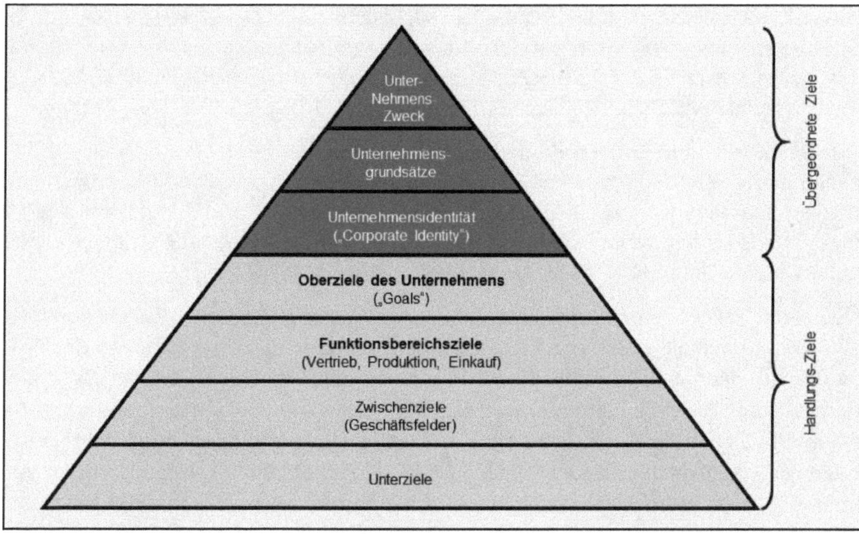

Abbildung 5-3: Hierarchie der Zielebenen (nach Meffert et al. 2015, S. 228)

Nach den **Unternehmensgrundsätzen** wird die Art und Weise der Zweckerfüllung ausgelegt und die inhaltlichen Handlungsziele abgeleitet (vgl. Meffert et al. 2015, S. 228; Daum et al. 2014, S. 12). Diese drei übergeordneten Ziele werden durch die Zeitplanungsparameter der Produktionsplanung nicht berührt, weshalb sie in dieser Dissertationsschrift nicht weiter betrachtet werden. Auf der obersten Zielebene der Handlungs-Ziele befinden sich die **Oberziele der Unternehmung**, welche zur Erfüllung des Unternehmenszwecks unter Beachtung der Unternehmensgrundsätze und –identität dienen. Sie stellen konkrete Aussagen über zukünftige, anzustrebende Zustände dar, die durch unternehmerisches Handeln und wirtschaftliche Entscheidungen erreicht werden sollen. Mithilfe dieser Zielgrößen kann die langfristige und strategische Entwicklung einer Unternehmung festgelegt werden. Dabei stehen Rentabilitätsziele im Vordergrund, um den Bestand der Gesamtunternehmung zu sichern. Zu einem angemessenen Gewinn tragen u.a. Marktleistungsziele (z.B. Produktqualität) und Marktstellungsziele (z.B. Umsatz, Marktanteile) bei. Zu den Unternehmenszielen gehören heutzutage aber auch soziale und Umweltschutzziele, welche zu einem verantwortlichen Wirtschaften anregen. Die für diese Dissertationsschrift relevanten Unternehmensziele werden in 5.2.1.1dargestellt. (Meffert et al. 2015, S. 230; Daum et al. 2014, S. 14; Welge und Al-Laham 2003, S. 111; Heinen 1966, S. 45; Brockhoff 2014, S. 200)

Auf der nächsten Zielebene befinden sich die **Funktionsbereichsziele**. Hierbei werden die Oberziele auf spezifische Teilziele einzelner Funktionsbereiche heruntergebrochen und konkretisiert. Ein Funktionsbereich ist hierbei eine organisationale Zusammenfassung gleichartiger Aufgabenbereiche in ein relativ selbstständiges Subsystem (z.B. Entwicklung, Einkauf, Produktion, Vertrieb, Verwaltung, Personalwesen). Den umsatzverantwortlichen Abteilungen werden Erfolgs- und Kostenziele auferlegt, den nicht-umsatzverantwortlichen Bereichen lediglich Kosten- und Effizienzziele. In dieser Dissertationsschrift wird sich ausschließlich mit den Zielen der am Auftragsabwicklungsprozess beteiligten Bereiche Vertrieb, Produktion und Einkauf befasst, welche in den Kapiteln 5.2.1.2 bis 5.2.1.4 beschrieben werden. (vgl. Daum et al. 2014, S. 13; Domschke und Scholl 2005, S. 5; Frese 1998, S. 14)

Die **Zwischen- und Unterziele** setzten Zielvorgaben für strategische Geschäftseinheiten und weitere untergeordnete Planungseinheiten der jeweiligen Funktionsbereiche auf operativer Ebene. Dazu zählen spezifische Erfolgs- und Budgetziele z.B. für den Vertriebsaußendienst, die Produktionslogistik oder für einzelne Projekte im Unternehmen. (vgl. Daum et al. 2014, S. 14; Meffert et al. 2015, S. 238)

Neben der geschilderten hierarchischen Struktur unternehmerischer Zielebenen fasst ein Zielsystem ein System von handlungsleitenden Einzelzielen zusammen und definiert deren gegenseitige Abhängigkeiten (vgl. Heinen und Picot 1991, S. 13). Unternehmerische Ziele definieren einen anzustrebenden, zukünftigen Vorgang oder Zustand. Sie dienen der Beurteilung geplanter Handlungen und deren möglicher Konsequenzen (vgl. Gienke und Kämpf 2007, S. 1092; Töpfer 2007, S. 425). Da Unternehmen jedoch mehrere Ziele verfolgen, sind die bereits angesprochenen Zielsysteme entstanden.

Nach HEINEN umfasst die vollständige Formulierung eines unternehmerischen Ziels die Festlegung der Zieldimensionen Zielinhalt, angestrebtes Ausmaß und zeitlicher Bezug (vgl. Kirchhoff 1987, S. 40). Dabei definiert der Zielinhalt den anzustrebenden, zukünftigen Zustand, beschreibt also den Gegenstand der Zielformulierung (vgl. Alter 2011, S. 50). Das angestrebte Ausmaß bestimmt den Zielwert. Es kann alternativ auch nur eine Optimierungsrichtung, also die Minimierung oder Maximierung eines Zielinhalts angegeben werden. In diesem Fall spricht man von einem Extremalziel. Der Vorteil der sogenannten Satifizierungsziele, bei denen ein konkreter Zielwert vorgegeben wird, besteht darin, dass man den Grad der Zielerreichung messen kann (vgl. Alter 2011, S. 64). Der zeitliche Bezug legt schließlich den zeitlichen Rahmen fest, in welchem das Ziel erreicht werden soll (vgl. Alter 2011, S. 67).

Die Abhängigkeiten der einzelnen Ziele können durchaus komplexer Natur sein und können idealtypisch in die Klassen indifferent, konfliktär und komplementär eingeteilt werden (vgl. Siedenbiedel 2008, S. 43). Wünschenswert ist dabei eine komplementäre Beziehung zwischen zwei Zielen, da in diesem Fall eine verbesserte Erreichung eines Ziels auch den Erreichungsgrad des anderen Ziels steigert (siehe Abbildung 5-4).

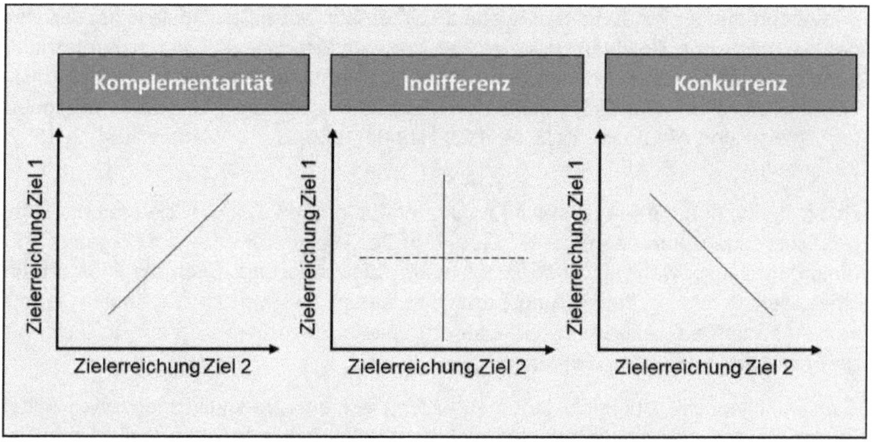

Abbildung 5-4: Zielbeziehungsfunktionen (i.A.a. Hering 2014, S. 109)

Ein Zielsystem weist gerade auf höheren Ebenen Größen auf, die nicht direkt im Betrieb zu messen sind. Um diese Messbarkeit zu gewährleisten, müssen Unterziele gebildet werden, die operationalisiert vorliegen. Das Zielsystem muss also schrittweise konkretisiert werden (vgl. Schiemenz und Schönert 2005, S. 36). Gerade bei der Herleitung dieser operationalisierten Ziele, ist die Komplementarität einzelner Ziele die Grundlage für den Aufbau einer Zielhierarchie. Das Kriterium der Operationalität ist eine der zentralen Anforderungen an die Definition eines Zielsystems. Im Vorhinein gilt es jedoch, alle Einzelziele des Zielsystems, den oben beschriebenen Merkmalen entsprechend, vollständig zu definieren. Bei der Bildung der Zielhierarchie sind über Mittel-Zweck-Beziehungen Ober-, Zwischen- und Unterziele zu bilden. Gerade bei konkurrierenden Zielen ist es entscheidend, dass das Zielsystem eine Gewichtung der einzelnen Ziele ermöglicht. Aufgrund der dynamischen Umweltbedingungen sollte ein Zielsystem zudem jederzeit anpassbar gestaltet sein (vgl. Lindemann 2000, S. 48 f.; Hillebrand 2002, S. 40).

5.2.1.1 Oberziele

Ursprünglich wurden Unternehmen mit der Absicht gegründet und betrieben durch eingebrachtes Kapital einen möglichst hohen Gewinn zu erzielen (Erwerbsstreben). Gemäß der aktuellen Zielforschung kann die Gewinnmaximierung als alleiniges Ziel nicht aufrechterhalten werden. Außer Frage steht, dass der Gewinn in einem marktwirtschaftlichen System nicht nur als dessen notwendige Stabilitätsbedingung, sondern auch als Voraussetzung für Bestand und Fortschritt einer Unternehmung gilt. Jedoch ist dem Gewinnziel eher eine relative Bedeutung beizumessen (Mindestgewinn bzw. angemessener Gewinn). Vielmehr existiert nicht nur ein „Hauptziel“, dem jedes Unternehmen entgegenstrebt, sondern es werden eine Vielzahl von Zielen gleichzeitigt verfolgt.

Ebenso wird von der Vorstellung eines einheitlichen und allgemein gültigen Zielsystems Abstand genommen, bedingt durch die zahllosen Kombinationsmöglichkeiten und Ausprägungen einer breiten Palette an Unternehmenszielen. Anstelle dessen werden die möglichen Ziele von Unternehmen in einem Zielkatalog zusammengefasst. Je nach Unternehmung sind dadurch Anhaltspunkte zur Identifikation passender Größen für ein Zielsystem gegeben, welche durch individuelle Ziele ergänzt werden können. (vgl. Welge und Al-Laham 2003, S. 113; Heinen 1966, S. 59; Meffert et al. 2015, S. 231; Meyer 1994, S. 4)

Es stellt sich nun die Frage welche konkreten Zielgrößen Teil des Zielsystems eines produzierenden Unternehmens sein könnten. Des Weiteren werden im Folgenden nur Zielgrößen ausgewählt und betrachtet, deren Zielerreichung durch die PPS und im Speziellen durch die Zeitplanungsparameter beeinflusst werden. Es besteht jedoch kein Anspruch auf Vollständigkeit. Das erarbeitete Zielsystem wird zur weiteren Abgrenzung als „relevantes Zielsystem" bezeichnet.

Eine anschauliche Übersicht liefert HEINEN in seinem „Deduktiv orientierten Mittel-Zweck-Schema der wichtigsten Unternehmensziele" (siehe Abbildung 5-5). Darin liegt zu Grunde, dass im Ausgangspunkt eines jeden Zielsystems eine funktionale Beziehung zwischen Zwecken und Mitteln besteht. So dienen untergeordnete Ziele als Mittel zur Erreichung der nächsthöheren Ziele, welche selbst wiederum den Zweck für untergeordnete Ziele darstellen. Als Beispiel zur Mittel-Zweck-Relation lassen sich die Ziele „Umsatz" und „Gewinn" betrachten: Das Umsatzziel ist dem Gewinnziel untergeordnet, sodass der Zweck des Umsatzes die Erzielung eines Gewinns und ein Mittel zur Gewinnerzielung der Umsatz ist. Durch eine derartige Darstellung der Abhängigkeiten der Ziele untereinander entsteht ein Zielsystem mit einem Oberziel an der Spitze. (vgl. Heinen 1976, S. 128, 1966, S. 126; Welge und Al-Laham 2003, S. 118)

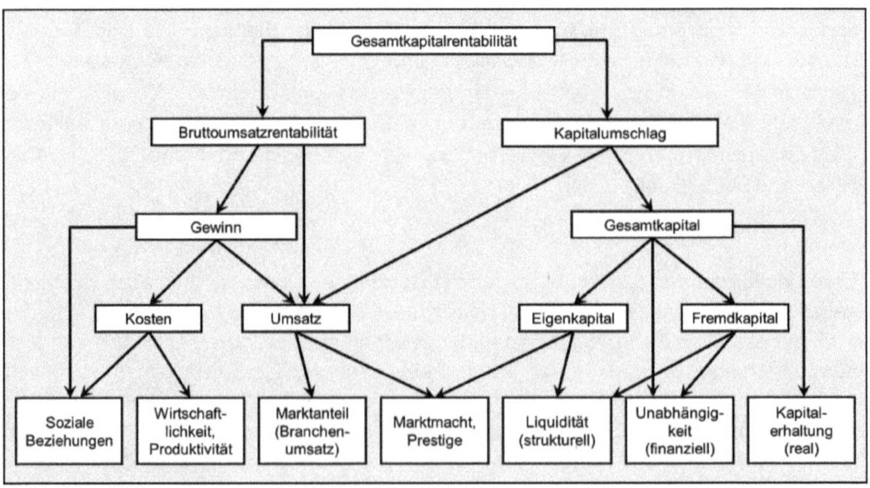

Abbildung 5-5: Mittel-Zweck-Schema der wichtigsten Unternehmensziele (vgl. Heinen 1976, S. 128)

Als oberste finanzielle Zielgröße eines Unternehmens wird nach HEINEN die Gesamtkapitalrentabilität (Return on Investment, ROI) gewählt, da diese die meisten Zielkomponenten enthält. Die Gesamtkapitalrentabilität ist das Verhältnis von Gewinn (vor Steuern und nach Zinsen) zum eingesetzten Gesamtkapital, wodurch die Effizienz des Kapitaleinsatzes in einer Abrechnungsperiode erkennbar wird. Alternativ kann die Gesamtkapitalrentabilität auch als Return on Assets (ROA) ausgewiesen, wobei der Unterschied zum ROI lediglich in der Hinzurechnung der Fremdkapitalzinsen zum Gewinn besteht.

In dieser Dissertationsschrift wird jedoch angenommen, dass die Produktionsplanung und –steuerung keinen direkten Einfluss auf den Kapitaleinsatz hat. Deshalb werden die Zusammenhänge der zugehörigen Ziele wie z.B. Kapitalumschlag, Eigenkapital oder Liquidität nicht weiter betrachtet und deren Grad der Zielerreichung als statisch angesehen. Die Gesamtkapitalrentabilität wird zwar durch die Effizienz der Produktionsplanung beeinflusst, jedoch ist sie bei fehlender Veränderung des Kapitals rein vom Gewinn abhängig und damit hinfällig.

Schließlich bleibt der Gewinn an sich als Oberziel und die dem Gewinn untergeordneten Ziele im relevanten Zielsystem können abgeleitet werden:

Gewinn

Der Gewinn eines Unternehmens ist die Differenz zwischen Erträgen (Umsatz) und Aufwendungen (Kosten) eines Geschäftsjahres. Für Unternehmen in einem marktwirtschaftlichen System gilt der erwerbswirtschaftliche Grundsatz, der besagt, dass es Ziel der Unternehmung ist, Einkommen für jene Haushalte zu erwirtschaften, die das erforderliche Kapital zur Verfügung stellen. (vgl. Heinen 1992, S. 106; Scheibler 1974, S. 7)

Die Produktionsplanung und –steuerung hat offensichtlich Einfluss auf die Höhe des Gewinns. Eine effizient geplante und störungsarm durchgeführte Produktion führt zu einer optimalen Ausnutzung der Kapazitäten, was positiven Einfluss auf den potentiellen Umsatz und negativen Einfluss auf die Kosten hat.

Umsatz

Der Umsatz (Erlös) ist der geldliche Gegenwert für die am Markt abgesetzten Sach- und Dienstleistungen (§277 Abs.1 HGB). Er berechnet sich aus der Summe der mit den Verkaufspreisen bewerteten Absatzmengen. Im Zusammenhang mit der Produktionsplanung und –steuerung wird hier besonders der Erlös aus eigenen Erzeugnissen (Produktionserlös) betrachtet. Der Umsatz gilt allgemein als Anzeichen für den Erfolg des Unternehmens und dient als Grundlage für die Bestimmung des Marktanteils. (vgl. Heinen 1992, S. 110; Schneider und Hennig 2008, S. 327)

Die PPS kann Einfluss auf die mögliche Absatzmenge bei entsprechender Nachfrage haben. Beispielsweise kann so eine präzise Planung bei gegeben Maschinenkapazitäten zu einer optimalen Ausbringungsmenge führen. Ferner kann die PPS Einfluss auf den erzielbaren Verkaufserlös haben. So ermöglicht eine flexible Produktionsplanung das Einbringen von kurzfristigen Kundenwünschen, durch eine akkurate terminliche Planung hingegen können Liefertermine exakt prognostiziert und eingehalten werden. Beides hat Auswirkungen auf Zufriedenheit und das Vertrauen des Kunden, weshalb höhere Verkaufspreise abgerufen werden können.

Kosten

Als Kosten wird der bewertete Verbrauch an Produktionsfaktoren bezeichnet, der zur Erstellung der betrieblichen Leistung sowie zur Aufrechterhaltung der Kapazitäten notwendig ist. Der Einsparung von Kosten zählt ebenfalls zu den wichtigsten Zielen eines Unternehmens. Im Kontext dieser Dissertationsschrift sind die möglichen Kostenvorteile durch eine optimale Produktionsplanung und –steuerung zu betrachten. Unter anderem hat die Prognosegüte der Absatzplanung eine hohe Kostenwirkung, da sie die Grundlage für die Vorproduktion von Standardkomponenten eines Variantenfertigers bildet. Fällt beispielsweise der tatsächliche Absatz niedriger aus als erwartet, entstehen Kosten für die Lagerung der überschüssigen Teile. (vgl. Müller 2006, S. 120; Welge und Al-Laham 2003, S. 116; Heinen 1992, S. 110)

Marktanteil

Der (absolute) Marktanteil ist definiert als „absoluter Absatz bzw. Umsatz eines Unternehmens im Verhältnis zum Absatz bzw. Umsatz sämtlicher Unternehmen der relevanten Branche, dem Marktvolumen" (vgl. Schneider und Hennig 2008, S. 227). Diese Kennzahl ermöglicht Rückschlüsse auf die Position des Unternehmens im Wettbewerb und gilt als eine der wichtigsten Kenngrößen für den Erfolg. Häufig der der Marktanteil als Zielgröße dem Vertrieb zugeschrieben, jedoch tragen auch Funktionsbereiche wie die Forschung und Entwicklung, die Produktion oder der Einkauf zum Markterfolg eines Produktes bei. Daher zählt der Marktanteil zum relevanten Zielsystem des ganzen Unternehmens.

In erster Linie ist der Marktanteil von den eigenen Leistungen im Vergleich zu den Leistungen der Konkurrenz abhängig. Insbesondere spielen Merkmale wie Produktqualität, Innovation, Preis, Service und Standort eine große Rolle auf einem konkurrierenden Markt. Die PPS beeinflusst hierbei beispielsweise die zeitliche und mengenmäßige Verfügbarkeit eines Produkts und kann durch Effizienzsteigerungen einen positiven Einfluss auf den Preis haben, was wiederum zu einer Erhöhung des Marktanteils führen kann. (vgl. Schneider und Hennig 2008, S. 227; Meffert et al. 2015, S. 53; Fritz 1993, S. 33)

Kundenzufriedenheit

Die Kundenzufriedenheit wird hier definiert als „die emotionale Reaktion eines Kunden auf die aus einem kognitiven Vergleichsprozess resultierende wahrgenommene Diskrepanz zwischen einem vor der Nutzung bekannten Vergleichsstandard (z.B. der gesamten Erfahrung eines Kunden mit einem Anbieter oder einer bestimmten Produktgruppe) und der wahrgenommenen Leistung eines Beurteilungsobjekts" (Festge 2006, S. 34). Demzufolge evaluiert der Kunden nach dem Kauf bzw. Gebrauch eines Produktes (Ist-Leistung), ob seine ursprünglichen Erwartungen, Wünsche und individuellen Normen erfüllt werden (Soll-Leistung).

Die Kundenzufriedenheit ist einer der wichtigsten Faktoren des langfristigen Geschäftserfolgs und hat in den heutigen unternehmerischen Zielsystemen einen hohen

Stellenwert. Dabei soll die Stimme des Kunden in sämtliche Funktionsbereiche vordringen und eine richtungsweisende Zielgröße sein. Direkten und indirekten Einfluss auf die Kundenzufriedenheit haben demnach alle Wertschöpfungsstufen in unterschiedlicher Weise. So sorgt beispielsweise der Einkauf für die Beschaffung qualitativ hochwertiger Komponenten zu einem möglichst guten Preis und die Produktion achtet auf eine fehlerfreie und dennoch günstige Herstellung des Endprodukts. An dieser Stelle zeigt sich die Wirkung der Produktionsplanung und –steuerung auf die Kundenzufriedenheit, insbesondere durch eine hohe Liefertermintreue, Verfügbarkeit und Flexibilität.

Ein zufriedener Kunde neigt zum erneuten Kauf des gleichen Produktes (Wiederkauf) oder zum Kauf anderer Produkte des Unternehmens (Cross-Selling). Dabei steigt der Umsatz durch den Aufbau und die Erhaltung einer Geschäftsbeziehung. Zudem reagieren bereits zufriedene Kunden weniger sensibel auf Preiserhöhungen (Preissensitivität) und Angebote von Wettbewerbern werden weniger intensiv beachtet. Insgesamt führt dies zum Aufbau von Wechselbarrieren, was sich in der Kundenloyalität als wichtigste Erfolgsgröße der Kundenzufriedenheit wiederspiegelt. Ein weiterer Vorteil ist die positive Mundpropaganda und Weiterempfehlungen durch befriedigte Kunden. Nicht zu vernachlässigen sind jedoch die negativen Auswirkungen durch unzufriedene Kunden, welche zu anderen Unternehmen bzw. Marken abwandern, Beschwerden gegenüber Unternehmen und Dritten äußern und verstärkt negative Mundpropaganda in ihrem Umfeld verbreiten. (vgl. Simon und Homburg 1997, S. 19; Stock-Homburg 2011, S. 33; Hinterhuber 2006, S. 9; Meister und Meister 2002, S. 9; Schneider und Hennig 2008, S. 199)

Wie bereits erwähnt, werden einige wichtige Unternehmensziele im Kontext dieser Dissertationsschrift nicht betrachtet, da nach Auffassung des Autors kein direkter Zusammenhang zwischen dem Zielerreichungsgrad und der Produktionsplanung und –steuerung sowie deren Zeitplanungsparametern besteht.

Darunter fällt u.a. die **Produktqualität** als eines der Marktleistungsziele. Sicherlich ist die Qualität der Leistungen abhängig von Material, Innovation und Fertigungsverfahren und sichert die Marktstellung des Unternehmens im Wettbewerb. Jedoch gerade im Hinblick auf die zeitliche Einstellung der PPS besteht auf das Produkt und dessen Eigenschaften kein Einfluss. Solange keine Prozessparameter verletzt werden, erhält ein langsam bzw. unkoordiniert produziertes Endprodukt dieselben Eigenschaften wie ein durch eine akkurat geplante und gesteuerte Produktion erstelltes Erzeugnis.

5.2.1.2 Zielgrößen des Vertriebs

Der Funktionsbereich Vertrieb ist aktiv im Auftragsabwicklungsprozess beteiligt und verantwortet neben seiner Hauptaufgabe, dem Einholen von Kundenaufträgen bzw. dem Verkauf von Waren, u.a. die Absatzprognose im Rahmen der Produktionsprogrammplanung. Gemäß den PPS-Prozessen für Variantenfertiger wird das Auftragsmanagement dem Vertrieb zugeordnet. (vgl. Schuh und Stich 2012, S. 171)

Im Folgenden werden die relevanten Funktionsbereichsziele des Vertriebes beschrieben, auf welche die Produktionsplanung und –steuerung direkt oder indirekt Einfluss hat. Die Zielgrößen wurden vornehmlich aus den Oberzielen des Unternehmens abgeleitet.

Absatzmenge

Als Absatzmenge wird das in Mengeneinheiten bewertete Verkaufsvolumen eines Unternehmens innerhalb eines bestimmten Zeitraums bezeichnet. Die Hauptaufgabe des Vertriebes in produzierenden Unternehmen ist das Verkaufen von Erzeugnissen, weshalb anhand der Absatzmenge deren Erfolg gemessen werden kann (vgl. Kleinaltenkamp und Saab 2009, S. 70; Bonart 1999, S. 20). Die Höhe der Absatzmenge kann im Wesentlichen indirekt durch die PPS beeinflusst werden. Kunden reagieren meist sehr sensibel auf unpünktliche Lieferungen oder unüblich lange Lieferzeiten. Die Produktionsplanung und –steuerung hilft u.a. diese Größen im Sinne der Kundenzufriedenheit zu optimieren, was sich wiederum äußerst positiv auf den Absatz auswirken kann.

Absatzpreis

Vor allem im B2B – Bereich besteht ein gewisser vertriebsseitiger Verhandlungsspielraum beim **Absatzpreis**. Daraus lässt sich herleiten, dass die Erzielung eines möglichst hohen bzw. optimalen Verkaufspreises zu den Funktionsbereichszielen des Vertriebs gehört (vgl. Kleinaltenkamp und Saab 2009, S. 70). Im Zusammenhang mit der Produktionsplanung und –steuerung wird, nach Auffassung des Autors, der Absatzpreis im wesentlichen Sinne nur indirekt beeinflusst. Der Absatzpreis als Zielgröße kann jedoch nicht vernachlässigt werden, da er zum logischen Aufbau des Zielsystems unerlässlich ist.

Die Preisbildung an sich ist ein komplexes Themenfeld, welches im Rahmen dieser Dissertationsschrift nicht tiefergehende betrachtet werden soll. Interessant für die PPS ist jedoch die Tatsache, dass Unternehmen im B2B-Bereich niedrigere Preise anbieten, wenn Bestellungen besonders frühzeitig abgegeben werden. Dies dient dem Ziel die Planungssicherheit zu erhöhen und den Auftragsabwicklungsprozess zu einem möglichst frühen Zeitpunkt beginnen zu können. Darunter fallen auch Rahmenabsatzverträge die beispielswiese zwischen Automobilzulieferer und OEM abgeschlossen werden, wobei zuerst eine langfristige Absatzschätzung abgegeben und später der genaue Bedarf nach Auftrag abgerufen wird. Das Ziel des maximalen Absatzpreises erhält somit interne Restriktionen, welche anderen Zielgrößen zugutekommt und somit vielmehr ein optimaler Absatzpreis vereinbart wird. Dahingegen verursachen besonders kurzfristige Bestellungen einen hohen internen Planungsaufwand und bringen ein höheres Risiko seitens der Liefertermintreue mit sich. Diesen zusätzlichen und kostentreibenden Service lassen sich Unternehmen meist gut bezahlen, wobei die Flexibilität der PPS eine große Rolle bei der Einspeisung solcher Aufträge hat.

In der Literatur zum Thema Vertrieb ist häufig der **Deckungsbeitrag** als Erfolgszielgröße und als Schnittstelle zwischen den Zielen des Unternehmens (Oberziele) und des Vertriebs zu finden. Der Deckungsbeitrag errechnet sich aus dem erzielten Verkaufspreis abzüglich der relativen Einzelkosten (Stückeinzelkosten) des veräußerten Erzeugnisses, womit die Zielgrößen Absatzmenge, Absatzpreis und Stückkosten zusammengefasst werden. (vgl. Becker 2013, S. 61; Meffert et al. 2015, S. 239; Kleinaltenkamp und Saab 2009, S. 143). An dieser Stelle wurde der Deckungsbeitrag nicht als Vertriebszielgröße in das relevante Zielsystem aufgenommen, da die Zusammenhänge der Zielgrößen Absatzpreis, Absatzmenge und Kosten im Einzelnen betrachtet werden. Die Stückkosten sind dem übergeordneten Kostenziel zugeordnet werden.

Absatzprognosegüte

Bezüglich der Produktionsplanung und –steuerung ist die Erstellung der Absatzprognose eine der wichtigsten Aufgaben des Vertriebs. Aus Vergangenheitsdaten und Trends werden nach Stückzahlen oder Verkaufserlösen bewertete Absatzvolumina je Planungsperiode prognostiziert. Diese Prognose wird zusammen mit Vorgaben aus der Gewinn- und Umsatzplanung als Grundlage für die Produktionsprogrammplanung herangezogen und bestimmt demnach die auftragsunabhängige Produktionsmenge (vgl. Wiendahl 2008, S. 59; Schuh und Stich 2012, S. 41). Hier wird die Relevanz der Prognosegüte deutlich, da bei Abweichungen hohe Kosten entstehen können. Sollte die Absatzprognose höher als die tatsächlichen Verkäufe sein, müssten bereits produzierte (Standard-)Erzeugnisse eingelagert werden. Wird dahingegen mehr nachgefragt als erwartet kann sich die Lieferzeit aufgrund der Nichtverfügbarkeit von Komponenten enorm verlängern. Eine geringe Absatzprognosegüte kann daher, je nach Richtung der Fehlprognose, Auswirkungen auf die Bestands- und Kostenziele, Absatzmengen, Kundenzufriedenheit, Termintreue und schließlich den Gewinn haben.

Wie in Kap. 2.3.1 beschrieben, ist die Absatzprognosegüte stark vom Planungshorizont und den anderen Zeitplanungsparametern abhängig und wird daher im Kontext dieser Dissertationsschrift entsprechend betrachtet.

Termintreue Vertrieb

Die Termintreue als Zielgröße und betriebliche Kennzahl beschreibt die Pünktlichkeit der Lieferungen des Endprodukts an den Kunden (vgl. Hess 2008, S. 351). Ob ein vereinbarter Liefertermin eingehalten werden kann oder nicht, hängt von zahlreichen Faktoren innerhalb des Auftragsabwicklungsprozesses ab. Die Termintreue wird hier separiert nach Funktionsbereichen betrachten, wobei sich die Termintreue der Bereiche gegenseitig gleichgerichtet beeinflussen. Die Termintreue Vertrieb ist auf den Absatzmarkt gerichtet und bewertet letztendlich die pünktliche Auslieferung der bestellten Erzeugnisse an den Kunden.

Die Termintreue Vertrieb wird im Wesentlichen an zwei Stellen des Auftragsabwicklungsprozesses beeinflusst: Bei der Angebotserstellung wird anhand aktueller Produktionsdaten der Liefertermin kalkuliert, welcher bei Auftragserteilung durch den Kunden als vereinbart gilt, sowie bei der Abwicklung der Warenversendung. (vgl. Schuh und Stich 2012, S. 173; Wiendahl 2008, S. 253)

5.2.1.3 Zielgrößen der Produktion

Die Aufgaben des Funktionsbereichs Produktion bilden den Kern des Auftragsabwicklungsprozesses. Deren Erfüllung ist stark von der Güte der Produktionsplanung und –steuerung abhängig. Daher ist die bestmögliche Erreichung logistischer und wirtschaftlicher Ziele unter Berücksichtigung der gegenseitigen Abhängigkeiten eine zentrale Aufgabe der Produktionsplanung und –steuerung (vgl. Wiendahl 2008, S. 252). Da

Unternehmen nur über begrenzte Produktionsressourcen verfügen, konkurrieren die zu bearbeitenden Aufträge um freie Kapazitäten. Die PPS muss zwischen den Interessen der Kunden und des Unternehmens vermitteln und koordiniert, unter bestmöglicher Schlichtung dieses Zielkonflikts, den Produktionsablauf. (vgl. Eversheim 1996, S. 143)

Die hier behandelten produktionswirtschaftlichen Ziele sind aus den unternehmerischen Oberzielen abgeleitet und entsprechen den klassischen Zielen der PPS selbst.

Durchlaufzeit

Aus Kundensicht ist es von Interesse die Aufträge in möglichst kurzer Zeit abzuwickeln um dadurch die bestellten Endprodukte rasch zur Verfügung stellen zu können (vgl. Schuh 2014, S. 14). Ausschlaggebend für kürzere Lieferzeiten ist die Reduzierung der Durchlaufzeit in der Fertigung. Aus unternehmerischer Sicht lassen sich durch kurze Durchlaufzeiten die innerbetrieblichen Kapitalbindungskosten verringern. (vgl. Hildebrand und Mertens 1992, S. 8)

Die (Fertigungs-)Durchlaufzeit ist die Zeitspanne ab Beginn des ersten Arbeitsvorganges eines Auftrags bis zur Bereitstellung des fertigen Erzeugnisses im Versand. Innerhalb der Fertigung ergibt sich die Durchlaufzeit aus der Summe der Komponenten Bearbeitungszeit, Rüstzeit und Übergangszeit. Nicht Bestandteil sind Vorlaufzeiten für Entwicklung, Konstruktion und Beschaffung. Die Durchlaufzeit endet nach dem letzten Arbeitsvorgang, wobei dazu auch Kommissionier- und Verpackungsvorgänge zählen. Dahingegen werden die anschließend anfallenden Lager- und Transportzeiten nicht der Fertigungsdurchlaufzeit zugerechnet, sondern fallen in den Verantwortungsbereich des Vertriebs. (vgl. Westkämper 2006, S. 71; Paegert 1997, S. 42; Hildebrand und Mertens 1992, S. 9)

Die **Bearbeitungszeit** ist die Dauer des eigentlichen Bearbeitungsvorgangs an der Maschine. Diese ist lediglich von der Bauteilkonstruktion und des Fertigungsprozesses anhängig und kann nur durch konstruktive und technologische Veränderungen, nicht aber durch die PPS beeinflusst werden. (vgl. Paegert 1997, S. 42). Da hier die Durchlaufzeit auf Werkstückebene innerhalb eines Fertigungsloses und nicht auf Auftragsebene betrachtet wird, zählen Wartezeiten der Werkstücke eines Loses nicht zur Bearbeitungszeit, sondern zur Übergangszeit. Folglich ist die Bearbeitungszeit nicht von der Losgröße abhängig (vgl. Wiendahl 2008, S. 264; Much und Nicolai 1995, S. 105; Hildebrand und Mertens 1992, S. 13). Schließlich ist die Bearbeitungszeit eine von außen vorgegeben Größe und wird durch das Ziel der Minimierung der Durchlaufzeit nicht berührt. Definitionsgemäß ist die Bearbeitungszeit daher eine Einflussgröße und wird in Kap. 6.2.2 weiter betrachtet.

Als zielrelevante Komponenten der Durchlaufzeit verbleiben folglich die Rüstzeit und Übergangszeit.

Die **Rüstzeit** beinhaltet Vorbereitungsarbeiten an der Maschine, die zur Durchführung einer Bearbeitung nötig sind. Darunter fällt das Einrichten und Kalibrieren von Werkzeugen und Vorrichtungen, das Einfahren und Laden der Bearbeitungsparameter sowie der Rückbau auf den Ausgangszustand (vgl. Much und Nicolai 1995, S. 105). Rüsttätigkeiten fallen theoretisch einmal je Fertigungslos an, wohingegen durch eine geeignete Aneinanderreihung fertigungstechnisch ähnlicher Aufträge Rüstzeiten reduziert werden können. Diese Abarbeitungsreihenfolge wird in der Reihenfolgeplanung der PPS festgelegt. Durch die Erhöhung von Losgrößen können ebenfalls Rüstzeiten reduziert werden, da Umrüstungen insgesamt seltener notwendig werden, was wiederum zu längeren Vor- und Nachliegezeiten auf Werkstückebene führt (vgl. Hildebrand und Mertens 1992, S. 13).

Unter der **Übergangszeit** versteht man die Dauer des Wechsels von einem Arbeitsvorgang zu einem anderen. In diese Zeit fallen Vor- und Nachliegezeiten, Transportzeiten sowie Kontrollzeiten. Ist die Bearbeitung eines Werkstücks abgeschlossen beginnt die Nachliegezeit bis die vollständige Bearbeitung des Fertigungsloses beendet ist und ein freies Transportmittel zur Verfügung steht. Die Dauer des Transports von einer Arbeitsstation zur nächsten wird durch die Transportzeit beschrieben. Die Vorliegezeit beginnt nach Erreichen der Arbeitsstation, die größtenteils darin besteht, in einer Warteschlange auf freie Kapazitäten zu warten. An hohen Vorliegezeiten vor einzelnen Arbeitsstationen lassen sich Engpässe und Störungen im Material und –Informationsfluss erkennen. Unter die Kontrollzeit fallen sämtliche regulären Qualitätskontrollen. (vgl. Hildebrand und Mertens 1992, S. 12; Much und Nicolai 1995, S. 106)

Die Durchlaufzeit besteht i.d.R. größtenteils aus Übergangszeiten, wobei durch die intelligente Auslegung der Produktionsplanung und einer nachhaltigen Steuerung versucht wird die Übergangszeiten weitest möglich zu reduzieren. (vgl. Much und Nicolai 1995, S. 218)

Termintreue der Produktion

Die Termintreue der Produktion beschreibt die Verspätung der Fertigstellung von Werkstattaufträgen und errechnet sich aus der Differenz zwischen tatsächlichem (Ist-Termin) und geplantem Liefertermin (Soll-Termin) des Auftrags (vgl. Much und Nicolai 1995, S. 218). Das Ziel der Produktion und der PPS ist es, die Termintreue zu steigern, sodass die gemittelte Kennzahl der Termintreue gegen null strebt.

Verfrühungen und Verspätungen ergeben sich meist als Folge von Störungen im Produktionsgeschehen, die Abweichungen des tatsächlichen vom geplanten Fertigungsablauf hervorrufen, sowie durch wechselnde Belastungssituationen. Wird ein Auftrag später vollendet als geplant entstehen durch den verlängerten Durchlauf Kapitalbindungskosten und es drohen unter Umständen Konventionalstrafen. Darüber hinaus wirken sich Lieferverzögerungen erheblich negativ auf die Kundenzufriedenheit und den Ruf des Unternehmens aus, was zu Umsatzeinbußen und einer verschlechterten Marktstellung führen kann. Wird der Auftrag früher abgeschlossen als geplant, entstehen für die Zwischenlagerung der Endprodukte erhöhte Lagerhaltungskosten, falls der Kunde eine vorzeitige Annahme verweigert. (vgl. Hildebrand und Mertens 1992, S. 31; Much und Nicolai 1995, S. 218)

Zusammenfassend wirken sich Abweichungen vom geplanten Fertigstellungstermin negativ auf Kosten und Kundenzufriedenheit aus, weshalb es das Ziel der Produktionsplanung und –steuerung ist dies durch Steigerung der Termintreue zu vermeiden.

Allgemein ist zum Erreichen einer hohen Termintreue ein geordneter betrieblicher Ablauf erforderlich, da jede Nichteinhaltung vielfältige Änderungen und damit einen erheblichen Aufwand nach sich zieht. In Abbildung 5-6 sind beispielhaft die Ursachen für einen terminlichen Verzug dargestellt:

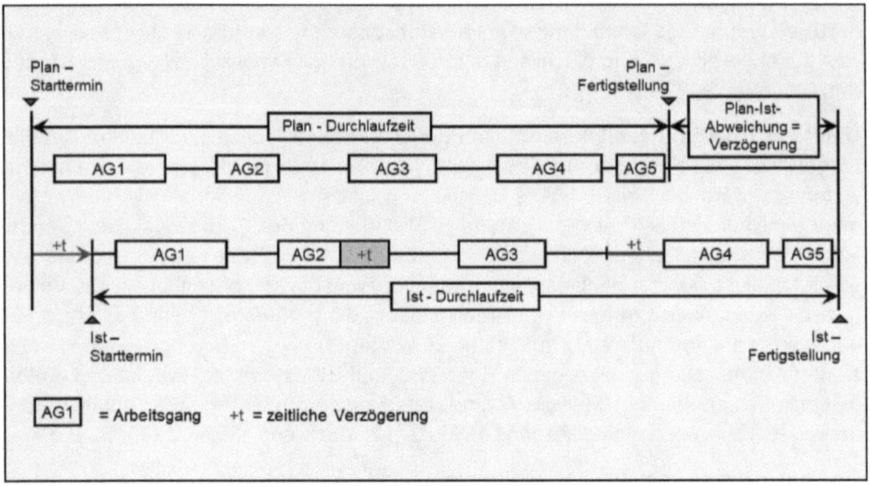

Abbildung 5-6: Verzögerungen durch Abweichungen vom geplanten Starttermin und der Durchlaufzeit

Damit ergibt sich der End-Verzug definitionsgemäß aus der Verzögerung des Starttermins und der Plan-ist-Abweichung der Durchlaufzeit. (vgl. Hildebrand und Mertens 1992, S. 33)

Die Komponente des **Startterminverzugs** ist generell unabhängig von der Einhaltung der Plan-Durchlaufzeit, sodass es möglich ist, dass Aufträge lediglich aufgrund eines verschobenen Bearbeitungsbeginns verspätet fertiggestellt werden. Solche Terminverzüge können beispielweise durch eine verzögerte Materialbereitstellung oder durch Schwächen in der Auftragsfreigabe entstehen. Es können zudem auch Aufträge mit höherer Priorität kurzfristig vorgezogen werden.

Um der Ursache der **Plan-Ist-Abweichung der Durchlaufzeit** auf den Grund zu gehen, ist zu untersuchen zu welcher Zeitkomponente die Abweichung beiträgt. So kann sich die Rüstzeit durch eine ungünstige Bearbeitungsreihenfolge oder die Bearbeitungszeit durch Störungen an der Maschine verlängern (siehe Arbeitsgang 2 in Abbildung 5-6). Erheblicher sind meist die Abweichungen der Übergangszeit, die durch Ausfälle und Überlastung der Transportsysteme sowie durch überhöhte Kapazitätsauslastungen der Maschinen und der damit verbundenen größeren Warteschlangenlänge entstehen (siehe Übergangszeit zwischen AG3 und AG4 in Abbildung 5-6). Des Weiteren ist zu beachten, dass es sich bei den Plan-Durchlaufzeiten stets um die errechneten Zeiten der Produktionsplanung und –steuerung handelt, die von der vorherigen Losgrößenplanung abhängen. Daher kann eine Ursache für Plan-Ist-Abweichungen auch in einer unrealistisch berechneten Plan-Durchlaufzeit liegen. (vgl. Schuh und Stich 2012, S. 29; Wiendahl 2008, S. 252)

Bestände

Unter dem Begriff *Bestand* wird die mengen- oder wertmäßige Substanz eines Unternehmens zu einem bestimmten Zeitpunkt verstanden (vgl. Much und Nicolai 1995, S. 59). In produzierenden Betrieben mit Variantenfertigung zählen insbesondere die physisch vorhandenen Mengen an Roh-, Hilfs- und Betriebsstoffen, die umlaufenden oder lagernden Halbfertigprodukte sowie die fertiggestellten Endprodukte zum Bestand. Hohe Bestände dienen zwar der Lieferbereitschaft, führen aber zu einer erhöhten Kapitalbindung und zu erheblichen Lagerhaltungskosten (vgl. Hildebrand und Mertens 1992, S. 56). Daher gilt es als Ziel der Produktion, unter Einsatz einer PPS, die Bestände auf einem möglichst niedrigen Niveau zu halten um damit Kapital freizugeben und Kosten für Zinsen und Lager einzusparen.

Zur genaueren Betrachtung können Bestände nach dem Fertigungsfortschritt der beinhalteten Komponenten und Produkte in die folgenden drei Bestandskategorien eingeteilt werden:

Zum **Bestand an Roh-, Hilfs- und Betriebsstoffen (RHB)** zählen die vorhandenen und eingelagerten Einzelteile, Komponenten und Baugruppen, die zur Erstellung von Halbfertigfabrikaten und Endprodukten benötigt werden, was definitionsgemäß dem Sekundärbedarf entspricht. Die Höhe dieses Bestandes wird durch die Produktionsbedarfsplanung beeinflusst, in der die nötigen Sekundärbedarfe errechnet werden und daraus Beschaffungsvorgänge ausgelöst werden. Die gelieferten Teile werden dann bis zum Produktionsbeginn eingelagert. Das Ziel „Reduzierung der Bestände an RHB" kann auch den Beschaffungszielen zugeordnet werden, was hier jedoch im Sinne der Übersichtlichkeit unterlassen wurde.

Der **Bestand an Halbfertigprodukten** ist besonders bei Variantenfertigern ausgeprägt. Als Halbfertigprodukte werden die hier kundenanonymen Standardkomponenten verstanden, die bis zum Erhalt eines konkreten Kundenauftrags eingelagert werden. Dabei gehören einerseits die fertigen Standardkomponenten im Lager (Lagerbestand), sowie die noch unfertigen Erzeugnisse, die sich noch in der Produktion oder in Warteschlangen befinden (Werkstattbestand), zu dieser Bestandskategorie. Die Höhe dieses Bestandes wird durch die Absatzprognose und den tatsächlichen Absatz bestimmt. Daher hat die Absatzprognosegüte einen erheblichen Einfluss auf das Unterziel „Reduzierung der Bestände an Halbfertigprodukten"

Die kundenauftragsbezogenen Erzeugnisse zählen zum **Bestand an Endprodukten**, der ebenfalls aus Lager und Werkstattbestand besteht. Nach der Freigabe des Kundenauftrags wird die Standardkomponente aus dem Lagerbestand entnommen und unter Aufwendung von weiteren Roh-, Hilfs- und Betriebsstoffen zum Endprodukt verarbeitet. Ab diesem Zeitpunkt geht das Erzeugnis in den Bestand an Endprodukten über. Nach der Fertigstellung kann eine weitere Lagerung notwendig sein, wenn beispielsweise auf andere Positionen des Auftrags gewartet werden muss oder die geplante Durchlaufzeit unterschritten wurde und der Kunde eine frühere Annahme verweigert.

Wie bereits aufgeführt setzten sich die Bestände aus den Lager- und **Werkstattbeständen** zusammen. Letztere bestehen aus Waren und Erzeugnissen, die momentan innerhalb eines Werkstattauftrages verarbeitet werden, sich also in einem Fertigungsdurchlauf befinden. Eine Reduzierung der Werkstattbestände kann unmittelbar über eine Reduzierung der Durchlaufzeit erfolgen. Je kürzer die Durchlaufzeit ist, desto weniger Zeit verbringen die Teile in der Werkstatt. (vgl. Paegert 1997, S. 46; Much und Nicolai 1995, S. 59)

Demgegenüber gehören Teile, die sich tatsächlich in einem Lager befinden und dort auf den Versand oder eine Verwendung warten, zum **Lagerbestand**. Somit befinden sich einerseits frei verfügbare Teile als Grundbestand im Lager, die jederzeit für die Auftragsabwicklung entnommen werden können. Andererseits bildet eine festgelegte Mindestmenge an Teilen einen Sicherheitsbestand, der ungeplante Störungen und Bedarfe abfangen und die Lieferbereitschaft gewährleisten soll. Zudem befinden sich Teile im Lager, für die bereits eine Vormerkung bzw. Reservierung vorhanden ist. Die betroffenen Teile sind konkreten Aufträgen zugeordnet und stehen anderweitig nicht zur Verfügung. Diese drei Komponenten des Lagerbestandes bestimmen dessen Höhe und müssen zum Ziele der Bestandsreduzierung auf einem möglichst niedrigen Leven gehalten werden. (vgl. Paegert 1997, S. 46; Much und Nicolai 1995, S. 59)

Kapazitätsauslastung

Durch die Verfolgung des Ziels der Steigerung der Kapazitätsauslastung soll eine harmonisierte Beschäftigung von Maschinen- und Personal unter Vermeidung von Unter- bzw. Überlastung erreicht werden. Im Sinne der Maximierung gilt es zwischen einem störungsarmen aber kostenintensiven und einem risikoreichen Betrieb nahe der Kapazitätsgrenze abzuwägen. Dabei lässt sich eine hohe Auslastung durch hohe Warteschlangenbestände und große Lose an engpassbehafteten Arbeitsplätzen verwirklichen. Dies wiederum steht in einem Zielkonflikt zu den Zielen der Durchlaufzeit- und Bestandsminimierung. (vgl. Much und Nicolai 1995, S. 218; Schuh und Stich 2012, S. 29)

Die eigentliche Steigerung der Kapazitätsauslastung hängt dabei von verschiedenen Parametern ab.

So kann die Ausnutzung der vorhandenen Kapazitäten gesteigert werden, indem das Verhältnis von Bearbeitungs- zu Rüstzeiten optimiert wird. Durch die Einstellung der PPS kann jedoch nur auf die Rüstzeiten Einfluss genommen werden. Zudem kann die Beanspruchung der der Kapazitäten erhöht werden. Darunter ist das Verhältnis aus der befriedigten Kapazitätsnachfrage und dem tatsächlichen Kapazitätsangebot in einem Unternehmen zu verstehen. Die befriedigte Kapazitätsnachfrage ist die Summe der Bearbeitungs- und Rüstzeiten, wohingegen das Kapazitätsangebot die theoretische Kapazität abzüglich der Zeiten für Instandhaltung und Störungen darstellt. Eine Erhöhung der Kapazitätsbeanspruchung würde daher zu weniger Maschinenstillstand führen. Einschränkend wirken hierbei Engpässe, welche die Gesamtkapazitätsbeanspruchung auf einen gewissen Durchfluss begrenzen. Zudem können sich lange Warteschlangen vor engpassbehafteten Arbeitsgängen bilden, was zu längeren Durchlaufzeiten, Terminabweichungen und höheren Beständen führt. Daher ist es auch relevant die vorhandenen Kapazitäten ausgewogen und gleichmäßig in Anspruch zu nehmen und damit die Einschränkungen durch Engpässe zu verringern. (vgl. Paegert 1997, S. 47; Hildebrand und Mertens 1992, S. 69; Much und Nicolai 1995, S. 218)

Durch die Steigerung der Kapazitätsauslastung unter Anwendung einer optimalen Produktionsplanung und –steuerung soll ein Kapitaleinsatz zur möglichweise unnötigen Kapazitätserweiterung vermieden werden. Diesbezüglich können insbesondere durch eine entsprechende Reihenfolgeplanung Rüstzeiten verringert werden, was zu einer effizienteren Ausnutzung führt. Zudem helfen flexible und fertigungsnahe Produktionsprogramme bei der Anpassung an kurzfristige Nachfrageänderungen, was sich ansonsten in unkontrollierten Fertigungsabläufen und unberechenbaren Engpasssituationen äußert. Ebenfalls kann so auf ungeplante Kapazitätsausfälle durch Störungen besser reagiert und werden.

Flexibilität

Im heutigen Wettbewerb ist es stets wichtig auf kurzfristige und ungeplante Ereignisse wie Störungen und Kapazitätsausfälle reagieren zu können und dabei die Verzögerung des Liefertermins möglichst gering zu halten. Ebenso sollten kurzfristige Änderungswünsche des Kunden oder zusätzliche Eilaufträge auswirkungsarm in den bestehenden Produktionsplan eingearbeitet werden können. Diese Fähigkeit der PPS auf eine geänderte Unternehmenssituation, die eine Termin-, Mengen- oder Artänderung verursacht, einzugehen, wird unter dem Begriff der Flexibilität betrachtet. Als Zielgröße der Produktion wird eine möglichst hohe Flexibilität angestrebt um die Folgewirkungen der Änderungen zu verringern. (vgl. Much und Nicolai 1995, S. 218)

Zur detaillierten Betrachtung der Zielgröße „Flexibilität“ kann diese in interne Flexibilität und externe Flexibilität unterteilt werden. Unter der internen Flexibilität versteht man die Reaktionsfähigkeit auf innerbetriebliche Störungen und Ausfälle bei Maschinen, Personal und Material. Die externe Flexibilität umfasst zum einen Störungen im Lieferverhalten von Zulieferern und zum anderen kundenseitige Änderungen des Auftrags. (vgl. Paegert 1997, S. 49)

Umplanungsaufwand

Das strikte Verfolgen der genannten Produktionsziele würde unweigerlich zu einem stark erhöhten (Um-)Planungsaufwand führen. Besonders das Streben nach Flexibilität erfordert häufige Planänderungen. Der dafür notwendige Aufwand ist jedoch mit Kosten verbunden und sollte daher nicht auf ein Maximum gesteigert werden. Das Ziel der „Reduzierung des Umplanungsaufwands" soll hier einen restriktiven Gegenpol zu den restlichen planungsintensiven Produktionszielen darstellen und als Unterziel der „Kostenreduzierung" verstanden werden.

Im Fokus liegen vor allem die Kosten zur fertigungsnahen Datenerhebung und Kommunikation an die Werkstattmitarbeiter sowie die Personalkosten zur Produktionsplanung und –steuerung. Die Verarbeitung der Datenmengen und der zugehörige Rechenaufwand spielen heutzutage eher eine untergeordnete Rolle.

5.2.1.4 Zielgrößen des Einkaufs

Spätestens bei der Nettosekundärbedarfsplanung im Rahmen der Produktionsbedarfsplanung wird der Funktionsbereich Einkauf bzw. Beschaffung am Auftragsabwicklungsprozess beteiligt. Das PPS-System löst die, für die Herstellung des Primärbedarfs erforderlichen, Bestellvorgänge aus und bestimmt anhand des geplanten Produktionsablaufs fristgerechte Liefertermine für bestellte Waren.

Zu den PPS-relevanten Zielgrößen des Einkaufs gehören insbesondere die Termintreue, die Beschaffungsflexibilität und die Bestände an RHB, wobei die Steigerung der Flexibilität sowie die Reduzierung der Bestände bereits zusammengefasst im vorherigen Abschnitt zu den Produktionszielen behandelt wurden. Somit ist nur noch die Steigerung der Termintreue im Einkauf näher zu beschreiben:

Termintreue Einkauf

Unter der Termintreue des Einkaufs ist die Einhaltung der Liefertermine seitens der Lieferanten zu verstehen. Die Produktionsplanung und –steuerung ermittelt durch Abgleich des Sekundärbedarfs mit den Lagerbeständen die fehlenden Komponenten und löst im Falle des Fremdbezugs einen Bestellvorgang aus. Hierbei werden Art und Menge der Bedarfe sowie die spätmöglichsten Liefertermine an die Einkaufsabteilung kommuniziert. Die Liefertermine werden nach dem geplanten Verwendungszeitpunkt der Komponenten bestimmt. Daraufhin führt der Einkauf eine Bestellrechnung durch und bestimmt die optimalen Bestellmengen und –zeitpunkte. (vgl. Schuh und Stich 2012, S. 127)

Werden Bestellungen verspätet geliefert, sinkt die Termintreue des Einkaufs, da die georderten Teile nicht zum vorgegebenen Zeitpunkt bereitgestellt wurden. Dies kann zu einer verlängerten Durchlaufzeit und damit zu einer verspäteten Auslieferung des Endprodukts an den Kunden führen. Die Produktionsplanung und –steuerung kann zwar nicht die Zuverlässigkeit des Lieferanten beeinflussen, aber zu einer lückenlosen Organisation des internen Beschaffungsvorgangs beitragen. Daher gilt es auch hier als Ziel der PPS, die Termintreue zu steigern.

Besonders das Ziel die eigenen Grund- und Sicherheitsbestände so gering wie möglich zu halten verlangt äußerst zuverlässige und termintreue Lieferanten. Ähnlich wie der Absatzmarkt eines Unternehmens sensibel auf Verzögerungen reagiert, ist die Pünktlichkeit im Beschaffungsmarkt ein wichtiges Auswahlkriterium bei Zulieferern. (vgl. Hildebrand und Mertens 1992, S. 37)

5.2.1.5 Zusammenfassende Darstellung der relevanten Zielgrößen

Anhand der nachfolgenden Tabelle wird überprüft, ob es sich bei den in Kap. 5.2.1.1 bis Kap. 5.2.1.4, um direkt oder indirekt durch die Zeitplanungsparameter beeinflusste Zielgröße handelt. Dies ist das Hauptkriterium dafür, ob die Größe im weiteren Verlauf der Untersuchung berücksichtigt werden. Bei direkt beeinflussten Zielgrößen werden die Zeitplanungsparameter genannt, welche auf die Zielgröße einwirken.

Tabelle 5-1: Kategorisierung der Zielgrößen

Zielgröße	Direkt	Indirekt	Im Modell	Begründung
Gewinn		X	X	Indirekt beeinflusste Zielgröße.
Umsatz		X	X	Indirekt beeinflusste Zielgröße.
Kosten		X	X	Indirekt beeinflusste Zielgröße.
Marktanteil		X	X	Indirekt beeinflusste Zielgröße.
Kundenzufriedenheit		X	X	Indirekt beeinflusste Zielgröße.
Absatzmenge		X	X	Indirekt beeinflusste Zielgröße.
Absatzprognosegüte	X		✓	Wird durch den Planungshorizont beeinflusst.
Termintreue Vertrieb	X		✓	Wird durch den Planungshorizont und die Planungsperiode beeinflusst.
Absatzpreis		X	X	Indirekt beeinflusste Zielgröße, da auf die genaue Betrachtung der Preiserstellung bereits im vorherigen Modell aus Gründen des Umfangs verzichtet wurde.

Durchlaufzeit		X	✓	Wird zwar lediglich durch die nachfolgende Rüst- und Übergangszeit beeinflusst, jedoch als deren übergeordnetes Ziel im Modell aufgenommen.
Rüstzeit	X		✓	Wird durch die Planungsperiode, das Planungsraster und den Planungsvorlauf beeinflusst.
Übergangszeit	X		✓	Wird durch die Planungsperiode, das Planungsraster und den Planungsvorlauf beeinflusst.
Termintreue der Produktion	X	X	✓	Wird zwar in dem ursprünglichen Modell nur indirekt durch den Startterminverzug und die Plan-Ist-Abweichung der DLZ beeinflusst, diese Aufsplittung fällt im weiteren Verlauf jedoch weg und daher wird die Termintreue der Produktion durch die Planungsperiode, das Planungsraster und den Planungsvorlauf direkt beeinflusst.
Bestand RHB	X		✓	Die Bestände werden in dem ursprünglichen Modell in eine Gesamtbestandsgröße überführt. Betrachtet man die einzelnen Bestandsgrößen isoliert, werden diese durch die Planungsperiode, den Planungsvorlauf und das Planungsraster beeinflusst.
Bestand HFP	X		✓	
Bestand EP	X		✓	
Kapazitätsauslastung	X		X	Wird an sich direkt betrachtet, allerdings fließen in die Kapazitätsauslastung noch sehr viele andere Kriterien, als die reine PPS ein. Neben der Kapazitätsnachfrage durch die Produktion, steht zum Beispiel auch das Kapazitätsangebot im Vordergrund. Eine komplette Investitionsrechnung würde jedoch definitiv den Rahmen eines übersichtlichen Simulationsmodells sprengen. Daher wird diese Größe zunächst außen vorgelassen. Der Einfluss könnte beispielsweise im Rahmen einer weiteren Arbeit isoliert betrachtet werden. In diesem Modell wird die Kapazitätsauslastung daher als deterministische Einflussgröße angenommen.
Flexibilität	X		✓	Wird durch die Planungsperiode, das Planungsraster und den Planungsvorlauf beeinflusst.
Umplanungsaufwand	X		✓	Wird durch den Planungshorizont, die Planungsperiode, das Planungsraster und den Planungsvorlauf beeinflusst.

Termin-treue Einkauf	X		✓	Wird durch den Planungshorizont, die Planungsperiode, das Planungsraster und den Planungsvorlauf beeinflusst.

Abschließend soll gezeigt werden, wie sich die direkt durch die Zeitplanungsparameter beeinflussten Zielgrößen auf die indirekt beeinflussten Zielgrößen auswirken. Mit Hilfe von Abbildung 5-7 soll dargestellt werden, dass eine Optimierung der weiterhin berücksichtigten Zielgrößen auch zu einer Verbesserung der nicht im Modell betrachteten, indirekten Zielgrößen führt. Im Zuge der Übersichtlichkeit wurden die Wirkungsbeziehungen zwischen den direkten Zielgrößen in der Abbildung vernachlässigt. Die Modellierung der Interdependenzen erfolgt in Anlehnung an die Kausaldiagramme der System-Dynamics-Methode durch Pfeile, die jeweils Auskunft über eine vorliegende Ursache-Wirkungs-Beziehung und deren Richtung geben.

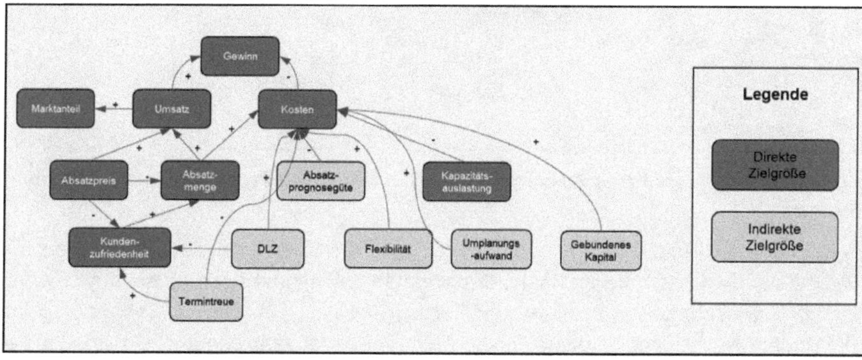

Abbildung 5-7: Wirkung der direkten auf die indirekten Zielgrößen

Aus dieser Abbildung kann abgeleitet werden, wie sich eine Optimierung der im Modell enthaltenen Zielgrößen Termintreue (vereint die Termintreue der drei Bereiche Vertrieb, Beschaffung und Produktion), DLZ (beinhaltet die Rüst- und Übergangszeit), Flexibilität, Absatzprognosegüte, Umplanungsaufwand und Gebundenes Kapital (steht für die drei verschiedenen Bestände) auf die restlichen, indirekten Zielgrößen auswirkt.

5.2.2 Zielsystem zur Synchronisation von Zeitplanungsparametern

Im Anschluss an die Darstellung der Grundlagen und Anforderungen zum Aufbau eines unternehmerischen Zielsystems kann nun im Folgenden eine spezifische Zielkonzeption im Kontext der Zeitplanungsparameter Einstellungen für produzierende Unternehmen abgeleitet.

Wie bereits in Kapitel 4.3 erwähnt, soll dieses Zielsystem auf dem in Kapitel 3.2.6 eingeführten Zielsystem des kybernetischen Produktionsmanagementmodells aufbauen.

Aus diesem Grund soll dieses noch einmal anhand folgender zusammengefasster Darstellung in Abbildung 5-8 verdeutlicht werden:

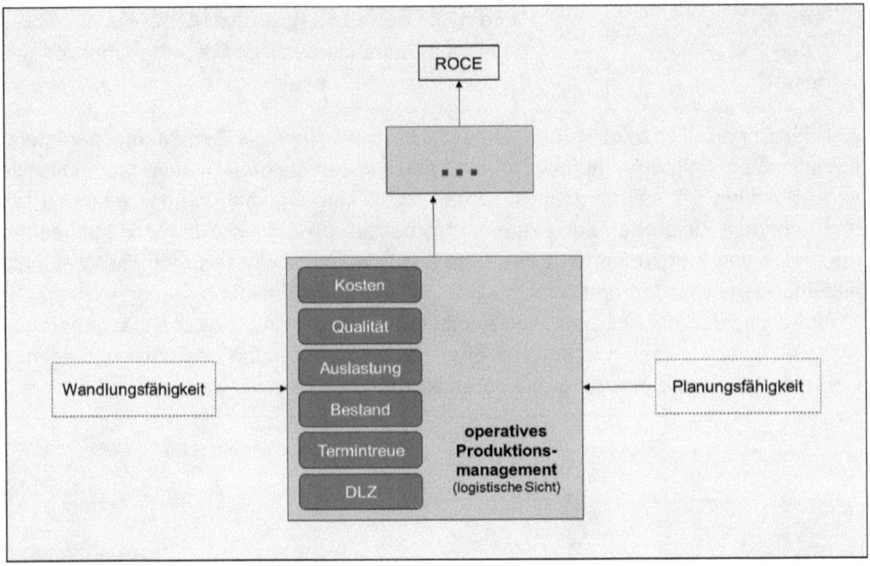

Abbildung 5-8: Verkürztes Zielsystem des kybernetischen Produktionsmanagementmodells

Folgt man dem Prinzip der Wirtschaftlichkeit, so erscheint es einleuchtend, dass die Hauptaufgabe eines Unternehmens darin besteht, einen Mehrwert für seinen Eigentümer zu erwirtschaften (vgl. Wöhe und Döring 2010, S. 10). Da die Orientierung am Unternehmenswert, dem *Value-Based-Managementansatz* entspricht, wird als betriebswirtschaftliches Fundamentalziel dieser Untersuchung die *Kapitalrentabilität* herangezogen (vgl. Rappaport und Klien 1999, S. 39; Biedermann 2008, S. 88). Zur Messung dieser Kapitalrentabilität wird als oberste Zielgröße die in der Betriebspraxis etablierte Kennzahl des *Return on Capital Employed (ROCE)* verwendet (vgl. Alexandre et al. 2004). Diese Kennzahl errechnet die Rendite des operativen Geschäftsbetriebs auf das Eigen- und das verzinsliche Fremdkapital (vgl. Haeseler und Hörmann 2006, S. 126). Da anhand dieser Kennzahl lediglich die Rentabilität des operativen Vermögens und nicht die des Finanzvermögens ausgedrückt wird (vgl. Haeseler und Hörmann 2006, S. 126), eignet sich die Kennzahl zur Bewertung produktionslogistischer Wirkungszusammenhänge (vgl. Alexandre et al. 2004, S. 126 f.). Der ROCE kann anhand der folgenden Formel berechnet werden:

Formel 5-1: Definition des ROCE

$$ROCE = \frac{EBIT}{Capital\ Employed}$$

Diese Formel wird vor allem bei der späteren Konkretisierung des Simulationsmodells noch entscheidende Bedeutung besitzen. Brosze (2011) bildete in seinem Zielsystem primäre und sekundäre Ziele des operativen Produktionsmanagements, die auf den betrieblichen Kennlinien nach Wiendahl beruhen und über die der ROCE beeinflusst werden kann. Es ist also das Ziel eines jeden Zielsystems operativ verständliche Kennzahlen zu bilden, deren Wirkungen auf den ROCE begründet werden können. Im Laufe dieses Kapitels sollen die Oberziele herausgearbeitet werden, die durch die Einstellung der Zeitplanungsparameter verändert werden können. Die sekundären Ziele, in diesem Fall die Wandlungs- und Planungsfähigkeit unterstützen dabei die Verwirklichung der primären Ziele.

Während sich die Ziele des operativen Produktionsmanagements (logistische Sicht) jedoch nur indirekt auf eine Steigerung des ROCE auswirken, können aus der Formel 5-1 drei direkte Beziehungen abgeleitet werden (vgl. Abbildung 5-9).

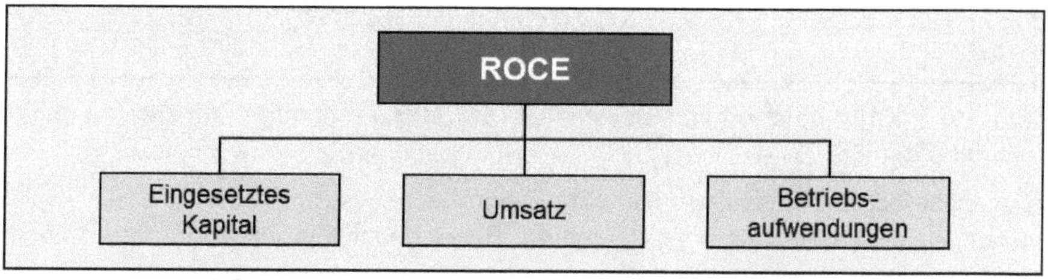

Abbildung 5-9: Kennzahlen des betriebswirtschaftlichen Zielsystems

Während der Umsatz für einen höhere ROCE gesteigert werden muss, sollten das eingesetzte Kapital und die Betriebsaufwendungen so gering wie möglich gehalten werden.

Bislang wurde lediglich ein allgemeines Zielsystem für Variantenfertiger erarbeitet (vgl. Kap. 5.2.1.1 bis Kap. 5.2.1.4. Nachfolgend konnten die identifizierten Zielgrößen in direkte und indirekte Zielgrößen differenziert werden (vgl. Kap. 5.2.1.5). Im weiteren Verlauf muss nun kritisch hinterfragt werden, ob eine Korrelation zwischen den Zeitplanungsparametern und den entsprechenden Zielgrößen besteht.

Daher wird an dieser Stelle das logistisches Zielsystem zur Effizienz der zeitlichen Einstellungsparameter in der PPS eingeführt (vgl. Abbildung 5-10). Dieses Zielsystem soll die Modellierung im Rahmen eines Simulationsmodells sowie zusätzlich eine Gewichtung der übergeordneten, normierten Zielgrößen erlauben. Als übergeordnete Zielgröße wird die *Effizienz der zeitlichen Einstellungsparameter in der PPS* definiert. Im Nachgang kann mittels Synthese mit dem betriebswirtschaftlichen Zielsystem ein neues Zielsystem für die simulationsgestützte Synchronisation der Zeitplanungsparameter geschaffen werden kann.

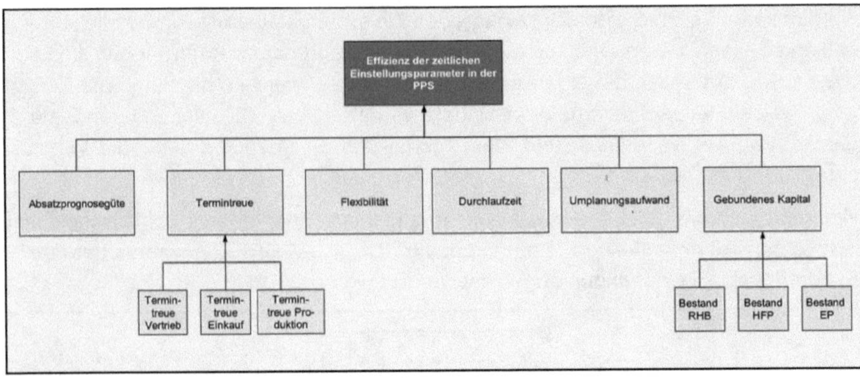

Abbildung 5-10: Logistisches Zielsystem zur Effizienz der zeitlichen Einstellungsparameter in der PPS

Zunächst fällt auf, dass die sekundäre Zielgröße der Wandlungsfähigkeit im logistischen Zielmodell als primäres Ziel mit der Bezeichnung Flexibilität wiedergespiegelt wird. Die Unterschiede sind in der Literatur häufig unterschiedlich beschrieben. Es sollen in diesem Kontext jedoch die Ansichtsweisen von NYHUIS und MÖLLER als Standard angesehen werden. Nach diesen stellt Flexibilität zunächst allgemein die Fähigkeit dar, sich an veränderte Rahmenbedingungen anzupassen (vgl. Möller 2008, S. 13). Es existieren unzählige unterschiedliche Definitionen der Flexibilität, im Rahmen produzierender Unternehmen wird die Flexibilität jedoch meist als die Fähigkeit verstanden, sich schnell und mit geringem finanziellen Aufwand an Veränderungen des Umfelds anzupassen (vgl. Möller 2008, S. 15). Dabei gibt es jedoch eine untere und obere Grenze, die die erreichbaren Zustände einschränkt. Die Wandlungsfähigkeit baut auf dieser Definition auf, geht jedoch noch einen Schritt weiter. Demnach gelten für unterschiedliche Anforderungen verschiedene Flexibilitätskorridore, die im Laufe der Zeit über geringe Investitionen angesteuert werden können (vgl. Wiendahl et al. 2010, S. 121). Im weiteren Verlauf wird im Rahmen des Zielsystems der Zeitplanungsparameter weiterhin der Begriff der Flexibilität genutzt, da die Betrachtung der Wandlungsfähigkeit einen starken strategischen Aspekt integriert und die Komplexität durch die unterschiedlichen Korridore unnötigerweise erhöhen würde. Der Autor dieser Arbeit hat sich dazu entschieden, die Zielgröße ebenfalls als sekundär anzunehmen. So kann auch die Problematik der Messbarkeit der Flexibilität, die eher eine weiche und nur schwer messbare Größe ist, umgangen werden (vgl. Wiendahl et al. 2010, S. 115). Die Flexibilität wirkt sich im entstandenen Zielsystem sekundär auf die Zielgröße der Termintreue aus. Die zweite sekundäre Zielgröße des kybernetischen Produktionsmanagementmodells, die Planungsfähigkeit wird im Rahmen dieser Arbeit in dieser Form nicht weiter betrachtet. Stattdessen wird eine zusätzliche primäre Zielgröße, namentlich die Absatzprognosegüte, eingeführt. Diese wird im weiteren Verlauf dieses Kapitels beschrieben und stellt die Relevanz dieses Ziels für die Einstellung der Zeitplanungsparameter heraus. Im Folgenden soll auf die Zieldimensionen eingegangen werden, die zwar im kybernetischen Produktionsmanagementmodell vorkommen, jedoch nicht im logistischen Zielsystem aufgeführt werden:

- **Qualität:** Da die Zeitplanungsparameter und Produktionsplanung im direkten Sinne keinen Einfluss auf die konkrete Produktqualität nehmen können, soll diese Zieldimension weiterhin kein Bestandteil eines Zielsystems aus der Perspektive der Zeitplanungsparameter sein.
- **Auslastung:** Die Auslastung könnte durchaus Teil des Zielsystems sein. An dieser Stelle wurde jedoch entschieden, dass eine Berücksichtigung der Auslastung den Rahmen der Arbeit gesprengt hätte. Daher wird die Auslastung als Eingangsgröße des Modells (siehe Kapitel 6.2.2) betrachtet. Es wurde in Betracht gezogen, die Auslastung der Vollständigkeit halber, trotzdem in das Zielsystem mit aufzunehmen, letztendlich wurde dieser Gedanke im Sinne der Übersichtlichkeit und Verständlichkeit dieser Arbeit wieder fallen gelassen. Die Auslastung wird zudem durch die Investitionsplanung, also einer strategischen Aufgabe, beeinflusst. Diese Arbeit behandelt jedoch im Kern eher taktische Aufgaben der Produktionsplanung.
- **Kosten:** Die Kosten werden bereits in der konkreten Berechnung des ROCE bewertet. Im Rahmen dieser Arbeit werden bezüglich der Effizienz der zeitlichen Einstellungsparameter in der PPS lediglich die Kosten für den Planungsaufwand mit einfließen.

Nachdem die Zielgrößen betrachtet wurden, die im kybernetischen Produktionsmanagementmodell, jedoch nicht im logistischen Zielsystem Berücksichtigung finden, soll im Folgenden auf die Zielgrößen eingegangen werden, die in beiden Modellen vertreten sind:

- **Bestand:** Der Bestand gilt als entscheidende Zielgröße und wirkt sich auch in der direkten Formel auf den ROCE aus. Im Rahmen des Zielsystems zur Bewertung der Zeitplanungsparameter (Abbildung 5-11) wird der Bestand in die zwei Unterbestände der Rohmaterialien und Halbfertigprodukte unterteilt. In der Praxis können zudem noch Werkstattbestände und Endproduktbestände vorliegen. Eine Betrachtung der Werkstattbestände hätte das Modell jedoch weiter verkompliziert und Endproduktbestände liegen aufgrund der Annahme, dass fertig gestellte Endprodukte sofort an den Kunden geliefert werden, nicht vor. Diese Annahme ist für den Bereich der Auftragsfertiger, dem ein Variantenfertiger nach dem Kundenentkopplungspunkt stark ähnelt, als absolut realistisch einzuordnen. Während im logistischen Zielsystem als Begriff noch das gebundene Kapital verwendet wird, wird das Wording im Zielsystem zur Bewertung der Zeitplanungsparameter an das kybernetische Produktionsmanagementmodell angepasst. Auf das gebundene Kapital wird im Zuge der Operationalisierung des Zielsystems nochmals eingegangen (vgl. Kap. 5.2.2.1)
- **Termintreue:** Auch die Termintreue ist Bestandteil beider vorgestellten Zielsysteme. Abweichend von dem kybernetischen Produktionsmanagement wird sie jedoch auch im Zielsystem zur Bewertung der Zeitplanungsparameter für die

einzelnen Abteilungen aufgegliedert. Dies erlaubt zum einen eine konkrete Bewertung der einzelnen Funktionsbereiche und zeigt zum anderen die Gründe für die vom Kunden wahrgenommene Termintreue, die der Termintreue des Vertriebs entspricht, genauer auf. Bei der Modellbeschreibung in Kapitel 6.3 wird auf die Abhängigkeiten der einzelnen Termintreue-Komponenten noch genauer eingegangen.

- **Durchlaufzeit:** Während die Durchlaufzeit im Zielsystem des kybernetischen Produktionsmanagementmodells als primäre Zieldimension gesehen wird, agiert sie im Zielsystem zur Bewertung der Zeitplanungsparameter als sekundäre Zielgröße. Allerdings kann sie an dieser Stelle auch konkret ausgewertet werden und wird daher, auch im Sinne der Verständlichkeit und um die Ähnlichkeiten zum Referenzmodell nicht gänzlich zu verlieren, weiterhin als Zielgröße aufgeführt. Im Laufe der Modellbeschreibung wird deutlich, dass sich die Durchlaufzeit im Rahmen des Modells stark auf die anderen Zielgrößen auswirkt.

Abschließend sollen die Zieldimensionen diskutiert werden, welche zwar im logistischen Zielsystem, jedoch nicht im Zielsystem des kybernetischen Produktionsmanagementmodells vorkommen:

- **Absatzprognosegüte:** Die Absatzprognosegüte spielt auch im kybernetischen Produktionsmanagementmodell eine große Rolle. Sie ist entscheidend für die Auslastung, für die Termintreue, den Bestand und entsprechend auch für die Kosten. Allerdings wird sie nicht explizit aufgeführt, da sie implizit in der sekundären Zielgröße der Planungsfähigkeit enthalten ist. Eine hohe Informationstransparenz und vor allem eine hohe Informationsqualität lässt sich ausschließlich über gut prognostizierte Abnahmemengen erreichen. Bereits in Kap. 2.3.1 wurde festgestellt, dass die Zeitplanungsparameter einen großen Einfluss auf die Planungsgüte haben (vgl. Abbildung 2-10). Zwar fließt die Absatzprognosegüte in dem Simulationsmodell auch in andere Zielgrößen, wie den Bestand und die Termintreue mit ein, da sie jedoch ein solch zentraler Aspekt der Zeitplanungsparameter Einstellungen ist, soll sie auch im Zielsystem zur Bewertung der Zeitplanungsparameter als eine der zentralen Zielgrößen beibehalten werden.
- **Umplanungsaufwand:** Der Umplanungsaufwand wird im Zielsystem zur Bewertung der Zeitplanungsparamater in den Planungsaufwand umbenannt, da nicht mehr der Aufwand für eine Umstellung der Zeitplanungsparameter, sondern stattdessen der generelle Planungsaufwand für eine bestimmte ZPP-Einstellung betrachtet werden soll. Der Planungsaufwand stellt eine Art Gegenzielgröße dar, die einer unendlichen Verkleinerung der Zeitplanungsparameter entgegenwirkt. Damit ähnelt diese Zielgröße sehr stark der Dimension der Kosten, die im kybernetischen Produktionsmanagementmodell einen unendlichen Aufwand verhindert.

Nach diesem Vergleich der bestehenden Zielsysteme ergibt sich das Zielsystem zur Bewertung der Zeitplanungsparameterwie folgt (vgl. Abbildung 5-11):

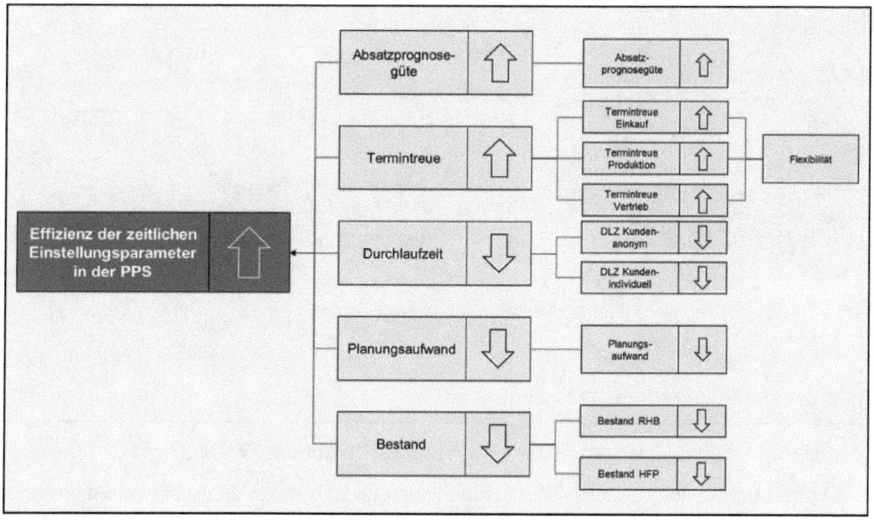

Abbildung 5-11: Zielsystem zur Bewertung der Zeitplanungsparameter

Man erkennt, dass es sich um ein zweistufiges Zielsystem handelt. Auf unterster Ebene (in der Abbildung ganz rechts) handelt es sich jedoch noch nicht um operationalisierte Unterziele. Stattdessen zeigt es die Zusammensetzung der Zwischenziele. So kann der Bestand beispielsweise nur betrachtet werden, indem die Bestände der Roh-, Hilfs- und Betriebsstoffe und die Bestände der Halbfertigprodukte analysiert werden. Die Bestände der Endprodukte waren aufgrund der Annahme, dass fertige Produkte sofort an den Kunden ausgeliefert werden, an dieser Stelle herausgefallen. Des Weiteren sind die Auswirkungen der Sachziele auf das Fundamentalziel „Effizienz der zeitlichen Einstellungsparameter in der PPS qualitativ dargestellt. So führt beispielsweise eine bessere Ausprägung der Zieldimension Termintreue zu einem verbesserten Zielerreichungsgrad der Effizienz der zeitlichen Einstellungsparameter in der PPS. Die Flexibilität stellt eine sekundäre Zielgröße dar, die sich positiv auf die einzelnen Termintreue-Komponenten auswirken können.

Eine hohe Effizienz der zeitlichen Einstellungsparameter in der PPS lässt sich demnach durch eine hohe Absatzprognosegüte und Termintreue, sowie durch eine möglichst geringe Durchlaufzeit, einen geringen Planungsaufwand und einen geringen Bestand erzeugen. An dieser Stelle wurde jedoch eingehend geprüft, ob sich eine Verbesserung der Effizienz der ZPP auch positiv auf die übergeordnete, betriebswirtschaftliche Kennzahl, den ROCE auswirkt. Dafür war die Analyse verschiedener betriebswirtschaftlicher Unter- und Zwischenziele notwendig, die in der folgenden Abbildung 5-12 mündete:

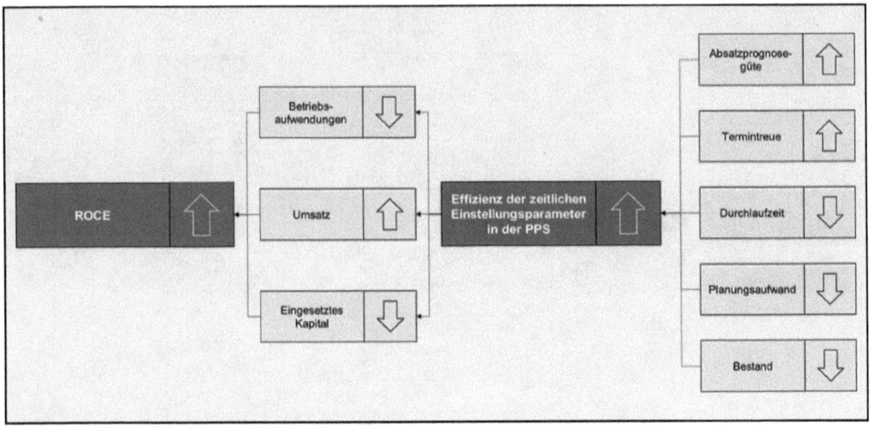

Abbildung 5-12: Auswirkungen der Effizienz der ZPP auf den ROCE

Im Folgenden sollen die in der Abbildung getätigten qualitativen Wirkungszusammenhänge erläutert werden.

1. Betriebsaufwendungen:

Durch die Reduzierung der Betriebsaufwendungen kann als Formalziel ein wesentlicher Beitrag zur Steigerung des Unternehmenswerts geleistet werden. Dies wird auch schon in Formel 5-1 (siehe Seite 134) deutlich, da eine Reduzierung der Kosten den EBIT erhöhen kann. Somit ist verständlich dargelegt, wieso eine Reduzierung der Betriebsaufwendungen zu einer Erhöhung des ROCE führt.

Um die Betriebsaufwendungen zu reduzieren können verschiedene Wege eingeschlagen werden. Beispielsweise führt eine Verbesserung der Prognosegenauigkeit beziehungsweise eine Optimierung der Absatzprognosegüte zu reduzierten Kosten, da unter anderem Fehlmengenkosten reduziert werden können. Zudem können die Beschaffungs- und Eigenfertigungskosten besser geplant und somit effizienter gestaltet werden. Der Planungsaufwand wird im Simulationsmodell quantifiziert als finanzieller Aufwand abgebildet. Somit führt ein geringerer Planungsaufwand (der eine höhere Effizienz der ZPP ermöglicht) zu geringeren Betriebsaufwendungen. Zu guter Letzt sorgen geringere Bestände für niedrigere Kapitalbindungs- und Lagerhaltungskosten. Durch die Wirkungen der drei Zwischenziele der Effizienz der ZPP, ergibt sich auch eine positive Wirkung der Effizienz der ZPP auf die Betriebsaufwendungen.

2. Umsatz:

Eine Umsatzsteigerung gilt als erstes Formalziel der Kapitalrentabilität. Da sich die Zeitplanungsparameter nicht auf die Produktbeschaffenheit, sondern primär auf die logistische Leistungsfähigkeit eines Unternehmens auswirken können, kann die angesprochene Umsatzsteigerung an dieser Stelle nur durch eine Erhöhung des Lieferservice realisiert werden. Dieser richtet sich auf die konsequente Steigerung des Kundennutzens und der Kundenzufriedenheit als wesentliche Differenzierungsmerkmale gegenüber dem Wettbewerb (vgl. Schönsleben 2011, S. 345f.). Der Lieferservice gliedert sich wiederum in die Liefertermintreue und den Lieferbereitschaftsgrad auf. Da die Termintreue konkret in der Effizienz der ZPP enthalten ist, führt eine höhere Effizienz der ZPP auch zu einer potenziellen Umsatzsteigerung. Der Lieferbereitschaftsgrad ist kein konkreter Bestandteil des Zielsystems zur Bewertung der Zeitplanungsparameter. Allerdings spielt dieses Unterziel bei Variantenfertigern auch nur eine untergeordnete Rolle, da die Endprodukte zu einem vereinbarten Liefertermin auf Auftrag gefertigt werden. Versteht man unter einem schlechten Lieferbereitschaftsgrad eines Variantenfertigers Fehlmengen der Halbfertigprodukte, so ist diese Größe als Termintreue der Produktion in dem Zielsystem enthalten.

3. Eingesetztes Kapital

Der Unternehmenswert lässt sich schließlich auch durch das Formalziel der Reduzierung des eingesetzten Kapitals steigern. Auch dies kann man bereits Formel 5-1 auf Seite 134 entnehmen. Durch eine Reduzierung des Nenners steigt demnach der ROCE. Eine Verringerung des eingesetzten Kapitals kann durch eine Senkung der Vorräte und Bestände erreicht werden. Da Bestände als Zieldimension im Zielsystem zur Bewertung der Zeitplanungsparameter enthalten sind, wirkt sich die Effizienz der ZPP auch über dieses Formalziel positiv auf den ROCE aus. Zudem führt eine Reduzierung der Durchlaufzeit, die wiederum zu einer besseren Effizienz der ZPP führt, zu einem geringeren Umlaufvermögen. Dies verstärkt die positive Wirkung der Effizienz der ZPP auf eine Reduzierung des eingesetzten Kapitals.

Die Effizienz der zeitlichen Einstellung in der PPS als Oberzielgröße wirkt sich somit positiv auf sämtliche Formalziele des übergeordneten, betriebswirtschaftlichen Ziels, der Steigerung des ROCE aus.

Aus diesem Grund kann die Effizienz der zeitlichen Einstellung in der PPS als Ersatzziel und somit vorherrschende Zielgröße für das Simulationsmodell betrachtet werden.

5.2.2.1 Operationalisierung des Zielsystems

Wie bereits in Kapitel 5.2.1 dargelegt, stellt die Operationalisierung eine zentrale Anforderung an ein Zielsystem dar.

Bislang wurde als Oberziel die Effizienz der zeitlichen Einstellung in der PPS festgelegt. Deren Erreichungsgrad ergibt sich aus den Gewichtungsfaktoren und Werten der Zwischenziele. Diese sind die Absatzprognosegüte, die Termintreue, die Durchlaufzeit, der Planungsaufwand und der Bestand. Allerdings wurde noch nicht festgelegt, wie die Werte der Zwischenziele ermittelt werden können. An dieser Stelle setzt die Operationalisierung des Zielsystems an. Allerdings soll an dieser Stelle betont werden, dass eine genaue Beschreibung der Ermittlung der Zwischenzielgrößen erst bei der Beschreibung des Simulationsmodells erfolgt.

Die Absatzprognosegüte spielt gerade für Massen- und Variantenfertiger vor dem Kundenentkopplungspunkt eine große Rolle, da basierend auf Prognosen die Produktionsmengen eingesteuert werden. Gemessen werden kann die Güte über verschiedene Verfahren der Prognosegütemessung. Ein bewährtes Fehlermaß stellt der mittlere relative absolute Prognosefehler (im weiteren MAPE) dar, der auch an dieser Stelle genutzt werden soll (vgl. Olbrich et al. 2012, S. 164).

Formel 5-2: Berechnung des MAPE

$$MAPE = \frac{1}{n} * \sum_{i=1}^{n} \left| \frac{x_i - y_i}{y_i} \right|$$

Dabei stellt x_i den prognostizierten und y_i den tatsächlichen Wert dar. Im Zuge dieser Arbeit soll allerdings die Absatzprognosegüte, also ein positiver Wert, analysiert werden. Daher wird die Absatzprognosegüte weiterhin über den MAPE operationalisiert, ergibt sich allerdings folgendermaßen:

Formel 5-3: Ermittlung der Absatzprognosegüte

$$Absatzprognosegüte = 1 - MAPE$$

Die Termintreue gliedert sich in die drei Zwischenziele Termintreue Einkauf, Termintreue Produktion und Termintreue Vertrieb. Generell wird die Termintreue nach YU (vgl. Yu 2001) als prozentualer Anteil der innerhalb einer gegebenen Termintoleranz fertiggestellten Aufträge definiert (siehe Kapitel 3.2.6.2). Daher kann die Termintreue im Simulationsmodell direkt operationalisiert werden. Es muss allerdings eine Unterscheidung der drei Zwischenziele vorgenommen werden. Die Termintreue des Einkaufs ist definiert als die benötigten Teile aus dem Sekundärbedarf, die termingerecht für den geplanten Produktionsstart vorliegen. Die daraufhin im Rahmen eines Variantenfertigers produzierten Halbfertigprodukte bestimmen die Termintreue der Produktion. Liegen nicht genug Halbfertigprodukte vor, kann die Produktion des Endprodukts nicht direkt nach Eingang der Kundenbestellung erfolgen. Dieser Umstand wird demnach durch die Termintreue der Produktion ausgedrückt. Die Termintreue des Vertriebs stellt schließlich die vom Kunden wahrgenommene Termintreue dar, also ob das bestellte Endprodukt pünktlich zum versprochenen Endtermin geliefert wird.

Die Durchlaufzeit teilt sich auf in die Durchlaufzeit der kundenanonymen Vorproduktion bis zum Kundenentkopplungspunkt und die Durchlaufzeit der kundenindividuellen Endproduktion. Letztendlich können die jeweiligen Durchlaufzeiten jedoch ähnlich wie die Termintreue direkt operationalisiert berechnet werden und ergeben sich aus der Addition der Rüst-, Bearbeitungs- und Übergangszeit (siehe Formel 5-4):

Formel 5-4: Berechnung der Durchlaufzeit

$$DLZ = Rüstzeit + Bearbeitungszeit + Übergangszeit$$

Der Planungsaufwand wird über die zugehörigen Prozess- und Mitarbeiterkosten, die für die Planung unter den jeweiligen Parametereinstellungen anfallen, operationalisiert. Die genaue Berechnung wird bei der Beschreibung des Simulationsmodells angegeben.

Der Bestand kann über das durchschnittlich gebundene Kapital operationalisiert werden. Dieses kann über den jeweiligen Buchhaltungswert entsprechend berechnet werden. Dabei wird, wie in Abbildung 5-11 bereits angedeutet, zwischen dem gebundenen Kapital durch Roh-, Hilfs- und Betriebsstoffe und dem in Halbfertigprodukten gebundenen Kapital differenziert. Das vollständig operationalisierte Zielsystem kann der folgenden Abbildung 5-13 entnommen werden:

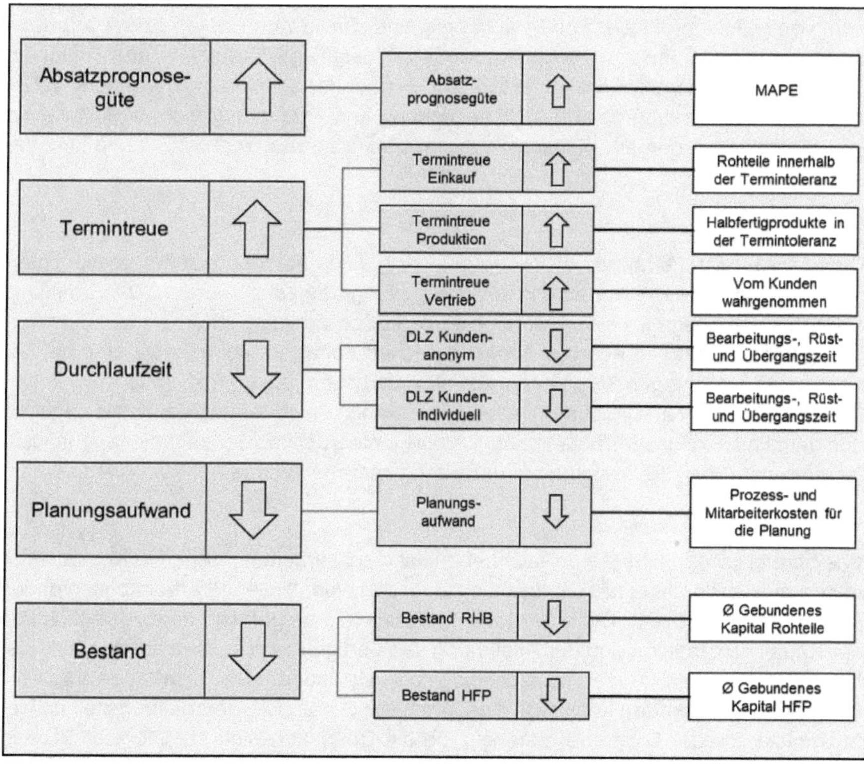

Abbildung 5-13: Operationalisierung der Zwischenziele

5.3 Einflussfaktoren und Gestaltungsdimensionen

Für die Erstellung eines Simulationsmodells zur Synchronisation der Zeitplanungsparameter von Variantenfertigern, ist die Kenntnis der qualitativen Wirkungszusammenhänge der Planungsprozesse eines Variantenfertigers unerlässlich. Daher werden in diesem Kapitel die Zusammenhänge zwischen den in Kapitel 5.2.1 eingeführten Zielgrößen und den und der Struktur der Planungs- und Steuerungsprozesse eines Variantenfertigers (vgl. Kap. 5.1) erläutert.

5.3.1 Einflussgrößen der PPS von Variantenfertigern

Wie bereits einleitend erwähnt, existieren neben den Zielgrößen relevante Einflussgrößen, von welchem die Zielgrößen abhängig sind. Diese Kennzahlen bzw. Parameter verkörpern von außen vorgegebene oder intern festgelegte Ereignisse und Zustände. Sie sind durch die Veränderung der Zielgrößen oder der Zeitplanungsparameter in Bezug auf die Einstellung der Produktionsplanung und –steuerung nicht beeinflussbar. Im Folgenden werden die wichtigsten dieser Einflussgrößen identifiziert und kurz beschrieben.

Losgröße

Die Losgröße ist die Menge an Teilen innerhalb eines Fertigungsauftrags, die hintereinander und ohne Unterbrechung der Bearbeitung hergestellt werden. Die Ermittlung der optimalen Losgröße erfolgt durch die Losgrößenrechnung innerhalb der Eigenfertigungsplanung und –steuerung, wobei zwischen hohen Werkstattbeständen bei hohen Losen und langen Rüstzeiten bei kleinen Losen abgewogen wird (Much und Nicolai 1995, S. 170). Die Losgröße wird im Rahmen dieser Arbeit jedoch als gegeben und damit als Einflussgröße betrachtet, da die Untersuchung der zahlreichen Einflussfaktoren der Losgrößenrechnung den Umfang sprengen würde.

Bearbeitungszeit

Wie bereits im Kapitel 5.2.1.3 beschrieben, ist die Bearbeitungszeit eine Komponente der Fertigungsdurchlaufzeit, welche die Dauer des eigentlichen Bearbeitungsvorgangs an der Maschine misst. Diese wird als Einflussgröße aufgefasst, da sie lediglich von der Bauteilkonstruktion und der Auslegung des Fertigungsprozesses abhängt und daher nur durch konstruktive und technologische Veränderungen, nicht aber durch die PPS beeinflusst werden kann (vgl. Paegert 1997, S. 42). Die Bearbeitungszeit ist hier auch nicht von der Losgröße abhängig, da die Durchlaufzeiten auf Werkstückebene innerhalb eines Fertigungsloses und nicht der Ebene des Loses selbst betrachtet werden. Die Wartezeit von Werkstücken eines Loses, die gerade nicht bearbeitet werden, zählen daher zur Übergangszeit und nicht zu Bearbeitungszeit (Wiendahl 2008, S. 264).

Streuung Durchlaufzeit

Die Streuung der Durchlaufzeit als Einflussgröße berücksichtigt das Ausmaß und die Häufigkeit der Abweichungen der einzelnen Durchlaufzeiten zur mittleren Durchlaufzeit. Unter der Annahme, dass die Einflussgrößen der Durchlaufzeit unabhängig sind, kann die Streuung der Durchlaufzeit durch eine Normalverteilung dargestellt werden (Thun 2002, S. 67). Bei zunehmender Streuung wird es stets schwieriger Fertigungsprozesse zu synchronisieren, weshalb sich die mittlere Durchlaufzeit erhöhen kann. Daher ist diese Einflussgröße bei der Minimierung von Durchlaufzeiten besonders relevant.

Vorlauf Kundenaufträge

Als Vorlauf der Kundenaufträge wird die Zeitspanne zwischen Beauftragung und Bearbeitungsbeginn des Fertigungsauftrages bezeichnet. Je frühzeitiger feste Kundenaufträge eingehen, desto eher können Planungs- und Auftragsabwicklungsprozesse beginnen, was sich in einer erhöhten Planungssicherheit widerspiegelt. Es ist daher auch einfacher rechtzeitig Beschaffungsvorgänge auszulösen und schließlich den vereinbarten Liefertermin zu halten. Wie in Kapitel 5.2.1.2 erwähnt, versuchen Unternehmen im B2B-Bereich von ihren Kunden frühzeitige Bestellungen oder zumindest Abnahmeprognosen zu erhalten und gewähren im Gegenzug einen vergünstigten Absatzpreis. So können schon weit im Voraus Kapazitäten und Ressourcen reserviert werden, was sich günstig auf die Güte der Terminkalkulation für nachfolgende Aufträge auswirkt.

Vorlauf Beschaffungsaufträge

So wie die Vorlaufzeit der Kundenaufträge die Planungssicherheit in der eigenen Produktion erhöht, trägt die Frühzeitigkeit der Beschaffungsaufträge beim Lieferanten zu dessen Planungssicherheit bei, was sich positiv auf die Einhaltung von Bereitstellungsterminen und damit auf die Termintreue des Einkaufs auswirkt. Im Detail wird hier die Zeit zwischen der Bestellung und dem Beginn der Produktion beim Lieferanten (Wiederbeschaffungszeit) als Vorlauf bezeichnet. Beim Variantenfertiger handelt es sich hierbei hauptsächlich um Roh-, Hilf- und Betriebsstoffe sowie fremdbezogene Halbfertigprodukte.

Wiederbeschaffungszeit RHB

Die Wiederbeschaffungszeit von Roh-, Hilfs-, und Betriebsstoffen ist die Zeitspanne zwischen dem Produktionsbeginn beim Lieferanten und der tatsächlichen Lieferung der bestellten Ware. Die Länge der Wiederbeschaffungszeit hat große Auswirkungen auf die Bestandsführung und die Notwenigkeit von Sicherheitsbeständen.

Lieferengpass RHB

Durch die Einflussgröße Lieferengpass RHB werden andauernde Bereitstellungsschwierigkeiten von Roh-, Hilfs- und Betriebsstoffen sowie fremdbezogenen Halbfertigprodukten des Einkaufs berücksichtigt. Ein Lieferengpass kann aufgrund unterschiedlichster Ursachen wie beispielsweise durch Ressourcenknappheit, ungünstige Umwelt- und Klimabedingungen oder Streiks entstehen.

Verzögerung Verpackung/Versand

Im Rahmen dieser Arbeit werden die Aufgaben der Verpackung und Versendung der Ware der Vertriebsabteilung zugerechnet und zählen nicht zu Fertigungsdurchlaufzeit. Die Einflussgröße Verzögerung Verpackung/Versand berücksichtigt hierbei ungeplante Störungen und Verspätungen, die beispielsweise durch fehlendes Verpackungsmaterial oder bei Transport und Zustellung der Ware entstehen können.

Volatilität der Nachfrage

Unter der Volatilität der Nachfrage wird hier die absatzseitige Schwankung der Kundenaufträge bezeichnet. Bei einer geringen Volatilität lässt sich eine bessere Absatzprognose erstellen, da sich der Absatzmarkt relativ konstant verhält. Große Schwankungen hingegen können leicht zu Über- oder Unterbeständen führen, was teilweise hohe Kosten mit sich bringt.

Ungeplante Maschinenausfälle

Die Häufigkeit und Dauer von Maschinenausfällen werden in dieser Einflussgröße berücksichtigt. Als Ursache kommen beispielsweise technische Störungen oder außerplanmäßige Wartungszyklen in Betracht. Durch den Kapazitätsausfall müssen Fertigungsaufträge auf andere Maschinen umdisponiert werden oder schlimmstenfalls warten bis die Maschinen wieder zur Verfügung stehen.

Ungeplante Personalausfälle

Mit dieser Einflussgröße werden Häufigkeit und Dauer ungeplanter Personalausfälle wie beispielsweise durch Krankheit oder Streik erfasst. Dabei führen Personalausfälle wie auch die Maschinenausfälle zu einer Verringerung des Kapazitätsangebots, jedoch können hier auch die personelle Abdeckung der Bereiche Einkauf und Vertrieb betroffen sein.

Aktualität und Auflösung der Datengrundlage (kurz: Akt. & Aufl. Datengrundlage)

Mit dieser Einflussgröße werden die meist positiven Auswirkungen durch hohe Aktualität und Auflösung der Datengrundlage berücksichtigt. Die Produktionsplanung und –steuerung greift auf zugrundeliegende Daten zurück um Vorausplanungen erstellen zu können. Das Vorliegen und Verwenden von veralteten Daten kann schnell zu Planungen führen, die nicht in der veranschlagten Zeit oder vorgegebenen Weise realisierbar sind. Daher hat die Aktualität der Datengrundlage hohen Einfluss auf die Qualität der Planung. Die höchste Aktualität kann durch die Echtzeiterfassung des Produktionsablaufs ermöglicht werden, was einen entsprechenden Kostenaufwand erfordert.

Neben der Aktualität spielt auch die Auflösung bzw. der Detaillierungsgrad der zugrundeliegenden Daten eine elementare Rolle um qualitativ hochwertige Planungen zu erhalten. Besonders das Erfassen des Produktionsablaufs durchgeführter Fertigungsaufträge liefert wertvolle Vergangenheitsdaten zur Vorausplanung und Terminierung von kommenden Aufträgen. Der Detaillierungsgrad kann beispielsweise durch die Anzahl der Messpunkte oder durch Echtzeittracking von Werkstücken erhöht werden, was ebenfalls einen hohen Kostenaufwand mit sich führt.

Ausschuss Wareneingang

Werden bestelle Teile geliefert, die fehlerbehaftet sind und nicht weiterverwendet werden können, wird die Menge dieser Teile als Ausschuss bezeichnet. Mangelhafte Teile werden meist durch eine Qualitätsprüfung am Wareneingang erkannt und aussortiert. Ein hoher Ausschuss kann dazu führen, dass nicht genügend fehlerfreie Teile für die anstehende Verarbeitung zur Verfügung stehen, was sich somit negativ auf die Termintreue des Einkaufs auswirkt.

Ausschuss Warenausgang

Nach einzelnen Fertigungsabschnitten, spätestens aber vor der Verpackung, werden die hergestellten Werkstücke einer Qualitätsprüfung unterzogen. Die Einflussgröße Ausschuss Warenausgang fasst die Menge der wegen Fehlern aussortierter Werkstücke und Produkte in einer Größe zusammen.

Zeitaufwand Nacharbeit

Werden während oder nach der Fertigung Mängel an einem Produkt erkannt, welche aber behoben werden können, wird das Produkt einer Nacharbeit unterzogen. Dort wird versucht die Mängel durch Reparatur oder Austausch von Komponenten zu beheben. Dies wird vor allem bei hohen Produktwerten (z.B. PKW) durchgeführt, wenn also die Nacharbeit vorteilhafter als das Aussortieren des Produktes ist. Die Dauer der Nacharbeiten wird in dieser Einflussgröße berücksichtigt.

5.3.2 Wirkungsmatrix

In der Wirkungsmatrix werden einflussnehmende Größen und beeinflusste Größen gegenübergestellt. Einflussnehmende Größen sind dabei Größen, welche bei ihrer wertmäßigen Veränderung einen direkten Einfluss auf eine andere Größe haben können. Die andere Größe, welche von der Veränderung der einflussnehmenden Größe abhängig ist, wird als beeinflusste Größe bezeichnet. Beispielsweise ist der Absatz eine einflussnehmende Größe, da Veränderung des Absatzes einen direkten Einfluss auf den Umsatz eines Unternehmens hat. Der Umsatz ist in diesem Fall die beeinflusste Größe. Die im vorigen Kapitel identifizierten Zielgrößen eines Unternehmens und die Zeitplanungsparameter können einflussnehmende und beeinflusste Größe sein. Im Gegensatz dazu sind die Einflussgrößen meist von außen oder auch durch interne Einstellungen vorgegeben und können selbst nicht durch die anderen betrachteten Größen der Produktionsplanung und -steuerung beeinflusst werden.

Die als Wirkbeziehung bezeichneten Abhängigkeiten untereinander sind mit einer rein qualitativen Wirkungsrichtung angegeben. Der mit einer „**+1**“ versehene positive bzw. gleichgerichtete Zusammenhang bedeutet, dass die Zunahme der einflussnehmenden Größe eine Zunahme der beeinflussten Größe zur Folge hat. Bei einem negativen bzw. entgegengesetzten Zusammenhang verringert sich die beeinflusste Größe durch die Zunahme der einflussnehmenden Größe, was durch eine „**-1**“ dargestellt wird. Eine „**0**“ beschreibt einen Zusammenhang, der entweder nicht offensichtlich erklärt werden kann oder der je nach Höhe der einflussnehmenden Größe Auswirkungen in verschiedene Richtungen haben kann. Ein „**x**“ wird angegeben, wenn kein direkter Zusammenhang erkennbar ist. In der Matrix sind die einflussnehmenden Größen auf der linken Seite und die beeinflussten Größen oben zu finden.

Die dunkelgrau hinterlegten Eingaben innerhalb der Wirkungsmatrix werden im Simulationsmodell nicht quantifiziert dargestellt. Dies wird im weiteren Verlauf ausführlicher begründet.

	Einflussnehmende Größe / Beeinflusste Größe	Nicht beeinflussbare Einflussfaktoren													Gestaltungselement / beeinflussbaerer Einflussfaktor								
		Erwartungswert Nachfrage	Standardabweichung Nachfrage	Gesamtbearbeitungszeit	Rüstzeit kundenindividuell	Wert eines HFP	Wert eines Rohteils HFP	Vorgegebene Gewinnmarge	Kapazitätsauslastung kundenanonym	Kapazitätsauslastung kundenindividuell	Personalkosten der Abteilungen	Anzahl der an der Planung beteiligten Mitarbeiter	Lagerhaltungskostensatz Rohteil HFP	Bestellfixe Kosten des Rohteils HFP	Planungsraster	Planungsperiode	Frozen Zone des Einkaufs	Anteil kundenanonymer Bearbeitungszeit	Risikofaktor Einkauf	Risikofaktor Produktion	Risikofaktor Vertrieb	Aktualität & Auflösung der Datengrundlage	IT-Nutzungsgerade der einzelnen Abteilungen
Nicht beeinflussbarer Einflussfaktor	Erwartungswert Nachfrage								+	+		+											
	Standardabweichung Nachfrage																						
	Gesamtbearbeitungszeit								+	+								0					
	Rüstzeit kundenindividuell									0													
	Wert eines HFP							-															
	Wert eines Rohteils HFP							-															
	Vorgegebene Gewinnmarge	-																					
	Kapazitätsauslastung kundenanonym																						
	Kapazitätsauslastung kundenindividuell																						
	Personalkosten der Abteilungen																						
	Anzahl der an der Planung beteiligten Mitarbeiter																						
	Lagerhaltungskostensatz Rohteil HFP																						
	Bestellfixe Kosten des Rohteils HFP																						
Gestaltungselement / beeinflussbaerer Einflussfaktor	Planungsraster				-																		
	Planungsperiode				+				-	-													
	Frozen Zone des Einkaufs																						
	Anteil kundenanonymer Bearbeitungszeit	+							+	-													
	Risikofaktor Einkauf																						
	Risikofaktor Produktion																						
	Risikofaktor Vertrieb																						
	Aktualität & Auflösung der Datengrundlage																						
	IT-Nutzungsgerade der einzelnen Abteilungen																						
Im Modell berechnete Größen	Losgröße der Einkaufsprodukte																						
	Angenommene kundenanonyme DLZ								0														
	Tatsächliche kundenanonyme DLZ								+														
	Versprochene Lieferzeit	-								0													
	Tatsächliche kundenindividuelle DLZ	-								+													
	Losgröße der Produktion																						
	Sicherheitsbestände																						
	Übergangszeit								+	+													
	Standardabweichung der DLZ																						
Zielgrößen	Absatzprognosegüte								0	0													
	Termintreue Einkauf																						
	Termintreue Produktion								0														
	Termintreue Vertrieb	+																					
	Flexibilität				-																		
	Durchlaufzeit kundenanonym																						
	Durchlaufzeit kundenindividuell	-																					
	Planungsaufwand																						
	Gebundenes Kapital / Bestand RHB																						
	Gebundenes Kapital / Bestand HFP																						
	ROCE																						

Abbildung 5-14: Wirkungsmatrix der Einflussfaktoren, Gestaltungs- und Zielgrößen 1/2

Einflussnehmende Größe \ Beeinflusste Größe		Im Modell berechnete Größen									Zielgrößen										
		Losgröße der Einkaufsprodukte	Angenommene kundenanonyme DLZ	Tatsächliche kundenanonyme DLZ	Versprochene Lieferzeit	Tatsächliche kundenindividuelle DLZ	Losgröße der Produktion	Sicherheitsbestände	Übergangszeit	Standardabweichung der DLZ	Absatzprognosegüte	Termintreue Einkauf	Termintreue Produktion	Termintreue Vertrieb	Flexibilität	Durchlaufzeit kundenanonym	Durchlaufzeit kundenindividuell	Planungsaufwand	Gebundenes Kapital / Bestand RHB	Gebundenes Kapital / Bestand HFP	ROCE
Nicht beeinflussbarer Einflussfaktor	Erwartungswert Nachfrage	+					+	+													+
	Standardabweichung Nachfrage										-										
	Gesamtbearbeitungszeit		+	+	+	+		+					0	0		+	+				
	Rüstzeit kundenindividuell				+	+								0			+				
	Wert eines HFP						-													+	
	Wert eines Rohteils HFP	-																	+		
	Vorgegebene Gewinnmarge																				+
	Kapazitätsauslastung kundenanonym								+							+					
	Kapazitätsauslastung kundenindividuell								+								+				
	Personalkosten der Abteilungen																	+			
	Anzahl der an der Planung beteiligten Mitarbeiter																	+			
	Lagerhaltungskostensatz Rohteil HFP	-																			
	Bestellfixe Kosten des Rohteils HFP	+																			
Gestaltungselement / beeinflussbaerer Einflussfaktor	Planungsraster								+		-				+			-	+	+	
	Planungsperiode								+		-				-			-	+	+	
	Frozen Zone des Einkaufs										-				-						
	Anteil kundenanonymer Bearbeitungszeit		+	+	-	-		+			-					+	-				
	Risikofaktor Einkauf	+						+				+							+		0
	Risikofaktor Produktion		+				+	+					+			+				+	0
	Risikofaktor Vertrieb				+			+						+			+				0
	Aktualität & Auflösung der Datengrundlage										+	+	+	+							
	IT-Nutzungsgerade der einzelnen Abteilungen																	-			
Im Modell berechnete Größen	Losgröße der Einkaufsprodukte							0				0			0					+	
	Angenommene kundenanonyme DLZ			0			0	+		0			+		0	0				+	
	Tatsächliche kundenanonyme DLZ		+				0	+		0			-			+				+	
	Versprochene Lieferzeit					0		-		0				+	0		0				-
	Tatsächliche kundenindividuelle DLZ							-		0				-			+				
	Losgröße der Produktion							0	+	+			0		0	0				0	
	Sicherheitsbestände											+	+		0				+	+	
	Übergangszeit		+	+	+	+				+			-	-		+	+				
	Standardabweichung der DLZ			0		0		+					-	-		0	0			+	
Zielgrößen	Absatzprognosegüte		0		0			-				+	+	+					-	-	+
	Termintreue Einkauf												+						-		
	Termintreue Produktion													+						-	
	Termintreue Vertrieb																				+
	Flexibilität		-		-				-			+	+	+				+			
	Durchlaufzeit kundenanonym												0							+	
	Durchlaufzeit kundenindividuell													0							-
	Planungsaufwand																				-
	Gebundenes Kapital / Bestand RHB											+			0						-
	Gebundenes Kapital / Bestand HFP												+		0						-
	ROCE																				

Abbildung 5-15: Wirkungsmatrix der Einflussfaktoren, Gestaltungs- und Zielgrößen 2/2

Es soll zunächst angemerkt werden, dass bestimmte Größen, welche im weiteren Verlauf im Simulationsmodell Berücksichtigung finden, in der Wirkungsmatrix nicht vorzufinden sind. So wirkt sich bspw. die Aufteilung des Erwartungswerts des Bedarfs auf die einzelnen Kunden nicht aktiv auf eine andere Größe aus. Es mag einen Einfluss auf den ROCE geben, der im Simulationsmodell auch quantifiziert wird, ob es sich um einen gleichgerichteten oder entgegengesetzten Zusammenhang handelt, hängt jedoch allein von den getätigten Eingaben im Sinne der unternehmensspezifischen Eingangsdaten ab. Die Größen Herstellungskosten, Verkaufspreis und Einkaufspreis der Rohteile wurden zu der Größe Gewinnmarge zusammengefasst.

Es wird deutlich, dass Gestaltungselemente beziehungsweise beeinflussbare Einflussfaktoren per Definition nicht durch andere Größen beeinflusst werden. Eine weitere Kategorisierung dieser Elemente erfolgt in Kapitel 6.2.1. Dieser Umstand erscheint sinnvoll, da diese Größen von außen vorgegeben werden sollen und deren Auswirkungen auf das Zielsystem im Rahmen der Simulation analysiert werden.

Die Abhängigkeiten in Abbildung 5-14 erscheinen auf den ersten Blick paradox, da nicht beeinflussbare Einflussfaktoren mit einflussnehmenden Größen in Relation gesetzt werden. So wirkt sich bspw. die Gesamtbearbeitungszeit in der Praxis auf die Kapazitätsauslastung aus. Im Rahmen des Simulationsmodells werden diese Parameter allerdings als exogene Faktoren im Sinne von unternehmensspezifischen Rahmenbedingungen zwar als Eingangsgrößen bzw. -daten jedoch als nicht veränderliche Parameter angenommen, sie werden also zu Beginn eines Simulationsdurchlaufs fixiert und unterliegen im zeitlichen Verlauf keiner Dynamik (siehe hierzu Kap. 6.2). Es werden also beispielsweise historische Daten (bspw. Abverkaufs Raten oder Bedarfsverläufe) verwendet. In diesen sind die Wechselwirkungen zwischen der Gesamtbearbeitungszeit und der Kapazitätsauslastung bereits abgeschlossen und es lässt sich ein Set an realistischen, aufeinander abgestimmten, nicht beeinflussbaren Einflussfaktoren annehmen. Eine Ausnahme bildet an dieser Stelle der Erwartungswert der Nachfrage. Dies kann durch das Ziel, den optimalen Kundenentkopplungspunkt zu bestimmen, begründet werden. Während die Absatzprognosegüte steigt, wenn man den Anteil der kundenanonymen Durchlaufzeit reduziert, da nicht so weit in die Zukunft geplant werden muss, steigt der Erwartungswert der Nachfrage durch eine Verschiebung des Kundenentkopplungspunkts zum Kunden hin, also durch eine Verlängerung der kundenanonymen Durchlaufzeit. Aufgrund der Anforderungen an das Modell, wird dieser Umstand abgebildet. Dafür wird innerhalb des Modells eine Variable eingeführt, die sowohl vom nicht beeinflussbaren Einflussfaktor der erwarteten Nachfrage, als auch vom Anteil der kundenanonymen Durchlaufzeit abhängig ist. Die kundenanonyme Durchlaufzeit bestimmt dabei die Aufteilung der Gesamtbearbeitungszeit in kundenanonyme und kundenindividuelle Bearbeitungszeit. Da die Übergangs- und Rüstzeiten proportional zu der Bearbeitungszeit sind, wird somit auch der Kundenentkopplungspunkt durch diese Größe fixiert.

Der Bedarf nach einem quantifizierenden Simulationsmodell wird anhand dieser Wirkungsmatrix offensichtlich. So existieren in der Wirkungsmatrix beispielsweise jeweils eine Zeile und Spalte für die versprochene Lieferzeit und die tatsächliche, kundenindividuelle Durchlaufzeit. Diese sind selbstverständlich zwei wichtige Größen für ein produzierendes Unternehmen. Viel wichtiger ist jedoch der jeweilige, in Echtzeit durchgeführte Vergleich dieser beiden Zeiten, der die Termintreue des Vertriebs ergibt. Solche Zusammenhänge können in einer solchen Wirkungsmatrix nicht abgebildet werden. Des Weiteren interessieren Wechselwirkungen zwischen Variablen, also Wirkungen von Variablen auf eine andere Variable, die aber nicht direkt, sondern über eine andere Variable stattfinden. So kann beispielsweise durch eine verkürzte Planungsperiode die Absatzprognosegüte erhöht werden. Dies wirkt sich positiv auf die Termintreue aus. Die genaue Wirkung der Planungsperiode auf die Termintreue lässt sich an dieser Stelle jedoch nur erahnen, nicht jedoch valide quantifizieren.

Bereits zu Beginn des Kapitels wurde darauf eingegangen, dass ein quantifizierendes Simulationsmodell auf qualitativen Kausalzusammenhängen beruht. Aus Gründen der Übersichtlichkeit wurde an dieser Stelle eine Wirkungsmatrix zur Darstellung gewählt. In Abbildung 5-16 werden jedoch die Wechselwirkungen und Wirkungsbeziehungen der Zielgrößen des Modells als Kausaldiagramm dargestellt. Diese stellen nur einen kleinen Teil aller Wirkungsbeziehungen des Modells dar, allerdings sind sie als die entscheidenden Wechselwirkungen für das Zielsystem von hoher Relevanz.

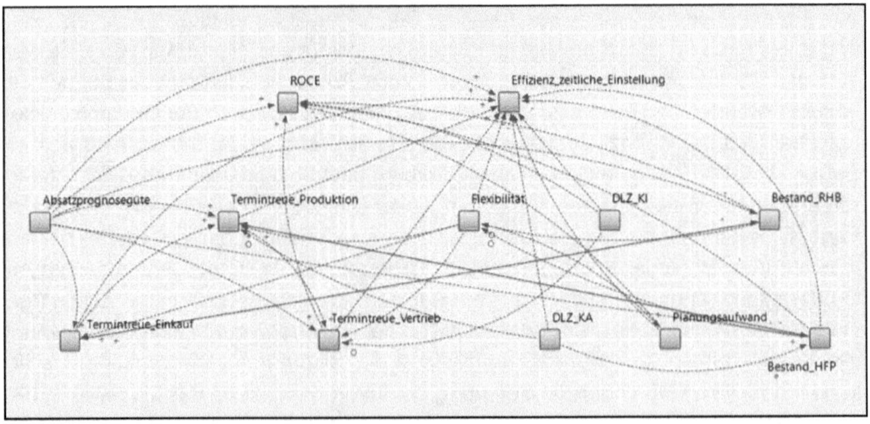

Abbildung 5-16: Kausalitätsdiagramm der Zielgrößen

Bereits an dieser Stelle ist zu erkennen, dass qualitative Wirkungszusammenhänge einem Benutzer aufgrund der vielen Wechselwirkungen und der hohen Komplexität bei mehreren Variablen, nicht weiterhelfen. Diese Wechselwirkungen fließen vollständig in das Simulationsmodell mit ein, was dem Anwender die Analyse einzelner Variablen ermöglicht. Das Simulationsmodell hat also den Anspruch die Auswirkung einer Änderung einer Gestaltungsgröße, wie beispielsweise der Planungsperiode, auf die jeweilige Zielgröße darstellen zu können. Dabei können sowohl inkrementelle Änderungen, als auch Extremwertbetrachtungen von Nutzen sein.

5.3.3 Wirkbeziehungen

Sämtlich dem Modell zugrundeliegenden Beziehungen und Wechselwirkungen werden nun im Einzelnen erläutert. Dabei werden u.a. die in der Wirkungsmatrix dargestellten Wirkbeziehungen in der folgenden Tabelle systematisch aufgeführt.

Tabelle 5-2: Erläuterung der Wirkbeziehungen

Nr.	Einflussnehmende Größe	Zusammenhang	Beeinflusste Größe
1	Umsatz	+1	Gewinn
	Der Gewinn ergibt sich aus dem Umsatz abzüglich aller Kosten. Eine Zunahme des Umsatzes bei gleichen (Stück-)Kosten wirkt sich daher positiv auf den Gewinn aus.		
2	Umsatz	+1	Marktanteil
	Positiver Einfluss, da Marktanteil das Verhältnis von Umsatz des Unternehmens um Branchenumsatz ist. Der Marktanteil steigt bei steigendem Umsatz.		
3	Kosten	-1	Gewinn
	Der Gewinn ergibt sich aus dem Umsatz abzüglich aller Kosten. Eine Zunahme der Kosten würde bei konstantem Umsatz den Gewinn verringern.		
4	Kosten	0	Absatzpreis
	Grundsätzlich sind die Herstellungskosten eines Produkts ausschlaggebend zur Preissetzung. Eine eindeutige Richtung kann hier wegen zahlreicher weiterer Faktoren der Preisbildung nicht angegeben werden und ist auch nicht von weiterer Bedeutung für diese Arbeit.		
5	Kundenzufriedenheit	+1	Absatzmenge
	Mit steigender Kundenzufriedenheit steigt die Absatzmenge durch vermehrte Wiederkäufe und Weiterempfehlungen.		
6	Absatzmenge	+1	Umsatz
	Je höher die Absatzmenge, desto mehr Umsatz wird generiert.		
7	Absatzmenge	+1	Kosten
	Je höher die Absatzmenge, desto mehr Kosten entstehen, um den Primärbedarf zu decken.		
8	Absatzmenge	0	Absatzprognosegüte
	An dieser Stelle wird angenommen, dass zwischen der Absatzmenge und der Absatzprognosegüte ein Zusammenhang besteht. So ist es bei hohen Absatzmengen durch viele Kunden einfacher eine Prognose des zukünftigen Einkaufverhaltens der Kundschaft zu erstellen, da geringere Abhängigkeiten von einzelnen Kunden bestehen. Andererseits kann durch eine geringe Anzahl an Kunden mit hohen Abnahmezahlen eine gewisse Sicherheit im Kaufverhalten erwartet werden (z.B. Automobilzulieferer). Die Prognosegüte ist aber auch von der Zusammensetzung des Zukünftigen Absatzes und des nachgefragten Variantensortiments abhängig, wobei sich die Unsicherheiten mit zunehmender Breite des Variantenangebots erhöhen. Abschließend wird hier auf eine Angabe der Wirkrichtung verzichtet.		
9	Absatzmenge	+1	Kapazitätsauslastung
	Je höher die Absatzmenge, desto höher ist die Kapazitätsauslastung bei konstantem Kapazitätsangebot.		
10	Absatzprognosegüte	-1	Kosten

Nr.	Einflussnehmende Größe	Zusammenhang	Beeinflusste Größe
	Je schlechter die Absatzprognosegüte, desto mehr Kosten entstehen, da sich die Abweichungen zwischen geschätztem und realisiertem Absatz erhöhen (Prognosefehler steigt). Im Falle der Überschätzung des Absatzes entstehen Kapitalbindungs- und Lagerhaltungskosten für nicht verkaufte Erzeugnisse. Bei einer Unterschätzung des Absatzes erhöhen sich i.d.R. die Herstellungskosten aufgrund kurzfristiger Nachproduktion.		
11	Absatzprognosegüte	+1	Termintreue Vertrieb
	Durch eine Steigerung der Absatzprognosegüte kann der zukünftige Auslastungszustand der Produktion sowie die Höhe der Lagerbestände besser abgeschätzt werden, wodurch sich exaktere Liefertermine der Endprodukte zum Kunden kalkulieren lassen, was sich positiv auf die Termintreue des Vertriebs auswirkt.		
12	Absatzprognosegüte	+1	Termintreue Produktion
	Durch eine Steigerung der Absatzprognosegüte kann im Vorfeld die exaktere Menge an benötigten Standardkomponenten kundenanonym vorproduziert werden, was sich positiv auf die Pünktlichkeit der Fertigstellung des Endprodukts und damit auf die Termintreue der Produktion auswirkt.		
13	Absatzprognosegüte	-1	Bestand RHB
	Durch eine Steigerung der Absatzprognosegüte gelingt es, den Prognosefehler langfristig zu reduzieren. Daher können Sicherheitsbestände an Roh-, Hilfs- und Betriebsstoffen, die zum Ausgleich des Prognosefehlers dienen, auf ein geringeres Niveau eingestellt werden.		
14	Absatzprognosegüte	-1	Bestand HFP
	Durch eine Steigerung der Absatzprognosegüte gelingt es, den Prognosefehler langfristig zu reduzieren. Daher können kundenanonyme Standardkomponenten und Halbfertigprodukte bedarfsgerechter produziert werden. Das Niveau der Sicherheitsbestände an Halbfertigprodukten, die zum Ausgleich des Prognosefehlers dienen, können auf ein geringeres Niveau eingestellt werden.		
15	Absatzprognosegüte	+1	Kapazitätsauslastung
	Durch eine Steigerung der Absatzprognosegüte gelingt es, den Prognosefehler langfristig zu reduzieren. Daher kann das Kapazitätsangebot bedarfsgerechter auf die Kapazitätsnachfrage abgestimmt werden, wobei die Breite der Kapazitätskorridore zum Ausgleich des Prognosefehlers verringert wird. Dies wirkt sich positiv auf die Kennzahl der Kapazitätsauslastung aus.		
16	Absatzprognosegüte	-1	Umplanungsaufwand
	Durch eine Steigerung der Absatzprognosegüte gelingt es, den Prognosefehler der Absatzplanung langfristig zu reduzieren. Einhergehend mit den geringeren Abweichungen des geschätzten zum realisierten Absatz verringert sich der Umplanungsaufwand zur Einarbeitung dieser Abweichungen in die bestehende Planung.		
17	Absatzprognosegüte	+1	Termintreue Einkauf
	Mit zunehmender Absatzprognosegüte können Bedarfe an RHB-Stoffen und fremdproduzierten Halbfertigprodukten besser abgeschätzt werden, was eine termingerechtere Bereitstellung ermöglicht. Dies wirkt sich positiv auf die Termintreue des Einkaufs aus.		
18	Termintreue Vertrieb	-1	Kosten

Nr.	Einflussnehmende Größe	Zusammenhang	Beeinflusste Größe
	Mit einer Steigerung der Termintreue des Vertriebs erhöht sich die Pünktlichkeit der Lieferungen an den Endkunden. Durch verspätete Lieferungen entstehen Kosten durch Regresszahlungen oder Vertragsstrafen, welche durch eine hohe Termintreue vermieden werden.		
19	Termintreue Vertrieb	+1	Kundenzufriedenheit
	Das pünktliche Eintreffen der Lieferungen ist einer der wichtigsten Einflussfaktoren der Kundenzufriedenheit. Es besteht daher ein stark positiver Zusammenhang zwischen der Termintreue des Vertriebs und der Kundenzufriedenheit.		
20	Termintreue Vertrieb	-1	Bestand EP
	Je näher der kalkulierte Liefertermin tatsächlich am Fertigstellungszeitpunkt der Erzeugnisse liegt und je termingerechter die Ware verpackt und versendet wird, desto kürzer müssen Endprodukte zwischengelagert werden. Eine höhere Termintreue des Vertriebs führt daher zu tendenziell niedrigeren Beständen an Endprodukten.		
21	Termintreue Vertrieb	-1	Umplanungsaufwand
	Je besser Liefertermine eingehalten werden, desto weniger Änderungen und Umdisponierungen sind an der bestehen Planung vorzunehmen. Der Umplanungsaufwand sinkt.		
22	Absatzpreis	+1	Umsatz
	Ein steigender Absatzpreis hat bei konstanter Absatzmenge einen positiven Einfluss auf den Umsatz, da sich der Umsatz aus der Absatzmenge multipliziert mit dem Absatzpreis errechnet		
23	Absatzpreis	-1	Kundenzufriedenheit
	Es ist anzunehmen, dass sich bei konstanter Produktqualität sowie gleichem Leistungsumfang ein steigender Absatzpreis negativ auf die Kundenzufriedenheit auswirkt.		
24	Absatzpreis	-1	Absatzmenge
	Gemäß dem üblichen Verlauf der Preis-Absatz-Funktion wirkt sich eine Erhöhung des Absatzpreises negativ auf die Absatzmenge aus.		
25	Durchlaufzeit	+1	Kosten
	Eine Verlängerung der Durchlaufzeit erzeugt Kosten, da beispielweise Ressourcen und Kapazitäten länger gebracht werden.		
26	Durchlaufzeit	-1	Kundenzufriedenheit
	Kunden legen im Allgemeinen hohen Wert auf kurze Lieferzeiten. Eine Verlängerung der Durchlaufzeit und damit eine Verlängerung der Lieferzeit wirkt sich negativ auf die Kundenzufriedenheit aus.		
27	Durchlaufzeit	+1	Plan-Ist-Abweichung DLZ
	Je länger die Durchlaufzeit ist, desto tendenziell größer können auch Abweichungen der Ist- zur Plan-Durchlaufzeit ausfallen.		
28	Durchlaufzeit	+1	Bestand
	Nach dem Gesetz von Little (Little 1961, S. 383) besteht ein proportionaler Zusammenhang zwischen der Durchlaufzeit und der Bestandshöhe mit der Produktionsrate als Proportionalitätskonstante. Mit zunehmender Durchlaufzeit und konstanter Produktionsrate verweilen die Werkstücke länger im Produktionssystem, was zu einer Erhöhung des Werkstattbestandes und des reservierten Lagerbestandes führt.		

Nr.	Einflussnehmende Größe	Zusammenhang	Beeinflusste Größe
29	Rüstzeit	+1	Durchlaufzeit
	Durch Zunahme der Rüstzeit steigt die Durchlaufzeit, da die Rüstzeit eine Komponente der Durchlaufzeit ist.		
30	Rüstzeit	-1	Kapazitätsauslastung
	Bei einer Steigerung der Rüstzeit werden Kapazitäten länger beansprucht und belegt, was sich bei einem konstanten Kapazitätsangebot und gleichbleibenden Bearbeitungszeiten verringernd auf die Auslastung im Sinne der Effizienz auswirkt. Die Kapazitätsbeanspruchung, welche Bearbeitungs- und Rüstzeiten dem Kapazitätsangebot gegenüberstellt steigt zwar, aber nicht in gewünschter Weise.		
31	Übergangszeit	+1	Durchlaufzeit
	Durch Zunahme der Übergangszeit steigt die Durchlaufzeit, da die Übergangszeit eine Komponente der Durchlaufzeit ist.		
32	Termintreue Produktion	+1	Termintreue Vertrieb
	Die Termintreue des Vertriebs ist direkt von der zeitlich vorausgehenden Termintreue der Produktion abhängig. Je pünktlicher Fertigungssaufträge vollendet werden, desto termingerechter können die Endprodukte verpackt und versendet werden.		
33	Termintreue Produktion	-1	Bestand RHB
	Mit steigender Termintreue der Produktion nimmt deren Pünktlichkeit zu. Daher werden gelagerte RHB-Stoffe termingerecht verbraucht und im geplanten Zeitrahmen durch den Fertigungsprozess geführt was sich verringernd auf die Bestände auswirkt. Die Höhe der Lager- und Werkstattbestände würde steigen, wenn die Termintreue und Pünktlichkeit der Produktion abnimmt.		
34	Termintreue Produktion	-1	Bestand HFP
	Mit steigender Termintreue der Produktion nimmt deren Pünktlichkeit zu. Daher werden gelagerte Standardkomponenten und Halbfertigprodukte termingerecht verbraucht und im geplanten Zeitrahmen durch den Endfertigungsprozess geführt was sich verringernd auf die Bestände auswirkt. Die Höhe der Lager- und Werkstattbestände würde steigen, wenn die Termintreue und Pünktlichkeit der Produktion abnimmt.		
35	Termintreue Produktion	+1	Kapazitätsauslastung
	Mit zunehmender Termintreue der Produktion steigt die Übereinstimmung des geplanten mit dem tatsächlichen Fertigungsablauf. Die Kapazitäten können daher wie zuvor geplant optimal genutzt werden, wobei durch weniger Verzögerungen auch kürzere Warteschlangen entstehen. Insgesamt steigt dadurch die Kapazitätsauslastung.		
36	Termintreue Produktion	-1	Umplanungsaufwand
	Steigt die Termintreue, bedeutet das auch, dass die zuvor erstellte Planung besser eingehalten wird. Somit sind weniger Planänderungen und Umdisponierungen notwendig, was den Umplanungsaufwand verringert.		
37	Startterminverzug	-1	Termintreue Produktion
	Mit steigendem Startterminverzug als Ursache für Verzögerungen im Fertigungsablauf sinkt die Termintreue der Produktion.		
38	Plan-Ist-Abweichung DLZ	-1	Termintreue Produktion

Nr.	Einflussnehmende Größe	Zusammenhang	Beeinflusste Größe
	Mit steigender Plan-Ist-Abweichung der Durchlaufzeiten als Ursache für Verzögerungen im Fertigungsablauf sinkt die Termintreue der Produktion.		
39	Bestand	+1	Kosten
	Mit zunehmenden Beständen steigen die Kapitalbindungskosten und Kosten zur Lagerhaltung erheblich.		
40	Bestand	+1	Termintreue Produktion
	Mit erhöhten (Sicherheits-)Beständen können Bereitstellungsschwierigkeiten und andere materialbedingte Störungen ausgeglichen werden. Dadurch steigt die Termintreue der Produktion.		
41	Bestand	+1	Flexibilität
	Durch Steigerung der Sicherheits- und Lagerbestände können auch kurzfristige Ergänzungen und Änderungen des Produktionsplans bedient werden. Desto höher die Bestände an Standardkomponenten und RHB-Stoffen zur Variantenfertigung sind, desto kurzfristiger können auch Kundenänderungswünsche berücksichtigt werden. Insgesamt steigt dadurch die Flexibilität.		
42	Bestand RHB	+1	Bestand
	Durch Zunahme des Bestandes an Roh-, Hilfs- und Betriebsstoffen steigt die Höhe des (Gesamt-)Bestandes, da der Bestand an RHB eine Komponente des (Gesamt-) Bestandes ist.		
43	Bestand RHB	+1	Termintreue Einkauf
	Ein höherer Bestand an Roh-, Hilfs- und Betriebsstoffen wirkt sich positiv auf die Termintreue des Einkaufs aus, da die termingerechte Materialbereitstellung auch bei Lieferschwierigkeiten verbessert wird.		
44	Bestand HFP	+1	Bestand
	Durch Zunahme des Bestandes an Halbfertigprodukten und Standardkomponenten steigt die Höhe des (Gesamt-)Bestandes, da der Bestand an HFP eine Komponente des (Gesamt-)Bestandes ist.		
45	Bestand HFP	+1	Termintreue Einkauf
	Ein höherer Bestand an fremdbezogenen Halbfertigprodukten und Standardkomponenten wirkt sich positiv auf die Termintreue des Einkaufs aus, da die termingerechte Materialbereitstellung zur kundenauftragsbezogenen Endfertigung auch bei Lieferschwierigkeiten verbessert wird.		
46	Bestand EP	+1	Bestand
	Durch Zunahme des Bestandes an Endprodukten steigt die Höhe des (Gesamt-) Bestandes, da der Bestand an EP eine Komponente des (Gesamt-)Bestandes ist.		
47	Kapazitätsauslastung	-1	Kosten
	Je höher die Kapazitätsauslastung, desto besser decken sich Kapazitätsangebot und Kapazitätsnachfrage. Sinkt die Kapazitätsauslastungen steht ein ungenutztes Kapazitätsangebot bereit, wofür vermeidbare Kosten entstehen.		
48	Kapazitätsauslastung	+1	Übergangszeit
	Mit zunehmender Kapazitätsauslastung steigt auch tendenziell die Warteschlangenlänge, wodurch sich die Vorliegezeiten und damit die Übergangszeiten erhöhen.		
49	Kapazitätsauslastung	-1	Flexibilität

Nr.	Einflussnehmende Größe	Zusammenhang	Beeinflusste Größe
	Durch eine steigende Kapazitätsauslastung stehen weniger Kapazitäten zum Abfangen von kurzfristigen Änderungen und Umdisponierungen zur Verfügung, wodurch die Flexibilität sinkt.		
50	Kapazitätsauslastung	+1	Umplanungsaufwand
	Bei einer hohen Kapazitätsauslastung ist es zunehmend schwieriger Planänderungen in den Fertigungsablauf zu integrieren. Insgesamt steigt dadurch der Umplanungsaufwand.		
51	Flexibilität	+1	Kosten
	Flexibilität entsteht u.a. durch zusätzliche Bereithaltung von Kapazitäten und Ressourcen mit dem Zweck kurzfristige Bedarfe zu decken. Dabei können erhebliche Kosten entstehen.		
52	Flexibilität	+1	Termintreue Vertrieb
	Da hier die Flexibilität unternehmensübergreifend aufgefasst wird, führt eine Steigerung der Flexibilität auch zu einer erhöhten Termintreue des Vertriebs. Es ist einfacher Planänderungen und Störungen bei der Verpackung und Versendung der Endprodukte abzufangen, was tendenziell die Einhaltung von Lieferterminen verbessert.		
53	Flexibilität	-1	Rüstzeit
	Durch eine hohe Flexibilität können Rüstzeiten verringert werde, da es auch kurzfristig möglich ist, Lose zusammenzufassen und damit die Anzahl der notwendigen Rüstvorgänge zu minimieren.		
54	Flexibilität	-1	Übergangszeiten
	Durch eine hohe Flexibilität können Übergangszeiten verringert werden, da es auch kurzfristig möglich ist Umdisponierungen in der Reihenfolge-, Kapazitäts- oder Transportplanung vorzunehmen um die Liege- und Transportzeiten zu minimieren.		
55	Flexibilität	+1	Termintreue Produktion
	Da hier die Flexibilität unternehmensübergreifend aufgefasst wird, führt eine Steigerung der Flexibilität auch zu einer erhöhten Termintreue der Produktion. Es ist einfacher möglich Umplanungen und Störungen abzufangen, was tendenziell die Pünktlichkeit der Fertigstellung verbessert.		
56	Flexibilität	-1	Umplanungsaufwand
	Desto höher die Flexibilität, desto einfacher ist es, Änderungen und Umdisponierungen in die bestehende Planung zu integrieren. Daher sinkt der Umplanungsaufwand.		
57	Flexibilität	+1	Termintreue Einkauf
	Da hier die Flexibilität unternehmensübergreifend aufgefasst wird, führt eine Steigerung der Flexibilität auch zu einer erhöhten Termintreue des Einkaufs. So können beispielsweise durch die Wahl flexibler Lieferanten kurzfristige Sekundärbedarfe gedeckt werden, was sich positiv auf die Pünktlichkeit der Materialbereitstellung auswirkt.		
58	Umplanungsaufwand	+1	Kosten
	Durch einen höheren Umplanungsaufwand entstehen Kosten zu dessen Bewältigung.		
59	Termintreue Einkauf	+1	Termintreue Produktion

Nr.	Einflussnehmende Größe	Zusammenhang	Beeinflusste Größe
	Eine Steigerung der Termintreue des Einkaufs wirkt sich stark positiv auf die zeitlich nachfolgende Pünktlichkeit der Produktion aus. So kann durch eine termingerechte Materialbereitstellung der Produktionsprozess plangemäß ablaufen.		
60	Termintreue Einkauf	-1	Bestand RHB
	Je höher die Termintreue des Einkaufs, desto zuverlässiger erfolgt die Bereitstellung von RHB-Stoffen, wodurch das Niveau der Sicherheitsbestände verringert werden kann.		
61	Termintreue Einkauf	-1	Bestand HFP
	Je höher die Termintreue des Einkaufs, desto zuverlässiger erfolgt die Bereitstellung von fremdbezogenen Halbfertigprodukten, wodurch das Niveau der Sicherheitsbestände verringert werden kann.		
62	Termintreue Einkauf	-1	Umplanungsaufwand
	Je höher die Termintreue des Einkaufs, desto zuverlässiger erfolgt die Materialbereitstellung. Dadurch sinkt die Notwenigkeit an Umdisponierungen durch fehlende RHB-Stoffe und Komponenten. Der Umplanungsaufwand sinkt.		
63	Planungshorizont	-1	Absatzprognosegüte
	Mit einem zunehmenden Planungshorizont sinkt die Absatzprognosegüte, da Prognosen meist auf Vergangenheits- und Zukunftsdaten basieren und die Zukunftsdaten von Unsicherheiten geprägt sind. Mit zunehmender Vorausschau in die Zukunft bzw. zunehmend langem Planungshorizont erhöhen sich die Unsicherheiten, wodurch die Prognosegüte abnimmt.		
64	Planungshorizont	+1	Termintreue Vertrieb
	Mit zunehmendem Planungshorizont kann vorausschauender geplant werden, was sich letztendlich positiv auf die Einhaltung von Lieferterminen der Endprodukte an den Kunden auswirkt.		
65	Planungshorizont	+1	Termintreue Produktion
	Mit zunehmendem Planungshorizont kann vorausschauender geplant werden, was sich letztendlich positiv auf die Abarbeitung von Fertigungsaufträgen auswirkt. So können zukünftige Bedarfe früher erkannt werden, sodass bereits vor der eigentlichen Auftragserteilung Maßnahmen zur optimalen Handhabe des Absatzvolumens ergriffen werden können.		
66	Planungshorizont	+1	Kapazitätsauslastung
	Durch eine vorausschauende Planung durch einen längeren Planungshorizont ist es einfacher möglich das Kapazitätsangebot auf die prognostizierte Kapazitätsnachfrage anzupassen. Das verbessert die Kapazitätsauslastung		
67	Planungshorizont	+1	Umplanungsaufwand
	Durch einen längeren Planungshorizont entstehen auch mehr Planungsdaten. Sollten Änderungen notwendig werden, beispielsweise durch eine Anpassung der Absatzprognose, vergrößert sich der Umplanungsaufwand mit dem Planungshorizont.		
68	Planungshorizont	+1	Termintreue Einkauf
	Mit zunehmendem Planungshorizont kann vorausschauender geplant werden, wodurch Sekundärbedarfe termingerechter bestellt und bereitgehalten werden können. Zudem können größere Bestelllose gewählt werden, was im Durchschnitt zu höheren Beständen aber auch zu einer besseren Bereitstellung führt (vgl. Paegert 1997, S. 94). Im B2B-Markt können Bestellungen über langfristige Rahmenverträge		

Nr.	Einflussnehmende Größe	Zusammenhang	Beeinflusste Größe
	mit prognostizierten Abnahmemengen erfolgen, wodurch der Lieferant ebenso besser vorausplanen und termingerechter liefern kann. Dies wirkt sich positiv auf die Termintreue des Einkaufs aus.		
69	Planungsperiode	-1	Termintreue Vertrieb
	Eine kürzere Planungsperiode führt zu einer höheren Termintreue gegenüber dem Endkunden, da zum Zeitpunkt der Lieferterminkalkulation die Ressourcen realitätsnäher abgebildet sind und daher ein besser realisierbarer Liefertermin vereinbart werden kann.		
70	Planungsperiode	+1	Rüstzeit
	Eine kürzere Planungsperiode ist gleichbedeutend mit häufigeren und damit realitätsnäheren Planungen. Die Planung der Losgrößen ist dementsprechend optimaler was sich in einer Minimierung der Rüstzeiten äußert.(vgl. Paegert 1997, S. 91)		
71	Planungsperiode	+1	Übergangszeit
	Eine häufigere Planung führt zu qualitativ besseren und aktuelleren Planungen, wobei die freien Kapazitäten und die Bearbeitungszeiten besser terminiert und somit Liegezeiten eingespart werden können. (vgl. Paegert 1997, S. 91)		
72	Planungsperiode	+1	Startterminverzug
	Durch häufigeres Planen und die damit verbundene qualitativ bessere und aktuellere Planung können Bestände bedarfsgerechter gehalten werden. Es entstehen weniger wartebedingte Störungen. Ebenso ist die Reaktion auf Störungen besser wodurch Kapazitäten entsprechend umdisponiert und Starttermine eher eingehalten werden können (vgl. Paegert 1997, S. 100).		
73	Planungsperiode	+1	Plan-Ist-Abweichung DLZ
	Durch eine kürzere Planungsperiode und der damit verbundenen häufigeren und qualitativ besseren Planung ist eine bessere Reaktion auf Störungen möglich. Die Einhaltung der geplanten DLZ ist einfacher (besonders durch Terminfeinplanung). Ebenso wird in der Kapazitätsfeinplanung ein besserer Überblick über mögliche Schwachstellen geliefert und ein rechtzeitiges Umdisponieren wird möglich. Insgesamt sinken die Abweichungen von der geplanten zu realisierten Durchlaufzeit. (vgl. Paegert 1997, S. 99)		
74	Planungsperiode	+1	Bestand
	Bei kürzeren Planungsperioden steigt die Qualität und Exaktheit der Planung, wodurch die Sicherheitsbestände auf ein niedrigeres Niveau reduziert werden können. Ebenso führt das häufigere Planen zu bedarfsgerechteren Bestellungen, was die freien Lagerbestände im Durchschnitt verringert (vgl. Paegert 1997, S. 101). Ein verringernder Einfluss auf Werkstattbestände besteht indirekt, da durch eine bessere Einhaltung der Durchlaufzeiten die Verweildauer von Werkstücken in der Produktion minimiert wird.		
75	Planungsperiode	-1	Kapazitätsauslastung
	Eine kürzere Planungsperiode und damit häufigeres Planen führt zu einer dynamischeren Verteilung der freien Kapazitäten auf die akute Nachfrage und damit zu einer besseren und gleichmäßigeren Kapazitätsauslastung.		
76	Planungsperiode	-1	Flexibilität
	Je häufiger geplant wird, desto früher und schneller kann auf Änderungen und Störungen reagiert werden, was eine Steigerung der Flexibilität bedeutet.		

Nr.	Einflussnehmende Größe	Zusammenhang	Beeinflusste Größe
77	Planungsperiode	+1	Umplanungsaufwand
	Je länger die Planungsperiode ist, desto größer können Abweichungen von der ursprünglich geplanten zur aktuell möglichen Durchführung auftreten. Dadurch steigt tendenziell der Umplanungsaufwand.		
78	Planungsperiode	-1	Termintreue Einkauf
	Qualitativ bessere Prognosen durch häufigeres Planen bewirken eine bedarfs- und termingerechte Bereitstellung von Halbfabrikaten und RHB Stoffen. Ebenso wird die Reaktionsfähigkeit auf Änderungen erhöht. In höheren Hierarchieebenen können den Lieferanten bessere Informationen über zukünftige Bedarfe bereitgestellt werden, welche eher vorausplanen und termingerechter liefern können. Insgesamt steigt dadurch die Termintreue des Einkaufs. (vgl. Paegert 1997, S. 94)		
79	Planungsraster	-1	Rüstzeit
	Ein gröberes Planungsraster ermöglicht eine bessere Zusammenfassung von Bedarfen und die Bildung von größeren Losen. Dies führt zu weniger Umrüstvorgängen und insgesamt zu kürzeren Rüstzeiten. (vgl. Paegert 1997, S. 90)		
80	Planungsraster	+1	Übergangszeit
	Besonders auf den unteren Hierarchieebenen der Planung: Da je Raster nur jeweils ein Arbeitsvorgang stattfinden kann verlängert sich bei Erhöhung des Planungsrasters die Übergangszeit stark. Durch kurze Planungsraster können auch in der Terminplanung erhebliche Einsparungen gemacht werden, was die Liegezeit reduzieren kann. (vgl. Paegert 1997, S. 91)		
81	Planungsraster	-1	Plan-Ist-Abweichung DLZ
	Ein gröberes Planungsraster führt zu mehr zeitlichem Spielraum innerhalb des Rasters durch künstlich verlängerte Planzeiten, weshalb das Einhalten dieser Planzeiten einfacher ist. (vgl. Paegert 1997, S. 97)		
82	Planungsraster	+1	Bestand
	Ein gröberes Planungsraster führt dazu, dass mehr Bedarfe an weniger Zeitpunkten auftreten. Durch die geringere zeitliche Auflösung der Planung steigt der durchschnittliche Bestand. (vgl. Paegert 1997, S. 101)		
83	Planungsraster	+1	Flexibilität
	Ein gröberes Planungsraster ist gleichbedeutend mit weniger Restriktionen bei der Einteilung von Ressourcen innerhalb des Rasters, was sich positiv auf die Flexibilität auswirkt. (vgl. Paegert 1997, S. 111)		
84	Planungsraster	-1	Umplanungsaufwand
	Je feiner das Planungsraster, desto höher ist die zeitliche Auflösung der Planung, was zu einer höheren Datenmenge führt. Dadurch steigt auch der Umplanungsaufwand zur Bewältigung dieser Datenmenge im Falle von Änderungen. Zudem steigt tendenziell die Anzahl der Umplanungen, da es bei einer zeitlich sehr genauen Planung eher zu Abweichungen kommt.		
85	Planungsraster	+1	Termintreue Einkauf
	Ein gröberes Planungsraster bedingt eine frühere Beschaffung/Bestellung von Material was zu einer künstlichen Erhöhung der Wiederbeschaffungszeit und insgesamt zu einer termingerechteren Bereitstellung führt. (vgl. Paegert 1997, S. 94)		
86	Planungsvorlauf	+1	Rüstzeit

Nr.	Einflussnehmende Größe	Zusammenhang	Beeinflusste Größe
	Je kürzer der Planungsvorlauf, desto besser können Lose kurzfristig zusammengefasst werden, wobei die Rüstzeit sinkt.		
87	Planungsvorlauf	+1	Übergangszeit
	Je größer der Planungsvorlauf, desto weniger kann auf kurzfristige Änderungen des Produktionsprogramms reagiert werden um beispielsweise freiwerdende Kapazitäten neu zu verteilen. Tendenziell kann ein kürzerer Planungsvorlauf zu geringeren Übergangszeiten führen.		
88	Planungsvorlauf	-1	Startterminverzug
	Mit zunehmendem Planungsvorlauf steigt die Länge der festgeschriebenen Planung vor Beginn der Produktion. Somit sind kurzfristige Änderungen meist ausgeschlossen, was das Einhalten ursprünglich kalkulierter Starttermine erleichtert.		
89	Planungsvorlauf	-1	Plan-Ist-Abweichung DLZ
	Je größer der Planungsvorlauf, desto sicherer und zuverlässigerer ist das zukünftige Produktionsprogramm wodurch eine qualitativ hochwertige Planung mit geringen Abweichungen durch kurzfriste Änderungen ermöglicht wird. Es ist wahrscheinlicher, dass einst geplante Fertigungsabläufe so ablaufen wie geplant, wodurch sich die Abweichung der DLZ tendenziell verringert.		
90	Planungsvorlauf	-1	Bestand
	Ein längerer Planungsvorlauf führt zu einer verlässlicheren Planung vor Produktionsbeginn, wodurch Bestände exakter gehalten und Sicherheitsbestande reduziert werden können.		
91	Planungsvorlauf	+1	Kapazitätsauslastung
	Durch einen längeren Planungsvorlauf kann das Kapazitätsangebot mit größerer Sicherheit auf den Kapazitätsbedarf angepasst werden, was insgesamt zu einer besseren Auslastung führt. Dadurch werden weniger Sicherheitskapazitäten benötigt.		
92	Planungsvorlauf	-1	Flexibilität
	Je größer der Planungsvorlauf desto unflexibler ist die Planung, da kurzfristige Änderungen erst nach Ablauf des Vorlaufs wirken.		
93	Planungsvorlauf	-1	Umplanungsaufwand
	Durch einen längeren Planungsvorlauf werden Änderungen zugunsten der Planungssicherheit vermieden, wodurch insgesamt der Umplanungsaufwand sinkt.		
94	Planungsvorlauf	+1	Termintreue Einkauf
	Ein höherer Planungsvorlauf führt zu einer sichereren Planung des Produktionsprogramms, wodurch Bestellungen verlässlicher kalkuliert und termingerechter geordert werden können.		
95	Losgröße	-1	Rüstzeit
	Durch größere Losgrößen sinkt die Anzahl der notwendigen Rüstvorgänge, wodurch insgesamt die Rüstzeit sinkt.		
96	Losgröße	+1	Übergangszeit
	Mit zunehmender Losgröße steigt die Übergangszeit, da sich die Vor- und Nachliegezeiten der Werkstücke im Los erhöhen.		
97	Losgröße	+1	Bestand

Nr.	Einflussnehmende Größe	Zusammenhang	Beeinflusste Größe
	Mit einer zunehmenden Losgröße steigen auch die Bestände. Vor allem sind die Werkstattbestände betroffen, da sich die Werkstücke länger im Produktionssystem befinden.		
98	Losgröße	-1	Flexibilität
	Durch größere Lose können Ressourcen und Fertigungsreihenfolgen weniger dynamisch an das aktuelle Kapazitätsangebot angepasst werden. Die Flexibilität sinkt.		
99	Losgröße	-1	Umplanungsaufwand
	Bei größeren Losen sinkt die Anzahl der Fertigungsaufträge, was die Datenmenge und damit den Umplanungsaufwand reduziert.		
100	Bearbeitungszeit	+1	Durchlaufzeit
	Durch Zunahme der Bearbeitungszeit steigt die Durchlaufzeit, da die Bearbeitungszeit eine Komponente der Durchlaufzeit ist.		
101	Bearbeitungszeit	+1	Kapazitätsauslastung
	Durch die eigentliche Bearbeitung von Werkstücken erzeugen vorhandene Kapazitäten die größte Wertschöpfung. Mit einer steigenden Bearbeitungszeit, da z.B. Rüstvorgänge minimiert wurden, steigt die Kapazitätsbeanspruchung und damit die Auslastung.		
102	Streuung der DLZ	-1	Termintreue Vertrieb
	Je höher die Streuung der Durchlaufzeit ist, desto größer und häufiger treten Abweichungen der tatsächlichen zur geplanten Durchlaufzeit auf. Im Vertrieb betrifft dies Schwankungen der Dauer des Verpackungs- und Versendungsprozesses, was sich insgesamt negativ auf die Termintreue des Vertriebs auswirkt.		
103	Streuung der DLZ	+1	Durchlaufzeit
	Durch eine erhöhte Streuung der DLZ verlängert sich die durchschnittliche Durchlaufzeit, da die Abweichungen Verzögerungen im ganzen Produktionssystem verursachen.		
104	Streuung der DLZ	-1	Termintreue Produktion
	Je höher die Streuung der Durchlaufzeit ist, desto größer und häufiger treten Abweichungen der tatsächlichen zur geplanten Durchlaufzeit auf, was sich direkt negativ auf die Termintreue der Produktion auswirkt.		
105	Streuung der DLZ	-1	Kapazitätsauslastung
	Mit zunehmender Streuung der Durchlaufzeit sinkt die Güte der Kapazitätsfeinplanung aufgrund der geringeren Verlässlichkeit der Planzeiten. Somit streut die Kapazitätsnachfrage in gleichem Maße, was sich negativ auf die Auslastung auswirkt.		
106	Streuung der DLZ	+1	Umplanungsaufwand
	Durch eine höhere Streuung der DLZ steigt der Umplanungsaufwand, da mehr Änderungen und Anpassungen der Planung an den aktuellen Fertigungsfortschritt und mehr Umdisponierungen von Kapazitäten und Ressourcen notwendig werden.		
107	Vorlauf Kundenaufträge	+1	Absatzprognosegüte
	Je eher Kundenaufträge vorliegen, desto eher liegen sichere Zukunftsdaten zur Absatzmenge vor, anhand dieser eine bessere Absatzprognose erstellt werden kann.		
108	Vorlauf Kundenaufträge	-1	Absatzpreis

Nr.	Einflussnehmende Größe	Zusammenhang	Beeinflusste Größe
	Besonders im B2B-Markt wird häufig durch einen Rabatt auf den Listenpreis der Anreiz geschaffen Bestellungen weit im Voraus aufzugeben, was sich insgesamt negativ auf den Absatzpreis auswirkt, aber der Planungssicherheit einen sehr wertvollen Vorteil liefert.		
109	Vorlauf Beschaffungsaufträge	-1	Kosten
	So wie beim Vorlauf der Kundenaufträge kann auch seitens des Beschaffungsmarktes häufig ein Rabatt auf den Listenpreis durch eine besonders frühzeitige Bestellung erzielt wirken, was sich verringernd auf die Kosten auswirkt.		
110	Vorlauf Beschaffungsaufträge	-1	Flexibilität
	Je früher Bestellungen aufgegeben werden, desto schwieriger ist es im Nachhinein Änderungen vorzunehmen, was sich negativ auf die Flexibilität auswirkt.		
111	Vorlauf Beschaffungsaufträge	+1	Umplanungsaufwand
	Treten notwendige Änderungen des Produktionsprogramms nach der Erteilung der Beschaffungsaufträge auf, erhöht sich der Umplanungsaufwand durch die Kommunikation und Einigung mit den Lieferanten. Je frühzeitiger Bestellungen aufgegeben werden, desto höher ist daher der Umplanungsaufwand.		
112	Vorlauf Beschaffungsaufträge	+1	Termintreue Einkauf
	Ein Vorlauf der Beschaffungsaufträge erzeugt auch seitens des Lieferanten eine höhere Planungssicherheit, wodurch es einfacher ist termingerecht zu Liefern. Damit steigt die Termintreue des Einkaufs.		
113	Wiederbeschaffungszeit RHB	+1	Übergangszeit
	Tendenziell verlängert sich die Übergangszeit bei zunehmender Wiederbeschaffungszeit von RHB-Stoffen, da es beispielweise bei Zerstörung von Teilen bei der Montage oder Falschlieferungen nach Produktionsbeginn zu längeren Wartezeiten bis zur Ersatzlieferung kommt.		
114	Wiederbeschaffungszeit RHB	-1	Termintreue Produktion
	Tendenziell verschlechtert sich die Termintreue der Produktion bei zunehmender Wiederbeschaffungszeit von RHB-Stoffen, da im Falle von Fehlbeständen oder Falschlieferungen nach Produktionsstart die Nach- bzw. Ersatzlieferung mehr Zeit in Anspruch nimmt und sich damit der Liefertermin weiter verzögert.		
115	Wiederbeschaffungszeit RHB	+1	Bestand RHB
	Je länger die Wiederbeschaffungszeiten ausfallen, desto höher werden Sicherheitsbestände aufgebaut, wodurch der Gesamtbestand steigt.		
116	Wiederbeschaffungszeit RHB	-1	Flexibilität
	Durch hohe Wiederbeschaffungszeiten von RHB-Stoffen sinkt die Flexibilität des Produktionsprogramms, da Änderungen am Materialbedarf mehr Zeit beanspruchen		
117	Wiederbeschaffungszeit RHB	-1	Termintreue Einkauf
	Bei längeren Wiederbeschaffungszeiten von RHB-Stoffen ist es eher wahrscheinlich, dass Störungen im Zulieferbetrieb austreten, wodurch eine termingerechte Bereitstellung gefährdet wird. Tendenziell verringert sich die Termintreue des Einkaufs.		
118	Lieferengpass RHB	0	Bestand RHB
	Bei häufigen und regelmäßigen Lieferengpässen wird i.d.R. versucht, mit hohen Sicherheitsbeständen den Engpass aufzufangen. Da aber Engpässe oft nicht vorhergesehen werden können, kann es dazu führen, dass der durchschnittliche Bestand		

Nr.	Einflussnehmende Größe	Zusammenhang	Beeinflusste Größe
	an RHB-Stoffen abnimmt. Eine eindeutige Wirkrichtung kann nicht angegeben werden.		
119	Lieferengpass RHB	+1	Umplanungsaufwand
	Je häufiger Lieferengpässe auftreten, desto mehr Umplanungen sind notwendig, wodurch der Umplanungsaufwand steigt.		
120	Lieferengpass RHB	-1	Termintreue Einkauf
	Lieferengpässe erschweren die Bereitstellung von Material erheblich, was sich negativ auf die Termintreue des Einkaufs auswirkt.		
121	Verz. Verpackung/Versand	-1	Termintreue Vertrieb
	Je mehr Verzögerungen bei der Verpackung und besonders auf dem Versandweg auftreten, desto schlechter ist die Liefertermintreue gegenüber dem Endkunden.		
122	Verz. Verpackung/Versand	+1	Bestand EP
	Verzögert sich die Verpackung und der Versand von fertiggestellten Endprodukten müssen diese Zwischengelagert werden, wodurch sich der Bestand an EP erhöht.		
123	Verz. Verpackung/Versand	+1	Umplanungsaufwand
	So wie bei allen Verzögerungen im Auftragsabwicklungsprozess erhöht sich dadurch der Umplanungsaufwand zur Minimierung der Verzögerung und deren Auswirkungen.		
124	Volatilität der Nachfrage	-1	Absatzprognosegüte
	Bei einer stark schwankenden Nachfrage ist es umso schwieriger den zukünftigen Absatz genau abzuschätzen.		
125	Volatilität der Nachfrage	+1	Bestand
	Bei stark volatilen Absatzmengen werden zum einen die Sicherheitsbestände erhöht um Nachfragespitzen zu decken, zum anderen verbleiben große Materialmengen in den Lagern falls die Nachfrage wieder sinkt. Insgesamt steigen demnach die Bestände.		
126	Volatilität der Nachfrage	-1	Kapazitätsauslastung
	Bei stark schwankenden Absatzmengen wird meist ein erhöhtes Kapazitätsangebot bereitgehalten, was bei geringer Nachfrage ungenutzt bleibt. Tendenziell sinkt die Kapazitätsauslastung bei zunehmender Volatilität der Nachfrage.		
127	Ungepl. Maschinenausfälle	+1	Kosten
	Durch Maschinenstörungen entstehen Kosten zur Beseitigung der Störung und zur ersatzweisen Beschaffung von Fertigungskapazitäten.		
128	Ungepl. Maschinenausfälle	+1	Durchlaufzeit
	Durch Maschinenausfälle verringert sich das Kapazitätsangebot, sodass Fertigungsaufträge in die Warteschlangen vor alternativen Maschinen eingereiht werden oder bis zur Beseitigung der Störung warten müssen. Die Durchlaufzeit erhöht sich meist erheblich.		
129	Ungepl. Maschinenausfälle	-1	Termintreue Produktion
	Durch Maschinenausfälle verringert sich das Kapazitätsangebot, sodass Fertigungsaufträge meist nicht termingerecht vollendet werden können. Die Termintreue der Produktion sinkt.		
130	Ungepl. Maschinenausfälle	0	Kapazitätsauslastung

Nr.	Einflussnehmende Größe	Zusammenhang	Beeinflusste Größe
	Durch Maschinenausfälle steigt die Auslastung der intakten Kapazitäten, jedoch sinkt die Auslastung der gesamten Fertigung. Eine eindeutige Wirkrichtung kann nicht angegeben werden.		
131	Ungepl. Maschinenausfälle	+1	Umplanungsaufwand
	So wie bei allen Störungen erhöht sich der Umplanungsaufwand bei Maschinenausfällen um deren Auswirkungen möglichst gering zu halten.		
132	Ungepl. Personalausfälle	+1	Kosten
	Durch Personalausfälle entstehen i.d.R. Kosten um den Personalmangel durch eigene oder fremde Mitarbeiter zu decken.		
133	Ungepl. Personalausfälle	-1	Termintreue Vertrieb
	Durch Personalausfälle in der Vertriebsabteilung sinkt deren Kapazität, sodass der Auftragsdurchsatz sinkt. Tendenziell sinkt dadurch die Liefertermintreue des Vertriebs.		
134	Ungepl. Personalausfälle	+1	Durchlaufzeit
	Durch Personalausfälle an den Produktionsmaschinen sinkt die Fertigungskapazität und damit die Produktionsrate. Die durchschnittliche DLZ steigt.		
135	Ungepl. Personalausfälle	-1	Termintreue Produktion
	Durch Personalausfälle in der Produktion sinkt die Produktionsrate, wodurch es schwieriger wird Endprodukte termingerecht fertigzustellen.		
136	Ungepl. Personalausfälle	0	Kapazitätsauslastung
	Durch Personalausfälle steigt die Auslastung der besetzten Kapazitäten, jedoch sinkt die Auslastung der gesamten Fertigung. Eine eindeutige Wirkrichtung kann nicht angegeben werden.		
137	Ungepl. Personalausfälle	+1	Umplanungsaufwand
	So wie bei allen Störungen erhöht sich der Umplanungsaufwand bei Personalausfällen um deren Auswirkungen möglichst gering zu halten.		
138	Ungepl. Personalausfälle	-1	Termintreue Einkauf
	Durch Personalausfälle in der Einkaufsabteilung sinkt deren Leistungsfähigkeit, wodurch es schwieriger wird langfristig eine termingerechte Materialbereitstellung zu sichern.		
139	Akt. & Aufl. Datengrundlage	+1	Absatzprognosegüte
	Je aktueller und hochauflösender die zugrundeliegenden Vergangenheits- und Zukunftsdaten sind, desto höher ist die Güte der darauf basierenden Absatzprognose.		
140	Akt. & Aufl. Datengrundlage	+1	Termintreue Vertrieb
	Da die Lieferterminkalkulation u.a. auf gegenwärtigen Zustandsdaten des Produktionssystems und auf Daten über vergangene Fertigungsabläufe basiert, können Liefertermine durch eine aktuellere und detailliertere Datengrundlage realisierbarer berechnet werden.		
141	Akt. & Aufl. Datengrundlage	-1	Durchlaufzeit
	Durch eine hochaktuelle und detaillierte Abbildung der Fertigung können nahezu in Echtzeit Kapazitäten und Ressourcen optimal zugeordnet und genutzt werden. So können Rüstvorgänge minimiert, Liegezeiten verringert oder Transportwege verkürzt werden, was insgesamt die durchschnittliche DLZ senkt.		
142	Akt. & Aufl. Datengrundlage	+1	Termintreue Produktion

Nr.	Einflussnehmende Größe	Zusammenhang	Beeinflusste Größe
	Durch eine hochaktuelle Abbildung des Fertigungsdurchlaufs einzelner Aufträge kann die Produktionssteuerung vorhandene Kapazitäten und Ressourcen so optimal zuordnen, dass die Fertigstellungstermine möglichst eingehalten werden. So können beispielsweise bereits verspätete Aufträge priorisiert werden, um zu versuchen die Verzögerung wieder aufzuholen.		
143	Akt. & Aufl. Datengrundlage	+1	Kapazitätsauslastung
	Durch eine hochaktuelle und detaillierte Abbildung der Kapazitätsbedarfe können durch die Produktionssteuerung Fertigungsaufträge so dem Kapazitätsangebot zugeordnet werden, dass sich eine optimale und gleichmäßige Kapazitätsauslastung ergibt.		
144	Akt. & Aufl. Datengrundlage	+1	Flexibilität
	Um flexibel auf Störungen und Änderungen reagieren zu können ist eine aktuelle und detaillierte Datengrundlage unerlässlich. Zudem wird eine reaktionsschnelle und flexible Produktionssteuerung ermöglicht, was die Flexibilität weiter erhöht.		
145	Akt. & Aufl. Datengrundlage	+1	Umplanungsaufwand
	Vor allem durch einen steigenden Detaillierungsgrad der Daten steigt der Rechnen- und Planungsaufwand bei Änderungen. Der Umplanungsaufwand nimmt zu.		
146	Akt. & Aufl. Datengrundlage	+1	Termintreue Einkauf
	Je aktueller und detaillierter Kundenauftrags- und Bestandsdaten sind, desto bedarfsgerechter und genauer kann der Einkauf Beschaffungen auslösen, was sich erhöhend auf die pünktliche Materialbereitstellung und damit auf die Termintreue des Einkaufs auswirkt.		
147	Ausschuss Wareneingang	+1	Übergangszeit
	Bei einem hohen Ausschuss an Zukaufteilen am Wareneingang oder bei einer Qualitätsprüfung vor der Montage entstehen meist Verzögerungen bis fehlerfreie Teile bereitgestellt werden können. Die Übergangszeit steigt tendenziell.		
148	Ausschuss Wareneingang	-1	Termintreue Produktion
	Können vorgesehene Zukaufteile aufgrund von Fehlern nicht verbaut werden, sinkt tendenziell die Termintreue der Produktion sobald etwaige Sicherheitsbestände zuneige gehen. Durch die entstehenden Verzögerungen des Fertigungsablaufs verschlechtert sich tendenziell die Termintreue der Produktion.		
149	Ausschuss Wareneingang	+1	Umplanungsaufwand
	So wie bei allen Störungen des Auftragsabwicklungsprozesses erzeugen Falsch- oder Schlechtlieferungen einen Umplanungsaufwand zur Minimierung der Auswirkungen.		
150	Ausschuss Wareneingang	-1	Termintreue Einkauf
	Werden fremdbeschaffte Teile am Wareneingang aufgrund von Fehlern und Qualitätsmängeln aussortiert kann sich die termingerechte Materialbereitstellung verschlechtern, wodurch die Termintreue des Einkaufs sinkt.		
151	Ausschuss Warenausgang	+1	Kosten
	Werden an produzierten Teilen Qualitätsmängel oder Fertigungsfehler festgestellt, so werden diese Teile entweder der Nacharbeit zugeführt oder aussortiert. Im letzteren Fall entstehen Kosten um den weiterhin bestehenden Primärbedarf zu decken.		
152	Ausschuss Warenausgang	-1	Termintreue Produktion

Nr.	Einflussnehmende Größe	Zusammenhang	Beeinflusste Größe
	Durch den Ausschuss von produzierten Teilen ist es möglich, dass der geplante Fertigstellungstermin des Auftrags nicht gehalten werden kann. Daher sinkt die Termintreue der Produktion.		
153	Ausschuss Warenausgang	+1	Umplanungsaufwand
	So wie bei allen Störungen des Auftragsabwicklungsprozesses erzeugen fehlerhaft produzierte Produkte einen Umplanungsaufwand zur Minimierung der Auswirkungen.		
154	Zeitaufwand Nacharbeit	+1	Kosten
	Die Beseitigung von Fehlern durch Nacharbeit erfordert einen zusätzlichen Aufwand von Kapazitäten und Ressourcen. Dadurch entstehen Kosten.		
155	Zeitaufwand Nacharbeit	+1	Durchlaufzeit
	Ist es erforderlich Fehler durch Nacharbeit zu beseitigen verlängert sich die Durchlaufzeit der Teile bis die Fertigstellung in fehlerfreiem Zustand erfolgt.		
156	Zeitaufwand Nacharbeit	-1	Termintreue Produktion
	Durch den Zeitaufwand zur Nacharbeit verlängert sich die Verweildauer der Teile in der Produktion, wodurch ein ursprünglich geplanter Fertigstellungstermin nicht gehalten werden kann. Die Termintreue der Produktion verschlechtert sich.		
157	Zeitaufwand Nacharbeit	+1	Umplanungsaufwand
	So wie bei allen Störungen des Auftragsabwicklungsprozesses erzeugt ein zusätzlicher Zeitaufwand zur Nacharbeit einen Umplanungsaufwand zur Minimierung der Auswirkungen.		

Die in Tabelle 5-2 diskutierten Inhalte fließen in die Abbildung der Wechselwirkungen zur im weiteren Verlauf vorgenommenen Entwicklung eines Simulationsmodells ein, welches zur Zielerreichung dieser Dissertationsschrift beiträgt. Aufgrund der Menge und Komplexität sowie zur Verbesserung der Lesbarkeit und der Steigerung des Verständnisses wurde für die zugrundeliegenden Wechselwirkungen eine tabellarische Darstellungsform gewählt. Der Umfang wird bei Analyse von Abbildung 5-17 deutlich, in welcher die Wechselwirkungen in einer klassischen Kausalitätskreisdarstellung abgebildet werden.

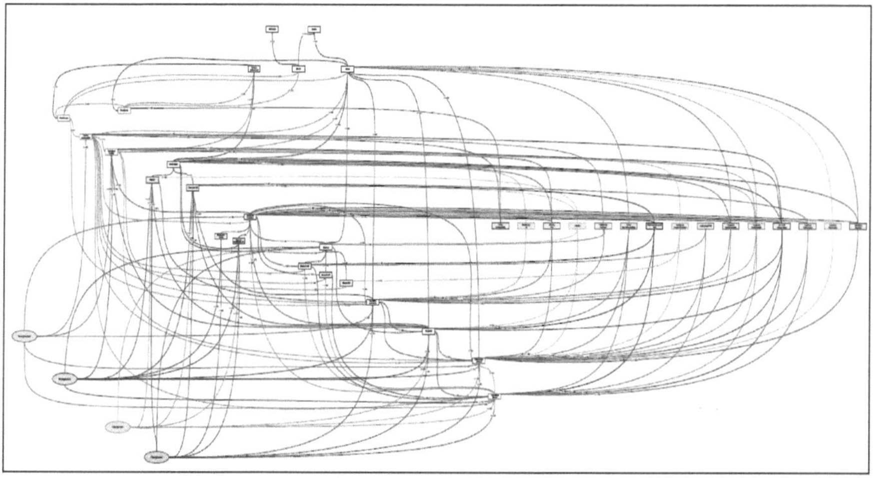

Abbildung 5-17: Kausalitätskreisdiagramm der qualitativen Wechselwirkungen

6 Simulationsmodell zur Synchronisation der Zeitplanungsparameter

Im folgenden Kapitel wird die Überführung des in dieser Arbeit entwickelten Modells in System-Dynamics beschrieben. Dazu wurden die System-Dynamics Methode als auch das Simulationsprogramm VENSIM vorgestellt und erläutert (vgl. Kap. 4.2.4). Anschließend daran kann die Implementierung des Modells beschrieben werden. Fokussiert werden dabei einerseits die mathematischen Zusammenhänge als auch andererseits die Visualisierung des Simulationsmodells.

Zunächst wird eine *Problemdefinition des dynamischen Systems* (siehe Kap. 6.1) vorgenommen und der Betrachtungsbereich durch die Modellierung eines Referenz-Variantenfertigers weiter eingegrenzt. Nun kann die *Formulierung dynamischer Hypothesen des Modells* (siehe Kap. 6.2) erfolgen. Hierzu werden die im vorherigen Abschnitt hergeleiteten Eingangsgrößen kategorisiert, nochmals vor dem Hintergrund des angesprochenen Referenz-Variantenfertigers beschrieben sowie eine zusammenfassende Darstellung der Wirkungszusammenhänge präsentiert. Die qualitativen Zusammenhänge können nun quantifiziert und in das *Simulationsmodell zur Bewertung der Einstellung der Zeitplanungsparameter* (siehe Kap. 6.3) überführt werden. Das sich aus drei ineinander verschachtelten Modulen zusammensetzende Simulationsmodell wird entlang seiner Struktur aufgebaut und erläutert und im Anschluss der *Validierung des Simulationsmodells* (siehe Kap. 6.4) unterzogen. Hierzu müssen zunächst die Grundlagen der Modellvalidierung erläutert und anschließend quantitative Validierungstests durchgeführt werden. Hierzu finden im Rahmen dieser Dissertationsschrift Extremwerttests und Sensitivitätsanalysen Verwendung.

Durch die Abbildung der komplexen Zusammenhänge bei der Planung und Steuerung der Variantenfertigung in einem Simulationsmodell, können somit die der Planung zugrundeliegenden Zeitplanungsparameter erstmals quantifiziert und zur Verbesserung der Güte der Planungsprozesse herangezogen werden.

6.1 Problemdefinition des dynamischen Systems

Während in Kapitel 5.1 bereits die grundlegende Auftragsabwicklungsstruktur eines Variantenfertigers erläutert wurde, soll an dieser Stelle ein Referenz-Variantenfertiger modelliert werden, welcher zur weiteren Untersuchungen im Rahmen der Simulationsstudie dieser Dissertationsschrift zugrunde gelegt wird (vgl. Abbildung 6-1). Hierzu werden in Kap. 6.2 Eingangsgrößen des Simulationsmodells definiert und beschrieben. An den Referenz-Variantenfertiger besteht der Anspruch, dass er das konkrete Ermitteln der Zielerreichungsgrade des in Kapitel 5.2.2 erstellten und operationalisierten Zielsystems ermöglicht.

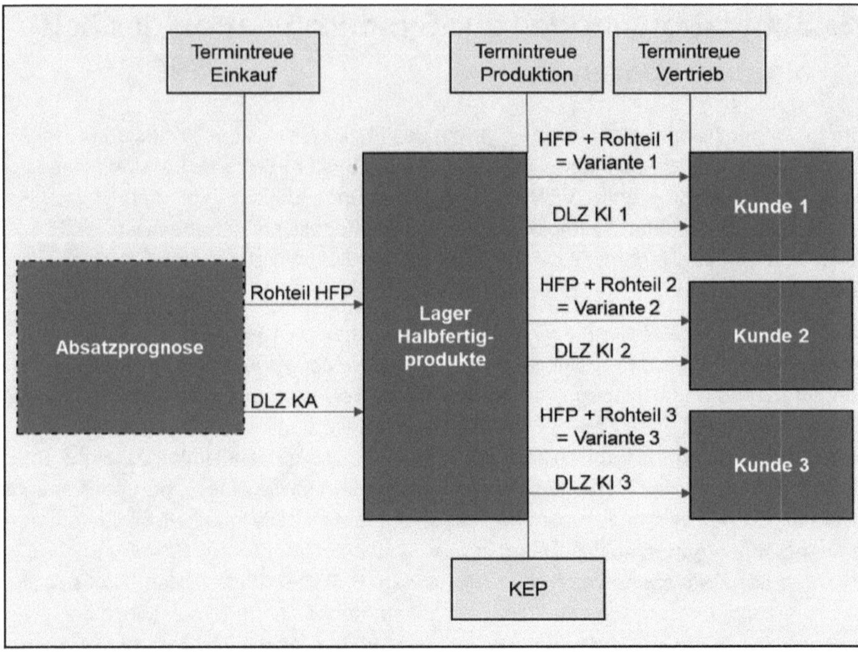

Abbildung 6-1: Modellhafter Variantenfertiger

Demnach werden im Rahmen der Unternehmung auf Basis einer Absatzprognose Halbfertigprodukte auf Lager produziert. Dafür wird ein Rohteil benötigt. Dieses bestimmt in dem Modell später die **Termintreue des Einkaufs**. Aus dem Lager werden nach dem Eingang einer Kundenbestellung die entsprechenden Halbfertigprodukte (HFP) entnommen und mit einem zusätzlichen **kundenspezifischen Rohteil** zu dem bestellten **Endprodukt** verbaut. Der Kundenentkopplungspunkt befindet sich demnach bei der Bestellung des Endkunden. Die Herstellung der Halbfertigprodukte und unterschiedlicher Endprodukte benötigt jeweils eine **individuelle Durchlaufzeit**. Diese ist als **kundenanonyme Durchlaufzeit** und **kundenindividuelle Durchlaufzeit** der jeweiligen Kundennummer bezeichnet. Die **Termintreue der Produktion** gibt an, ob jeweils genug Halbfertigprodukte zur Produktion der Endprodukte vorliegen. Die **Termintreue des Vertriebs** baut darauf auf, bezieht jedoch noch die auftragsspezifische Durchlaufzeit zu Herstellung des Endprodukts mit ein.

Das Modell des Variantenfertigers wurde primär erstellt, um auf dessen Basis ein praxisnahes und verständliches Simulationsmodell zu erstellen. Im Rahmen weiterer Forschungsarbeiten ist allerdings auch die Analyse komplexerer Auftragsabwicklungsprozesse in dem entstehenden Modell abzubilden, beispielsweise um das Modell in der Praxis zu validieren oder als beratendes Tool einzusetzen.

6.2 Formulierung der dynamischen Hypothesen des Modells

Nachdem mit dem Zielsystem und Referenz-Variantenfertiger der Bezugsrahmen für die Effizienz der zeitlichen Einstellung in der Produktionsplanung aufgespannt wurde, gilt es an dieser Stelle nun die finalen Voraussetzungen für die Erstellung eines konkreten Simulationsmodells zu schaffen.

Das bedeutet für die Vorgehensweise, dass zunächst Gruppen gebildet werden, zu denen die Eingangsgrößen des Modells geclustert werden können (Kap. 6.2.1). Im weiteren Verlauf werden die Eingangsgrößen vorgestellt und deren Zuordnung begründet (Kap. 6.2.2). Abschließend werden zusammenfassend noch einmal alle Eingangsgrößen des Modells und ihre Gruppenzugehörigkeit tabellarisch dargestellt (Kap. 6.2.3).

Um eine spätere Implementierung des Modells in der System Dynamics Methodik realisieren zu können, wurden bereits bei dem Entwurf des Grobmodells einige grundlegende Annahmen formuliert. Diese sind im Folgenden aufgeführt:

- Um die Komplexität zu verringern, werden keine Beeinflussungen zwischen den Unterzielgrößen zugelassen.
- Grob- und Feinplanungsaufgaben werden, sofern beide auf eine Gestaltungsgröße einwirken, zu einer Aufgabe zusammengefasst. Dies ist durch die Tatsache begründet, dass sie von denselben Zeitplanungsparametern beeinflusst werden.
- Es werden nur Gestaltungsgrößen aufgeführt, die von Zeitplanungsparametern beeinflusst werden können. Dies resultiert in einer Verringerung der Komplexität sowie einer Steigerung der Benutzerfreundlichkeit.

6.2.1 Kategorisierung der Eingangsgrößen

Die Eingangsgrößen des Modells können den Gruppen Einflussfaktoren und Gestaltungselementen zugeordnet werden. Dabei kann die Gruppe der Einflussfaktoren weiter in **beeinflussbare** und **nicht beeinflussbare** Einflussfaktoren differenziert werden. Während sich nicht beeinflussbare Einflussfaktoren als Eingangsgrößen, die nicht von dem Unternehmen beeinflusst werden können, klar von den anderen beiden Gruppen abgrenzen, ist die Unterscheidung, ob eine Eingangsgröße ein beeinflussbarer Einflussfaktor oder ein Gestaltungselement ist, nicht derart trivial. Der wesentliche Unterschied besteht darin, dass beeinflussbare Einflussfaktoren als fixe, nicht veränderliche und von dem Unternehmen vorgegebene Eingangsgröße betrachtet werden. Gestaltungselemente werden dahingegen im Simulationsmodell von Durchlauf zu Durchlauf angepasst, um ihren Einfluss auf die Zielgrößen zu analysieren und ihre Einstellung im Idealfall optimiert in das Unternehmen zurückzuspielen.

Diese Unterscheidung stellt also eine wesentliche Herausforderung dieser Dissertationsschrift dar. Dabei soll vor allem geprüft werden, welchen Einfluss die Zeitplanungsparameter jeweils ausüben, um damit die übergeordnete Forschungsfrage beantworten zu können. Es erscheint also sinnvoll, die Zeitplanungsparameter als Gestaltungselemente zu definieren. Bei den restlichen Eingangsgrößen muss diese Unterscheidung individuell vorgenommen werden.

Zum Zweck der Komplexitätsreduktion (vgl. Kap. 4.2.1) ist es entscheidend, dass es nicht zu viele Gestaltungselemente vorliegen. In diesem Fall wären die Wechselwirkungen ggf. zu unübersichtlich und damit nicht mehr abbild- und interpretierbar.

6.2.2 Beschreibung der Eingangsgrößen

Innerhalb dieses Kapitels sollen sämtliche Eingangsgrößen des Modells kurz beschrieben und eine mögliche Zuordnung zu einem der eingeführten Cluster begründet werden. Zudem wird auch darauf eingegangen, in welcher Art die Eingangsgrößen für das Simulationsmodell anzugeben sind.

Zunächst sind dabei die Zeitplanungsparameter zu nennen. Diese wurden bereits in Kapitel 2.3 ausführlich beschrieben. Sie werden den Gestaltungselementen zugeordnet, da das Simulationsmodell schon aufgrund der Forschungslücke, den Einfluss der ZPP auf die Produktionsplanung analysieren soll.

Das Modell erzeugt auf Basis einer Normalverteilung konkrete Bedarfsmengen und deren Prognosewerte. Die genaue Funktionsweise dieses Prozesses wird in der Modellbeschreibung dargelegt. Als Eingangsgrößen werden dafür der Erwartungswert μ_{Bedarf} und die Standardabweichung σ_{Bedarf} benötigt. Dieser Erwartungswert des gesamten Bedarfs wird im weiteren Verlauf, genauer gesagt am Kundenentkopplungspunkt über prozentuale Angaben, die ebenfalls im Vorhinein getätigt werden müssen, auf die einzelnen Kunden aufgeteilt. Diese Größen sind im Rahmen dieser Arbeit als nicht beeinflussbare Einflussgrößen zu verstehen. Natürlich sind auch diese Größen auf Dauer beeinflussbar, beispielsweise kann der Absatz innerhalb des Modells erhöht werden, indem die Termintreue und Durchlaufzeit verbessert werden. Allerdings werden in diesem Modell nur diejenigen Größen als beeinflussbar angenommen, die unmittelbar und durch eine direkte Initiative des Unternehmens veränderbar sind. Eine weitere nicht beeinflussbare Größe ist die Gesamtbearbeitungszeit zur Herstellung des Endprodukts. Beeinflussbar und damit auch ein potenzielles Gestaltungselement ist jedoch die Aufteilung der Gesamtbearbeitungszeit in die kundenanonyme und kundenindividuelle Bearbeitungszeit, demnach also die Bestimmung des Kundenentkopplungspunktes (siehe Abbildung 6-1). Diesen zu optimieren ist ebenfalls Teil dieser Dissertation, weshalb diese Eingangsgröße ein Gestaltungselement darstellt. Die Gesamtbearbeitungszeit wird dabei in Minuten angegeben. Der Anteil der kundenanonymen Bearbeitungszeit ist auf 30% bis 70% beschränkt, damit das Unternehmen die definitorischen Voraussetzungen eines Variantenfertigers erfüllt. Die Bearbeitungszeit ist alleine schon aus dem Grund ein nicht beeinflussbarer Einflussfaktor, da sie nur durch konstruktive und technologische Veränderungen, nicht aber durch die PPS beeinflusst werden kann (vgl. Paegert 1997, S. 42). Zusätzlich wird für die kundenindividuelle Produktion eine Rüstzeit abgefragt, die nicht beeinflussbar ist.

Zur Berechnung des ROCE sind Buchhaltungswerte der einzelnen Teile und Produktstufen unerlässlich. Das Simulationsmodell benötigt demnach Angaben zu den Werten sämtlicher Einkaufsprodukte, zu dem Buchhaltungswert des Halbfertigprodukts und den Verkaufspreisen der Endprodukte. Zudem sind noch die Herstellungskosten vom Halbfertigprodukt zu dem jeweiligen Endprodukt anzugeben. Eine Besonderheit ergibt sich aus dem Simulationsmodell. Demnach ist es sowohl für das Einkaufsteil HFP, für das der Einkauf zuständig ist, als auch für Halbfertigprodukte selbst möglich, diese kurzfristig bei einem externen Lieferanten zu beziehen. Das genaue Vorgehen und der Hintergrund dieser Annahme werden im weiteren Verlauf näher beschrieben. Für diese Annahmen werden demnach als weitere, nicht beeinflussbare Einflussfaktoren die Preise für diese direkten kurzfristigen „Spontankäufe“ benötigt.

Die Kapazitätsauslastungen der jeweiligen Produktionsstufe gelten im Rahmen dieser Dissertation ebenfalls als nicht beeinflussbarer Einflussfaktor. Zu Beginn der Modellerstellung war es das Ziel, die Kapazitätsauslastung mit einer gegebenen Kapazität und den individuellen Aufträgen in Echtzeit auszurechnen. In diesem Fall wäre die konkrete Kapazität der Einflussfaktor gewesen. Die Berechnung der Kapazitätsauslastung in Echtzeit, übersteigt allerdings die Zielsetzung des Simulationsmodells um ein Vielfaches. Zu diesem Zweck existieren kommerzielle Lösungen auf dem Markt (MES-Lösungen, vgl. Kap. 3.4.2), welche diese Funktionalität in einer integrierten Systemlösung, basierend auf mathematischen Optimierungsverfahren, anbieten. Aus diesem Grund wird muss die Kapazitätsauslastung direkt vom anwendenden Unternehmen angegeben werden. Es bestehen dabei vier verschiedene Auswahlmöglichkeiten. Kleiner als 85%, zwischen 85% und 90%, zwischen 90% und 95%, sowie größer als 95%. Diese Auswahlmöglichkeiten können im Modell später angepasst werden. Die Eingabe der Kapazitätsauslastung wird auf der Annahme begründet, dass die Bedarfe ebenfalls vorgegeben sind, da sie auf den Bedarfen der Vergangenheit und damit historischen Daten beruhen, die mit entsprechenden Kapazitäten und sich daraus ergebenden Auslastungen, bearbeitet wurden.

Risikofaktoren der einzelnen Funktionsbereiche wirken sich beispielsweise auf die gewählten Sicherheitsbestände oder die Termine der Materialfreigabe aus. Im Rahmen des Simulationsmodells werden die Risikofaktoren der einzelnen Funktionsbereiche getrennt betrachtet. Es muss also jeweils ein Risikofaktor für den Einkauf, die Produktion und den Vertrieb angegeben werden. Dieser wird zwischen 0 und 1 normiert, wobei eine Angabe von 0 für ein volles Risiko der jeweiligen Abteilung und 1 für das Vermeiden jeglichen Risikos steht. Die Abschätzung dieses Risikofaktors stellt produzierende Unternehmen vor eine gewisse Herausforderung. Der Faktor ist für die Erstellung des Modells jedoch unerlässlich und wird auch in der gängigen Literatur häufig verwendet. Die Risikofaktoren gelten im Rahmen dieser Arbeit ebenfalls als nicht beeinflussbarer Einflussfaktor. Die Risikofaktoren werden explizit auch mit in die Sensitivitätsanalyse zur Validierung des Modells (siehe Kap. 6.4.2) mit einbezogen.

Die Aktualität und Auflösung der Datengrundlage der Planung spielt eine große Rolle für deren Qualität. Sie wird an dieser Stelle vom Unternehmen vorgegeben. Zwar kann sie nicht direkt verändert werden, da eine Verbesserung strukturelle Veränderungen erfordert. Es soll jedoch im Sinne der Industrie 4.0, die über eine Echtzeiterfassung des Produktionsablaufs und elektronischen Schnittstellen zu Kunden und Lieferanten zu einer extrem hohen Aktualität und Auflösung beitragen kann, geprüft werden, ob der Faktor d, wie die Aktualität und Auflösung der Datengrundlage im Simulationsmodell definiert wird, einen signifikanten Einfluss auf die Zielgrößen aufweist. In diesem Fall kann auch diese Eingangsgröße ein Gestaltungselement darstellen. Die Größe wird normiert zwischen 0 (veraltet und schlecht aufgelöst) und 1 (in Echtzeit und feingranular) angegeben.

Von ähnlicher Beschaffenheit sind auch die IT-Nutzungsgerade der einzelnen Funktionsbereiche. Diese werden ebenfalls zwischen 0 und 1 angegeben und bewerten die Nutzung von betrieblichen Anwendungssystemen oder automatisierten Schnittstellen in den einzelnen Abteilungen. Somit wirken sich diese Parameter auf die entstehenden Prozesskosten der Planung aus.

Die Personalkosten, sowie die Anzahl der an der Planung beteiligten Mitarbeiter in der jeweiligen Abteilung stellen nicht beeinflussbare Einflussfaktoren dar und werden zur Berechnung der Prozesskosten der Planung benötigt.

Um innerhalb des Einkaufsprozesses die optimale Bestelllosgröße für das Rohteil HFP zu ermitteln, werden der unternehmensspezifische Lagerhaltungskostensatz und bestellfixe Kosten benötigt. Auch diese Eingangsgrößen sind nicht beeinflussbare Einflussfaktoren.

Die Gewichtungsfaktoren der einzelnen Ziele des Zielsystems zur Bewertung der Zeitplanungsparameter werden ebenfalls exogen von dem Unternehmen vorgegeben und damit als nicht beeinflussbare Einflussfaktoren, auf deren Basis der Gesamtzielerreichungsgrad berechnet werden kann, betrachtet.

In der folgenden Modellbeschreibung wird deutlich, welche der genannten Größen aktuell innerhalb des Modells berechnet bzw. ermittelt werden. So beruhen unter anderem Sicherheitsbestände und dem Kunden zugesagte Lieferzeiten auf Formeln im Modell, in die beispielsweise die Risikofaktoren der einzelnen Funktionsbereiche einfließen. Diese Größen können bei einer Umsetzung des Modells in der Praxis von den Unternehmen als nicht beeinflussbare Einflussfaktoren angegeben werden, um das Modell noch realistischer zu gestalten. Zudem werden die Absatzprognose und die tatsächliche Bedarfsmenge momentan auf Basis einer Normalverteilung ermittelt. Bei einer Anwendung in der Praxis könnte dies auf konkreten Vergangenheitsdaten und existierender Prognoseverfahren, wie beispielsweise einer exponentiellen Glättung realisiert werden.

6.2.3 Zusammenfassende Darstellung der Wirkungszusammenhänge

In der folgenden Tabelle 6-1 sind die im vorherigen Kapitel eingeführten und beschriebenen Eingangsgrößen nochmals vollständig aufgeführt und den in Kapitel 6.2.1 beschriebenen Clustern zugeordnet. Alle Größen fließen in das Simulationsmodell, teilweise stochastisch generiert, teilweise durch Eingabe auf Basis der Unternehmenscharakteristika des betrachteten Varianternfertigers.

Für die Eingangsgrößen, welche als *Beeinflussbarer Einflussfaktor / Gestaltungselement* klassifiziert werden, muss im Nachgang geprüft werden, welchen Einfluss die Größe auf die Zielausprägung des Simulationsmodells hat. Dies geschieht während der Screening-Analyse, in der die hier als Gestaltungselemente definierten Eingangsgrößen als Einflussfaktoren bezeichnet werden. Diese Bezeichnung beruht auf dem wissenschaftlichen Verständnis der Screening-Analyse. Zudem kann individuell entschieden werden, welche Effekte mit dem Simulationsmodell abgebildet werden sollen. Soll beispielsweise nur die Relevanz und Auswirkungen der Zeitplanungsparameter analysiert werden, so können alle restlichen Eingangsgrößen als beeinflussbare Einflussfaktoren fixiert werden. Die nicht beeinflussbaren Einflussfaktoren stellen Inputgrößen für das Simulationsmodell dar, welche über die Eingabemaske angegeben werden können (vgl. Kap. 6.3.2).

Tabelle 6-1: Zusammenfassende Darstellung und Clusterung der Eingangsgrößen

Eingangsgröße	Art der Eingangsgröße
Planungsperiode	Gestaltungselement
Planungsraster	Gestaltungselement
Frozen Zone der Einkaufsabteilung	Gestaltungselement
Erwartungswert der Nachfrage	Nicht beeinflussbarer Einflussfaktor
Standardabweichung der Nachfrage	Nicht beeinflussbarer Einflussfaktor
Erwartungswert der Nachfrage der einzelnen Kunden in Prozent	Nicht beeinflussbarer Einflussfaktor
Standardabweichung der Nachfrage der einzelnen Kunden in Prozent	Nicht beeinflussbarer Einflussfaktor
Gesamtbearbeitungszeit	Nicht beeinflussbarer Einflussfaktor
Aufteilung der Bearbeitungszeit in kundenanonyme und kundenindividuelle Bearbeitungszeit	Gestaltungselement
Rüstzeit der kundenindividuellen Produktion	Nicht beeinflussbarer Einflussfaktor
Wert eines HFP	Nicht beeinflussbarer Einflussfaktor
Einkaufspreis eines HFP (spontane Bestellung, Strafpreis)	Nicht beeinflussbarer Einflussfaktor

Einkaufspreise aller Rohteile, sowie Strafpreis des Rohteil HFP (spontane Bestellung)	Nicht beeinflussbarer Einflussfaktor
Herstellungskosten der Endprodukte	Nicht beeinflussbarer Einflussfaktor
Verkaufspreise der Endprodukte	Nicht beeinflussbarer Einflussfaktor
Kapazitätsauslastung der kundenanonymen Vorproduktion in Prozent	Nicht beeinflussbarer Einflussfaktor
Kapazitätsauslastung der kundenindividuellen Endproduktion in Prozent	Nicht beeinflussbarer Einflussfaktor
Risikofaktoren der einzelnen Funktionsbereiche, normiert zwischen 0 und 1	Nicht beeinflussbarer Einflussfaktor
Aktualität und Auflösung der Datengrundlage, normiert zwischen 0 und 1	Beeinflussbarer Einflussfaktor / Gestaltungselement
IT-Nutzungsgrade der einzelnen Funktionsbereiche in der Planung, Angabe in Prozent	Beeinflussbarer Einflussfaktor / Gestaltungselement
Personalkosten der an der Planung beteiligten Mitarbeiter je Funktionsbereich	Nicht beeinflussbarer Einflussfaktor
Anzahl der an der Planung beteiligten Mitarbeiter je Funktionsbereich	Nicht beeinflussbarer Einflussfaktor
Lagerhaltungskostensatz des Rohteil HFP	Nicht beeinflussbarer Einflussfaktor
Bestellfixe Kosten der Einkaufsabteilung	Nicht beeinflussbarer Einflussfaktor
Gewichtungsfaktoren der einzelnen Zielgrößen	Nicht beeinflussbarer Einflussfaktor

6.3 Simulationsmodell zur Bewertung der Einstellung der Zeitplanungsparameter

Aufbauend auf den bisherigen Kapiteln, kann nun die Quantifizierung der Zusammenhänge und daraufhin die Erstellung eines spezifischen, quantifizierenden Simulationsmodells zur Bewertung der zeitlichen Einstellung in der Produktionsplanung und -steuerung erfolgen. Dieses soll das in Kapitel 5.2.2 beschriebene Zielsystem, die in Kapitel 6.2.2 eingeführten Eingangsgrößen und deren in Kapitel 5.3.3 eingeführten Wirkungszusammenhänge berücksichtigen, sowie den in Kapitel 6.1 eingeführten Referenz-Variantenfertiger darstellen.

Wie bereits angekündigt, erfolgt die Erstellung des Modells nach der Vorgehensweise des System-Dynamics. Es werden jedoch vor allem für die Erstellung der benötigten Zeitreihen, Excel basierte Modelle benötigt. Auf diese angesprochene Struktur des Modells wird in Kapitel 6.3.1 eingegangen.

Während der Beschreibung der Struktur wird auch auf die Erstellung der Zeitreihen mit Hilfe von statistischen Methoden eingegangen. An dieser Stelle sei jedoch bereits festgehalten, dass es sich bei dem zu erarbeitenden Modell um ein stochastisches Modell handelt.

Nach der Beschreibung der Struktur des Simulationsmodells, werden die drei einzelnen Module, aus denen das Gesamtsimulationsmodell besteht, in einzelnen Unterkapiteln (Kap. 6.3.2, Kap. 6.3.3, Kap. 6.3.4) näher erläutert.

6.3.1 Struktur des Simulationsmodells

Im folgenden Kapitel soll der grundsätzliche Aufbau des Simulationsmodells dargestellt werden. Dieser lässt sich Abbildung 6-2 entnehmen.

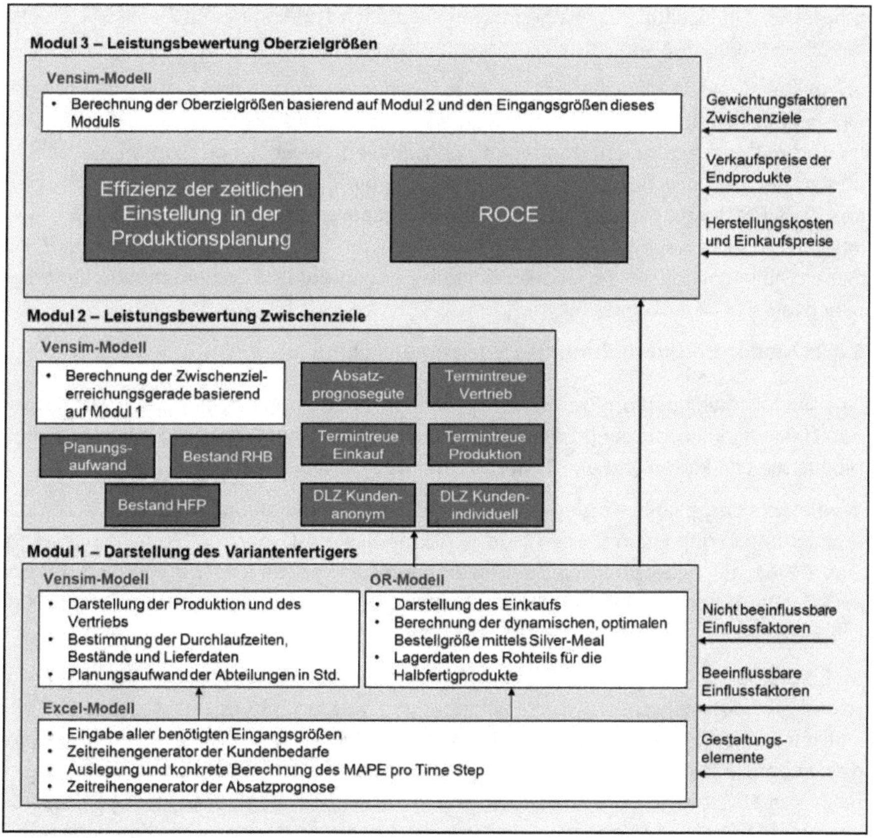

Abbildung 6-2: Struktur des Simulationsmodells

Die Grundstruktur des Modells, also die Aufteilung in einzelne Module, leitet sich aus der Darstellung des Variantenfertiger, sowie dem Zielsystem zur Bewertung der Zeitplanungsparameter ab (vgl. Kapitel 5.2.2). Es werden also insgesamt drei Module –

eines zur Darstellung des Variantenfertigers und zur Datenerzeugung und je ein Modul für die Stufen des zweistufigen Zielsystems – benötigt.

Modul 1 bildet demnach zunächst den spezifischen Variantenfertiger ab. Ohne die in diesem Modul ablaufende Datenerzeugung wäre eine anschließende Leistungsbewertung überhaupt nicht möglich. Dieses Modul ist als eine Kopplung eines Excel-, OR- und Vensim-Moduls umgesetzt. Auf die genauen Aufgaben der einzelnen Untermodule wird in dem Kapitel 6.3.2 eingegangen.

Wie bereits in Abbildung 6-2 zu sehen ist, nutzt das Modul 2 die in Modul 1 erzeugten Daten zur Ermittlung der Zwischenzielerreichungsgerade. Diese Variablen entsprechen den in Kapitel 5.2.2 eingeführten Zwischenzielgrößen des Zielsystems zur Bewertung der Zeitplanungsparameter. Auf die genauen Berechnungswege dieser Zielgrößen wird in Kapitel 6.3.3 eingegangen. Demnach findet in Modul 2 eine erste Leistungsbewertung des simulierten Variantenfertigers statt.

Im abschließenden Modul 3 wird die übergeordnete Leistungsbewertung anhand der Oberzielgrößen durchgeführt. Dafür werden die in Modul 2 berechneten Zwischenzielgrößen mit den extern vorgegebenen, individuellen Gewichtungsfaktoren verrechnet und zu der Effizienz der zeitlichen Einstellungen in der PPS, also der Oberzielgröße des Zielsystems zur Bewertung der Zeitplanungsparameter kumuliert. Außerdem wird innerhalb dieses Kapitels der ROCE des simulierten Variantenfertigers berechnet. An dieser Stelle soll für die genaue Berechnung erneut auf das entsprechende Unterkapitel (Kap. 6.3.4) verwiesen werden.

6.3.2 Modul 1 – Darstellung des Variantenfertigers

Das Modul 1 stellt den größten Teil des Modells dar, der als Kopplung aus drei einzelnen Untermodulen realisiert ist. Bei den Untermodulen handelt es sich um ein Excel-Modul, ein OR-Modul und ein System-Dynamics-Modul (Vensim).

Vereinfacht dargestellt, werden in dem Excel-Modul Zeitreihen und Daten stochastisch erzeugt und in den Hauptteil des Moduls 1, das System-Dynamics-Modell eingelesen. Das OR-Modell bildet lediglich die Einkaufsabteilung ab, da eine Berechnung der optimalen Bestelllosgröße innerhalb des System-Dynamics-Modells nicht effizient möglich war.

Im Folgenden soll das entstandene Modul strukturiert erläutert werden. Dafür soll zunächst auf den zeitlichen Aspekt eingegangen werden. Grundsätzlich beruhen alle zeitlichen Angaben auf Time Steps. Es wird von einem Zweischichtsystem ausgegangen, in dem jede Schicht genau einem Time Step entspricht. Eine Woche besteht demnach aus 10 Time Steps und das kleinste wählbare Planungsraster wird somit durch das Modul auf eine Schicht, also ein Time Step begrenzt. Diese Werte könnten jedoch nachträglich angepasst werden, es dient zunächst einmal nur einem besseren Verständnis und einem einfachen Abgleich des Modells mit der Praxis.

Zunächst werden alle benötigten Eingaben in einem Excel-Modul getätigt. Dies hat den Vorteil einer höheren Benutzerfreundlichkeit, da alle erforderlichen Eingaben in einer Oberfläche gemacht werden können. Der Unterschied zwischen Einflussfaktoren und Gestaltungselementen, die allesamt an dieser Stelle eingetragen werden, liegt lediglich darin, dass Einflussfaktoren während der Simulationsdurchläufe fixiert werden, während die Gestaltungselemente angepasst werden können, um ihre Auswirkungen auf das Zielsystem zu betrachten. Die Eingabewerte des Simulationsmodells sind in der nachfolgenden Tabelle 6-2 dargestellt. Die einzugebenden Parameter und deren Werte entsprechen an dieser Stelle den bereits in Kapitel 6.2 eingeführten Eingangsgrößen.

Tabelle 6-2: Eingabewerte des Simulationsmodells

Parameter	Wert	Beschreibung
Planungsraster	2	Wert zwischen 1 und 20
Planungsperiode	8	Zwischen 2 und 80, Vielfaches des Planungsrasters
Planungshorizont	1000	Vielfaches der Planungsperiode
d	0,5	Auflösung und Aktualität der Datengrundlage, exogen vorgegeben [zwischen 0 und 1)
μ_{Bedarf}	40	Erwartungswert des Bedarfs
$\mu_{Bedarf, Zeit}$	44	Erwartungswert des Bedarfs unter Berücksichtigung der kundenindividuellen DLZ
σ_{Bedarf}	4	Standardabw. des Bedarfs
Kapazitätsauslastung kundenanonym k_{KA}	Größer als 90 %	Kleiner 85% Größer 85% Größer 90% Größer 95%
Kapazitätsauslastung kundenindividuell k_{KI}	Größer als 90 %	
Gesamtbearbeitungszeit [min]	600	Gesamtbearbeitungszeit eines einzelnen Teils kundenanonym und kundenindividuell summiert
Bearbeitungszeit KA [min]	400	Reine Gesamtbearbeitungszeit eines einzelnen Teils in der kundenanonymen Vorfertigung in Minuten
Bearbeitungszeit KI [min]	200	Reine Gesamtbearbeitungszeit eines einzelnen Teils in der kundenindividuellen Endfertigung in Minuten

Rüstzeit kundenindividuell	1	Gesamtrüstzeit für das Abarbeiten eines kundenindividuellen Auftrags in [h]
Anzahl Schichten	2	Anzahl Schichten unter der Woche (eine Schicht wird mit 8 Stunden Arbeitszeit angenommen)
Risikofaktor Produktion (HFP)	0,5	Wert zwischen 0 (volles Risiko) und 1 (gar kein Risiko eingehen) → wird für die Materialfreigabe und den Sicherheitsbestand verwendet
μ_{Kunde1}	30,00%	Erwartungswert, wie viel des Absatzes an Kunde 1 geht in %
σ_{Kunde1}	5,00%	Standardabweichung des Absatzes an Kunde 1 in %
μ_{Kunde2}	20,00%	Erwartungswert, wie viel des Absatzes an Kunde 2 geht in %
σ_{Kunde2}	15,00%	Standardabweichung des Absatzes an Kunde 2 in %
Risikofaktor Vertrieb	0,5	Zahl zwischen 0 (volles Risiko) und 1 (gar kein Risiko eingehen) --> wird für die Länge der versprochenen Lieferzeit verwendet
Wert eines HFP	1.000,00 €	Buchhaltungswert eines HFP zur Berechnung des gebundenen Kapitals (=Herstellungskosten HFP)
Zukauf HFP	1.500,00 €	Kosten eines Zukaufs bzw. einer schnelle Nachproduktion von HFP (bspw. In der Nachtschicht)
Verkaufspreis Kunde 1	1600,00 €	
Verkaufspreis Kunde 2	1650,00 €	
Verkaufspreis Kunde 3	1630,00 €	
Einkaufspreis Rohteil 1	500,00 €	
Einkaufspreis Rohteil 2	200,00 €	
Einkaufspreis Rohteil 3	700,00 €	
Herstellungskosten Produkt 1	500,00 €	Kosten vom Zustand des HFP bis zum Endprodukt 1

Herstellungskosten Produkt 2	400,00 €	Kosten vom Zustand des HFP bis zum Endprodukt 2
Herstellungskosten Produkt 3	700,00 €	Kosten vom Zustand des HFP bis zum Endprodukt 3
Personalkosten Einkauf	40,00 €	Die durchschnittlichen Personalkosten aus dem Einkauf
Personalkosten Vertrieb	45,00 €	Die durchschnittlichen Personalkosten aus dem Vertrieb
Personalkosten Produktion	35,00 €	Die durchschnittlichen Personalkosten aus der Produktion
Beteiligte Mitarbeiter Einkauf	2	Anzahl der an der Planung beteiligten Mitarbeiter im Einkauf
Beteiligte Mitarbeiter Vertrieb	3	Anzahl der an der Planung beteiligten Mitarbeiter im Vertrieb
Beteiligte Mitarbeiter Produktion	4	Anzahl der an der Planung beteiligten Mitarbeiter in der Produktion
IT-Nutzungsgrad Einkauf	70,00%	Angabe des IT-Nutzungsgrads für jede Abteilung. Dieser verringert den manuellen Planungsaufwand, da die Daten in Echtzeit (und damit aktuell) vorliegen und ein Großteil der Planung vom im Einsatz befindlichen System durchgeführt wird
IT-Nutzungsgrad Vertrieb	70,00%	
IT-Nutzungsgrad Produktion	70,00%	
Gewichtung Absatzprognosegüte	15,00%	Jeweils in Prozent angegeben → Summe muss 100% ergeben
Gewichtung Termintreue	20,00%	
Gewichtung Kapitalbindung	15,00%	
Gewichtung Planungsaufwand	20,00%	
Gewichtung Durchlaufzeit	15,00%	
Gewichtung Lieferzeit	15,00%	
Risikofaktor Einkauf	0,4	Zwischen 0 (volles Risiko) und 1 (gar kein Risiko eingehen) → wird für die Prognosemenge der RHB verwendet

Lagerhaltungskostensatz	25,00%	In [%]
Bestellfixe Kosten	100,00 €	Bestellfixe Kosten, in die bspw. auch eine Lieferung mit einfließt
Einkaufspreis Rohteil HFP	50,00 €	
Frozen Zone der Einkaufs-abteilung	4	Frozen Zone der Einkaufsabteilung (so viel weiter im Voraus plant die Einkaufs-abteilung den Produktionsstart)

Nach der Eingabe der Daten leitet sich zunächst aus der Aktualität und Auflösung der Datengrundlage (d) und der Standardabweichung der Nachfrage (σ) eine logarithmische Formel ab, die den MAPE (mittlerer relativer absolute Prognosefehler) der Absatzprognose errechnet.

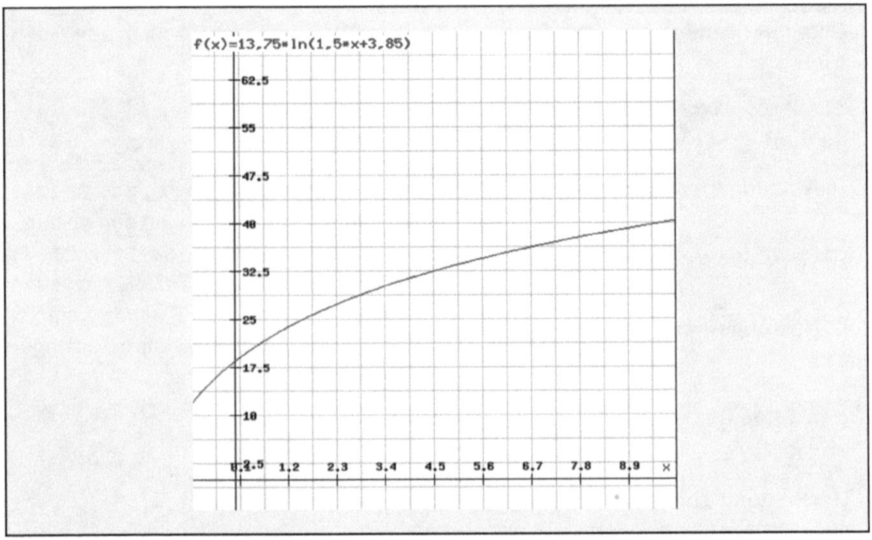

Abbildung 6-3: MAPE (Angaben der y-Achse in %)

In Abbildung 6-3 ist diese Formel für eine Datengrundlage von d=0,5 und eine Standardabweichung der Nachfrage von σ=4 bei einem Erwartungswert von μ=40 (also einer Standardabweichung von 10%) dargestellt.

Die Annahme des Zusammenhangs zwischen der Zeit, die man in die Zukunft plant und dem durchschnittlichen MAPE ergibt sich aus einer der grundlegenden wissenschaftlichen Erkenntnisse (vgl. Abbildung 2-10). Da nach dieser die Planungsgenauigkeit mit zunehmendem Planungshorizont sinkt, muss der MAPE, der sich genau entgegengesetzt zu der Planungsgenauigkeit entwickelt, mit einem weiteren Blick in die Zukunft steigen.

Der MAPE ist bislang, laut der Formel jedoch nur von d und σ abhängig. Im Folgenden soll erläutert werden, wie sich die Zeitplanungsparameter bei der Bestimmung des konkreten MAPE auswirken.

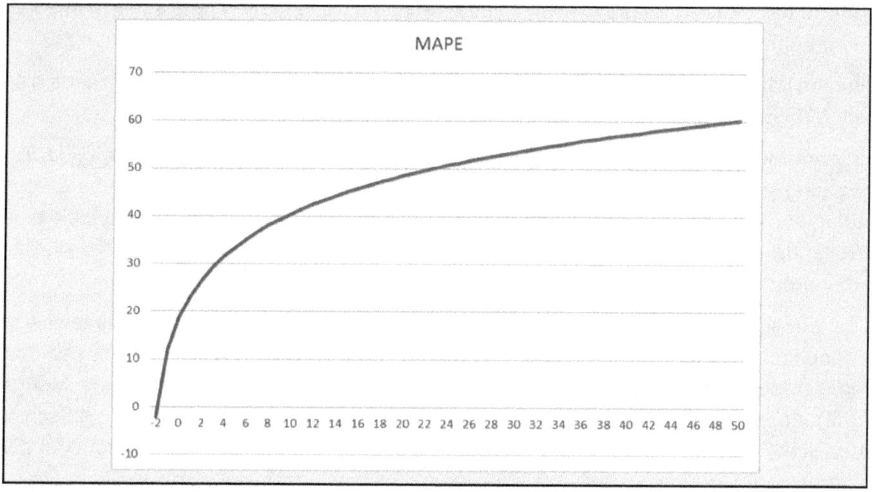

Abbildung 6-4: MAPE innerhalb des Simulationsmodells

Zu Beginn jeder Planungsperiode findet ein Planungstreffen statt (vgl. Definitionen der ZPP, Kapitel 2.3). Würde an dieser Stelle mit einer perfekten, hochauflösenden Datengrundlage und ohne jegliche Standardabweichung geplant, könnte kurzfristig ein MAPE von 0 erreicht werden, da der Planungsfehler im Rahmen der Aktualisierung in einem Planungstreffen zurückgesetzt werden kann. Das Planungsraster spielt für das konkrete Abgreifen des MAPE über die x-Achse (siehe Abbildung 6-4) eine wesentliche Rolle. Während ein neues Planungstreffen (also das Ende einer Planungsperiode) die Formel zum Beginn zurückspringen lässt, kann nur mit Hilfe des Planungsrasters der konkrete x-Wert, der in die logarithmische Formel eingesetzt wird, ermittelt werden.

Dies kann am besten mit einem Beispiel verdeutlicht werden:

Werden für die ZPP die Werte „Planungsperiode=8 Time Steps" und „Planungsraster=2 Time Steps" angenommen, ergibt sich der folgende Zusammenhang:

Für ein gegebenes d und σ, die eine logarithmische Funktion f(x) erzeugen, ergibt f(x=2) den MAPE für das erste geplante Raster. Äquivalent dazu ergeben sich die MAPE für das zweite, dritte und vierte Planungsraster aus f(x=4), f(x=6) und f(x=8). Nach 8 Time Steps erfolgt jedoch das nächste Planungstreffen, wodurch der MAPE zurückgesetzt wird. Der MAPE des fünften Planungsrasters entspricht demnach dem des ersten Planungsrasters und ergibt sich zu f(x=2).

An dieser Stelle wird eine weitere Voraussetzung des Modells deutlich. Die Planungsperiode muss durch das Planungsraster teilbar sein. Dies wird jedoch in der Praxis für gewöhnlich intuitiv so umgesetzt, da andernfalls ein abgeschnittenes Planungsraster als ‚Rest' verbleiben würde.

Bislang außer Acht gelassen wurde der Zusammenhang zwischen der Planungsgenauigkeit und der kundenanonymen Durchlaufzeit. Da an dieser Stelle der Planung versucht wird, konkrete Absatzzahlen im Kundenentkopplungspunkt zu prognostizieren, wird die DLZ_{KA} für die Ermittlung des MAPE mit Hilfe des x-Werts schlicht mit dem ursprünglichen Wert addiert.

In dem vorher angebrachten Beispiel würde sich für eine DLZ_{KA} von 3 Time Steps also ein MAPE von f(x=5) für das erste Planungsraster ergeben.

In dem Modell wird für jeden Time Step ein normalverteilter Bedarf ermittelt. Der Erwartungswert ergibt sich, wie auch die Standardabweichung aus den vorher getätigten Eingaben. Zudem spielt hier der Anteil der kundenindividuellen Durchlaufzeit eine Rolle, da die Absatzzahlen durch kürzere, versprochene Lieferzeiten erhöht werden können:

Die generierten, normalverteilten Bedarfe pro Time Step werden über das jeweilige Planungsraster kumuliert. Anschließend wird der spezifische MAPE für dieses Planungsraster mit der tatsächlichen Menge verrechnet. Ob die prognostizierte Menge größer oder kleiner als die tatsächliche Menge ist, wird grundsätzlich zufällig entschieden, kann durch das betrachtete Unternehmen jedoch stark durch den Risikofaktor der Produktion beeinflusst werden (siehe Formel 6-1):

Formel 6-1: Auswahl des prognostizierten Bedarfs

$$Prognostizierter\ Bedarf = WENN(ZUFALLSZAHL() < \\ = Risikofaktor_{Produktion};\ Prognosewert+\ ;Prognosewert-)$$

Anhand der Wahl des Risikofaktors der Produktion lässt sich bereits erkennen, dass die Produktion für die termingerechte Bereitstellung der Halbfertigprodukte verantwortlich zeichnet. Eine genaue Beschreibung der Verantwortlichkeiten erfolgt im Rahmen der Erläuterung der Termintreue in Kapitel 6.3.3.

Die prognostizierte Menge soll demnach zu Beginn des jeweiligen Planungsrasters vorliegen, um dessen spezifischen Bedarf zu decken. Dafür muss jedoch geplant werden, wann die jeweilige Materialfreigabe erfolgt. Diese geplante Durchlaufzeit sollte nicht zu kurz gewählt werden, damit die Termintreue nicht zu stark negativ beeinflusst wird, jedoch darf sie auch nicht zu hoch angenommen werden, da andernfalls das gebundene Kapital auf extrem hohe Werte steigen kann.

In dem Modell wird die Durchlaufzeit auftragsspezifisch berechnet. Dafür wird die individuelle Losgröße des Auftrags mit der exogen vorgegebenen Bearbeitungszeit eines einzelnen Teils multipliziert, um die reine (technische) Bearbeitungszeit des Auftrags zu ermitteln. Auf eine spezifische Betrachtung der Rüstzeit wird im Zuge der kundenanonymen Durchlaufzeit verzichtet, da von einem Variantenfertiger mit lediglich einem Vorprodukt (siehe Kapitel 6.2) ausgegangen wird. Die Übergangszeit beträgt laut ZÄPFEL das 3-10-fache der Bearbeitungszeit (vgl. Zäpfel 2001, S. 187f.). Im Rahmen des Modells wird sie über die folgende Formel bestimmt:

Formel 6-2: Berechnung der kundenanonymen Übergangszeit

$$Übergangszeit_{KA} = a_{KA} * Gesamtbearbeitungszeit_{KA}$$

$$a_{KA} = Hilfszahl_{Kapazitätsauslastung} + 8 * \left(\frac{Planungsraster}{20} + \frac{Planungsperiode}{80}\right)$$

Die 20 und 80 stellen dabei jeweils die Maximalwerte für das Planungsraster und die Planungsperiode dar. Die Hilfszahl ergibt sich aus der in der Eingabemaske angegebenen Kapazitätsauslastung und beträgt bspw. für eine Kapazitätsauslastung von unter 85% 0 und für eine Kapazitätsauslastung von über 95% 3.

Die theoretische Durchlaufzeit ergibt sich demnach aus der Addition der Gesamtbearbeitungszeit und der Übergangszeit des jeweiligen Auftrags. Während für die geplante Durchlaufzeit, welche die Materialfreigabe bestimmt, diese theoretische Durchlaufzeit lediglich mit dem Risikofaktor der Produktion verrechnet wird, ergibt sich die tatsächliche Durchlaufzeit aus einer Normalverteilung. In dieser stellt die theoretische Durchlaufzeit den Erwartungswert dar. Die Standardabweichung ergibt sich ebenfalls aus dem bereits vorgestellten Faktor a. Dieses Vorgehen steht im Einklang mit Beobachtungen aus der Praxis, die besagen, dass die Gesamtheit der tatsächlichen Durchlaufzeiten in einem produzierenden Unternehmen eine Normalverteilung darstellt. Zudem ergibt sich die Schwankung auch in der Realität nicht aus der tatsächlichen Bearbeitungszeit, sondern aus der Übergangszeit. Auch die Standardabweichung muss natürlich an die Auftragsgröße angelehnt werden, da bei größeren Aufträgen auch größere Schwankungen vorliegen können, als bei kleineren. Daher wird der Faktor nochmals mit der theoretischen Durchlaufzeit multipliziert.

Formel 6-3: Normalverteilung der kundenanonymen, tatsächlichen Durchlaufzeit

$$Tatsächliche\ DLZ \sim \left(Theoretische\ DLZ;\ \frac{a_{KA}}{50} * Theoretische\ DLZ\right)$$

In System-Dynamics werden die Zeitreihen des tatsächlichen und des prognostizierten Bedarfs über eine Schnittstelle zu Excel eingespielt. Werden nun die Information über die angenommene und tatsächliche Durchlaufzeit hinzugefügt (diese liegen ebenfalls in der Zeiteinheit Time Steps vor), so berechnet Vensim für jeden Time Step einen Lagerbestand an Halbfertigprodukten.

Neben den Informationen über die prognostizierte und tatsächliche Menge, sind der jeweilige Sicherheits- und Maximalbestand noch relevant für den Lagerbestand. Diese werden im Rahmen eines jeden Planungstreffens überprüft.

Die Berechnung des Sicherheitsbestands erfolgt analog zu einer etablierten Formel, die sowohl in der Wissenschaft, als auch in der Praxis Anwendung findet:

Formel 6-4: Berechnung des Sicherheitsbestands

$$SB = Risikofaktor_{Produktion} * \sqrt{(øWBZ * \sigma(z)^2 + d_{Prog}^2 * \sigma(WBZ)^2)}$$

Dabei stellen die Variablen der Reihe nach die durchschnittliche Wiederbeschaffungszeit, die Standardabweichung des Prognosefehlers, die prognostizierte Menge und die Standardabweichung der Wiederbeschaffungszeit dar.

In den Augen des Autors ist es ein großer Vorteil des Modells, dass die Variablen dieser Formel in Echtzeit für das jeweilige Planungstreffen aktualisiert werden. So errechnet sich die durchschnittliche Wiederbeschaffungszeit beispielsweise immer neu mit den bislang innerhalb des Modells berechneten, tatsächlichen Durchlaufzeiten der vergangenen Planungsraster.

Der Maximalbestand berechnet sich über den Erwartungswert der Nachfrage pro Time Step, das Planungsraster (da ja genau dafür jeweils die Mengen prognostiziert werden) und zusätzlich erneut dem Risikofaktor der Produktion.

Wird der Sicherheitsbestand unterschritten, werden zusätzliche Halbfertigprodukte bei einem externen Lieferanten bestellt. Dafür muss in der Eingabemaske ein Einkaufspreis für die HFP angegeben werden, der selbstverständlich über den eigenen Herstellungskosten liegen sollte. Eine Überschreitung des Maximalbestands resultiert in einer verringerten Produktion an HFP.

Die Produktion des simulierten Variantenfertigers kann die Materialfreigabe jedoch nur dann ansteuern, wenn die benötigten Rohmaterialien für die Produktion vorliegen.

Dafür ist im Rahmen des Modells die Einkaufsabteilung zuständig. Diese wird in dem OR-Untermodul des Modul 1 simuliert. Dieses erhält, ähnlich wie das System-Dynamics-Modell für die Produktion zwei verschiedene Zeitreihen aus dem Excel-Modul. Neben den tatsächlichen Abgangswerten, die den Materialfreigaben der Produktion entsprechen, sind dies die prognostizierten Werte der Einkaufsabteilung. Diese ergeben sich durch die Prognosewerte der Produktion, sowie einem zusätzlichen MAPE, der sich ähnlich wie der MAPE der Produktion ergibt, jedoch von der Frozen Zone der Einkaufsabteilung abhängig ist. Diese ist dafür notwendig, dass die Einkaufsabteilung die Beschaffung überhaupt ausführen kann, bevor die Produktion starten kann. Im Sinne der Komplexitätsreduktion ist die Wiederbeschaffungszeit der zu beschaffenden Teile in dieser Frozen Zone mit integriert.

Mit Hilfe der Zeitreihe der Prognosewerte werden innerhalb des OR-Modells über die Silver-Meal-Methode die jeweils optimalen Losgrößen für die jeweilige Planungsperiode berechnet. Die jeweilige Bestimmung der optimalen Losgröße erfolgt dabei über die Durchschnittskosten der bestellten Produkte (siehe Formel 6-5):

Formel 6-5: Berechnung der Durchschnittskosten nach Silver-Meal

$$Durchschnittskosten = \frac{1}{\#bestellter\ Teile} * (bestellfixe\ Koste + Lagerhaltungskostensatz * \sum_{i=0}^{n} d_i * \#verwendeter\ Teile_i$$

Die Gesamtkosten werden also auf alle Teile umgelegt. Die zwei Kostentreiber sind dabei klassischerweise die bestellfixen, sowie die variablen Lagerkosten. Während die Berücksichtigung der bestellfixen Kosten in der Formel trivial umzusetzen ist, gestaltet sich die Berechnung der Lagerkosten schwieriger, da für jedes Teil genau ermittelt werden muss, wie lange es tatsächlich auf Lager liegt (d_i). Dies ist davon abhängig, in welchem Planungsraster das Material jeweils tatsächlich freigegeben wird.

Nachdem nun klar ist, wie die Durchschnittskosten berechnet werden, muss gezeigt werden, wie mit Hilfe dieser die optimale Losgröße berechnet werden kann. Dies lässt sich am besten über ein Beispiel erklären:

Grundsätzlich wird die Losgröße innerhalb eines Planungstreffens bestimmt. Nimmt man an dieser Stelle erneut an, dass die Planungsperiode 8 Time Steps beträgt und sich diese in 4 gleichmäßige Planungsraster der Länge 2 Time Steps aufteilt, ergibt sich folgender Zusammenhang:

Es werden zunächst die Durchschnittskosten für den Fall bestellt, dass zu Beginn des ersten Planungsrasters nur für das erste Planungsraster bestellt wird ($s_{1,1}$). Größe $s_{1,2}$ besagt nun, dass die Losgröße zu Beginn des ersten Planungsrasters die Planungsraster eins und zwei abdeckt. Die Durchschnittskosten werden in diesem Fall wahrscheinlich sinken, da die bestellfixen Kosten auf mehr Teile aufgeteilt werden können. Nimmt man nun jedoch an, dass der Effekt der steigenden Lagerhaltungskosten den Effekt der sinkenden bestellfixen Kosten im dritten Planungsraster überwiegt, so ist $s_{1,3}$ größer als $s_{1,2}$.

Steigen die Durchschnittskosten wie in diesem Fall an, wird vor dem entsprechenden Planungsraster, in diesem Fall also dem dritten eine neue Bestellung ausgelöst.

Äquivalent erfolgt mit Hilfe der Durchschnittskosten $s_{3,3}$ und $s_{3,4}$ noch die Überprüfung, ob vor dem dritten Planungsraster nur für dieses, oder auch noch für das vierte mit bestellt wird.

Auf diese Art und Weise werden die optimalen Bestellzeitpunkte und Losgrößen für die Einkaufsteile berechnet.

Der Grund für die Entwicklung eines OR-Modells für die Einkaufsabteilung liegt darin begründet, dass sich mit System-Dynamics die Silver-Meal-Methode zwar grundsätzlich umsetzen lässt, sich die Methode jedoch nicht mit variablen ZPP kombinieren lässt, was für das entwickelte Modell eine essentielle Voraussetzung darstellt.

Ähnlich wie es auch bei der Beschreibung des Fachbereichs Produktion, wird auch innerhalb des OR-Modells ein jeweiliger Sicherheits- und Maximalbestand überprüft.

Nach der Vorstellung der Produktions- und Einkaufsabteilung folgt nun die Erläuterung der Simulation der Vertriebsabteilung, die für die kundenindividuelle Produktion und die fristgerechte Auslieferung der Teile an die drei fiktiven Endkunden verantwortlich ist.

Zunächst wird die tatsächliche Abnahmemenge, dessen Zeitreihe bereits ganz zu Beginn mit Hilfe einer Normalverteilung erzeugt worden war, auf die drei fiktiven Endkunden aufgeteilt. Dies geschieht ebenfalls über drei einzelne Normalverteilungen, die die Abnahme der Endkunden in Prozent bestimmen.

Wie bereits in der Produktionsabteilung werden an dieser Stelle zwei Lieferzeiten ermittelt. Zum einen die zugesagte Lieferzeit (ähnlich zu der geplanten Durchlaufzeit zur Materialfreigabe) und zum anderen erneut eine tatsächliche Durchlaufzeit.

Die versprochene Lieferzeit wird innerhalb des Modells jedoch in Intervallen bestimmt, damit sie für die Kunden transparent ist. Die Angabe in Clustern ermöglicht zudem eine leichtere Anpassung durch einen möglichen Anwender des Modells, also ein produzierendes Unternehmen. Der Faktor a wird für die kundenindividuelle Produktion marginal anders berechnet (siehe Formel 6-6), da die Kapazitätsauslastung im Rahmen der kundenindividuellen Produktion eine größere Rolle spielt. Begründet wird dies damit, dass die kundenindividuelle Produktion, im Gegensatz zur kundenanonymen Produktion, nur mit größerem Aufwand glättend geplant werden kann.

Formel 6-6: Berechnung der kundenindividuellen Übergangszeit

$$Übergangszeit_{KI} = a_{KI} * Gesamtbearbeitungszeit_{KI}$$

$$a_{KI} = 2 * Hilfszahl_{Kapazitätsauslastung} + 6 * \left(\frac{Planungsraster}{20} + \frac{Planungsperiode}{80}\right)$$

Im Gegensatz zu der kundenanonymen Produktion, werden im Rahmen der kundenindividuellen Produktion zusätzlich individuelle Rüstzeiten für die drei Kunden berücksichtigt.

Durch Schwankungen in den Rüstvorgängen, kann das leicht höhere a weiter gestützt werden.

Bislang wurden die drei relevanten Funktionsbereiche des Referenz-Variantenfertigers simuliert und dargestellt. Die Grenzen der einzelnen Module sollten allerdings nicht als determiniert, sondern vielmehr als fließend angenommen werden.

6.3.3 Modul 2 – Leistungsbewertung der Zwischenziele

Im Folgenden soll erklärt werden, wie die Erreichungsgrade der Zwischenziele innerhalb des System-Dynamics-Moduls berechnet werden. Die einzelnen Zwischenzielgrößen werden im Folgenden einzeln beschrieben.

6.3.3.1 Absatzprognosegüte

Die Absatzprognosegüte resultiert aus dem zugrundliegenden MAPE. Bei der Betrachtung der Absatzprognosegüte als Zielgröße muss daher lediglich beachtet werden, dass ausschließlich die im Modell verwendeten MAPE in die Berechnung einbezogen werden (siehe Formel 6-7):

Formel 6-7: Berechnung der Absatzprognosegüte

$$Absatzprognosegüte = 1 - Øverwendeter\ MAPE$$

6.3.3.2 Bestand

Die Bestände werden im Modell über das gebundene Kapital operationalisiert. Das bedeutet, dass die jeweils im Time Step vorliegenden Bestände mit dem Wert des jeweiligen Teils multipliziert werden. Abschließend wird der Durchschnitt des gebundenen Kapitals über alle Time Steps gebildet und der Wert mit Hilfe eines Maximalbestands zwischen 0 und 1 normiert. Dabei ist es entscheidend, dass der Maximalbestand konstant bleibt, da der Wert so leichter vergleichbar und bewertbar gemacht wird. Im Folgenden soll kurz darauf eingegangen werden, wie die jeweiligen Zeitreihen für die Lagerbestände gebildet werden:

Bestand HFP: Der Bestand der HFP wird innerhalb des Modells über die aus Modul 1 bereitgestellten Informationen berechnet. Dort werden sowohl eine Zeitreihe mit den tatsächlichen Bedarfen, als auch die Informationen über die prognostizierten Mengen mit deren geplanter (Materialfreigabe) und tatsächlicher Durchlaufzeit bereitgestellt. Aus diesen Durchlaufzeiten und Prognosewerten lassen sich die jeweiligen Zugänge pro Time Step bestimmen. Diese Informationen genügen, um über einfache Berechnungen (siehe Formel 6-8) den Lagerbestand im jeweiligen Time Step t zu berechnen:

Formel 6-8: Berechnung des Lagerbestands

$$Lagerbestand_t = Lagerbestand_{t-1} + Zugänge_t - Tatsächlicher\ Bedarf_t$$

Bestand RHB: Die Berechnung der Bestände der Rohteile erfolgt analog zu den Beständen der HFP. Der einzige nennenswerte Unterschied ist die Informationsquelle, da die Daten dafür dem OR-Modell entnommen werden.

6.3.3.3 Durchlaufzeit

Die Durchlaufzeit wird ähnlich zu dem Bestand bewertet. Sowohl für die kundenanonyme, als auch für die kundenindividuelle Produktion wird der Durchschnitt der tatsächlichen Durchlaufzeiten berechnet, auf ein Teil herunter gerechnet und über einen fiktiven (konstanten) Maximalwert zwischen 0 und 1 normiert und somit vergleichbar gemacht.

6.3.3.4 Termintreue

Im Folgenden soll die Berechnung der Termintreue vorgestellt werden. Diese erfolgt grundsätzlich nach der aus der Literatur bekannten Formel 6-9:

Formel 6-9: Berechnung der Termintreue

$$Termintreue = \frac{\#Aufträge\ mit\ zulässiger\ Abgangsterminabweichung}{\#Aufträge} * 100\%$$

Es wird also sowohl für die RHB, die HFP, als auch für die Endprodukte geprüft, ob die Teile fristgerecht zum benötigten beziehungsweise vereinbarten Termin vorliegen.

Die Termintreue des Einkaufs ist somit definiert als der Anteil pünktlich bereitgestellter Rohstoffe für die Fertigung der HFP. Um kurzfristige Engpässe auszugleichen, besteht die Möglichkeit einer Eillieferung der Rohstoffe zu einem höheren Einkaufspreis. Die

Termintreue des Einkaufs und die der Produktion werden somit voneinander entkoppelt.

Die Termintreue der Produktion ist definiert als der Anteil der Times Steps, in denen alle HFP termingerecht vorliegen. Diese Definition weicht leicht von der oben vorgestellten Formel ab, da dem Modell die Annahme zu Grunde liegt, dass lediglich komplette Aufträge geliefert werden können. Die Termintreue wird also reduziert, wenn nicht genug HFP zur vollständigen Fertigung von Endprodukten vorliegen. Dies kann verschiedene Gründe haben, beispielsweise eine zu geringe Absatzprognose oder eine zu gering eingeschätzte Durchlaufzeit. Die entsprechenden Daten können Modul 1 entnommen werden, da dort sowohl eine Zeitreihe mit benötigten HFP pro Time Step, als auch eine Zeitreihe mit fertiggestellten HFP vorliegt.

Die Termintreue des Vertriebs stellt schlussendlich für die von den drei fiktiven Kunden wahrgenommene Termintreue. Sie ist demnach definiert als der Anteil fristgerecht gelieferter Endproduktaufträge zu den jeweiligen Kunden. Bei der Definition spielt die Annahme vollständiger Aufträge erneut eine große Rolle. Kunde 3 kann also beispielsweise nicht mit 10 Teilen beliefert werden, wenn er 12 bestellt hat. Stattdessen wäre die spezifische Termintreue für diesen Kunden, in diesem Time Step 0%. Die Termintreue des Vertriebs ist direkt abhängig von der Termintreue der Produktion. Des Weiteren kann sie aufgrund einer zu langen kundenindividuellen Durchlaufzeit (die die versprochene Lieferzeit übersteigt) reduziert werden. Auch an dieser Stelle können die Daten als Zeitreihen aus Modul 1 übernommen werden. Die Annahme, dass die Termintreue des Vertriebs immer geringer als die Termintreue der Produktion sein muss, trifft aus folgenden Gründen nicht zu:

- Bei einer Unterschreitung des Sicherheitsbestands an HFP zu einem Planungstreffen, werden zusätzliche HFP bei einem externen Lieferanten bestellt; dies ändert nichts an der Termintreue der Produktion, kann jedoch die Termintreue des Vertriebs positiv beeinflussen.
- Liegen in einem Time Step beispielsweise 20 HFP und die folgenden Bestellungen vor:
  - Kunde 1: 12
  - Kunde 2: 7
  - Kunde 3: 6

  So können die ersten beiden Kunden beliefert werden und die Termintreue des Vertriebs beträgt für diesen Time Step 66%; die Termintreue der Produktion beträgt jedoch 0%, da nicht alle der 25 benötigten HFP fristgerecht bereitgestellt worden.

6.3.3.5 Planungsaufwand

Die Berechnung des Planungsaufwands basiert auf jeweils einem Standardset an Aufwänden für die jeweilige Abteilung. In diesem wird angenommen, dass jede Abteilung einmal pro Woche plant und die geplante Woche in 2 Raster aufgeteilt wird, die ZPP also „Planungsperiode= 10 Time Steps“ und „Planungsraster= 5 Time Steps“ betragen. Innerhalb einer komplexen Berechnung werden nun die aktuelle ZPP-Einstellungen und IT-Nutzungsgrade je Abteilung verwendet, um den individuellen Planungsaufwand zu errechnen (siehe Formel 6-10 auf der folgenden Seite).

Der Effekt des Planungsrasters wird dabei als Hyperbel simuliert, die Abnahme des Planungsaufwands durch längere (also weniger) Planungsraster wird demnach immer schwächer. Die Effekte einer kürzeren Planungsperiode stellen sich grundsätzlich als widersprüchlich zueinander dar. Auf der einen Seite finden mehr Planungstreffen statt und es bedarf zu Beginn eines jeden Planungstreffens einer gewissen Rüstzeit. Dieser Effekt wird innerhalb des Modells dadurch simuliert, dass der Gesamtplanungsaufwand auf eine Planungsperiode herunter gerechnet wird (der Aufwand also durch die Länge der Planungsperiode geteilt wird). Bei einer kürzeren Planungsperiode wird demnach durch eine kleinere Zahl geteilt und bei einem gleichen Gesamtplanungsaufwand ergibt sich ein größerer Planungsaufwand pro Planungsperiode, der im Endeffekt bewertet wird. Es handelt sich somit auch um einen Zusammenhang, der in Form einer Hyperbel dargestellt werden könnte (da durch die Planungsperiode, also die Variable geteilt wird). Auf der anderen Seite können durch eine kürzere Planungsperiode kürzere Planungstreffen realisiert werden, da kürzere Zeitspannen beplant werden. Dieser Effekt wird durch einen proportionalen Auf- bzw. Abschlag auf die Länge der Planungsmeetings dargestellt.

Abschließend muss noch der IT-Nutzungsgrad der jeweiligen Abteilung berücksichtigt werden. Dieser wird erneut in Form einer Hyperbel simuliert. Bereits erste Maßnahmen der Digitalisierung können große Fortschritte mit sich bringen. Ab einem gewissen Grad lassen sich Zeitersparnisse jedoch immer schwieriger realisieren. Dies steht im Einklang mit der diskutierten Hypothese, dass ein gewisser Teil der hierarchischen Planung auch in einer vollständig vernetzten Fabrik noch benötigt wird.

Formel 6-10: Berechnung des Planungsaufwands je Abteilung

$$\begin{aligned} Gesamtplanungsaufwand &= Länge\ Meeting\ Standardset * \#Mitarbeiter * Hilfszahl_{Planungsperiode} \\ &* Hilfszahl_{Planungsraster} * Hilfszahl_{IT-Nutzungsgrad} \end{aligned}$$

$$Planungsaufwand = \frac{Gesamtplanungsaufwand}{Länge\ der\ Planungsperiode}$$

mit

$$Hilfszahl_{Planungsperiode} = 0{,}05 * Länge\ der\ Planungsperiode + 0{,}5$$

$$Hilfszahl_{Planungsraster} = \frac{5}{Länge\ des\ Planungsrasters}$$

$$Hilfszahl_{IT-Nutzungsgrad} = \frac{50\%}{IT - Nutzungsgrad\ [\%]}$$

6.3.4 Modul 3 – Leistungsbewertung Oberzielgrößen

Bislang wurde lediglich von der Oberzielgröße des Zielsystems zur Bewertung der Zeitplanungsparameter, also der Effizienz der zeitlichen Einstellungsparameter in der PPS ausgegangen. Als weitere Zielgröße wird innerhalb des Modells der ROCE innerhalb des System-Dynamics-Modells berechnet. In Kapitel 5.2.2.1 wurde bereits gezeigt, dass die Effizienz der zeitlichen Einstellungsparameter in der PPS einen qualitativ positiven Effekt auf die Zielgröße des ROCE hat.

Die Berechnung ist dabei recht trivial. Es werden die Zwischenzielerreichungsgrade mit ihren jeweiligen, exogen vorgegebenen Gewichtungsfaktoren multipliziert und aufsummiert (siehe Formel 6-11):

Formel 6-11: Berechnung der Effizienz der zeitlichen Einstellungsparameter in der PPS

$$Effizienz\ der\ zeitlichen\ Einstellungsparameter\ in\ der\ PPS = \sum g_{Zwischenzielgröße} * Zielerreichungsgrad_{Zwischenzielgröße}$$

Entscheidend ist dabei lediglich, dass die Zwischenzielerreichungsgrade zwischen 0 und 1 normiert sind und die Summe aller Gewichtungsfaktoren 1 ergibt.

Die Ermittlung des ROCE gestaltet sich an dieser Stelle etwas schwieriger. Der ROCE stellt die Rentabilität des operativen Vermögens dar und kann als Quotient aus dem EBIT und dem eingesetzten Kapital berechnet werden. Innerhalb des System-Dynamics-Modells werden zunächst basierend auf den Daten aus Modul 1 der Umsatz und die Kosten des Referenz-Variantenfertiges berechnet (siehe Formel 6-12):

Formel 6-12: Berechnung des EBITs im Simulationsmodell

$$EBIT = Umsatz - Kosten$$

$$Umsatz = \sum \#verkaufter\ Endprodukte_{Kunde\ i} * Preis_{Kunde\ i}$$

$$Kosten = Kosten\ HFP\ Produktion + \sum Kosten\ Endprodukt_{Kunde\ i} + Planungskosten$$

mit

$$Kosten\ HFP\ Produktion = \#produzierter\ HFP * Herstellkosten + \#gekaufter\ HFP * Einkaufspreis$$

$$Kosten\ Endprodukt_{Kunde\ i} = \#Endprodukte_{Kunde\ i} * (Herstellungskosten_{Endprodukt\ Kunde\ i} + Einkaufskosten_{RHB\ Kunde\ i})$$

Im Modell wird zusätzlich berücksichtigt, dass die Kosten der Einkaufsteile bei einer schlechten Termintreue der Einkaufsabteilung aufgrund von Eillieferungen schwanken.

Die Variablen Umsatz und Kosten werden also zu einem fiktiven EBIT des Unternehmens verrechnet. Dieser wird abschließend durch das durchschnittlich gebundene Kapital dividiert, um – der Definition des ROCE entsprechend – die Rentabilität der operativ eingesetzten Mittel zu erreichen (siehe Formel 6-13):

Formel 6-13: Berechnung des ROCE im Modell

$$ROCE = \frac{EBIT}{\emptyset gebundenes\ Kapitel}$$

Nach dieser abschließenden Berechnung der beiden Oberzielgrößen des Modells, können die Ergebnisse ausgewertet werden es kann ein neuer Simulationsdurchlauf gestartet werden.

6.4 Validierung des Simulationsmodells

In dem folgenden Kapitel soll das zuvor beschriebene Simulationsmodell validiert werden. Dies gilt als ein wesentlicher Schritt zur ganzheitlichen Entwicklung eines Simulationsmodells, da nur so hinreichend belegt werden kann, ob das erstellte Modell auch das Verhalten des realen Systems wiederspiegelt.

Bevor das Modell systematischen Validierungstests unterzogen wird, müssen zunächst die Grundlagen der Modellvalidierung hergeleitet werden.

6.4.1 Grundlagen der Modellvalidierung

Grundsätzlich wird unter der Validierung eines Simulationsmodells die „kontinuierliche Überprüfung, ob die Modelle das Verhalten des abgebildeten Systems hinreichend genau wieder geben" (vgl. Rabe et al. 2008, S. 15) verstanden.

Diese Verfahren sind erforderlich, wenn die vollständige Validität eines Modells nicht formal nachgewiesen werden kann. Zu den angesprochenen Verfahren gehören nach *Sterman* sowohl qualitative, als auch quantitative Tests (vgl. Sterman 2004, 859 ff).

Während qualitative Tests der modellierungsbegleitenden Validierung dienen, prüfen quantitative Tests nach der Erstellung des Simulationsmodells die Simulationsergebnisse auf ihre Konsistenz.

Im Rahmen der Erstellung des Simulationsmodells zur Bewertung der Einstellung der Zeitplanungsparameter und des Kundenentkopplungspunkts fanden bereits erste Tests zur Konsistenzprüfung der physikalischen Einheiten Anwendung. Durch Tests dieser Art können zumindest grobe Fehler bei der Berechnung einzelner Größen oder Zielgrößen verhindert werden.

Da ein Vergleich des Modells mit einem entsprechenden realen System im Rahmen einer Dissertationsschrift nicht umzusetzen ist, sollen sich die folgenden Ausführungen auf formale Verfahren beschränken. Diese Tests sind nach Sterman im Wesentlichen der Time-Step-Test, der Extremwerttest und die Sensitivitätsanalyse.

Da der Time-Step-Test die Auswirkungen einer Veränderung der zeitlichen Parametrierung des Simulationsmodells prüft, macht er an dieser Stelle recht wenig Sinn, da eben diese Auswirkungen der zeitlichen Einstellungen im Rahmen des entwickelten Modells geprüft werden sollen. Der Time-Step-Test wird somit durch die anderen Tests mit abgedeckt.

Da sich das Verhalten eines realen Systems bei Extrembedingungen deutlich einfacher vorhersagen lässt, kann das Modell durch den so genannten Extremwerttest auf Inkonsistenzen geprüft werden und mit dem realen System verglichen werden.

Im Rahmen der Sensitivitätsanalyse wird der Einfluss von Unsicherheiten der Eingangsgrößen auf die Simulationsergebnisse beobachtet.

6.4.2 Durchführung quantitativer Validierungstests

Im Folgenden sollen die angesprochenen Validierungstests (Extremwerttest und Sensitivitätsanalyse) durchgeführt werden. Das Vorgehen ist dabei durch die Literatur vorgegeben: Zunächst werden die Eingangs- und Beobachtungsgrößen festgelegt. Beim Extremwerttest bedeutet dies beispielsweise, welche Eingangsgrößen auf einen extrem niedrigen beziehungsweise im nächsten Durchlauf auf einen extrem hohen Wert eingestellt werden und anhand welcher Größen das Verhalten des Systems beobachtet wird (dies sind die Beobachtungsgrößen). Nach der Festlegung dieser Größen, werden die zu erwartenden Ergebnisse beschrieben und die Testergebnisse dargestellt und diskutiert. Abschließend erfolgt eine zusammenfassende Beurteilung der Modellvalidität.

6.4.2.1 Extremwerttests - Festlegung der Eingangs- und Beobachtungsgrößen

Das erstellte Modell soll primär der Bewertung der Zeitplanungsparameter und des Kundenentkopplungspunkts dienen. Daher erscheint es an dieser Stelle sinnvoll das Verhalten des Systems unter extremen Einstellungen dieser Eingangsgrößen zu beobachten. Die übrigen Eingangsgrößen des Modells werden dabei auf ihren jeweiligen Ausgangsgrößen belassen.

Als Beobachtungsgrößen werden sämtliche Zielgrößen des Zielsystems zur Bewertung der Zeitplanungsparameter gewählt. Trivialer wäre es an dieser Stelle natürlich, lediglich die Oberzielgröße, also die Effizienz der zeitlichen Einstellungsparameter in der PPS, als Beobachtungsgröße zu wählen. Davon wird jedoch abgesehen, da die Gefahr bestünde, dass die Wechselwirkungen der einzelnen Zielgrößen die Ergebnisse verfälschen. Zudem ist das Verhalten dieser aggregierten Größe nur sehr schwer vorhersagbar und stark von den individuellen Gewichtungsfaktoren abhängig.

Um das Verständnis der Ergebnisse zu erleichtern wird zur Durchführung die Einfaktormethode gewählt. Demnach wird immer nur ein Faktor pro Simulationsstudie verändert, was eine direkte Interpretation der Zusammenhänge zwischen dem Faktor und dem Endergebnis ermöglicht.

Für eine Veränderung des Kundenentkopplungspunktes wird zudem der ROCE des simulierten Variantenfertigers als Beobachtungsgröße hinzugezogen.

6.4.2.2 Extremwerttests - Erwartete Ergebnisse

In folgenden Abschnitt werden die erwarteten Veränderungen der Beobachtungsgrößen bei den Extremwerten der Eingangsgrößen beschrieben werden. Somit sollen insgesamt 15 Auswirkungen beschrieben werden (3 Eingangsfaktoren * 5 Beobachtungsgrößen).

Zunächst werden die erwarteten Ergebnisse der Beobachtungsgrößen für eine Veränderung des Planungsrasters beschrieben. Ein kurzes Planungsraster steht dabei für eine sehr feingranulare, hochaufgelöste Planung. Ein langes im Gegensatz dazu für eine grobe Planung, in der nur recht lange Zeitabschnitte beplant werden.

- Absatzprognosegüte: Es ist zu erwarten, dass ein kurzes Planungsraster zu einer deutlich besseren Absatzprognosegüte führt. Dies liegt an den höher aufgelösten und genauer prognostizierbaren Planungsblöcken. Bei einem langen Planungsraster wirkt sich der höhere, erwartete Planungsfehler auf die gesamte, prognostizierte Absatzmenge aus.
- Termintreue: Aus ähnlichen Gründen führt ein kürzeres Planungsraster auch zu einer höheren Termintreue. Neben der verbesserten Prognose spielen hier auch kürzere Übergangszeiten und dementsprechend kürzere Durchlaufzeiten eine Rolle. Zudem steigt die Flexibilität.
- Durchlaufzeit: Wie bereits im vorherigen Punkt erwähnt, können durch ein kürzeres Planungsraster die Übergangszeiten reduziert werden (vgl. Paegert 1997, 91f.). Generell wird hier jedoch eher ein schwacher Effekt erwartet, vor allem wenn man berücksichtigt, dass längere Planungsraster ein größeres Zusammenfassen von Losgrößen und damit kürzere Rüstzeiten ermöglicht (vgl. Paegert 1997, 90f.).
- Planungsaufwand: Ein kürzeres Planungsraster bedarf einer längeren Planung, da die beplante Planungsperiode detaillierter aufgelöst wird. Zudem führen kleinere Planungseinheiten zu einer größeren Datenmenge. Es kann also ein höherer Planungsaufwand für kleinere Planungsraster prognostiziert werden.
- Bestand: Der Einfluss eines kleineren Planungsrasters auf die Höhe des gebundenen Kapitals kann nur schwer vorhergesagt werden. Es kann jedoch erwartet werden, dass die verbesserte Absatzprognosegüte dem fiktiven Variantenfertiger das Vorhalten geringerer Bestände ermöglicht.

Im Folgenden sollen die Auswirkungen einer extremen Veränderung der Planungsperiode prognostiziert werden:

- Absatzprognosegüte: Es kann erwartet werden, dass die Absatzprognose durch eine kürzere Planungsperiode verbessert werden kann, da der durchschnittliche Planungsfehler bei einer Planung in die weitere Zukunft immer größer wird und ein erneutes Planungstreffen (von denen bei einer kürzeren Planungsperiode mehr vorliegen), das Zurücksetzen des Prognosefehlers bedingt.

- Termintreue: Eine kürzere Planungsperiode sollte sich positiv auf die Termintreue auswirken. Durch die häufigeren Planungstreffen kann die Planung flexibler umgesetzt werden. Zudem wirkt sich die (vermeintlich) höhere Absatzprognosegüte positiv auf die Termintreue aus.
- Durchlaufzeit: Durch eine kürzere Planungsperiode sollten die Durchlaufzeiten leicht reduziert werden können. Dies liegt vor allem daran, dass die Planung schneller aktualisiert und somit regelnd in die Produktion eingegriffen werden kann. Dadurch können Stillstandzeiten und Übergangszeiten reduziert werden. Es wird jedoch nicht ein solch starker Effekt wie bei den ersten bei der Absatzprognosegüte und der Termintreue erwartet.
- Planungsaufwand: Eine extrem kurze Planungsperiode hat grundsätzlich zwei gegenläufige Effekte auf den Planungsaufwand. Zum einen sorgen häufigere Planungstreffen natürlich dafür, dass mehr Zeit in die Planung investiert werden muss. Zum anderen verkürzen sich die anfallenden Planungstreffen jedoch, da ein kürzerer Zeitraum beplant wird. Es kann jedoch angenommen werden, dass der erstgenannte Effekt, gerade unter Extremeinstellungen der Planungsperiode, deutlich stärker ausfällt. Dies liegt unter anderem daran, dass immer etwas Zeit vergeht, bis alle an der Planung beteiligten Fachabteilungen auf Basis des selben fundierten Wissensstands Entscheidungen fällen können, also immer eine gewissen Rüstzeit vergeht, bis mit der eigentlichen Planung begonnen werden kann.
- Bestand: Ähnlich wie auch beim Planungsraster, ist der Effekt einer kürzeren Planungsperiode auf den Bestand nicht offensichtlich. Der Autor geht jedoch erneut davon aus, dass die verbesserte Absatzprognosegüte zu einem geringeren gebundenen Kapital führt.

Nach der Beschreibung der Auswirkungen auf das Verhalten des Systems durch Extremwerte der Zeitplanungsparameter, soll nun eine Verschiebung des Kundenentkopplungspunkts erfolgen. In dem erstellten Simulationsmodell ist der KEP über einen jeweils prozentualen Anteil der Gesamtbearbeitungszeit einstellbar. Ein Anteil der kundenanonymen Bearbeitungszeit von 30% bedeutet den frühestmöglichen Kundenentkopplungspunkt im Rahmen des Simulationsmodells. Der spätmöglichste KEP ist mit einem Anteil der kundenanonymen Bearbeitungszeit von 70% definiert.

Im Folgenden soll demnach das erwartete Verhalten der Zielgrößen des Zielsystems zur Bewertung der Zeitplanungsparameter und an dieser Stelle auch des ROCE unter diesen jeweiligen Extremausprägungen des KEP betrachtet werden:

- Absatzprognosegüte: Der Effekt der Lage des KEP auf die Qualität der Absatzprognose ist nicht trivial vorauszusagen. Bereits im Rahmen der Erläuterung der ZPP wurde ersichtlich, dass eine weiter in die Zukunft blickende Absatzprognose meist an Qualität verliert. Dieser Umstand sorgt auch für die erwarteten Effekte einer Verschiebung des KEP. Vor allem bei einer langen Gesamtdurchlaufzeit sollten die Vertriebsmitarbeiter die Absatzmengen nach 30% der Durchlaufzeit, also bei einem frühen KEP, besser prognostizieren können. Es wird demnach erwartet, dass die Absatzprognosegüte bei einem früherem KEP besser ausfällt als bei einem späten. Dieser Effekt wird umso stärker sein, je länger die Gesamtbearbeitungszeit des Unternehmens angegeben wird und damit auch die Durchlaufzeit verlängert wird.

- Termintreue: Auf die Termintreue wird ein ähnlicher Effekt erwartet. Dies liegt hauptsächlich an der erwarteten, verbesserten Absatzprognose. Voraussichtlich werden noch weitere Effekte auftreten. So wird die Termintreue der Produktion bei einem frühen KEP steigen. Dahingegen wird erwartet, dass die Termintreue des Vertriebs zumindest nicht im gleichen Maße steigt, da die längere, kundenindividuelle Durchlaufzeit zu größeren Schwankungen führt.
- Durchlaufzeit: Die Effekte einer Verschiebung des KEP auf die Durchlaufzeiten werden voraussichtlich eher gering ausfallen. Allerdings geht der Autor dieser Arbeit davon aus, dass ein früherer KEP tendenziell zu längeren Gesamtdurchlaufzeiten führen wird. Dies liegt darin begründet, dass in der kundenanonymen Produktion einfacher Losgrößen zusammengefasst und die Produktion kapazitätsauslastend und effizient (gerade im Hinblick auf Übergangszeiten) beplant werden kann. In der kundenindividuellen Produktion sind die Losgrößen hingegen vom Kunden vorgegeben und es ergeben sich längere Rüst- und Übergangszeiten.
- Planungsaufwand: Es werden keinerlei Effekte auf den Planungsaufwand durch eine Verschiebung des KEP erwartet.
- Bestand: Auch durch eine Verschiebung des KEP wird keine direkte Auswirkung auf die Höhe des gebundenen Kapitals erwartet. Wie schon bei den ZPP, kann eine verbesserte Absatzprognosegüte eventuell zu geringeren Beständen führen.

6.4.2.3 Extremwerttests - Ergebnisdarstellung und Diskussion

Innerhalb der Extremwerttests wurden für das Planungsraster Werte von 2 und 8 Time Steps, für die Planungsperiode Werte von 4 und 40 Time Steps und für den Kundenentkopplungspunkt ein Anteil von 30% beziehungsweise 70% der kundenanonymen Durchlaufzeit simuliert. Während der einfaktoriellen Versuchsdurchführungen wurden die restlichen Eingangsgrößen des Modells jeweils auf einem konstanten Wert belassen. Diese Ausgangswerte lassen sich dem Anhang dieser Dissertationsschrift entnehmen.

Zunächst lassen sich in Abbildung 6-5 die Beobachtungsgrößen für die verschiedenen Einstellungen der Eingangswerte in einer Gesamtübersicht entnehmen.

	Einheit	PR=2	PR=8	PP=4	PP=40	KEP=30%	KEP=70%
Absatzprognosegüte	%	65,41	50,44	62,01	47,63	61,34	56,64
Zielwert DLZ	Normiert	0,7428	0,6625	0,727	0,6096	0,6941	0,7316
Zielwert Planungsaufwand	Normiert	0,9625	0,9906	0,9708	0,9896	0,9812	0,9812
Zielwert Bestand	Normiert	0,9621	0,824	0,9038	0,9477	0,9138	0,9085
Termintreue Produktion	%	83,58	82,9	89,6	54,86	88,78	80,3
Termintreue Vertrieb	%	88,74	85,36	92,94	64,63	90,87	84,41
Effizienz der zeitl. Einst. in PPS	Normiert	0,8366	0,7646	0,8266	0,7241	0,8159	0,8053
ROCE	Euro/Euro	76,695	34,528	43,144	85,99	44,731	66,817
Schnitt DLZKA	Time Steps	0,04806031	0,072217377	0,052511019	0,087987887	0,033663679	0,078978155
Schnitt DLZKI	Time Steps	0,090696986	0,109465399	0,094799579	0,122648949	0,132802543	0,065025286
Gebundenes Kapital	Euro/Time Step	265,15	1231,68	673,53	366,14	603,21	640,82
Prozesskosten	Euro/Time Step	120,23	30,06	93,52	33,4	60,12	60,12

Abbildung 6-5: Ausgangswerte der Extremwerttests

Es lässt sich zunächst festhalten, dass die Ergebnisse des Extremwerttests größtenteils wie erwartet ausfallen. Die Absatzprognosegüte fällt tendenziell etwas schlechter aus als erwartet. Dies liegt jedoch auch an den Ausgangswerten der restlichen Eingangsgrößen. Die Auflösung und Aktualität der Datengrundlage wurde beispielsweise in allen Simulationsdurchläufen bei 0,5 belassen. Mit dieser Grundlage ist schlichtweg keine extrem genaue Absatzprognosegüte möglich.

Der Zielwert des Planungsaufwands ist tendenziell etwas höher angesetzt, da sämtliche Zielwerte größer als 0,95 sind. Die erwarteten Effekte lassen sich trotzdem erkennen. Anschaulich sind die Effekte auch der letzten Zeile, also den Prozesskosten in Euro pro Time Step zu entnehmen. Der Planungsaufwand steigt also bei einem kürzeren Planungsraster oder einer kürzeren Planungsperiode.

Die Effekte des gebundenen Kapitals entsprechen ebenfalls den angenommenen Richtungen. Zudem entwickelt sich der Zielwert des Bestands dem absoluten, gebundenen Kapital (in € pro Time Step) entsprechend.

Man erkennt anhand der Daten, dass die Termintreue hauptsächlich von der Absatzprognosegüte und der Höhe des gebundenen Kapitals abhängig ist beziehungsweise sich im Einklang mit diesen verändert. Die Termintreue des Vertriebs fällt dabei immer leicht besser aus als die Termintreue der Produktion. Die Gründe dafür lassen sich Kapitel 6.3.3 entnehmen.

Nach diesen allgemeinen Einschätzungen, sollen nun die Veränderungen der Eingangsgrößen betrachtet werden.

Bei den extrem niedrigen (2 Time Steps) und extrem hohen (8 Time Steps) Einstellungen des Planungsrasters ergeben sich die erwarteten Verläufe. Die extreme Steigerung des gebundenen Kapitals lässt sich an der dynamischen Darstellung der HFP-Bestände erkennen (siehe Abbildung 6-6):

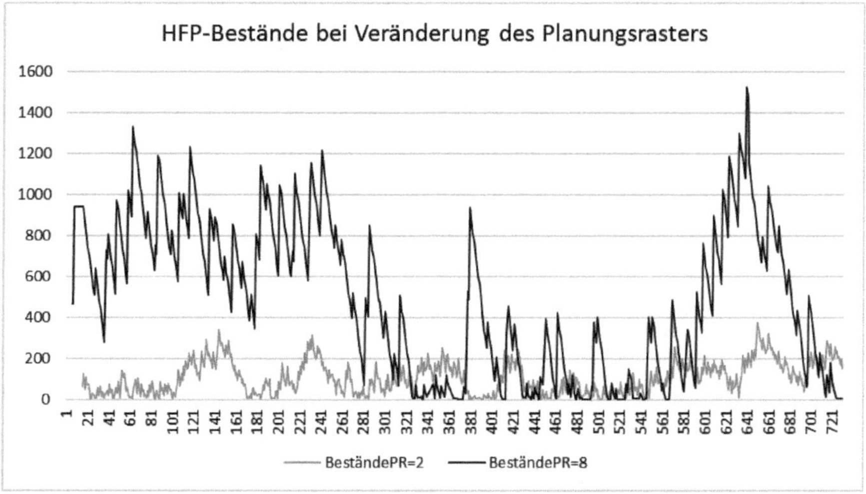

Abbildung 6-6: Dynamische Darstellung der HFP-Bestände bei extremer Veränderung des Planungsrasters

Die hohen Bestände bei einem Planungsraster von 8 Time Steps sind auch der Grund dafür, dass die Termintreue fast auf einem Niveau gehalten werden kann. Dazu tragen zudem die Auffüllungen bei externen Lieferanten der HFP bei. Diese Spontankäufe nehmen bei einem Planungsraster von 2 Time Steps stark zu, was sich Abbildung 6-7 entnehmen lässt.

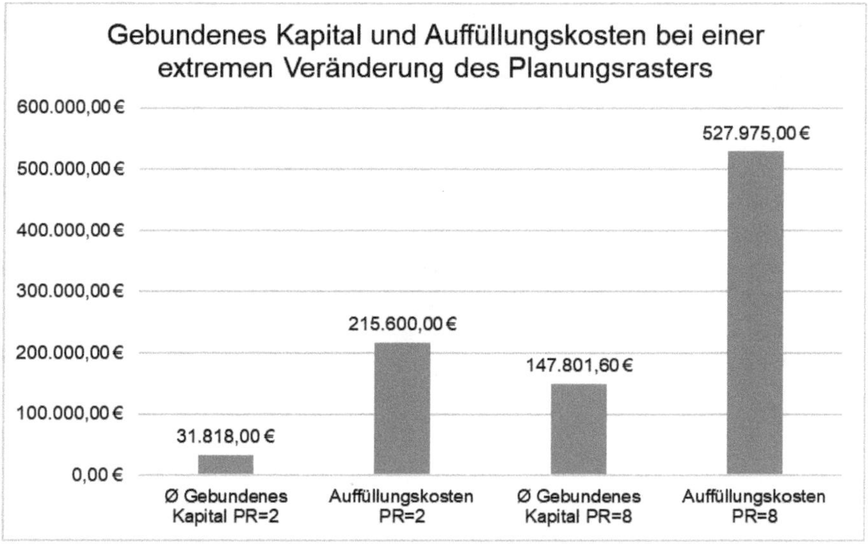

Abbildung 6-7: Darstellung des gebundenen Kapitals und der Auffüllungskosten bei einer extremen Veränderung des Planungsrasters

Bei den angenommenen Extremwerten der Planungsperiode (4 Time Steps und 40 Time Steps) lassen sich grundsätzlich ähnliche Effekte wie auch schon bei einer Verlängerung des Planungsrasters entnehmen.

Die sehr schlecht ausfallenden Ergebnisse der Zielwerte bei einer langen Planungsperiode (speziell Absatzprognosegüte und Termintreue) haben den Autor dieser Arbeit zwar erstaunt, allerdings erscheint es auch in der Praxis unmöglich bei einer lediglich monatlichen Planung der drei essenziellen Funktionsbereiche eine gute logistische Performance aufzubauen.

Der Effekt der Durchlaufzeit liegt im erwarteten Rahmen.

Es gibt jedoch einen Aspekt des Simulationsmodells, der an dieser Stelle falsifiziert werden muss. Dabei handelt es sich um die Berechnung des ROCE. Dieser sollte eigentlich gar nicht als Beobachtungsgröße für die Schwankung der Planungsperiode herhalten, wie bereits angekündigt, wurden jedoch der Vollständigkeit halber, alle Zielgrößen für die entsprechenden Veränderungen der Eingangsgrößen übernommen. Dabei ist für den ROCE aufgefallen, dass dieser für eine Planungsperiode von 40 Time Steps deutlich höher ist, als für eine kurze Planungsperiode. Dies dürfte jedoch nicht der Fall sein, da die Oberzielgröße des Zielsystems zur Bewertung der Zeitplanungsparameter aufgrund der schlechteren logistischen Performance des Variantenfertigers, bei einer langen Planungsperiode deutlich schlechter ausfällt. Nach den Überlegungen aus Kapitel 5.2 müsste sich die schlechtere Effizienz der zeitlichen Einstellungsparameter in der PPS jedoch auch auf den ROCE auswirken.

Dass dies nicht der Fall ist, liegt darin begründet, dass die Kunden dem fiktiven Variantenfertiger eine schlechte Termintreue ohne weiteres Verzeihen und die bestellten Mengen schlichtweg später annehmen.

Dies kann man sehr gut an der folgenden Abbildung 6-8 erkennen. Bei einer langen Planungsperiode schaukeln sich die Bestellmengen der Kunden (orange) teilweise bis auf über 300 Mengeneinheiten auf (die durchschnittlichen Bestellmengen liegen bei 10-15 Teile pro Time Step) und werden durch den Variantenfertiger dann mit einer großen Lieferung (Ausschlag der grauen Kurve, gelieferte Endprodukte) erfüllt. Natürlich schwanken auch die Bestell- und Liefermengen bei einer Planungsperiode von 4 Time Steps (allein schon aufgrund des stochastischen Charakters des Simulationsmodells), allerdings in einer Range von 10-30 Teilen und keineswegs in solchen Höhen, wie bei der langen Planungsperiode.

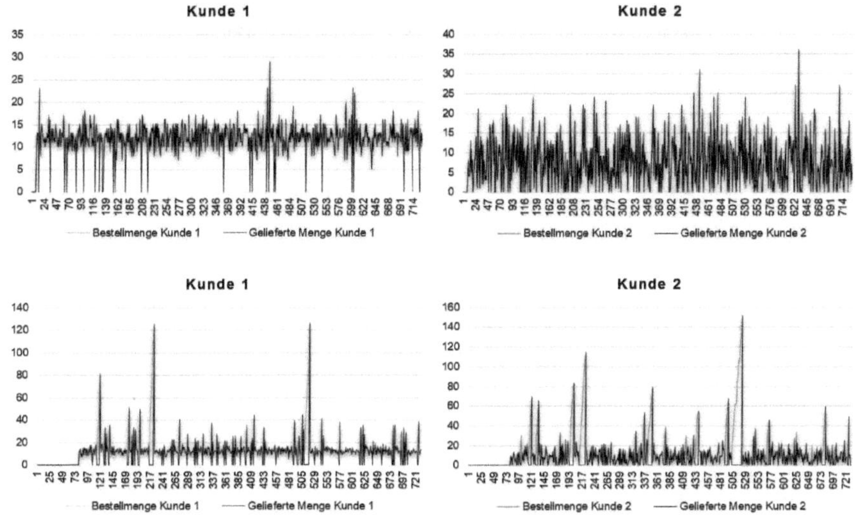

Abbildung 6-8: Bestellmengen und gelieferte Mengen an die Kunden 1 und 2 bei einer extremen Veränderung der Planungsperiode(oben PP= 4; unten PP=40)

Des Weiteren ist der ROCE sehr stark von der stochastischen, normalverteilten Zeitreihe der Bedarfe abhängig. Dies führt dazu, dass der EBIT des simulierten Unternehmens fast ausschließlich von dieser Zeitreihe – und nicht von der Lieferperformance des Variantenfertigers abhängig ist. Fällt nun das gebundene Kapital, wie in diesem Fall eher gering aus, ergibt sich ein sehr hoher ROCE.

Bei den Extremwerten des Kundenentkopplungspunkts zeigt der ROCE jedoch plakativ die Vorteile eines späten KEPs, da er die Auswirkungen eines erhöhten Umsatzes durch die verkürzte Lieferzeit bei einem späten KEP wiederspiegelt.

Auch die restlichen Ergebnisse spiegeln das erwartete Verhalten des Systems wieder.

Der Zielwert der Durchlaufzeit fällt bei einem späten Kundenentkopplungspunkt besser aus, da eine Verlängerung kundenindividuelle Durchlaufzeit aufgrund von Rüstzeiten und einer höheren Übergangszeit (da die Produktion nicht so gut glättend geplant werden kann) einen größeren Effekt aufweist als eine Verlängerung der kundenanonymen Durchlaufzeit. Dies kann auch Abbildung 6-9 entnommen werden, in welcher erkennbar ist, dass die kundenanonyme und kundenindividuelle Durchlaufzeit für den späten Kundenentkopplungspunkt (KEP=70%) zwar höher liegt (die kundenanonyme DLZ also zunimmt), die kundenindividuelle Durchlaufzeit jedoch stärker abnimmt.

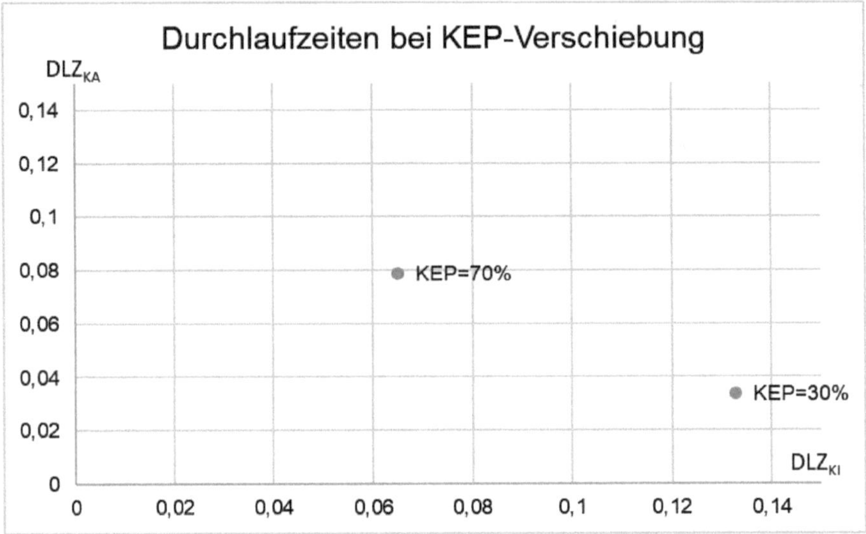

Abbildung 6-9: Datenpunkte der Durchlaufzeiten bei einer Verschiebung des KEP

Die relativ hohe Termintreue des Vertriebs bei einem späten KEP, welche in dieser Form nicht erwartet wurde, liegt innerhalb des Simulationsmodells lediglich in häufigen Nachbestellungen von HFP bei externen Lieferanten begründet. Dies lässt sich der folgenden Abbildung 6-10 entnehmen, in der die gelben Punkte die Höhe der Nachbestellungen in dem jeweiligen Time Step angeben:

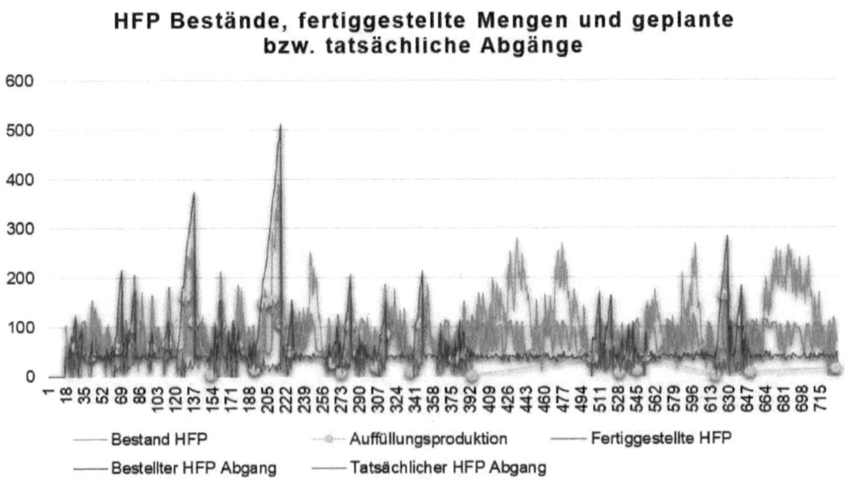

Abbildung 6-10: Informationen der HFP inklusive der Auffüllungsproduktion bei einem KEP=70%

Diese Erkenntnis steht auch im Einklang mit der Höhe der Auffüllungskosten im Vergleich zu dem durchschnittlich gebundenen Kapital, welche sich Abbildung 6-11 entnehmen lässt:

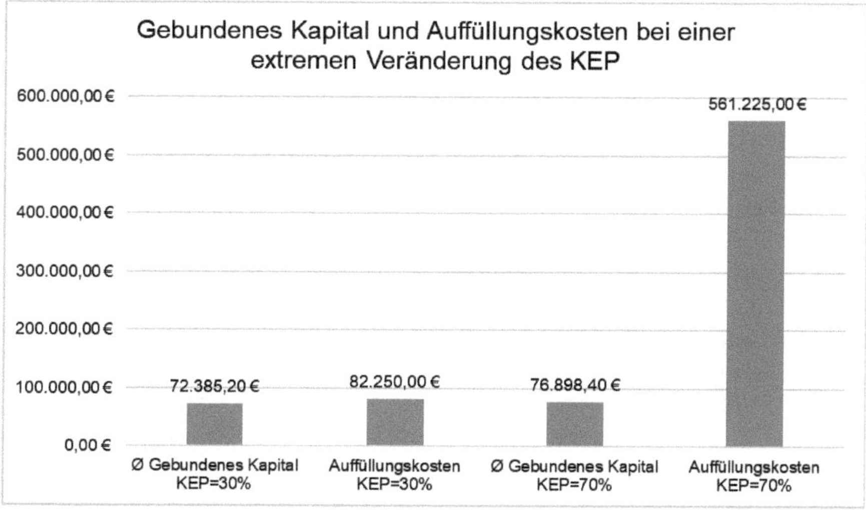

Abbildung 6-11: Darstellung des gebundenen Kapitals und der Auffüllungskosten bei einer extremen Veränderung des Kundenentkopplungspunkts

Es kann also festgehalten werden, dass das Modell durchaus im Rahmen der Extremwerttests validiert wurde. Ausgenommen werden muss von dieser Aussage jedoch der ROCE. Es wurde an dieser Stelle offensichtlich, warum bei den meisten Simulationsmodellen spezifische Zielsysteme eingeführt werden. Eine direkte Bewertung auf Basis des ROCE erscheint auf sinnvolle Art und Weise unmöglich, obwohl es zunächst als realistisch angesehen wurde

6.4.2.4 Sensitivitätsanalyse - Festlegung der Eingangs- und Beobachtungsgrößen

Die Sensitivitätsanalyse bildet in der Literatur den Abschluss der Validierungstests. Dabei soll geprüft werden, wie groß der Einfluss von ungenau erfassten Eingangsgrößen auf das Simulationsmodell ist.

Es müssen demnach Eingangsgrößen gewählt werden, deren Bestimmung in der Realität schwierig ist und einer gewissen Unsicherheit unterliegt. Dafür kommen in dem erstellten Modell verschiedene Größen in Frage. Es sollen jedoch an dieser Stelle maximal drei Eingangsgrößen gewählt werden. Dies liegt primär daran, dass die Unsicherheiten der hier gewählten Einflussfaktoren in beliebiger Kombination auftreten können und der Test somit als multivariate Analyse durchgeführt wird. Bei einer Auswahl von mehr als drei Eingangsgrößen würden die Wechselwirkungen die Komplexität stark erhöhen und eine Interpretation der Ergebnisse erschweren.

Im Rahmen dieses Validierungstests, wurden der Risikofaktor des Vertriebs, der IT-Nutzungsgrad des Einkaufs und die Standardabweichung des Erwartungswerts des Absatzes als Eingangsgrößen gewählt. Der gewählte Risikofaktor und der gewählte IT-Nutzungsgrad stehen dabei exemplarisch für alle Risikofaktoren und IT-Nutzungsgrade des Modells, von denen es jeweils drei – für jeden Funktionsbereich einen – gibt. So werden für jeden Funktionsbereich ein unsicherer Eingangsfaktor ausgewählt, der jeweils für eine Gruppe Eingangsfaktoren steht.

Der Risikofaktor und der IT-Nutzungsgrad sind in der Realität beide nur schwer abzuschätzen und unterliegen oftmals großer Subjektivität des Beobachters. Zwar existieren mit dem Industrie 4.0 Maturity Index erste Ansätze, den Grad der Digitalisierung eines Unternehmens auch quantitativ zu erfassen, dies ist jedoch an dieser Stelle nicht spezifisch genug, um den IT-Nutzungsgrad der Planung einzelner Funktionsbereiche zu erfassen.

Die Standardabweichung der erwarteten Nachfrage ist natürlich stark von dem jeweiligen Unternehmen, seinem Produktportfolio und der Branche abhängig. Da die meisten Märkte jedoch hoher Volatilität unterliegen, ist es in den Augen des Autors sinnvoll, diese Größe in die Beobachtungen der Sensitivitätsanalyse mit einzubeziehen.

Die Auswahl einer Beobachtungsgröße gestaltet sich an dieser Stelle etwas weniger trivial. Zunächst erscheint es sinnvoll die Oberzielgröße des Simulationsmodells, also die Effizienz der zeitlichen Einstellung in der Produktionsplanung als Beobachtungsgröße zu wählen. Allerdings wären die gewählten Eingangsgrößen in dem Simulationsmodell vollkommen überflüssig, sofern sie keinerlei Einfluss auf die Ausprägung der Oberzielgröße hätten.

Dies würde jedoch der Definition eines robusten Modells nach STERMAN widersprechen. Auch dies kann jedoch schlüssig erklärt werden. Das Modell dient dazu, unterschiedliche Einstellungen der Zeitplanungsparameter unter identischen Umgebungsbedingungen quantitativ vergleichbar zu machen. Liegen jedoch keine identischen Umgebungsbedingungen vor, so ist es entscheidend, dass zwischen zwei unterschiedlichen Sets an Zeitplanungsparametern trotz einer Variation unsicherer Eingangsgrößen stets das gleiche gewählt wird. In diesem Fall wäre das Modell demnach als robust einzustufen.

Es wird also eine neue Beobachtungsgröße für die Sensitivitätsanalyse eingeführt, die „Delta-Differenz“ der Oberzielgröße des Zielsystems zur Bewertung der Zeitplanungsparameter bei einem Set an kürzerer Zeitplanungsparametern und einem Set an längerer Zeitplanungsparametern.

6.4.2.5 Sensitivitätsanalyse - Erwartete Ergebnisse

Es ist im Voraus zu erwarten, dass die neu eingeführte Beobachtungsgröße durchaus Schwankungen unterliegt. Wie groß diese ausfallen ist nur schwer abzuschätzen, je kleiner sie ausfallen, desto mehr spricht dies dafür, dass sich die Ergebnisse unterschiedlicher Zeitplanungsparameter-Sets im Nachgang auch quantitativ vergleichen lassen.

Entscheidender für das Modell ist es jedoch, dass kein Vorzeichenwechsel der neu eingeführten Größe stattfindet. Dies würde bedeuten, dass sich das Modell unter Veränderung unsicherer Eingangsgrößen für unterschiedliche Sets an ZPP aussprechen würde. Da es sich jedoch um ein stochastisches Modell handelt, könnte auch dieser Fall eintreten, es sollte sich dabei jedoch um absolute Ausnahmen handeln.

6.4.2.6 Sensitivitätsanalyse - Ergebnisdarstellung und Diskussion

Im Rahmen der Sensitivitätsanalyse werden die Eingangsgrößen innerhalb einer multivariaten Monte-Carlo-Simulation zufallsgesteuert innerhalb bestimmter Grenzen variiert.

Die Bandbreite beträgt für den Risikofaktor und den IT-Nutzungsgrad 30%, jeweils 15% in beide Richtungen um den Ausgangswert (siehe Anhang) herum. Im Rahmen dieser Sensitivitätsanalyse wird davon ausgegangen, dass der Ausgangswert wie schon bei den Extremwerttests für den Risikofaktor bei 0,5 und für den IT-Nutzungsgrad bei 50% liegen, die Grenzwerte somit bei 0,35 und 0,65, sowie 35% und 65%. Eine Bandbreite von 30% erscheint unter Berücksichtigung anderer Sensitivitätsanalysen (vgl. Bauhoff 2013, S. 128), angemessen, vor allem, da Extremwerte der jeweiligen Parameter auch in der Praxis recht trivial einzuschätzen wären.

Die Bandbreite der Standardabweichung zu wählen fällt deutlich schwerer. Sie wird innerhalb des Modells als absolute Stückzahl angegeben. Im Rahmen der Modellvalidierung wird die Standardabweichung der Nachfrage bei einem Erwartungswert von 40 Produkten pro Time Step zwischen 1 und 10 Teilen pro Time Step variiert.

Dies liegt darin begründet, dass so die beiden Extremfälle zwischen einer sehr geringen Standardabweichung und einer sehr hohen Standardabweichung (25% des Erwartungswerts) abgedeckt werden. Eine noch höhere Standardabweichung wäre für das Modell nur sehr schwierig abzubilden, da eine konkrete Planung in diesem Fall kaum umzusetzen wäre. Dies entspricht den Beobachtungen in der Praxis. Somit würden die restlichen Eingangsgrößen fast unerheblich werden, da die Planung und auch die Performance des Variantenfertigers nur noch durch stochastische Auswirkungen der hohen Standardabweichung beeinflusst werden würde.

Für solche extremen Werte der Standardabweichung lässt sich also festhalten, dass das Modell voraussichtlich nicht robust wäre.

Im Zuge der Sensitivitätsanalyse wurden insgesamt 400 Simulationsdurchläufe durchgeführt, jeweils 200 mit einer Einstellung recht kleiner Zeitplanungsparameter und 200 mit recht großen ZPP. Die Einstellungen der ZPP in den jeweiligen Sets lassen sich Abbildung 6-12 entnehmen:

ZPP	Set kleiner ZPP	Set großer ZPP
Planungsraster	4	6
Planungsperiode	8	24

Abbildung 6-12: Set an ZPP für die Sensitivitätsanalyse

Dabei ist es natürlich entscheidend, dass die 200 Simulationsdurchläufe für beide Sets jeweils mit den gleichen, zufälligen Eingangsfaktoren durchlaufen werden. Eine Tabelle mit den jeweiligen Einstellungen der drei unsicheren Parameter und den Ergebnissen unter Berücksichtigung des jeweiligen ZPP-Sets lässt sich dem Anhang entnehmen.

Die Ergebnisse der statistischen Auswertungen mit Minitab entsprechen dem vorher erwarteten Verhalten des Modells. In Abbildung 6-13 lässt sich der Verlauf der Oberzielgröße des Zielsystems zur Bewertung der Zeitplanungsparameter, der Effizienz der zeitlichen Einstellungsparameter in der PPS für das Set kleiner Zeitplanungsparameter und das Set großer Zeitplanungsparameter im Verlauf der 200 Simulationsdurchläufe entnehmen. Man erkennt, dass die Kurve des Sets kleiner ZPP stets über dem Set großer ZPP liegt. Dies zeigt bereits die Robustheit des Modells auf, da es trotz einer zufälligen Veränderung der als unsicher eingestuften Eingangsfaktoren im Rahmen einer multivariaten Analyse, stets die gleiche Entscheidungsempfehlung liefert.

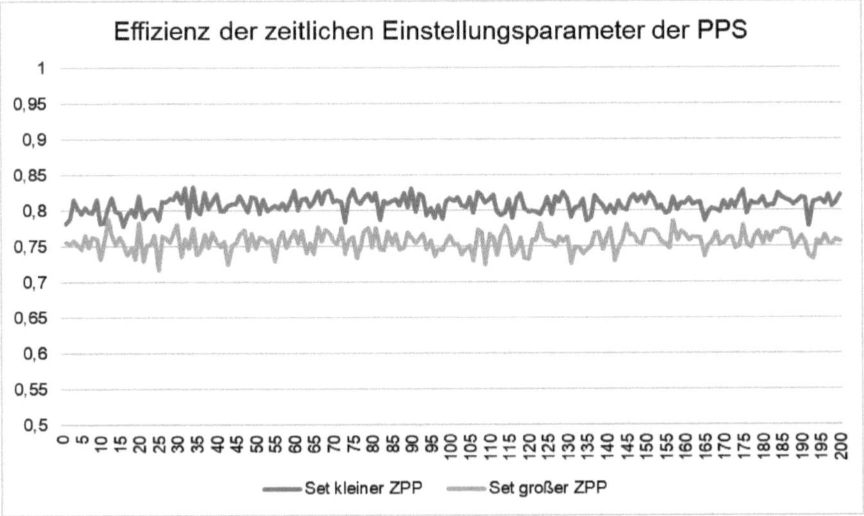

Abbildung 6-13: Effizienz der zeitlichen Einstellungsparameter in der PPS für zwei verschiedene Sets an ZPP unter Variation unsicherer Eingangsgrößen (200 Simulationsdurchläufe)

Um diese qualitative Aussage zu unterstützen, wurden die entsprechenden Datenreihen zudem statistisch ausgewertet.

In Abbildung 6-14 lässt sich die statistische Auswertung für die Effizienz der zeitlichen Einstellungsparameter in der PPS bei der Verwendung des Sets kleiner Zeitplanungsparameter entnehmen. Man erkennt, dass das Minimum und das Maximum zwar 0,7779 und 0,8335 betragen, die Werte jedoch sehr eng um den Durchschnitt (0,80824) schwanken, da das 95%-Konfidenzintervall (0,80663; 0,80984) beträgt.

Die statistische Auswertung der Effizienz der zeitlichen Einstellungsparameter in der PPS für das Set großer ZPP zeigt, dass die Performance des fiktiven Variantenfertigers mit diesem Set an ZPP deutlich negativer ausgefallen ist, als mit dem Set an kleinen ZPP (siehe Abbildung 6-15). Der Mittelwert beträgt in diesem Fall 0,75637 und das 95%-Konfidenzintervall fällt mit (0,75453; 0,75820) erneut recht eng aus. Zwar liegt der Maximalwert mit 0,7887 leicht höher als der Minimalwert für das Set kleiner ZPP. Diese Ergebnisse ergeben sich jedoch aus unterschiedlichen Simulationsdurchläufen. Bei gleichen Einstellungen der zufällig ausgewählten Eingangsgrößen liegt die Effizienz der zeitlichen Einstellungsparameter in der PPS für das Set kleiner ZPP stets höher als für das Set großer ZPP.

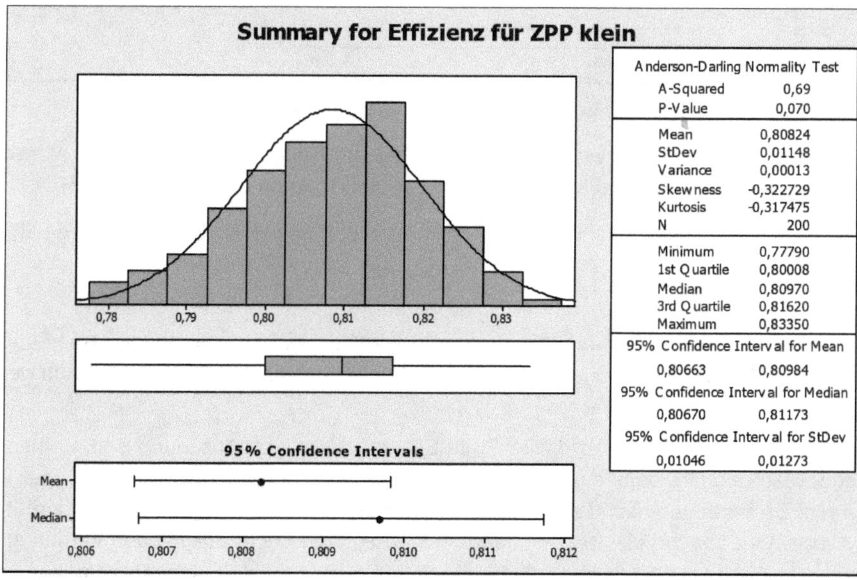

Abbildung 6-14: Statistische Auswertung für das Set kleiner ZPP

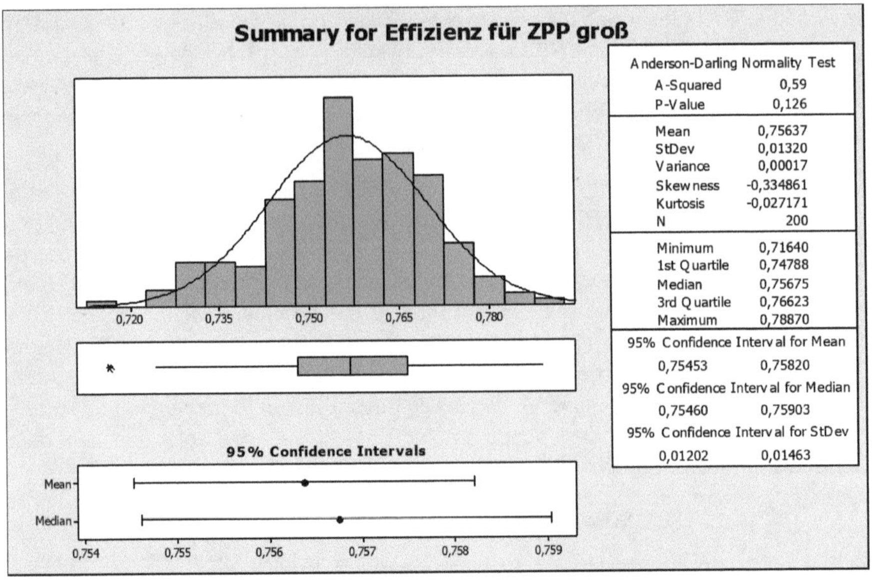

Abbildung 6-15: Statistische Auswertung für das Set großer ZPP

Dies kann auch durch die neu eingeführte Größe der Delta-Differenz zwischen diesen Größen belegt werden. Deren Berechnung ergibt sich durch folgende Formel 6-14:

Formel 6-14: Berechnung der Delta Effizienz zwischen den unterschiedlichen Sets an ZPP

$$Delta\ Effizienz = Effizienz\ PPS_{Set\ kleiner\ ZPP} - Effizienz\ PPS_{Set\ großer\ ZPP}$$

Die Effizienz PPS steht dabei für die Oberzielgröße des Zielsystems zur Bewertung der Zeitplanungsparameter, die Effizienz der zeitlichen Einstellungsparameter in der PPS.

Die statistische Auswertung dieser Delta-Effizienz lässt sich Abbildung 6-16 entnehmen. Man erkennt, dass die Minimal- und Maximalwerte dieser Größe beide über 0 liegen. Es findet demnach kein Vorzeichenwechsel statt, das heißt, die Oberzielgröße wird stets für das Set kleiner ZPP besser bewertet. Dies deckt sich mit den Vermutungen aus Abbildung 6-13, kann dadurch jedoch auch quantitativ belegt werden. Der Durchschnitt dieser neuen Größe liegt bei 0,05187. Das bedeutet, dass die Performance des Variantenfertigers unter Variation der unsicheren Eingangsgrößen im Durchschnitt um 0,05187 Punkte (gemessen an der normierten Skala der Oberzielgröße) besser ausfällt, sofern er das Set kleiner ZPP verwendet.

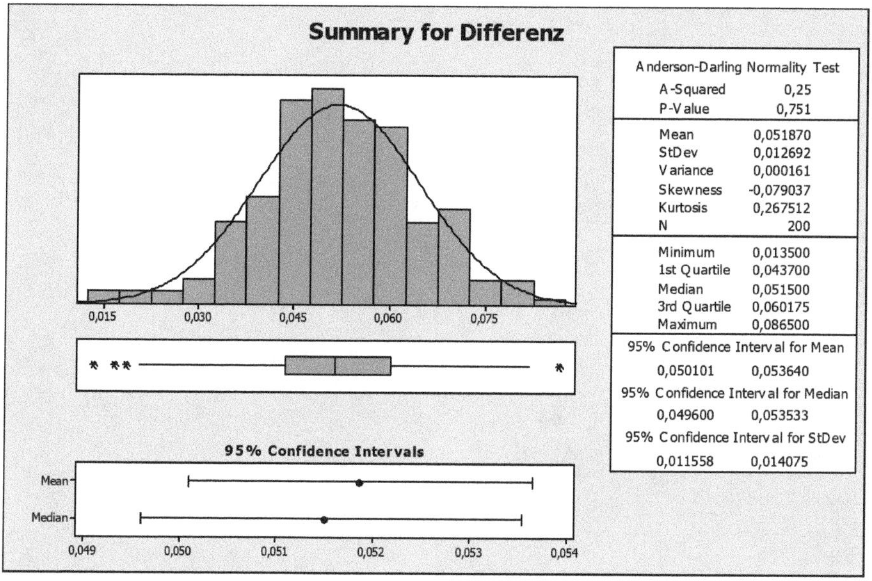

Abbildung 6-16: Statistische Auswertung der Differenz der Oberzielgröße für das Set kleiner ZPP und das Set großer ZPP

Es lässt sich festhalten, dass die Streuung deutlich geringer als erwartet ausfiel. Dies trifft vor allem auch auf die beiden Reihen an sich zu. Die Delta-Differenz wurde zuvor primär dafür eingeführt, die Robustheit der Entscheidungsempfehlung aufzuzeigen. Es hat sich jedoch herausgestellt, dass sich die Testverläufe mit unveränderten Zeitplanungsparametern bereits robust gegenüber einer Veränderung der unsicheren Eingangsgrößen verhalten.

Abschließend kann ein positives Fazit bezüglich der Validierungstests gezogen werden. Das Modell zeigte im Rahmen der Extremwerttests und der Sensitivitätsanalyse das im Vorhinein erwartete Verhalten. Lediglich im Sinne des ROCE muss an dieser Stelle eine Einschränkung vorgenommen werden. In Kombination mit den durchgeführten modellierungsbegleitenden Validierungsschritten kann das erstellte Modell im Rahmen dieser Dissertationsschrift als validiert angesehen werden. Dabei soll jedoch erneut darauf hingewiesen werden, dass wie eingangs erwähnt eine vollständige Validierung ausschließlich in der Praxis durchgeführt werden kann.

7 Gestaltung der simulationsgestützten Synchronisation von ZPP

Nach der Validierung des erstellten Simulationsmodells können nun Simulationsexperimente durchgeführt werden, die Aufschluss über Zusammenhänge in produzierenden Unternehmen geben sollen. Im Sinne der Aufgaben- und Fragenstellung (siehe Kapitel 1.2) sollen sich diese Erkenntnisse speziell auf die Einstellungen der Zeitplanungsparameter und die Lage des Kundenentkopplungspunkts beziehen. Hierzu wird eine Entscheidungsheuristik abgeleitet, welche den unkomplizierten Einsatz der Ergebnisse in der Praxis ermöglicht.

Das Ableiten von Metamodellen (im Sinne der Heuristik) ist allerdings stets mit einem Verlust an Genauigkeit verbunden. Neben der einfacheren Anwendbarkeit in der Praxis ist die Möglichkeit der effizienten Durchführung von Analysen, wie zum Beispiel grafische Darstellungen und Optimierung ein weiterer Vorteil der Metamodelle (Siebertz et al. 2010, S. 152). Zunächst müssen jedoch wie bereits angekündigt, die Simulationsexperimente durchgeführt werden. Für die gezielte Untersuchung des Modellverhaltens ist eine systematische Planung, Durchführung und Auswertung der Simulationsversuche bei unterschiedlicher Konfiguration der Einflussfaktoren notwendig.

Um alle Faktoren, ihre Auswirkungen, sowie ihre Wechselwirkungen vollständig zu berücksichtigen, sind grundsätzlich voll faktorielle Versuchspläne erforderlich. Hierzu müssten also alle möglichen Faktorkombinationen durchlaufen werden. Aufgrund der stochastischen Beschaffenheit des Modells wären im Kontext dieser Dissertationsschrift sogar mehrere Durchläufe der Faktorkombinationen erforderlich. Sollen beispielsweise 15 Faktoren jeweils in 10 Stufen simuliert werden, müssten hierzu 10^{15} Versuche durchlaufen werden.

Aus diesem Grund wurden die Eingangsgrößen des Modells in Kapitel 6.2.2 bereits in verschiedene Gruppen geclustert. Dabei sind lediglich die Gestaltungselemente und die beeinflussbaren Einflussfaktoren Eingangsgrößen, deren Effekte im Rahmen des Simulationsmodells überprüft werden sollen. Bei diesen insgesamt 8 Eingangsgrößen würde die Anzahl der Versuchsdurchführungen bei jeweils 10 Stufen pro Faktor noch immer 100.000.000 betragen.

Daher hat sich in den Ingenieurswissenschaften die statistische Versuchsplanung als Herangehensweise etabliert. Dies ist ein Verfahren zur effizienten Planung und Auswertung von Simulationsexperimenten. So soll mit möglichst geringem Aufwand ein hoher Informationsgewinn erzielt werden. Im Rahmen dieser Arbeit wird die statistische Versuchsplanung mit dem etablierten Statistiksoftware Minitab® der Firma Minitab Inc. umgesetzt (siehe Kapitel 7.1). Aufbauend auf den Ergebnissen der Simulationsexperimente können die Erkenntnisse in ein Gestaltungskonzept zur simulationsgestützten Synchronisation der Zeitplanungsparameter (siehe Kapitel 7.2) sowie ein Vorgensmodell zur unternehmensspezifischen Anwendung überführt werden (siehe Kapitel 7.2.1).

7.1 Durchführung und Auswertung von Simulationsexperimenten zur Ableitung einer Entscheidungsheuristik

Im Folgenden werden zunächst die Grundlagen der statistischen Versuchsplanung (siehe Kapitel 7.1.1), sowie die konkrete Vorgehensweise im Rahmen dieser Untersuchung erläutert (siehe Kapitel 7.1.2). Anschließend wird der Untersuchungsbereich definiert (siehe Kapitel 7.1.3) sowie Screening-Analysen durchgeführt und ausgewertet (siehe 7.1.4). Anschließend erfolgen die Detailanalyse und Ableitung der Heuristik (siehe Kapitel 7.1.5). Als Konklusion kann mit einer Interpretation der Ergebnisse aus der Detailanalyse geschlossen werden (siehe Kapitel 7.1.6).

7.1.1 Grundlagen der statistischen Versuchsplanung

Die statistische Versuchsplanung ist eher unter dem englischen Begriff *Design of Experiments* (DoE) bekannt. Grundsätzlich stellt sie eine Methodensammlung zur gezielten Planung und statistischen Auswertung von Versuchsreihen dar. Das Ziel ist es dabei, die Wirkungszusammenhänge zwischen Eingangsfaktoren und Ausgangsgrößen (Variablen) zu analysieren und schlussendlich quantifiziert in Formeln darzustellen. Im Gegensatz zu der vollfaktoriellen Versuchsplanung, die das gleiche Ziel verfolgt, soll die Methodik den Aufwand vertretbar machen (vgl. Toutenburg und Knöfel 2009, S. 227f.).

Zunächst sollen die grundlegenden Begrifflichkeiten erklärt werden (vgl. Siebertz et al. 2010, S. 12 ff.):

Die statistische Versuchsplanung bezieht sich auf Systeme mit geschlossenen Grenzen. Alle Eingangsgrößen des Modells sind zunächst Parameter, wobei variable Parameter, deren Einfluss auf das System also geprüft werden soll, als Faktoren bezeichnet werden. Alle anderen Parameter, die in das System einfließen, müssen im Rahmen der Untersuchung konstant gehalten werden. Die Ausprägungen der einzelnen Faktoren, also die konkreten Werte, die diese annehmen können, werden als Stufen betitelt. Der Effekt beschreibt die Wirkung des Faktors auf das System, indem er die Differenz der Mittelwerte einer Zielgröße bei oberer und unterer Faktoreinstellung berechnet. Die Effekte der einzelnen Faktoren sind somit auch von dem gewählten Stufenabstand des Faktors abhängig. Die Effekte lassen sich in Haupt- und Wechselwirkungseffekte differenzieren. Haupteffekte beschreiben dabei die Effekte durch die Veränderung eines Faktors. Dahingegen beziehen sich Wechselwirkungseffekte auf die Effekte durch kombinatorische Wirkung mehrerer Faktoren.

Im Rahmen der statistischen Versuchsplanung soll zunächst ein geeigneter Versuchsplan konstruiert werden und im Folgenden mit sinnvollen statistischen Methoden ein Beschreibungsmodell im Sinne einer Heuristik erstellt werden (vgl. Siebertz et al. 2010, S. 58).

Für die Konstruktion des Versuchsplans ist der Untersuchungszweck, die Anzahl vertretbarer Simulationsdurchläufe, sowie die Anzahl und die Beschaffenheit der Eingangs- und Zielgrößen entscheidend. Da sich aus zweistufigen Versuchsplänen (in denen die Eingangsfaktoren also nur zwei Stufen annehmen können) beispielsweise keine quadratischen Zusammenhänge ableiten lassen, ist an dieser Stelle auch eine Auswahl und vor allem die Anzahl möglicher Stufen relevant.

Zur Auswertung der Versuchsdurchläufe sind die geeigneten Methoden im Vorhinein festzulegen. Im Rahmen dieser Arbeit werden dafür Haupteffekt- und Wechselwirkungsdiagramme auf grafisch-anschaulicher Ebene und Varianz-, sowie Regressionsanalyse auf analytischer Ebene herangezogen.

Die folgende Abbildung 7-1 zeigt grob die drei übergeordneten Phasen einer methodischen Vorgehensweise im Rahmen der statistischen Versuchsplanung:

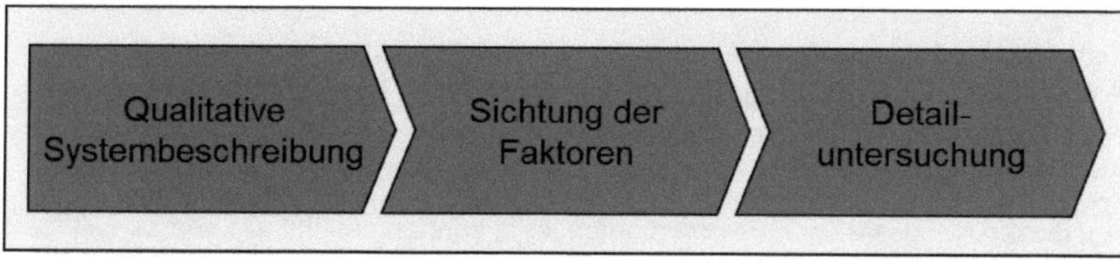

Abbildung 7-1: Methodische Vorgehensweise im Rahmen der statistischen Versuchsplanung (i.A.a. Siebertz et al. 2010, S. 261)

Inhalt der qualitativen Systembeschreibung ist die Erfassung der Systemgrenzen, der Einflussgrößen, sowie der Zielgrößen. Da die folgenden Phasen auf diesem Schritt aufbauen, ist er elementar für den Gesamtprozess der statistischen Versuchsplanung. Die definierten Einflussgrößen werden in der zweiten Phase herangezogen und auf ihre Relevanz für die Zielgröße (im Rahmen von Haupt- und Wechselwirkungseffekten) analysiert. Dabei werden sie hinsichtlich ihrer geeigneten Stufeneinstellungen gesichtet. Auf Basis der in dieser Phase durchgeführten Simulationsexperimente, kann bereits ein erstes Beschreibungsmodell abgeleitet werden. Dieses wird in der abschließenden Stufe mithilfe eines ähnlichen Vorgehens wie in der zweiten Phase weiter detailliert.

Eine detaillierte Darstellung der Vorgehensweise findet sich in der entsprechenden Fachliteratur. (vgl. Siebertz et al. 2010, S. 261ff.)

7.1.2 Vorgehensweise in der vorliegenden Untersuchung

Nach diesen allgemeinen Erläuterungen zur statistischen Versuchsplanung, soll die Anwendung der Methodik im Rahmen dieser Dissertationsschrift spezifiziert werden.

Da mit dem Simulationsmodell zur Bewertung der Zeitplanungsparameter und des Kundenentkopplungspunkts bereits eine quantitative Bewertung des untersuchten Systems vorliegt, kann direkt mit der Phase der Sichtung der Faktoren (Screening-Analyse) begonnen werden.

Zunächst soll das Simulationsmodell jedoch noch leicht angepasst werden, da die Berechnung des ROCE im Rahmen der Validierung falsifiziert wurde und innerhalb von Kapitel 7.1.3 schlüssig ersetzt werden soll. Innerhalb dieses Kapitels sollen zudem die Gewichtungsfaktoren der einzelnen Zielgrößen definiert werden. Strenggenommen, müssten diese auch als Einflussfaktoren gelten. Aufgrund ihrer weiten Range und dem großen Einfluss auf die Oberzielgröße, wird im Folgenden jedoch ein festes Set an Gewichtungsfaktoren eingeführt.

Die angesprochene Screening-Analyse ist trotzdem notwendig, da die Anzahl der Einflussfaktoren auch ohne die Gewichtungsfaktoren zu groß ist. Daher sollen in diesem Schritt die Faktoren eliminiert werden, die nur einen geringen Einfluss auf die Zielgröße ausüben. Um einen weiten Untersuchungsbereich abzudecken, werden dazu in der Regel zweistufige Versuchspläne angewendet. Es werden pro Faktor also lediglich zwei Werte angenommen, die gleichzeitig die untere und obere Grenze des Untersuchungsraums bilden.

Durch eine geeignete Durchführung von Simulationsläufen, können die Effekte der Einflussgrößen auf die Zielgröße ermittelt werden. Die sogenannte Faktorelimination reduziert nun die betrachteten Einflussfaktoren, sodass schließlich die Einflussgrößen mit den relevantesten Effekten auf die Zielgröße verbleiben.

Auf diesen einflussreichen Faktoren aufbauend, können nun mithilfe von Simulationsexperimenten Analysen hinsichtlich Performance-Bewertungen der Zeitplanungsparameter und des Kundenentkopplungspunkts auf Basis der gewählten Oberzielgröße durchgeführt werden. Der dafür aufgestellte Versuchsplan ist dabei umfangreicher als der verwendete Versuchsplan zur Sichtung der Faktoren und berücksichtigt bereits den Typ des abzuleitenden mathematischen Modells. Da sich lineare Modelltypen meist als zu trivial für die Berücksichtigung der komplexen Zusammenhänge erweisen, werden an dieser Stelle meist polynomische Beschreibungsansätze gewählt (vgl. Siebertz et al. 2010, S. 264). Die zunächst offen gelassenen Koeffizienten des Modells können nach der Versuchsdurchführung mittels statistischer Programme berechnet werden.

7.1.3 Definition des Untersuchungsbereichs und Anpassung des Simulationsmodells

Nachdem die Berechnung des ROCE innerhalb des Kapitels 6.4.2 falsifiziert wurde, soll an dieser Stelle – als eine Anpassung des Simulationsmodells – eine andere Zielgröße zur Berücksichtigung des KEP erstellt werden. Diese muss so gestaltet werden, dass sie für den fiktiven Variantenfertiger einen Anreiz schafft, möglichst kurze Lieferzeiten zu erreichen. Die neue Zielgröße wird *Lieferzeit* genannt und als ergänzende Zwischenzielgröße in das Zielsystem zur Bewertung der Zeitplanungsparameter eingebunden. Die Berechnung dieser Hilfszielgröße ist dabei bewusst trivial gehalten werden und erfolgt anhand der folgenden Formel:

Formel 7-1: Berechnung der neuen Zwischenzielgröße Lieferzeit

$$Lieferzeit = \frac{Anteil\ kundenanonymer\ Bearbeitungszeit}{100}$$

In diese Formel fließt demnach lediglich der Anteil der kundenanonymen Bearbeitungszeit mit ein. Die Zwischenzielgröße nimmt für die längst mögliche, vom Kunden wahrgenommene Lieferzeit, also für einen Anteil der kundenanonymen Bearbeitungszeit von 30%, den Wert 0,3 und für die kürzest mögliche, vom Kunden wahrgenommene Lieferzeit, also für einen Anteil der kundenanonymen Bearbeitungszeit von 70%, den Wert 0,7 an. Die Zielgröße ist somit bereits zwischen 0 und 1 normiert.

Eine erneute Validierung des gesamten Simulationsmodells auf Basis der veränderten Rahmenbedingungen ist dabei nicht erforderlich, da die Zwischenzielgrößen allesamt einzeln validiert wurden und sich die neue Hilfszwischenzielgröße nicht auf die Berechnung dieser bereits validierten Zielgrößen auswirkt. Lediglich die neue Zielgröße für die Lieferzeit muss daher neu validiert werden.

Dies kann jedoch weniger umfangreich erfolgen, als die Validierung des Gesamtmodells. Der Extremwerttest wurde bereits beschrieben und für korrekt befunden, da die Zielgröße für die längste, kundenseitige Lieferzeit den kleinsten Wert und für die kürzeste, kundenseitige Lieferzeit den größten Wert annehmen muss. Eine Sensitivitätsanalyse kann an dieser Stelle für die Lieferzeit nicht durchgeführt werden, da keinerlei andere Eingangsgrößen abgesehen vom Anteil der kundenanonymen Bearbeitungszeit einen Einfluss auf diese Größe nehmen. Eine Beeinflussung der Zielgröße durch unsichere Eingangsgrößen ist demnach ausgeschlossen.

Eine weitere Veränderung im Rahmen des Simulationsmodells betrifft die normierte Zielgröße des Planungsaufwands. Diese wurde im Rahmen der Modellvalidierung bereits verifiziert, es wurde im Rahmen der Extremwerttests jedoch bereits angeschnitten, dass sich starke Veränderungen der absoluten Prozesskosten zu gering auf die normierte Zielgröße des Planungsaufwands auswirkten. Diese schwankten im Rahmen der Extremwerttests lediglich zwischen 0,96 und 0,99. Durch diese kleinen Schwankungen übt die Zielgröße des Planungsaufwands einen zu geringen Einfluss auf die Oberzielgröße aus. Die Änderungen belaufen sich dabei auf eine deutliche Reduzierung der angenommenen, maximalen Prozesskosten.

Abschließend wird eine zusätzliche Zielgröße für das gebundene Kapital an RHB eingeführt. Diese wird in Modul 2, also in einem Vensim-Modul berechnet und bedient sich der Daten aus dem entsprechenden OR-Modell. Die Berechnung verläuft äquivalent zu der Zielgröße des gebundenen Kapitals für die HFP, die bereits in Kapitel 6.3 vorgestellt wurde. Eingeführt wurde die Größe, um zusätzlich die Einkaufsabteilung im Rahmen des Simulationsmodells abzubilden.

Wie bereits in Kap. 7.1.2 angekündigt, sollen die Gewichtungsfaktoren bereits im Vorhinein klar definiert werden. Diese Vereinfachung soll die Screening Analyse verständlicher machen, die Wechselwirkungen der einzelnen Zielgrößen bereits berücksichtigen und die Komplexität der Simulationsexperimente trotz einer Betrachtung aller restlichen Gestaltungsgrößen reduzieren.

Die Einstellung der Gewichtungsfaktoren können Tabelle 7-1 entnommen werden:

Tabelle 7-1: Gewichtungsfaktoren der Simulationsexperimente

Zwischenzielgröße	Gewichtungsfaktor
Absatzprognosegüte	0,15
Termintreue	0,20
Durchlaufzeit	0,15
Bestand	0,15
Planungsaufwand	0,20
Lieferzeit	0,15

Die Gewichtungsfaktoren wurden demnach gleichmäßig verteilt. Die Termintreue als essenzielle logistische Einflussgröße und der Planungsaufwand als Gegengröße wurden dabei etwas höher angenommen als die restlichen Gewichtungsfaktoren. Der Planungsaufwand wurde speziell deswegen leicht erhöht, da die Extremwerttests gezeigt haben, dass eine möglichst häufige Planung für die vier logistischen Zielgrößen stets zu besseren Ergebnissen führt. Dass Unternehmen dies in der Praxis nicht umsetzen, liegt an dem steigenden Aufwand durch die häufige Planung. Um die Zielgröße des Planungsaufwands im Vergleich zu den vier logistischen Zielgrößen mit der entsprechenden Relevanz zu belegen, wurde sie dementsprechend stärker gewichtet.

Die Screening-Analyse zielt darauf ab die Eingangsfaktoren auf diejenigen Faktoren zu reduzieren, die für die Oberzielgröße des Zielsystems zur Bewertung der Zeitplanungsparameter relevant sind. Berücksichtigt werden sollen die in Kapitel 6.2.3 als Gestaltungsgrößen beziehungsweise beeinflussbarer Einflussfaktor klassifizierten Größen. Für jeden dieser Einflussfaktoren müssen nun zwei Faktorstufen festgelegt werden. Diese definieren die Werte, die im Rahmen der Screening-Analyse variiert werden können. Da alle späteren Erkenntnisse des Modells auf Simulationsexperimenten mit Eingangsgrößen zwischen diesen Werten basieren, definieren die in Tabelle 7-2 definierten Grenzen der Einflussfaktoren zudem den Untersuchungs- und Gültigkeitsbereich der Analysen.

Tabelle 7-2: Untersuchungsbereich der Simulationsexperimente

Einflussfaktor [Einheit]	Untere Grenze	Obere Grenze
Planungsperiode [Time Steps]	10	30
Planungsraster [Time Steps]	2	5
Frozen Zone der Einkaufsabteilung [Time Steps]	4	16
Anteil der kundenanonymen Bearbeitungszeit [%]	30	70
Aktualität und Auflösung der Datengrundlage [normiert]	0,2	0,8
IT-Nutzungsgrad aller Funktionsbereiche [%]	30	70

Die Festlegung der Faktorstufen erfolgt auf Basis folgender Annahmen:

- Da die Planungsperiode sich aus einer bestimmten Anzahl von Planungsrastern zusammensetzt wurde eine Länge gewählt, in welcher das Planungsraster noch mindestens zwei Bestandteile der Planungsperiode ausmacht. Eine längere Planungsperiode als 30 Time Steps wurde aufgrund der bereits gewonnen Erkenntnisse aus den Extremwerttests ausgeschlossen.
- Bei dem Planungsraster wurde die längste Auswahl aus den bereits oben beschriebenen Gründen auf 5 Time Steps begrenzt. Das kürzeste Planungsraster wird lediglich modellseitig beschränkt und kann daher den Wert 2 annehmen.
- Für die Frozen Zone der Einkaufsabteilung ist die untere Grenze beispielsweise durch die Wiederbeschaffungszeit begrenzt. Die obere Grenze wurde mit Hinblick auf eine angestrebte Synchronisation der Planung einzelner Funktionsbereiche gewählt. Eine noch weitere Vorausplanung der Einkaufsabteilung würde aus Sicht der Genauigkeit und einer Mindestanforderung an die Termintreue der Einkaufsteile keinen Sinn ergeben.
- Der Anteil der kundenanonymen Bearbeitungszeit ist durch die Grenzen des Simulationsmodells vorgegeben. In diesem wurde der Anteil bewusst auf Werte zwischen 30% und 70% eingegrenzt, da das Simulationsmodell konkret für klassische Variantenfertiger gelten soll.
- Die Aktualität und Auflösung der Datengrundlage nimmt an dieser Stelle eine besondere Rolle ein. Während der Erstellung des Simulationsmodells

wurde offensichtlich, dass diese Eingangsgröße eine elementare Rolle für das Durchlaufen des Simulationsmodells steht. Ob sich dieser Einfluss auch in der Zielgröße wiederspiegelt, soll nun im Rahmen der Screening-Analyse geprüft werden. Dies würde jedoch auch zu dem Gedanken von Industrie 4.0 passen, nach dem die Planung nur so gut sein kann, wie die vorliegenden Daten. Da es im Zeitalter der Digitalisierung große Bandbreiten der Datenqualität gibt, hat der normierte Faktor mit 0,2 und 0,8 mit recht weit auseinanderliegenden Grenzen definiert.

- Ähnlich schwer fällt es wahrscheinlich den IT-Nutzungsgrad der einzelnen Abteilungen zu bestimmen. Aus diesem Grund war der IT-Nutzungsgrad der Einkaufsabteilung auch Bestandteil der Sensitivitätsanalyse in Kapitel 6.4.2. Nachdem das Simulationsmodell dort als robust gegen Schwankungen dieses unsicheren Eingangsfaktors klassifiziert wurde, soll nun ein Faktor für alle drei Funktionsbereiche eingeführt werden. Aufgrund der Zusammenlegung der drei einzelnen Größen zu einem gemeinsamen IT-Nutzungsgrad wurde die Anzahl der Einflussfaktoren von 8 auf 6 reduziert.

7.1.4 Durchführung und Auswertung der Screening-Analyse

Nach der Definition der Einflussfaktoren und ihren jeweiligen Faktorstufen, muss nun ein sinnvoller Versuchsplan für die Screening-Analyse erstellt werden.

Dafür wird in der einschlägigen Literatur der Plackett-Burman-Versuchsplan empfohlen (vgl. Siebertz et al. 2010, S. 264). Damit ist es möglich trotz einer geringen Anzahl an Versuchsdurchläufen, die Faktoreffekte zuverlässig zu bestimmen. Dabei wird ein gefalteter Versuchsplan (nochmaliges Durchlaufen des Versuchsplans in invertierter Form) verwendet, um die Interdependenzen der Haupteffekte und Wechselwirkungen aufzulösen. Der gewählte Versuchsplan kann für zweistufige Faktorpläne automatisiert mittels Minitab erzeugt werden. Grundsätzlich wird empfohlen die Anzahl der Durchläufe an die Anzahl der Eingangsfaktoren anzupassen. Mindestens muss jedoch ein Durchlauf mehr durchgeführt werden als Eingangsfaktoren vorliegen. Da im Rahmen dieser Screening-Analyse 6 Eingangsfaktoren vorliegen, müssen demnach mindestens 7 Durchläufe durchgeführt werden. In diesem Fall könnten jedoch lediglich die Haupteffekte der Eingangsfaktoren bestimmt werden. Um auch die Wechselwirkungen mit ausreichender Sicherheit abzudecken, wurde an dieser Stelle entschieden, einen Versuchsplan mit 28 Durchläufen zu erstellen. Innerhalb der Sensitivitätsanalyse wurden jedoch bereits die stochastischen Schwankungen durch die Zeitreihengeneratoren des Excel-Moduls angesprochen. Daher sollen die Faktorkombinationen jeweils 4 Mal durchlaufen werden, um diese Zufallsschwankungen erfassen zu können. Demnach werden insgesamt 112 Simulationsläufe mit 28 verschiedenen Faktorkombinationen durchgeführt.

Der Versuchsplan, sowie die jeweiligen Ergebnisse der Oberzielgröße innerhalb des Modells lassen sich dem Anhang entnehmen.

Zur Auswertung dieser Simulationsexperimente werden sogenannte Haupteffektdiagramme genutzt. Diese eignen sich an dieser Stelle besonders gut, da für jeden Faktor lediglich zwei Stufen vorliegen. Es wird also als durchgängige schwarze Linie der Gesamtmittelwert der Zielgröße angezeigt. Zwei Punkte geben jeweils die Mittelwerte der Zielgröße bei der unteren und oberen Einstellung des Faktors an. Durch eine Verbindung dieser beiden Punkte kann der direkte Effekt des Faktors auf die Zielgröße visualisiert werden. Liegen die Mittelwerte bei den jeweiligen Extremeinstellungen des Faktors nicht weit auseinander, ergibt sich eine Verbindungslinie, die fast parallel zu dem eingetragenen Gesamtmittelwert ist. Hat der Faktor jedoch einen starken Effekt auf die Zielgröße, liegen die Punkte weit auseinander und man kann eine klare Steigung der Verbindungslinie erkennen. Da innerhalb der Simulationsexperimente direkt die oberste Zielgröße, also die Effizienz der zeitlichen Einstellungsparameter betrachtet wird, kann die Faktorelimination direkt auf Basis der folgenden Abbildung 7-2 erfolgen.

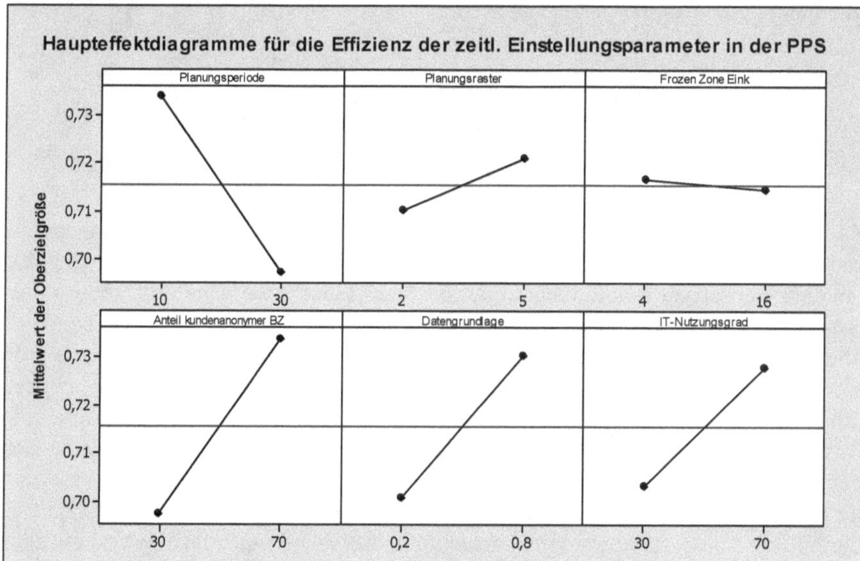

Abbildung 7-2: Haupteffektdiagramme für die Effizienz der zeitlichen Einstellungsparameter in der PPS

Zunächst lässt sich festhalten, dass die Oberzielgröße des Zielsystems auf Basis der getätigten Einstellungen einen Mittelwert von 0,71561 annimmt. Die Extremwerte streuen mit 0,63910 und 0,79040 sehr weit, allerdings kann der Wert auf Basis eines 95%-Konfidenzintervall zwischen 0,70961 und 0,72206 eingegrenzt werden.

Die Ergebnisse der Analyse, die den Haupteffektdiagrammen entnommen werden können, sollen im Folgenden diskutiert werden:

Es lässt sich zunächst festhalten, dass der Einflussfaktor der Frozen Zone der Einkaufsabteilung keinen signifikanten Effekt auf die Oberzielgröße des Zielsystems hat.

Dies kann damit begründet werden, dass dieser Faktor lediglich für die Zwischenzielgrößen der Termintreue der Einkaufsabteilung und die Bestände der Einkaufsabteilung eine Rolle spielt. Innerhalb des Modells soll der Unternehmenserfolg als Ganzes quantifiziert werden, wodurch Faktoren, die sich auf mehrere Funktionsbereiche und damit Zwischenzielgrößen beziehen, eine größere Bedeutung haben. Dass die Frozen Zone der Einkaufsabteilung jedoch nicht gänzlich unbedeutend für das Modell ist, soll das folgende Beispiel zeigen. Während die restlichen Eingangsgrößen konstant gehalten werden, wird die Frozen Zone der Einkaufsabteilung einmal auf 4 Time Steps und einmal auf 16 Time Steps eingestellt. Dadurch ergeben sich die in Tabelle 7-3 abgebildeten Zusammenhänge:

Tabelle 7-3: Spezifische Betrachtung der Frozen Zone der Einkaufsabteilung

Zielgröße	Frozen Zone = 4	Frozen Zone = 16
Effizienz der zeitlichen Einstellungsparameter in der PPS	0,7855	0,7874
Termintreue des Einkaufs	89,59 %	83,42 %
Zielwert gebundenes Kapital RHB	0,8216	0,8282

Es soll zunächst darauf hingewiesen werden, dass die Ergebnisse sich aus einem jeweils einmaligen Durchlauf des Simulationsmodells ergeben. Es handelt sich also nicht um eine statistische Auswertung, in der die stochastischen Effekte des Modells ausgeschlossen werden können. Daher fällt die Oberzielgröße für eine Frozen Zone von 16 sogar leicht besser aus. In dem entsprechenden Haupteffektdiagramm erkennt man jedoch, dass das Modell für eine kürzere Frozen Zone höhere Werte für die Oberzielgröße liefert. Anhand der Tabelle kann jedoch gezeigt werden, was zu Beginn der Ausführungen bereits angekündigt worden war. Die kürzere Frozen Zone wirkt sich positiv auf die Zielgrößen des Einkaufs aus. Bei einem ungefähr konstanten Zielwert für das gebundene Kapital, ergibt sich eine deutlich bessere Termintreue. Dass sich diese Effekte nicht stärker in der Oberzielgröße auswirken liegt zum einen daran, dass sie nur mit einem geringen Faktor gewichtet werden (der Gewichtungsfaktor der Termintreue teilt sich beispielsweise auf drei „Untergewichtungsfaktoren" für den Einkauf, die Produktion und den Vertrieb auf) und das Modell an dieser Stelle entkoppelt ist, sich eine schlechtere Termintreue des Einkaufs also nicht auf die weiteren Funktionsbereiche auswirkt. Es kann also festgehalten werden, dass der Einfluss der Frozen Zone der Einkaufsabteilung bei einer Betrachtung der Oberzielgröße nicht signifikant ist. Andererseits liegen deutliche Auswirkungen auf den Funktionsbereich des Einkaufs vor.

Die restlichen Einflussfaktoren weisen allesamt deutlich sichtbare signifikante Effekte auf. Einige davon sind jedoch zunächst kontraintuitiv. So war beispielsweise nicht direkt vorhersehbar, dass der IT-Nutzungsgrad der einzelnen Funktionsbereiche eine solch große Bedeutung für die Oberzielgröße des Simulationsmodells hat. Dies ergibt sich jedoch daraus, dass der Einflussfaktor als eine Art Gruppenfaktor agiert, der drei einzelne Einflussfaktoren (den IT-Nutzungsgrad aller einzelnen Abteilungen) festlegt. Zudem ergeben sich für ein längeres Planungsraster bessere Werte der Oberzielgröße. Auch wenn durch eine genauere Planung der Planungsaufwand deutlich steigt, war dieser Effekt zunächst so nicht zu erwarten. Begründet werden kann dies damit, dass das Planungsraster im Rahmen der Screening-Analyse durch die untere Grenze der Planungsperiode beschränkt war und somit generell nur sehr kleine Werte annehmen kann. Die Vermutung liegt an dieser Stelle nahe, dass sich dieser Effekt so nicht fortsetzen wird, sondern bei immer längeren Planungsraster umkehren würde. Für die abschließende Detailanalyse dieser Arbeit sollte an dieser Stelle eine Lösung gefunden werden, wie auch Kombinationen längerer Planungsraster mit entsprechend längeren Planungsperioden berücksichtigt werden können.

Die Screening-Analyse hat demnach einen ersten Eindruck über das Verhalten des Systems ermöglicht. Das Ziel war es jedoch primär, diejenigen Faktoren zu eliminieren, die keinen signifikanten Einfluss auf die Zielgröße ausüben. In diesem Sinne kann an dieser Stelle lediglich die Frozen Zone der Einkaufsabteilung ausgeschlossen werden.

Dies ist jedoch nicht unbedingt als negativ zu bewerten. Zwar ist eine Fokussierung der relevantesten Einflussfaktoren eine Voraussetzung, um in der Detailanalyse eine genaue Betrachtung vornehmen zu können. Die Eingangsgrößen des Modells wurden jedoch bereits in Kapitel 6.2.1 in verschiedene Gruppen eingeteilt, sodass nach der Elimination eines Einflussfaktors nun insgesamt noch fünf relevante Einflussfaktoren vorliegen.

Im Anhang lassen sich ergänzend die statistischen Auswertungen, sowie die Prüfung der Simulationsergebnisse auf Normalverteilung finden. Diese muss als Voraussetzung für die Anwendung der Varianzanalyse zur Ermittlung der Faktoreffekte gegeben sein.

7.1.5 Detailanalyse zur Ableitung von Entscheidungsheuristiken

Nachdem im vorherigen Kapitel die Faktoren definiert wurden, die im Rahmen der weiteren Analyse detaillierter zu betrachtet sind, soll nun ein Versuchsplan zur Ableitung einer Heuristik zur Bewertung der zeitlichen Einstellung in der PPS erstellt werden. Nach den Ergebnissen der Screening-Analyse, sollen die Grenzen des Untersuchungsbereichs jedoch geringfügig angepasst werden. Dies liegt primär an den Ergebnissen des Planungsrasters, die so nicht erwartet wurden. Daher soll im Rahmen der Detailanalyse geprüft werden, ob sich der Effekt bei einer Verlängerung der oberen Grenze, weiterhin in dieser Form darstellt.

Die Erstellung eines Metamodells ist immer mit einem Genauigkeitsverlust verbunden. Um diesen gering zu halten, sollen die komplexen Zusammenhänge im Rahmen einer Heuristik dargelegt werden. Dies setzt einen dreistufigen Versuchsplan voraus.

Die gewählten Stufen der fünf Einflussfaktoren lassen sich Tabelle 7-4 entnehmen:

Tabelle 7-4: Stufen des Versuchsplans zur Detailanalyse

Einflussfaktor	Stufe 1	Stufe 2	Stufe 3
Planungsperiode	15	30	45
Planungsraster	3	5	15
Anteil kundenanonymer Bearbeitungszeit	30	50	70
Aktualität und Auflösung der Datengrundlage	0,2	0,5	0,8
IT-Nutzungsgrad	30	50	70

Im Sinne einer möglichst genauen Bestimmung des quadratischen Beschreibungsmodells wurde der Versuchsplan an den sogenannten Versuchsplan „Face-Centered-Central-Composite-Design“ angelehnt. Es werden also jeweils eine untere und obere Grenze gebildet, zusätzlich stellt die mittlere Stufe den Median dieser Grenzen dar. Eine Ausnahme im Rahmen dieses spezifischen Versuchsplans bildet das Planungsraster. Dies liegt in den Abhängigkeiten der Faktoren Planungsraster und Planungsperiode begründet. Die jeweilige Planungsperiode muss durch das Planungsraster teilbar sein. Damit kann ein Planungsraster von 9 (was den Median zwischen 3 und 15 darstellen würde) nicht verwendet werden. Eine weitere Besonderheit ergibt sich durch die modellseitige Bedingung, dass das Planungsraster mindestens zwei Bestandteile einer Planungsperiode ausmachen muss. Daher müssen die Kombination aus der Stufe 1 der Planungsperiode und der Stufe 3 des Planungsrasters ausgeschlossen werden.

Für den vorliegenden Fall aus 5 Einflussfaktoren ergibt sich mit der oben beschriebenen Methode (Central-Composite-Design) ein Versuchsplan mit 32 Versuchsdurchführungen. Dieser wird durch die modellspezifischen Besonderheiten auf 28 Versuchsdurchführungen reduziert. Da jeweils vier Mal simuliert wird, um stochastische Effekte auszuschließen, ergibt sich ein Versuchsplan mit insgesamt 112 Simulationsläufen. Der gesamte Versuchsplan mit den jeweiligen Ergebnissen der Versuchsdurchläufe für die Effizienz der zeitlichen Einstellungsparameter in der PPS kann dem Anhang entnommen werden.

Die Anzahl der Einflussfaktoren und die komplexen Zusammenhänge innerhalb des Simulationsmodells, machen eine anschauliche grafische Darstellung unmöglich. Die Durchführung des Versuchsplans hat jedoch die Ableitung eines mathematischen Beschreibungsmodells mittels einer Regressionsanalyse innerhalb der Statistiksoftware Minitab ermöglicht. Die statistischen Signifikanzen der einzelnen Terme lassen sich dem Anhang entnehmen. Für die Oberzielgröße des Zielsystems zur Bewertung der Zeitplanungsparameter, die Effizienz der zeitlichen Einstellungsparameter im Rahmen der PPS, ergibt sich der folgende mathematische Zusammenhang (siehe Formel 7-2):

Formel 7-2: Mathematisches Beschreibungsmodell zur Berechnung der Effizienz der zeitlichen Einstellungsparameter in der PPS

$$\begin{aligned}
&Effizienz\ der\ zeitlichen\ Einstellungsparameter\ in\ der\ PPS \\
&\quad = 0{,}71408 - 0{,}00434451 * PP + 0{,}00765854 * PR + 0{,}000529769 \\
&\quad * BZ_{KA} - 0{,}00528574 * d + 0{,}000219092 * IT + 1{,}9881E - 05 * PP^2 \\
&\quad - 5{,}76063E - 04 * PR^2 - 1{,}07232E - 0{,}5 * {BZ_{KA}}^2 + 0{,}000119077 * d^2 \\
&\quad - 2{,}94196E - 06 * IT^2 + 2{,}66435E - 05 * PP * PR - 4{,}5625E - 05 * PP \\
&\quad * BZ_{KA} + 0{,}00141111 * PP * d + 6{,}32083E - 0{,}5 * PP * IT \\
&\quad + 0{,}000146719 * PR * BZ_{KA} - 0{,}00292708 * PR * d - 1{,}78125E - 04 \\
&\quad * PR * IT + 0{,}00350729 * BZ_{KA} * d + 1{,}18438E - 05 * BZ_{KA} * IT \\
&\quad - 0{,}00286042 * d * IT
\end{aligned}$$

Positiv überrascht an diesem Beschreibungsmodell vor allem das hohe Bestimmtheitsmaß R^2 von 91%. Dies zeigt, dass dem mathematischen Modell eine hohe Abbildungsgenauigkeit attestiert werden kann. Dieser Umstand ist aufgrund der stochastischen Beschaffenheit des Modells überraschend. Begründet werden kann das hohe Bestimmtheitsmaß dadurch, dass sich die Effekte einer hohen Termintreue und auf der anderen Seite einer hohen Kapitalbindung, auf die sich die Zufallsentscheidungen innerhalb des Modells hauptsächlich auswirken, gegenseitig ausgleichen.

Allein aufgrund des Bestimmtheitsmaßes kann die Eignung der Formel, die zeitliche Einstellung in der PPS zu bewerten und vor allem unterschiedliche Sets an Eingangsgrößen zu vergleichen, jedoch nicht beurteilt werden.

Es ist an dieser Stelle eindeutig hervorzuheben, dass in das Beschreibungsmodell lediglich die fünf relevantesten Eingangsgrößen des Modells einfließen. Zwar wurde das Modell bereits im Rahmen der Sensitivitätsanalyse als robust gegenüber der Variation unsicherer Faktoren eingestuft, es kann jedoch nicht davon ausgegangen werden, dass beispielsweise eine Veränderung aller 20 anderen Eingangsgrößen die Bewertung der zeitlichen Einstellung nicht beeinflusst. Dies gilt auch für den Vergleich unterschiedlicher Einstellungen dieser fünf Eingangsfaktoren.

So können beispielsweise bei einer hohen Risikoaffinität der einzelnen Funktionsbereiche ein Set sehr kurzer ZPP effizienter sein, während für ein Unternehmen mit sehr risikoaversen Entscheidungsträgern ein Set längerer ZPP sinnvoller sein kann (bspw. Aufgrund des niedrigeren Planungsaufwands).

Es kann demnach festgehalten werden, dass das erzeugte Beschreibungsmodell das komplexe Simulationsmodell für die gegebenen Ausgangswerte sehr gut widerspiegelt, sich diese Aussage jedoch nicht mit Hinblick auf eine großflächige Veränderung der anderen Eingangsgrößen pauschalisieren lässt.

Da wie bereits angekündigt, eine sinnvolle Darstellung der Wirkungszusammenhänge kaum möglich ist, soll im folgenden Kapitel eine Interpretation der Zusammenhänge für die zeitlichen Einstellungen, also die ZPP und die Lage des Kundenentkopplungspunkts erfolgen.

7.1.6 Interpretation der Detailanalyse hinsichtlich der zeitlichen Einstellung in der PPS

Das Ziel dieser Arbeit war es, die zeitlichen Einstellungsparameter und die Lage des Kundenentkopplungspunktes eines produzierenden Unternehmens anhand eines dynamischen Simulationsmodells bewerten zu können. Da eine konkrete Analyse aller Zusammenhänge auf Basis der Heuristik und des Versuchsplans zur Detailanalyse schwerfällt, soll für die angesprochenen Parameter innerhalb dieses Kapitels eine statistische Analyse erfolgen.

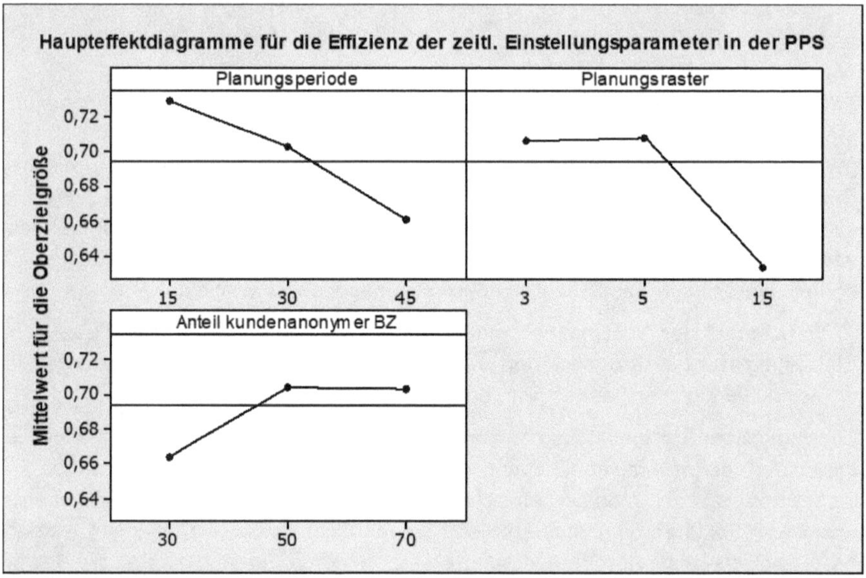

Abbildung 7-3: Haupteffektdiagramme der zeitlichen Einstellungsparameter im Rahmen der Detailanalyse

In Abbildung 7-3 sind die Haupteffektdiagramme für den dreistufigen Versuchsplan der Detailanalyse dargestellt:

Diese sollen im Folgenden kritisch hinterfragt und diskutiert werden:

Das Planungsraster zeigt zunächst zwischen den ersten beiden Stufen die Effekte, die bereits im Rahmen der Screening-Analyse offenbart worden waren. Die Oberzielgröße steigt in seiner Bewertung tendenziell eher an. Im vorherigen Kapitel wurde bereits angedeutet, dass dieses Verhalten nicht erwartet wurde. Im Rahmen der Detailanalyse konnte nun gezeigt werden, dass dieses Verhalten nur für sehr kleine Planungsraster beobachtet werden kann. Die Performance des fiktiven Variantenfertigers nimmt mit der dritten Stufe, also einem Planungsraster von 15 Time Steps stark ab. Dieser Wendepunkt lässt sich in der Praxis damit erklären, dass eine immer höher aufgelöste Planung die Performance des Unternehmens zwar stetig verbessert, der Planungsaufwand jedoch ab einem gewissen Punkt exponentiell zunimmt und die Verbesserung der Unternehmensleistung überwiegt. Während es zunächst die Aufgabenstellung war unterschiedliche Sets an ZPP und KEP vergleichbar zu machen, zeigt sich durch diesen Verlauf, dass es durchaus möglich ist, für gegebene Eingangsparameter ein optimales Planungsraster zu berechnen. Dieser Schritt würde jedoch weitere Annahmen und Vereinfachungen erfordern, da in einer solchen Berechnung, wie auch im Rahmen der Haupteffektdiagramme jegliche Wechselwirkungen ausgeblendet werden.

Auch bei den Stufen der Planungsperiode ergeben sich die vorab durch die Screening-Analyse erwarteten Zusammenhänge. Die Performance des Unternehmens wird mit kürzeren Planungsperioden, also häufigeren Planungstreffen besser. Allerdings muss an dieser Stelle erwähnt werden, dass durch die modellseitigen Beschränkungen alle drei Stufen recht lange Planungsperioden beinhalten. Diese Auswahl wurde aufgrund der Abhängigkeiten zwischen der Planungsperiode und dem Planungsraster getroffen. Sie führt jedoch dazu, dass der Wendepunkt, der bei der Analyse des Planungsrasters beobachtet werden konnte, bei der Planungsperiode nicht beobachtbar ist. Es ist jedoch zu vermuten, dass bei kürzeren Planungsperioden ebenfalls ein Optimum gefunden werden könnte.

Im Hinblick auf die Wahl des Kundenentkopplungspunkts ergeben sich durchaus überraschende Ergebnisse. Während in der einschlägigen Literatur die Ansicht überwiegt, dass der KEP möglichst weit in Richtung des Kunden verschoben werden sollte, ergeben sich innerhalb dieses Simulationsmodells für einen mittig gewählten KEP sogar leicht bessere Ergebnisse. Dies liegt daran, dass die vorausschauende Planung für die kundenanonyme Produktion für einen sehr späten KEP immer schwieriger umzusetzen ist. Es muss jedoch betont werden, dass die Analyse des Simulationsmodells unter Einfluss konkreter Gewichtungsfaktoren erfolgte. In der Wirtschaft würde das Streben nach höheren Absatzzahlen voraussichtlich jegliche Verbesserungen in der PPS überwiegen. Zumindest kann ein solches Ergebnis jedoch zu Diskussionen in dieser bislang recht einseitig betrachteten Thematik führen.

Dass solche Haupteffektdiagramme jedoch gerade bei komplexen Simulationen oftmals als nicht aussagekräftig genug eingestuft werden, kann mit der folgenden Abbildung 7-4 bekräftigt werden:

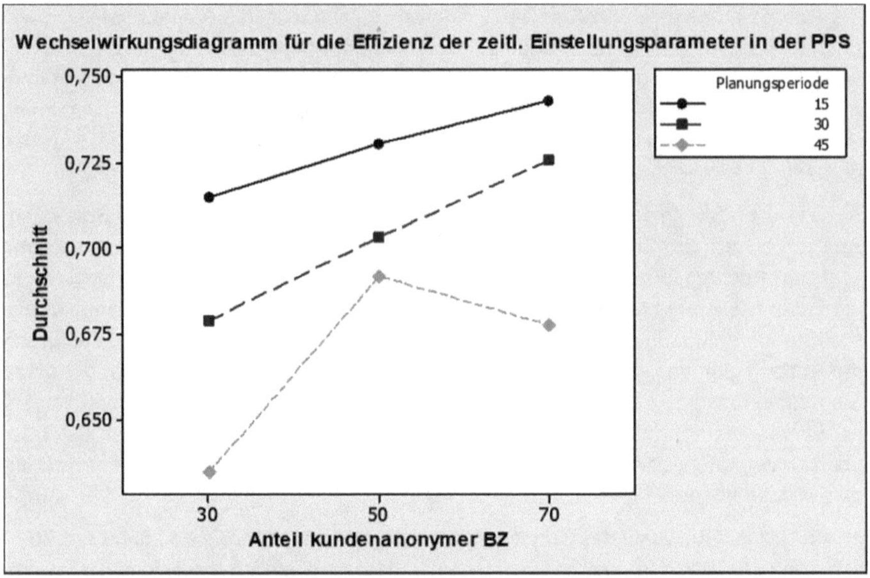

Abbildung 7-4: Wechselwirkungsdiagramm für die Eingangsgrößen Planungsperiode und Anteil der kundenanonymen Bearbeitungszeit

An dieser kann nämlich gezeigt werden, dass sich der eben beschriebene Effekt nur durch die Simulationsdurchläufe ergibt, in der gleichzeitig eine sehr lange Planungsperiode eingestellt ist. Für die erste und zweite Stufe der Planungsperiode ist die längere kundenanonyme Bearbeitungszeit, also die Verschiebung des KEP zum Kunden hin, die effizientere Auswahl. Diese Wechselwirkung entsteht durch komplexe Wechselwirkungen innerhalb des Modells, kann an dieser Stelle jedoch wahrscheinlich darauf zurückgeführt werden, dass eine sehr lange Planungsperiode in Kombination mit einer langen kundenanonymen Durchlaufzeit eine extrem weit in die Zukunft reichende Planung erfordert. Bereits im Zuge der Extremwerttests wurde beschrieben, dass das Modell solch extreme Planungszeiten nicht abfedern kann und daraus hohe Schwankungen und Unsicherheiten resultieren. Dies entspricht jedoch auch durchaus dem beobachteten Verhalten in der Praxis. Es zeigt allerdings, dass die in Hauptwirkungsdiagrammen beobachtbaren Effekte, nicht ohne eine kritische Überprüfung akzeptiert werden sollten.

Im Vorhinein konnte davon ausgegangen werden, dass auch zwischen der Planungsperiode und dem Planungsraster Wechselwirkungen vorherrschen. Dies kann aber durch die Detailanalyse zumindest für die Erkenntnisse aus diesem Simulationsmodell verneint werden. Die Linien im Wechselwirkungsdiagramm verlaufen nahezu parallel zueinander, was auf ein konstantes Verhalten und konstante Auswirkungen der Haupteffekte hinweist (vgl. Abbildung 7-5). Der Wertepunkt für eine Planungsperiode von 15 Time Steps und ein Planungsraster von ebenfalls 15 Time Steps kann aufgrund des angepassten Versuchsplans natürlich nicht gezeigt werden.

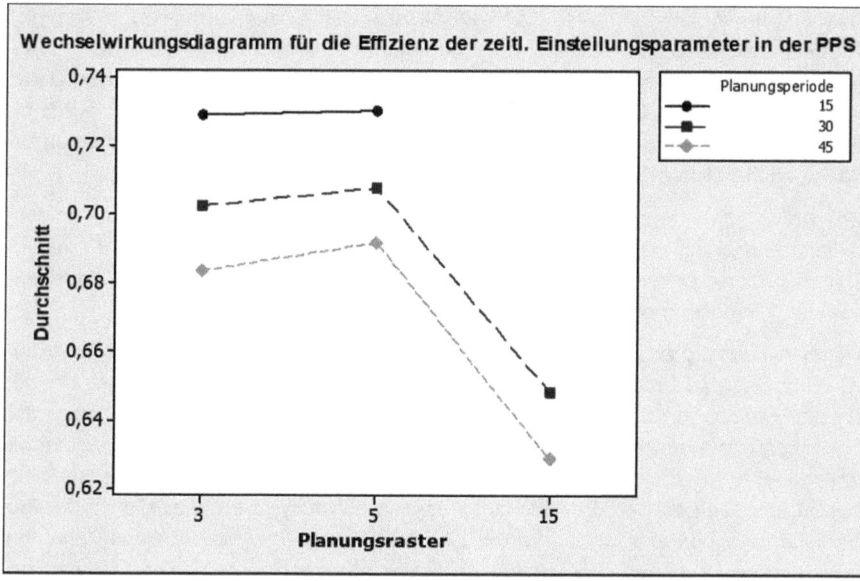

Abbildung 7-5: Wechselwirkungsdiagramm für die Eingangsgrößen Planungsperiode und Planungsraster

Abschließend lässt sich konstatieren, dass die Ergebnisse der Detailanalyse durchaus den grundlegenden Erwartungen entsprechen. Es ist jedoch spätestens innerhalb dieses Kapitels offensichtlich geworden, dass die Komplexität des Simulationsmodells äußerst weitreichende statistische Untersuchungen und Auswertungen ermöglicht. Innerhalb der Interpretation der Detailanalyse wurden lediglich drei der insgesamt 25 Eingangsgrößen betrachtet und trotzdem konnte kein endgültiger Aufschluss über die Wechselwirkungen erreicht werden, was weitere Forschungsarbeiten in diesem Kontext rechtfertigen und legitimieren würde.

7.2 Gestaltungskonzept zur simulationsgestützten Synchronisation der ZPP

Das innerhalb der vorherigen Kapitel abgeleitete mathematische Beschreibungsmodell in Form einer Heuristik stellt das Resultat der Durchführung und Auswertung von Simulationsexperimenten dar. Hierzu wurden die im Verlauf der Dissertationsschrift qualitativ beschriebenen Wechselwirkungen zwischen Einfluss-, Gestaltungs- und Zielgrößen im Rahmen des Simulationsmodells in ein quantitatives Modell überführt und validiert. Auf Grundlage der abgeleiteten Entscheidungsheuristik zur effizienten Einstellung der zeitlichen Parametrierung in der PPS kann nun ein Gestaltungskonzept zur simulationsgestützten Synchronisation der Zeitplanungsparameter entwickelt werden. Das Gestaltungskonzept beinhaltet dabei insbesondere eine vertiefende Beschreibung der anfallenden Aufgaben sowie der Ermittlung der erforderlichen Informationen zur Anwendung der abgeleiteten Heuristik.

Dabei ist hervorzuheben, dass die Heuristik zwar den Szenarien basierten Vergleich unterschiedlicher Sets an Zeitplanungsparametern ermöglicht, nicht aber die Implikationen für auf- und ablauforganisatorische Veränderungen des anwendenden Unternehmens beinhaltet. Des Weiteren besitzt die Heuristik nur innerhalb des durch die Ausgangswerte der Validierungstests und der Simulationsexperimente definierten Betrachtungsbereiches Gültigkeit (vgl. hierzu Kap. 6.4 und Anhang 10B-1).

Um die unternehmensspezifische Parametrierung der Zeitplanung (innerhalb dieses definierten Bereiches) vorzunehmen sind 3 wesentliche Einflussfaktoren zu erheben: Der *IT-Nutzungsgrad*, der *Anteil der kundenanonymen Bearbeitungszeit* und die *Aktualität und Auflösung der Datengrundlage*.

Der *IT-Nutzungsgrad* lässt sich in die drei Komponenten „IT-Nutzungsgrad Vertrieb", „IT-Nutzungsgrad Produktion" und „IT-Nutzungsgrad Einkauf" differenzieren. Um den für die Heuristik erforderlichen Wert zu ermitteln sind die drei Komponenten in den jeweiligen Funktionsbereichen zu ermitteln und ein entsprechender Mittelwert zu bilden, welcher als Einflussfaktor innerhalb der Heuristik herangezogen werden kann. Hierzu empfiehlt es sich die Planungsprozesse zu analysieren und in einzelne Prozessschritte zu unterteilen. Zu diesem Zweck kann die Prozesssicht eines Variantenfertigers des Aachener PPS-Modells als Grundlage genutzt werden. So können beispielsweise die Prozessschritte der Absatzplanung des Vertriebs als manuelle oder automatisierte (im System abgebildete) Prozessschritte gekennzeichnet werden. Gleiches gilt für die Eigenfertigungsplanung und -steuerung der Produktion, wie auch die Fremdbezugsplanung und -steuerung des Einkaufs. Im Anschluss daran sollten die zeitlichen Aufwände der manuellen Tätigkeiten in Relation zur verfügbaren Kapazität der Planungskraft gesetzt werden. Unter der Annahme, dass nicht alle Tätigkeiten automatisierbar sind, kann nun der Kehrwert des Quotienten abzüglich des nicht automatisierbaren Anteils als IT-Nutzungsgrad der jeweiligen Abteilung angenommen werden. (vgl. hierzu Kap. 6.3.3.5)

Zur Ermittlung des *Anteils der kundenanonymen Bearbeitungszeit* können die Dispositionsstufen innerhalb der Fertigung herangezogen werden. Die Bearbeitungszeit der kundenindividuellen Vorproduktion bis hin zu einer bestimmten Dispositionsstufe muss dazu in Relation zur Bearbeitungszeit in der kundenindividuellen Endfertigung gesetzt werden. Die Bearbeitungszeit beinhaltet dabei auch Verpackungs- und Logistikzeiten, ohne diese als einzelne Komponente explizit auszuweisen. Sollten die Bearbeitungszeiten nicht bekannt sein, können Verfahren zur Ermittlung von Vorgabezeiten, wie beispielsweise REFA oder MTM eingesetzt werden.

Die *Aktualität und Auflösung der Datengrundlage* wird normiert zwischen 0 (veraltet und schlecht aufgelöst) und 1 (in Echtzeit und feingranular) angegeben. Hierzu kann beispielsweise die Häufigkeit der Aktualisierung der Vertriebsprognosen herangezogen werden. Dabei würde eine Erhebung der Daten auf Basis eines jährlich stattfindenden Vertriebs Summits ohne unterjährige Aktualisierung als veraltet und schlecht aufgelöst gelten. Die Erhebung der Abverkaufszahlen am Point-of-Sale - beispielsweise nach dem Konzept des Vendor Managed Inventory - wäre gleichbedeutend mit einer sehr feingranularen Datengrundlage in Echtzeit.

Abbildung 7-6 zeigt die prototypische Implementierung der Entscheidungsheuristik zum Vergleich verschiedener Szenarien in welchen unterschiedliche Zeitplanungsparameter als Planungsgrundlage genutzt werden.

Einflussfaktoren	Szenario 1	Szenario 2	Szenario 3	Bereich	Einheit
Planungsperiode	30	40	45	2 bis 80	Timestep
Planungsraster	5	10	15	1 bis 20	Timestep
IT Nutzungsgrad	70	10	30	30 bis 70	%
Anteil kundenanonymer Bearbeitungszeit	30	50	30	30 bis 70	%
Aktualität und Auflösung der Datengrundlage	50	50	80	20 bis 80	%
Effizienz der zeitlichen Parametrierung	0,6766	0,6832	0,6196		

Abbildung 7-6: Prototypische Implementierung der Entscheidungsheuristik zum Vergleich unterschiedlicher Planungsszenarien

Somit ergeben sich unterschiedliche Handlungsszenarien, welche die Anwendung des appähnlichen Prototypen ermöglicht:

1. Überprüfung der aktuellen Zeitplanungsparameter mit aktuellen IT-Nutzungsgraden, Bearbeitungszeiten und aktueller Datengrundlage
2. Überprüfung einer Veränderung der Zeitplanungsparameter mit den aktuellen IT-Nutzungsgraden, Bearbeitungszeiten und aktueller Datengrundlage
3. Ableitung von Maßnahmen zur Optimierung der IT-Nutzungsgrade, der Bearbeitungszeiten und der aktuellen Datengrundlage inkl. oder exklusive der Anpassung bzw. Veränderung der Zeitplanungsparameter

Die Heuristik kann dementsprechend zum einen dazu genutzt werden, den Status quo zu überprüfen, und durch potentielle Veränderung der Zeitplanungsparameter zu verbessern oder zum anderen die Zeitplanungsparameter zu belassen und durch eine Verbesserung des IT-Nutzungsgrades bzw. der Aktualitität und Auflösung der Datengrundlage oder einer Veränderung des Anteils der kundenanonymen Bearbeitungszeit die Effizienz zu steigern. Idealerweise erfolgt eine abgestimmte Parametrierung der Zeitplanungsparameter bei gleichzeitiger Verbesserung der Ablauf- und Aufbauorganisation. Abschließend können die Prozesse in dem im Einsatz befindlichen System automatisiert sowie die Einstellung der Zeitplanungsparameter vorgenommen werden.

7.2.1 Vorgehensmodell zur unternehmensspezifischen Synchronisation der ZPP

Im nun folgenden letzten Schritt sollen gemäß dem gewählten Ansatz der Realwissenschaften die Ergebnisse dieser Dissertationsschrift in ein praxistaugliches und einfach anwendbares Vorgehensmodell integriert werden, welches die unternehmensspezifische Synchronisation der Zeitplanungsparameter ermöglicht.

Zur Ableitung des mathematischen Beschreibungsmodells wurde ein exemplarischer Untersuchungsbereich zugrunde gelegt, welcher unter anderem die Risikofaktoren der an der Planung beteiligten Unternehmensfunktionen innerhalb eines definierten Intervalls hinsichtlich ihres Einflusses auf die Effizienz der zeitlichen Einstellungsparameter definierte. (Vgl. hierzu Tabelle 6-2).

Ziel dieses letzten Abschnittes ist es nun, eine Vorgehensweise zu entwickeln, welche Unternehmen dazu befähigt, die individuellen, unternehmensspezifischen Rahmenbedingungen bei der Konzeption und Umsetzung der effizienten Parametrierung der Zeitplanungsparameter in den im Einsatz befindlichen ERP-Systemen zu berücksichtigen.

Die in Abbildung 7-7 dargestellte Vorgehensweise gliedert sich in drei Phasen mit jeweils unterschiedlichen Vorgehensschritte, welche konsekutiv durchlaufen werden müssen. In *Phase I* wird zunächst der Status Quo aufgenommen. Hierzu zählt eine Ist-Analyse, die Definition eines unternehmensspezifischen Zielsystems sowie der Ableitung von Gewichtungsfaktoren, sowie die Sammlung bzw. Erhebung der erforderlichen Planungsparameter. In Abhängigkeit dessen, ob sich das anwendende Unternehmen innerhalb des dieser Dissertationsschrift zugrundeliegenden Betrachtungs- und Wertebereiches befindet, kann nun *Phase II* durchlaufen werden. Diese Phase kann daher als optionale Phase verstanden werden. Im Falle eines abweichenden Betrachtungs- und Wertebereichs müssen die gesammelten Daten ein dediziertes Modell simuliert werden. Hierzu zählen zum einen die Versuchsplanung, die Durchführung und Auswertung von Simulationsexperimenten sowie die Ableitung einer Entscheidungsheuristik. In Phase III werden dann aufbau- und ablauforganisatorische Veränderungen auf Basis des Vergleichs der Effizienz der zeitlichen Parametrierung definiert und umgesetzt sowie die Zeitplanungsparameter, für die in den im Einsatz befindlichen ERP-Systemen automatisierten Planungsprozesse, implementiert.

Grundhypothese der Vorgehensweise ist, dass die Unternehmen entlang der Auftragsabwicklung die in dieser Dissertationsschrift betrachteten Unternehmensfunktionen einbinden, diese also an den durchlaufenen Planungsprozessen beteiligt sind.

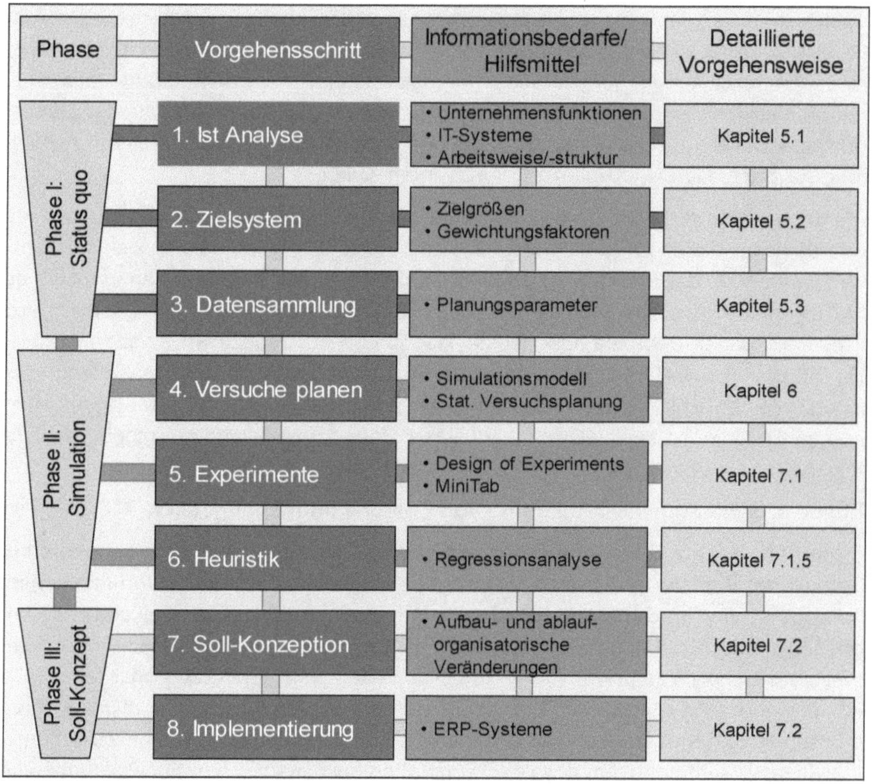

Abbildung 7-7: Vorgehensweise zur unternehmensspezifischen Synchronisation der Zeitplanungsparameter

Phase I: Analyse des Status quo

In der ersten Phase der skizzierten Vorgehensweise muss zunächst der Status quo der aktuellen Unternehmensstrukturen und Planungsprozesse aufgenommen werden. Hierzu gilt es im **ersten Schritt** zu identifizieren bzw. festzuhalten, welche Unternehmensfunktionen am Planungsprozess zur Variantenfertigung beteiligt sind. Hauptaugenmerk liegt auf der Arbeitsweise dieser Unternehmensfunktionen. So sollten beispielsweise die im Vertrieb angewendeten bzw. im Einsatz befindlichen Prognoseverfahren und die zugrundeliegenden Prognosedaten transparent gemacht werden oder die Dispositionsstufen zur Durchführung der Eigenfertigungs- bzw. Fremdbezugsplanung und -steuerung in Produktion und Einkauf bekannt sein. Abschließend müssen die im Einsatz befindlichen IT-Systeme erfasst werden, welche zur Unterstützung der Planungsprozesse eingesetzt werden.

Im **zweiten Schritt** kann nun ein unternehmensspezifisches Zielsystem definiert werden. Hierzu kann das in Kap. 5.2.2 abgeleitete Zielsystem unternehmensspezifisch adaptiert werden. Im Rahmen dieses Vorgehensschrittes gilt es zusätzlich die Gewichtungsfaktoren für die Unterzielgrößen abzuleiten. Hierbei muss insbesondere das operative Produktionsmanagement aus einer logistischen Perspektive heraus definieren, mit welcher Priorisierung und damit Gewichtung, sich die Parametrierung der Zeitplanungsparameter auf die jeweiligen Ziele der zweiten Ebene (bspw. Kosten, Auslastung, Bestand, Durchlaufzeiten, etc.) auswirken sollen.

Als **dritter Schritt** im Rahmen von Phase I sind die für die weiteren Untersuchungen erforderlichen Daten zu erfassen (vgl. hierzu Tabelle 6-2). Hierzu bietet sich beispielsweise innerhalb der Produktion das Instrument der Wertstromanalyse an, um zum einen Variantenvielfalt als auch den Punkt der Variantenexplosion zu identifizieren. Des Weiteren können Bearbeitungs-, Rüst-, Transport- und Liegezeiten erhoben werden. Die Erhebung des IT Nutzungsgrades, der Aktualität und Auflösung der Datengrundlage sowie der Risikofaktoren kann mittels Experteninterviews in den jeweiligen Unternehmensfunktionen beispielsweise auf Basis einen zu erstellenden Fragebogens erfolgen.

Phase II: Simulation und Ableitung von Entscheidungsheuristiken

Liegen die Betrachtungs- und Wertebereiche des anwendenden Unternehmens außerhalb der definierten Grenzen, welche dieser Dissertationsschrift zugrunde liegen, müssen im **vierten Schritt** auf Basis der unternehmensspezifischen Rahmenbedingungen Versuchspläne generiert werden. Hierbei ist auf die Verfahren und Methoden der statistischen Versuchsplanung zurückzugreifen, um einen möglichst hohen Erkenntnisgewinn sicherzustellen. Für die relevanten identifizierten Einflussfaktoren müssen zu diesem Zweck sinnvolle Wertebereiche definiert werden. Sinnvoll bedeutet in diesem Zusammenhang, dass die Werte auch bei dynamischen Schwankungen im Zeitverlauf mit hoher Wahrscheinlichkeit innerhalb der definierten Grenzen liegen werden. Um die Struktur des bestehenden Simulationsmodells nutzen zu können, ist eine Ergänzung weiterer Einflussfaktoren, die nicht bereits im Rahmen der Modellkonzeption berücksichtigt wurden, nicht möglich.

Anschließend können im **fünften Schritt** Simulationsexperimente durchgeführt werden. Aufgrund der hohen Komplexität des Modells sollte zunächst eine Screening Analyse zum Einsatz kommen. Hierbei werden die nicht relevanten Einflussfaktoren, das heißt diejenigen, welche keinen oder nur einen geringen Einfluss auf die im Zielsystem definierten Zielgrößen ausüben, eliminiert bzw. nicht für die weitere Betrachtung und Auswertung herangezogen. Im Rahmen der Detailanalyse können nun die funktionalen Zusammenhänge zwischen den ermittelten Einflussfaktoren und den definierten Zielgrößen ermittelt werden, welche die Basis für den nachfolgenden Vorgehensschritt im Rahmen der vorgeschlagenen Vorgehensweise bildet.

Im **sechsten Schritt** können nun mittels Durchführung von Regressionsanalysen Entscheidungsheuristiken abgeleitet werden, welche gemäß des Gestaltungskonzeptes in Kap. 7.2 den Vergleich unterschiedlicher Sets an Zeitplanungsparametern ermöglichen.

Phase III: Soll-Konzeption und Parametrierung der IT-Lösung(en)

Im vorletzten **siebten Schritt** können nun auf Basis des durchgeführten Vergleiches unterschiedlicher Sets an Zeitplanungsparametern Soll-Konzepte im Sinne der Ableitung von aufbau- und ablauforganisatorischen Veränderungen definiert werden. Hierzu gilt es beispielsweise die Frequenz und Inhalte von funktionsübergreifenden Planungstreffen zu definieren, um dadurch u.a. die nahtlose Weitergabe von Information an vor- und nachgelagerte Planungsverantwortliche sicherzustellen.

Im abschließenden **achten Schritt** gilt es nun die definierten Zeitplanungsparameter im verwendeten ERP-System zu implementieren und für zukünftige systemseitige Planungsläufe zu instrumentalisieren.

8 Evaluierung des Gestaltungskonzepts im Anwendungszusammenhang

Im vorliegenden Kapitel sollen die Ergebnisse dieser Dissertationsschrift insbesondere im Hinblick auf das in Kapitel 7.2 entwickelte Vorgehensmodell bzw. das Gestaltungskonzept evaluiert werden. Hierbei wird geprüft, ob das Gestaltungskonzept und die beinhaltete Entscheidungsunterstützung im Sinne der abgeleiteten Heuristik den in Kap. 4.1 aufgestellten formalen und inhaltlichen Anforderungen entsprechen. Hierzu bietet sich die Vorgehensweise des kritischen Rationalismus an. Die-se verfolgt das Ziel, mittels kritisch rationaler Überprüfung die aufgestellten Hypo-thesen, durch permanenten Versuch der Widerlegung im Sinne der Falsifizierung, zu bestätigen. Die diesem Kapitel zugrunde gelegte Hypothese besagt, dass das entwickelte Gestaltungskonzept den hohen Ansprüchen der industriellen Praxis genügt und einen signifikanten Mehrwert für anwendende Unternehmen bietet. Um die Gültigkeit zu überprüfen kann anhand von Einzeluntersuchungen vorgegangen werden. Die Hypothese gilt dabei solange als wahr, bis sie (im Rahmen von aufbauenden Einzeluntersuchungen) widerlegt wird (vgl. Ulrich und Hill 1976, S. 345).

Demnach sind alle vorliegenden Theorien nur als vorläufig zu verstehen und müssen kontinuierlich kritisch hinterfragt und überprüft werden. Dieser Ansatz zur Falsifikation folgt der in Kapitel 1.3 aufgrund des pragmatischen Wissenschaftsziels vorgenommenen Zuordnung dieser Dissertationsschrift zu den Realwissenschaften nach ULRICH & HILL im Rahmen der angewandten Handlungswissenschaften. Besonderes Augenmerk liegt hierbei auf der Relevanz der Forschung für die Praxis und der einfachen Anwendbarkeit.

Daher wird das Vorgehensmodell im ersten Schritt durch einen Expertenkreis evaluiert (siehe Kapitel 8.1). Diese indirekte Form der Evaluation fokussiert maßgeblich den Nutzen und die Anwendbarkeit der Entscheidungsunterstützung. Letztere soll, wie in Kap. 1.2 dargelegt, die effiziente Parametrierung der Zeitplanungsparameter in etablierten betrieblichen Anwendungssystemen ermöglichen. Daher setzt sich der Expertenkreis aus Anbietern betrieblicher Anwendungssysteme zusammen. Deren Einschätzung zur Möglichkeit der Implementierung der Entscheidungsunterstützung in betrieblichen Anwendungssystemen sowie deren Akzeptanz hinsichtlich des vorgeschlagenen Vorgehens stellen kritische Erfolgsfaktor dar. Um die in Kapitel 4.1 hergeleitete und definierte *Utiltität,* (Nachvollziehbarkeit, Nützlichkeit und Praktikabilität des Lösungskonzepts) welche sich aus den Subkriterien Relevanz, Funktionalität, Praktikabilität und Effizienz zusammensetzt, zu überprüfen, wird in einer weiteren Fallstudie das Konzept mit einem ausgewählten Variantenfertiger evaluiert (siehe Kapitel 8.2). Im letzten Abschnitt dieses Kapitels erfolgen eine abschließende Bewertung der formalen Anforderungen an das Gestaltungskonzept sowie eine kritische Reflexion der Evaluationsergebnisse (siehe Kapitel 8.3).

Mit dem skizzierten Vorgehen wird die Überprüfung der Ergebnisse dieser Dissertationsschrift sowohl in der Breite (durch indirekte Diskussion im gewählten Expertenkreis) als auch in der Tiefe (durch Evaluation in einem spezifischen Anwendungsfall) sichergestellt.

8.1 Evaluation des Vorgehensmodells durch einen Expertenkreis

In diesem Kapitel erfolgt die Evaluation des Vorgehensmodells mittels Diskussion des Gestaltungskonzeptes in einem Expertenkreis. Der hierzu nominierte Expertenkreis setzt sich aus den immatrikulierten Mitgliedern des Center Enterprise Resource Planning am RWTH Aachen Campus zusammen.

8.1.1 Kurzvorstellung des Expertenkreises

Das Center Enterprise Resource Planning (CERP) ist ein innovativer Forschungsdienstleister am Campus Cluster Smart Logistik und gilt als Schnittstelle zwischen Anbietern und Anwendern betrieblicher Anwendungssysteme.

Übergeordnete Zielsetzung des Centers ist es, unter Berücksichtigung von Kundenanforderungen die Wertschöpfung unter Einsatz betrieblicher Anwendungssysteme für die Zukunft zu gestalten. Das bedeutet, die Vernetzung im Unternehmen und darüber hinaus weiter zu entwickeln, um so den Anforderungen von Industrie 4.0 gerecht zu werden. Im Center bilden sich Fachleute weiter, informieren sich über die aktuellen Entwicklungen und erarbeiten und testen Pilotanwendungen in einem agilen Umfeld.

Das Center Enterprise Resource Planning wurde 2016 gegründet. Enterprise Resource Planning ist dabei wörtlich zu nehmen und geht über den klassischen ERP-Begriff insofern hinaus, als dass es um die gesamte Ressourcen- und Personalallokation in Unternehmen und damit um die Weiterentwicklung sämtlicher betrieblicher Anwendungssysteme geht.

Als übergeordnetes Ziel verfolgt das Center als Interessensverbund, die Effizienz bei der Steuerung von Unternehmen zu steigern. Schwerpunkte bilden in diesem Zusammenhang betriebliche Anwendungssysteme, die vom obersten bis zum untersten Unternehmenslevel zur Unterstützung sowie zur Optimierung der Geschäftsprozesse eingesetzt werden. In der Demonstrationsumgebung des Cluster Smart Logistik werden neue innovative Konzepte für die Nutzung und Weiterentwicklung betrieblicher Anwendungssysteme pilotiert und als Demonstrator getestet. Dies erfolgt interdisziplinär und im intensiven Austausch zwischen Anbietern und Anwendern betrieblicher Anwendungssysteme sowie Technologieanbietern und den Projektingenieuren im Center. Im Center Enterprise Resource Planning auf dem RWTH Aachen Campus wird erarbeitet, wie Agilität durch Regelung erzielt werden kann.

Das Center Enterprise Resource Planning versteht sich weiterhin als Interessensverbund für Anbieter betrieblicher Anwendungssysteme welche sich als Unternehmen im Center immatrikulieren. Dabei geht es um die Weiterentwicklung und Zukunftsfähigkeit ihrer Produkte, Dienstleistungen und Geschäftsmodelle.

Die Vertreter des Expertenkreis stammen daher alle aus dem Bereich der Anbieter betrieblicher Anwendungssysteme und üben unterschiedliche Tätigkeiten in den jeweiligen Unternehmen aus. Vom Programmierer, über Projektmanager und Projektleiter bis hin zum Vorstand sind sämtliche Unternehmensebenen vertreten, wodurch eine breite Zielgruppe mit teils sehr unterschiedlichen Kompetenzprofilen und Anforderungen adressiert werden können.

8.1.2 Vorgehen und Bewertung des Konzeptes aus Anbieterperspektive

Den Teilnehmern wurden zunächst die Ausgangssituation und Problemstellung sowie die daraus abgeleitete Zielsetzung der Dissertationsschrift vorgestellt (vgl. Kap. 1.1 und Kap. 1.2). Aufbauend lag das Hauptaugenmerk auf folgenden Aspekten:

- Schaffung eines gemeinsamen Verständnisses durch Präsentation und Diskussion der Struktur der Planungs- und Steuerungsprozesse des Variantenfertigers entlang des Auftragsabwicklungsprozesses inklusive der beteiligten Unternehmensfunktionen (vgl. Kap. 5.1)
- Erläuterung des Zielsystems zur Synchronisation von Zeitplanungsparametern sowie der Operationalisierung der dem Zielsystem zugrundeliegenden Primär- und Sekundär- sowie Zwischenzielgrößen. (vgl. Kap. 5.2)
- Vorstellung der Einflussfaktoren und Gestaltungsdimensionen, welche die Struktur und den Ablauf der Planungs- und Steuerungsprozesse eines Variantenfertigers maßgeblich beeinflussen (vgl. Kap. 5.3)
- Detaillierter Einblick in die Struktur des aufgestellten Simulationsmodells mit den drei Modulen zur Darstellung des Variantenfertigers sowie zur Leistungsbewertung der Zwischenzielgrößen und der Oberzielgröße. (vgl. Kap. 6.3)
- Einblick in die Validierung des Simulationsmodells (vgl. Kap., 6.4) sowie die Durchführung und Auswertung von Simulationsexperimenten zur Ableitung einer Entscheidungsheuristik (vgl. Kap. 7.1)
- Präsentation des Gestaltungskonzeptes zur simulationsgestützten Synchronisation der Zeitplanungsparameter im anwendungsneutralen Kontext (vgl. Kap. 7.2) sowie der anwendungsfallspezifischen Adaption in einem Vorgehensmodell zur unternehmensspezifischen Synchronisation der Zeitplanungsparameter (vgl. Kap. 7.2.1)

Um eine strukturierte Diskussion zu gewährleisten wurden nachfolgende Leitfragen definiert welche gleichzeitig zur Bewertung der inhaltlichen Anforderungen an das erstelle Modell genutzt werden konnten:

- Wurden die Einfluss- und Gestaltungsfaktoren sowie Zielgrößen im Planungsprozess eines Variantenfertigers vollständig abgebildet?

- Wie wird die Möglichkeit bzw. das Potenzial zur IT-seitigen Automatisierung der Planungsaktivitäten bewertet?
- Können die für das Simulationsmodell bzw. die Heuristik benötigten Daten und Parameter in etablierten, kommerziell verfügbaren IT-Lösungen (hier im Fokus: ERP-Systeme) gespeichert und abgerufen werden?
- Besitzen die Ergebnisse Relevanz für weitere IT-Lösungen bei systemübergreifender Betrachtung und wenn ja, in welcher Form?
- Kann die Entscheidungsheuristik in etablierten ERP-Systemen implementiert und mehrwertstiftend eingesetzt werden?

Die Kernergebnisse der Diskussion innerhalb des Expertenkreises werden nachfolgend entlang der vorgestellten Leitfragen strukturiert und zusammengefasst. Hierbei werden insbesondere jene Aussagen wiedergegeben, welche unmittelbaren Bezug zu den in dieser Dissertationsschrift entwickelten Lösungsbausteinen bzw. Lösungsvorschlägen aufweisen, da diese letztendlich in die Ableitung der Entscheidungsheuristik sowie die Erstellung eines Gestaltungskonzeptes eingeflossen sind.

Wurden die Einfluss- und Gestaltungsfaktoren sowie Zielgrößen im Planungsprozess eines Variantenfertigers vollständig abgebildet?

- Generell wird dem Modell durch den Expertenkreis eine hohe Vollständigkeit attestiert.
- Angemerkt wurde, dass ggf. noch logistische Restriktionen berücksichtigt werden könnten. Es wird allerdings auch angemerkt, dass diese Rahmenbedingungen höchst individuell seien, und auch meist im ERP-System nicht detailliert, sondern über Standardzeiten abgebildet werden. Zudem werden nach Aussage des Expertenkreises insbesondere von kmU logistische Dienstleistungen outgesourct, sodass die Planung dieser logistischen Leistungen nur mittelbaren Einfluss auf die zeitliche Parametrierung des produzierenden Unternehmens im jeweils im Einsatz befindlichen ERP-System ausübt.

Somit konnte die Frage nach der Vollständigkeit der Einfluss- und Gestaltungsgrößen im Planungsprozess eines Variantenfertigers als durchschnittlich hoch eingestuft werden (n=12), wie Abbildung 8-1 verdeutlicht.

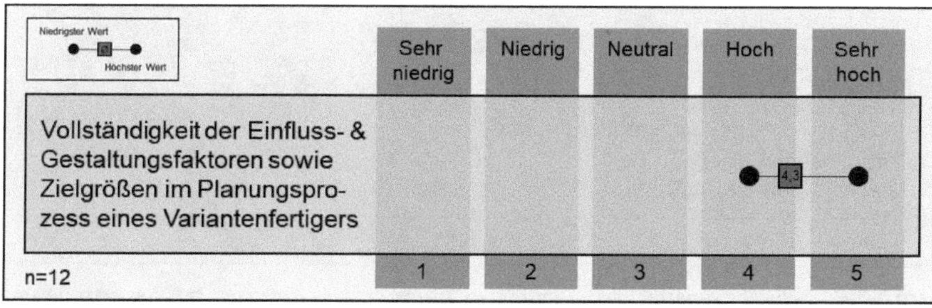

Abbildung 8-1: Bewertung der inhaltlichen Anforderungen durch den Expertenkreis - Leitfrage 1

Wie wird die Möglichkeit bzw. das Potenzial zur IT-seitigen Automatisierung der Planungsaktivitäten bewertet?

- Generell wurde angemerkt, dass durch die Entwicklung im Kontext von Industrie 4.0 und in Quasi-Echtzeit vorliegende Daten aus den verschiedenen Quellen (Absatzzahlen, Produktionsdaten, Lieferanteninformationen) die Relevanz bzw. der Nutzungsgrad von IT-Systemen noch weiter zunehmen wird, als es ohnehin schon der Fall ist. Dabei wird prognostiziert, dass die Rolle des Menschen, welcher aktuell noch wesentlichen Input für die Planung geben muss, stetig abnehmen wird. Hypothese ist allerdings, dass ein gewisser Anteil der klassischen hierarchischen Sukzessivplanung auch in Zukunft durch den Menschen und damit manuell erfolgen wird. Allerdings wird sich das Tätigkeitsprofil des Menschen zukünftig dahingehend verändern, dass vermehrt Entscheidungsarbeit geleistet wird. Die verschiedenen Lösungsalternativen bzw. Handlungsempfehlungen werden dabei (inkl. einer Vorausschau der Konsequenzen, welche eine Entscheidung mit sich bringt) vom System unterbreitet. Der Mensch wählt nur noch die vor dem Hintergrund des eigenen oder unternehmerischen Zielsystems bestgeeignete Lösungsalternative aus.
- Mit Blick auf die Entwicklung der planerischen Aktivitäten in der Zukunft wurde angemerkt, dass bei Arbeit mit regelbasierter Planung und lernenden Systemen die Heuristik bzw. das Gestaltungskonzept als Grundbausteine wertvolle Erkenntnisse im Rahmen der Realisierung regelungsbasierter Planungssysteme leisten kann.

Demzufolge wurde die grundsätzliche Möglichkeit zur IT-seitigen Automatisierung der Planungsaktivitäten als sehr hoch eingestuft (vgl. Abbildung 8-2).

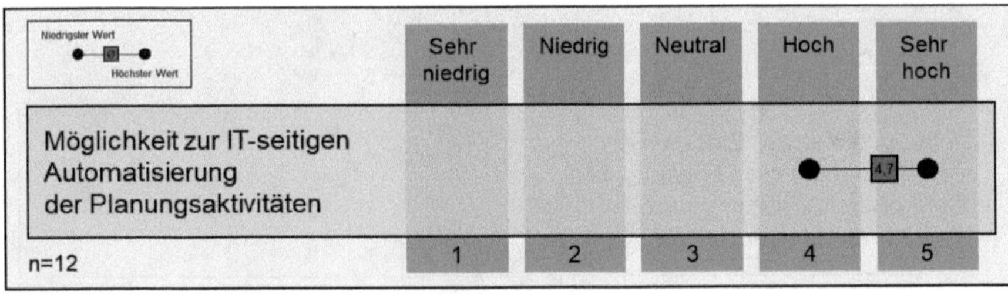

Abbildung 8-2: Bewertung der inhaltlichen Anforderungen durch den Expertenkreis - Leitfrage 2

Können die für das Simulationsmodell bzw. die Heuristik benötigten Daten und Parameter in etablierten, kommerziell verfügbaren IT-Lösungen (hier im Fokus: ERP-Systeme) gespeichert und abgerufen werden?

- Als einer der ersten wesentlichen Aspekte lag der Schwerpunkt der Diskussion auf der Qualität der der Planung zugrundeliegenden Daten. Somit stellt die Richtigkeit der Daten eine Grundvoraussetzung dar, um diese auch sinnvoll für das Simulationsmodell bzw. die Heuristik nutzen zu können.
- Allgemein wurde die Möglichkeit des Abrufens und Speicherns der Daten bejaht. Allerdings sind nicht alle erforderlichen Daten als unmittelbar im System hinterlegter Parameter abzurufen, sondern erst nach Berechnung oder Konsolidierung bestimmter Größen (bspw. der Standardabweichung der Kundennachfrage)
- Nur Planungsparameter können abgerufen werden. Die Einschätzung bzw. Bewertung von planungsbegleitenden spezifischen Gewichtungen und Zielsetzungen könnte natürlich im System hinterlegt, nicht aber aus diesem abgerufen werden.
- Bestimmte Planungsparameter (z.B. Dispositionsparameter) würden mittelbar durch bestimmte Einflussgrößen wie bspw. das Risikoverhalten des Unternehmens/der Planer beeinflusst werden.
- Und umgekehrt: Das Risikoverhalten spiegelt sich darin wieder, wie die Planungsgrößen parametriert wurden (so können bspw. aus Dispositionsparametern Rückschlüsse auf das Risikoverhalten der planenden Personen oder Funktionen möglich sein)

Zusammenfassend wurde attestiert, dass sämtliche erforderlichen Daten entweder bereits in den Systemen speicherbar sind oder mit geringem Aufwand hinzugefügt werden könnten. Dabei können zwar nicht alle Aspekte zum aktuellen Zeitpunkt vollständig automatisiert erhoben werden, grundsätzlich wäre aber die sachlogische Ableitung von weichen Faktoren (bspw. Risikofaktoren) aus planerischen Aktivitäten möglich. Demzufolge wurde die grundsätzliche Möglichkeit zur Speicherung bzw. zum Abruf der für das Simulationsmodell benötigten Daten aus den IT-Systemen im Durchschnitt mit sehr hoch bewertet (vgl. Abbildung 8-3).

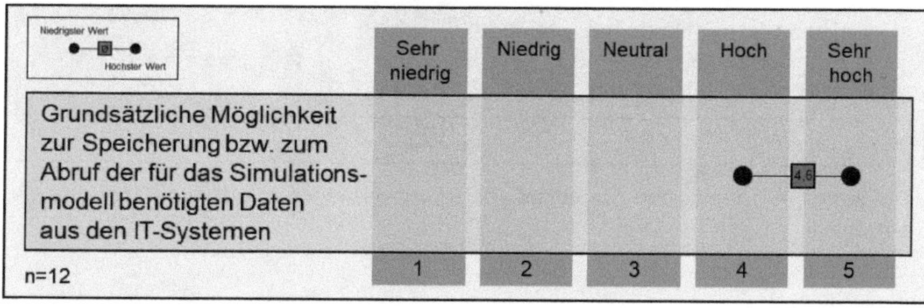

Abbildung 8-3: Bewertung der inhaltlichen Anforderungen durch den Expertenkreis - Leitfrage 3

Besitzen die Ergebnisse Relevanz für weitere IT-Lösungen bei systemübergreifender Betrachtung und wenn ja, in welcher Form?

- Generell kann durch Add-Ons oder Module wie SAP-APO und APS-Software im Allgemeinen eine engere Verzahnung durch funktionsübergreifende Planung (gestützt durch mathematische Optimierungsalgorithmen) ermöglicht werden.
- Demzufolge könnten die Ergebnisse dieser Dissertationsschrift auch in weiteren Planungssystemen Implikationen bedeuten. Da der Fokus der Betrachtung aber maßgeblich auf unternehmensinternen Planungsaktivitäten beruht, müsste die Gültigkeit für unternehmensübergreifende Zusammenhänge, welche in den oben genannten Systemen erfolgt, erst noch überprüft werden.
- Bei Berücksichtigung von u.a. logistischen Zeitplanungsparametern und -restriktionen könnte bei unternehmensübergreifender Perspektive die Planung in SCM-Systemen betroffen sein. Versandplanung findet in vielen Fällen im Unternehmen gar nicht statt. Häufig erfolgt diese Leistung durch Logistikdienstleister.

Generell wird der Relevanz und den Implikationen der Ergebnisse bei systemübergreifender Betrachtung ein hoher Wert zugesprochen (vgl. Abbildung 8-4). Auch im unternehmerischen Alltag erfolgt die Planung nicht isoliert in einem betrieblichen Anwendungssystem, sondern es kommen zahlreiche Systeme entlang des Auftragsabwicklungsprozesses bzw. des Wertschöpfungsprozesses im unternehmensübergreifenden Kontext der Supply Chain zum Einsatz. Durch den Betrachtungsbereich innerhalb des beschriebenen Vorgehensmodells müssten die konkreten Implikationen für weitere Systeme allerdings noch detaillierter analysiert werden.

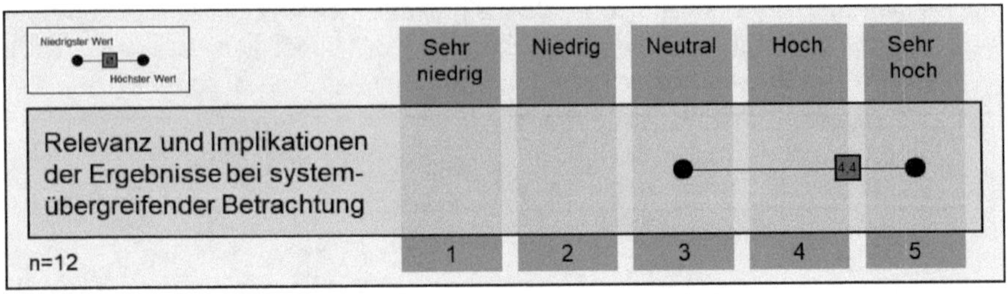

Abbildung 8-4: Bewertung der inhaltlichen Anforderungen durch den Expertenkreis - Leitfrage 4

Kann die Entscheidungsheuristik in etablierten ERP-Systemen implementiert und mehrwertstiftend eingesetzt werden?

- Die Heuristik wird zwar generell als sinnvoll erachtet, dient aber letztlich dazu eine Entscheidung außerhalb der Systemwelt zu fällen. Dem hingegen könnte eine Integration des Simulationsmodells in die ERP-Welt durchaus sinnvoll sein, da sich das Modell dann direkt aus dem System die zu Verfügung stehenden Planungsparameter extrahieren und für die Simulation nutzen könnte. Natürlich könnten das Modell auch als Add-On genutzt werden, welches über entsprechende Schnittstellen über einen Export aus den ERP-Systemen mit den zur Verfügung stehenden Planungsparametern versorgt wird. Bei einer festgestellten Veränderung der Planungsumgebung bzw. der Prozesse könnte das System eine Veränderung der ZPP automatisiert vorschlagen.
- Grundsätzlich ja, allerdings muss die Sinnhaftigkeit vor dem Hintergrund der erforderlichen Häufigkeit der Validierung der Synchronisationsergebnisse in Frage gestellt werden. So könnte theoretisch nach der jährlich stattfindenden Programmplanung die Effizienz der zeitlichen Parametrierung überprüft werden. Hierzu wäre es durchaus vertretbar diese Überprüfung in einem Zusatzmodul durchzuführen und die Ergebnisse dann an die entsprechenden Stellen im zu parametrierenden System zu übertragen.

Das Potential zur Implementierung wurde der Entscheidungsheuristik in ERP-Systeme wurde daher als neutral eingeschätzt (vgl. Abbildung 8-5). Nicht, weil die generellen Ergebnisse in Frage gestellt wurden, sondern weil der Aufwand zur Implementierung ggf. höher ausfallen würde, als die Nutzung in der bestehenden Systemumgebung.

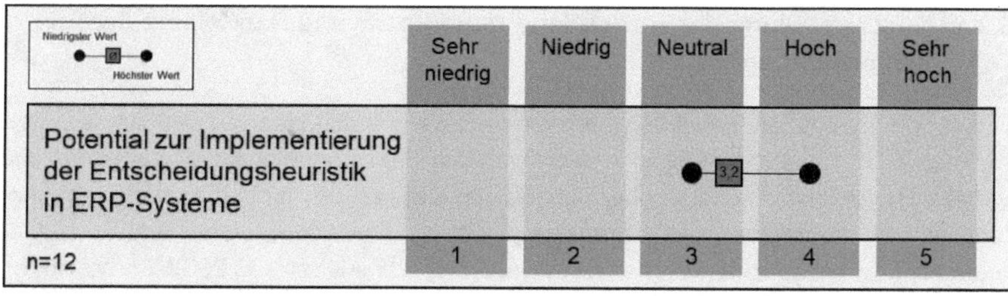

Abbildung 8-5: Bewertung der inhaltlichen Anforderungen durch den Expertenkreis - Leitfrage 5

Neben der beschriebenen inhaltlichen Bewertung wurden durch den Expertenkreise nachfolgende Anmerkungen ausgesprochen, welche als Impuls für weitere Forschungsaktivitäten aufgegriffen werden können:

- Eine Methodik zur Ermittlung des IT-Nutzungsgrades und der Aktualität und Auflösung der Datengrundlage würde die Anwendung an einigen Stellen deutlich vereinfachen.
- Die Fokussierung liegt aktuell sehr stark auf der fertigenden Industrie. Eine Erweiterung des Synchronisationsansatzes auf weitere Branchen und Industrien (wie bspw. Handel, wo insbesondere die logistischen Fragestellungen einen deutlichen größeren Schwerpunkt bilden können) wurde als wünschenswert formuliert.
- Zudem wurde diskutiert, welche Impulse oder Ereignisse, eine Überprüfung der ZPP (zwingend) erforderlich und sinnhaft machen würden. So wurden bspw.. die Neuprodukteinführung, Lieferantenwechsel, Geschäftsmodell-Veränderung durch andere Vertriebskanäle, Einführung einer neuen ERP-Lösung (bei der das Planungsmodell grundlegend verändert wird, da andere Dispositions-Verfahren genutzt werden) als mögliche Events genannt.

8.2 Fallstudie zur Evaluation des Vorgehens im Anwenderunternehmen

In der nun folgenden Fallstudie wird das Vorgehen in einem exemplarischen Anwenderunternehmen des Auftragsabwicklungstyps Variantenfertiger evaluiert. Hierzu wird zunächst das Unternehmen selbst sowie die vorliegende Ausgangssituation vorgestellt (vgl. Kap. 8.2.1). In Analogie zum Vorgehen in Kapitel 8.1 kann das Konzept nun durch eine Bewertung der inhaltlichen Anforderungen aus Sicht des Anwenderunternehmens evaluiert werden.

8.2.1 Kurzvorstellung des Anwenderunternehmens und Darstellung der Ausgangssituation

Das für die Evaluation gewählte Unternehmen ist ein multinationales deutsches Unternehmen. Die Tätigkeitsfelder sind sehr vielfältig über zahlreiche Geschäftsbereiche verteilt. Es ist tätig als Automobilzulieferer, im Bereich der Industrie- und Gebäudetechnik, der automatisierten Verpackungstechnik sowie der Herstellung von Gebrauchsgütern. Das Unternehmen ist in Deutschland mit über 130.000 Mitarbeitern an 80 Standorten tätig. Der Geschäftsbereich zur Herstellung von Gebrauchsgütern weist eine Struktur auf, welche sich durch zahlreiche kleinere Teilbereiche auszeichnet, von denen einigen den Systemgrenzen dieses Dissertationsvorhabens entsprechen. Der Gesprächspartner aus dem Unternehmen ist Projektmanager im Bereich IoT (Internet of Things) und hat dadurch Einblick in zahlreiche Fertigungs- und Planungsabläufe der verschiedenen Geschäftsbereiche. Zusätzlich besitzt er durch vorherige Tätigkeiten umfangreiche Know-how im Themengebiet der Produktionsplanung und -steuerung. Hier insbesondere im Bereich der taktischen Produktionsplanung in ERP-Systemen.

Das Unternehmen nutzt aktuell zu Planungszecken SAP-ERP, verfügt aber über zahlreiche weitere betriebliche Anwendungssysteme entlang des Auftragsabwicklungsprozesses. Sowohl in der Produktion als auch im Vertrieb existieren eine hohe Anzahl an Insellösungen in welchem am führenden System vorbeigeplant wird.

Der gewählte Geschäftsbereich fertigt Gebrauchsgüter auf Basis von Bedarfsprognosen kundenanonym auf Lager, um diese anschließend durch kundenindividuelle Bauteile zu veredeln.

8.2.2 Vorgehen und Bewertung des Konzeptes aus Anwenderperspektive

Das Vorgehen zur Evaluation des Gestaltungskonzeptes orientiert sich an der Struktur der Evaluation im Expertenkreis (vgl. Kap. 8.1.2). Die definierten Leitfragen besitzen auch hier Gültigkeit, werden allerdings aus der Perspektive eines produzierenden Unternehmens heraus beleuchtet, welches die Planung in ERP- sowie weiteren Systemen durchführt. Parallel existieren sowohl in der Produktion als auch im Vertrieb eine Vielzahl an Insellösungen (Planung am System vorbei).

Wurden die Einfluss- und Gestaltungsfaktoren sowie Zielgrößen im Planungsprozess eines Variantenfertigers vollständig abgebildet?

- Generell wird eine hohe Vollständigkeit attestiert. Die nicht abgebildeten Größen fallen aus Sicht des Gesprächspartners unter die Signifikanzgrenze.
- Die Recherche des Standes der Technik greift die relevanten Referenzmodelle und Systeme auf, welche die Ablauf- und Aufbauorganisation der Variantenfertigung beschreiben.

- Da keine komplette Supply Chain abgebildet wird ist der Betrachtungsbereich richtig gewählt, es könnte allerdings die innerbetriebliche Logistik Berücksichtigung finden.
- Lade- und Hilfsmittelplanung der Logistik könnten unter Umständen als alleinstehende Funktion mitberücksichtigt, oder aber als unterstützende Funktion der Produktion in das Modell integriert werden.

Basierend auf der Diskussion wurde die Vollständigkeit der Einfluss und Gestaltungsgrößen als sehr hoch bewertet (vgl. Abbildung 8-6).

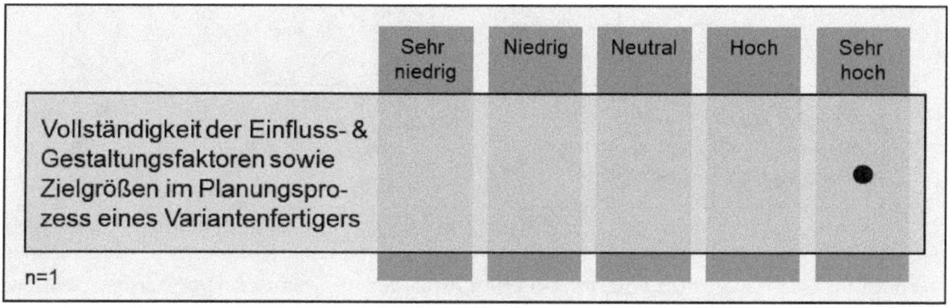

Abbildung 8-6: Bewertung der inhaltlichen Anforderungen aus Anwenderperspektive - Leitfrage 1

Wie wird die Möglichkeit bzw. das Potenzial zur IT-seitigen Automatisierung der Planungsaktivitäten bewertet?

- Aktuell findet die Grobplanung des Variantenfertigers im ERP-System sowie teilweise im CRM System statt.
- Zukünftig wird durch Methoden bspw. des Data Minings (bspw. Durchlaufzeiten durch Sensordaten) die Möglichkeit geschaffen mit präzisen Daten den Planungsprozess durchzuführen. Rückgeführt in die Synchronisation der Zeitplanungsparameter kann durch diese Entwicklung die Planungsgüte weiter gesteigert werden.
- Generell wird eine höhere Automatisierung erwartet. Dies wird u.a. als eine Kernanforderung an die Anbieter formuliert. Auch im Sinne der Selbstoptimierung der Systeme (Evolutionäres Optimieren) kann die geschaffene Entscheidungsunterstützung bzw. das vorgestellte Gestaltungskonzept diese Entwicklung unterstützen bzw. davon profitieren.

- Es wird die Prognose abgegeben, dass der Anteil der manuellen Planungsaktivitäten zukünftig signifikant sinken wird. Die Mitarbeiter können sich somit wertschöpfenden Tätigkeiten widmen. Hierzu leisten die erarbeitete Entscheidungsunterstützung bzw. das Gestaltungs- und Vorgehensmodell einen wesentlichen Beitrag.

Basierend auf der Diskussion zur Beantwortung der formulierten Leitfrage, wurde die Möglichkeit zur IT-seitigen Automatisierung, und damit letztlich auch die Relevanz der Dissertationsergebnisse, als sehr hoch bewertet (vgl. Abbildung 8-7).

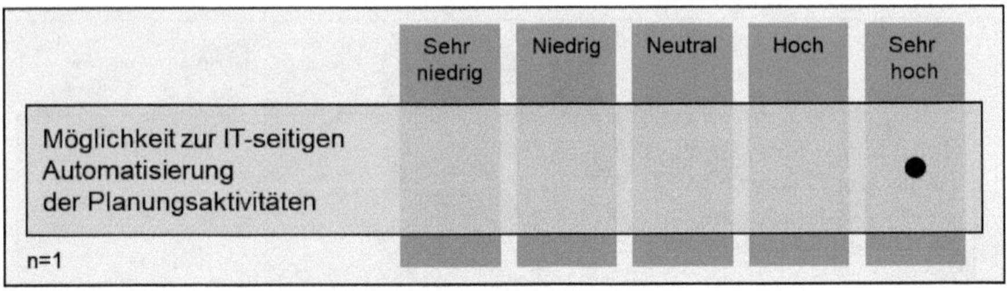

Abbildung 8-7: Bewertung der inhaltlichen Anforderungen aus Anwenderperspektive - Leitfrage 2

Können die für das Simulationsmodell bzw. die Heuristik benötigten Daten und Parameter in etablierten, kommerziell verfügbaren IT-Lösungen (hier im Fokus: ERP-Systeme) gespeichert und abgerufen werden?

Vor dem Hintergrund der Anwenderperspektive wurde die formulierte Leitfrage um nachfolgende Komponente erweitert:

Liegt das Wissen vor, um die Daten aus den relevanten Planungssystemen zu exportieren und wenn ja, welcher Aufwand damit verbunden ist?

Dies folgt der generellen Erwartungshaltung des Variantenfertigers, dass die benötigten Faktoren aus dem System extrahierbar sein sollten.

- Bei einer Betrachtung ausgewählter Materialien ist der Aufwand zur Ermittlung der erforderlichen Eingabewerte im System mit eher geringem Aufwand möglich.
- Sämtliche Planungs- und Dispositionsparameter sowie Artikel und Personalstammdaten können ohne weiteres aus dem Planungssystem extrahiert werden.
- Die Ermittlung der „weichen" Faktoren hingegen fällt systemgestützt eher schwer. Hier wurde aber die Möglichkeit genannt, diese durch Expertenbefragung zu ermitteln.

- So könne bspw. eine Messmetrik mit definierten „Reifegraden“ oder „Risikostufen“ bspw. in Form einer fragebogengestützten Ermittlung von Risikokennzahlen abgeleitet und genutzt werden.
- Eine direkte Beantwortung wäre somit schwierig, allerdings wird die Annäherung durch Interviews und Workshops als durchaus realistisches Vorgehen eingeschätzt.
- Die Ermittlung des IT-Nutzungsgrades könnte aus bestehenden Prozess- und IT-Analysen abgeleitet werden (Arbeit im primären Planungssystem).

Die Beantwortung der Frage unterteilt sich zusammengefasst in die Ermittlung der für das Gestaltungskonzept benötigten Planungsparameter sowie die Ermittlung der eher weichen Faktoren. Im Hinblick auf die grundsätzliche Möglichkeit zur Speicherung bzw. zum Abruf der für das Simulationsmodell benötigten Daten aus den IT-Systemen wird eine hohe Bewertung vorgenommen (vgl. Abbildung 8-8). Im Hinblick auf die Ermittlung der weichen Faktoren wurden zahlreiche konstruktive Vorschläge unterbreitet, welche eine methodisch fundierte Form der Erhebung und Quantifizierung ermöglichen.

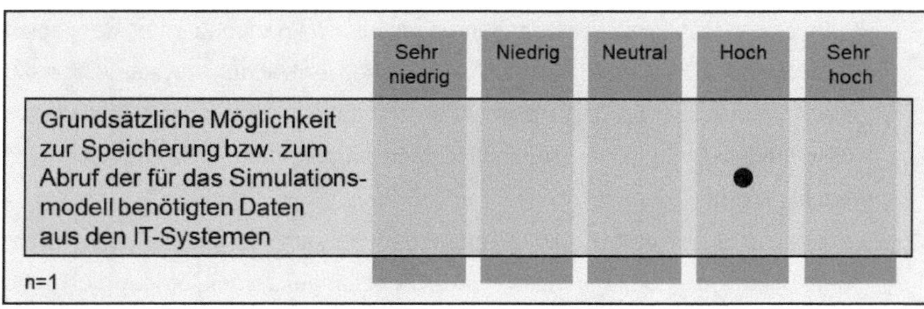

Abbildung 8-8: Bewertung der inhaltlichen Anforderungen aus Anwenderperspektive - Leitfrage 3

Besitzen die Ergebnisse Relevanz für weitere IT-Lösungen bei systemübergreifender Betrachtung und wenn ja, in welcher Form?

- Aufgrund der Relevanz der Zeitplanungsparameter entlang des gesamten Auftragsabwicklungsprozesses wird die Eignung des Verfahrens im Prinzip für sämtliche Systeme mit ähnlichen Planungscharakteristiken bestätigt. Hierbei wurden insbesondere Systeme auf Shopfloor- bzw. produktionsnaher Planungsebene wie bspw. Manufacturing Execution Systems genannt.
- Für APS und SCM-Lösungen besitzen die Ergebnisse allerdings nach Aussage des Interviewpartners ebenfalls Relevanz.

Da der Hauptanwendungsbereich allerdings auf ERP-Ebene gesehen wird, wird die Relevanz und die Implikationen der Ergebnisse bei systemübergreifender Betrachtung nur mit hoch eingestuft (vgl. Abbildung 8-9).

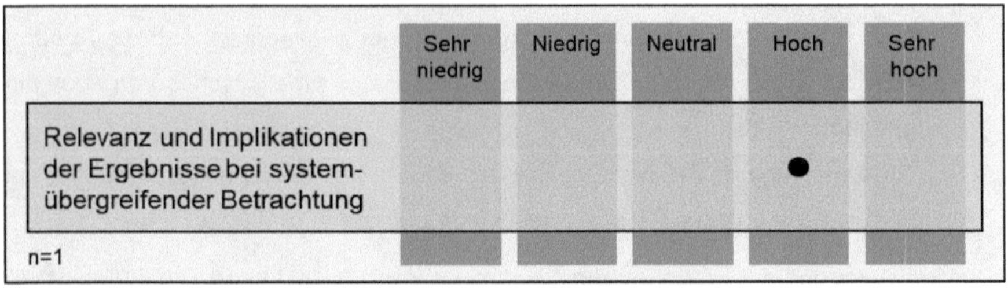

Abbildung 8-9: Bewertung der inhaltlichen Anforderungen aus Anwenderperspektive - Leitfrage 4

Kann die Entscheidungsheuristik in etablierten ERP-Systemen implementiert und mehrwertstiftend eingesetzt werden?

- Als initiale Antwort auf die formulierte Leitfrage wird durch den Gesprächspartner die Wichtigkeit der Durchführung einer Initialparametrierung der geplanten bzw. im Einsatz befindlichen betrieblichen Anwendungssysteme thematisiert. Diese erfolgt bei der Implementierung häufig auf Basis von Schätzwerten. Eine fundierte und methodengestützte Initialparametrierung findet in vielen Fällen nicht statt.
- Diese methodengestützte Initialparametrierung sollte vom jeweiligen Anbieter angeboten und durchgeführt werden. Demzufolge werden erneut die Ergebnisse dieser Dissertationsschrift als vielversprechend interpretiert.
- Es werden zwei Anwendungsszenarien der Entscheidungsheuristik bzw. des Gestaltungskonzepts als realistischer Use Case eingeschätzt:
    - Methodisch fundierte Ermittlung der effizienten Zeitplanungsparameter, um diese bei Initialparametrierung im System zu hinterlegen. Diese Ermittlung kann auch ohne eine Implementierung abseits des Planungssystems erfolgen. Möglicherweise zu einem Zeitpunkt, zu dem das Planungssystem noch gar nicht installiert ist und sich in Benutzung befindet
    - Implementierung der Heuristik in die Planungssysteme, um die Zeitplanungsparameter im laufenden Betrieb zu überprüfen und ggf. anzupassen.

Letztgenanntes Szenario erfordert allerdings einige aufbauende Aktivitäten welche nachfolgend zusammengefasst werden

- Es sollten Geschäftsvorfälle oder Ereignisse definiert werden zu welchen die eine Aktualisierung bzw. Überprüfung der Zeitplanungsparametern vorgenommen bzw. durchgeführt werden sollte.
- Gründe hierfür liegen im möglichen überschwingen des Systems, sollten die Zeitplanungsparameter zu häufig angepasst werden.
- Dies könnte in einem regelungstechnischen Ansatz Anwendung finden: Das System kennt diese definierten Ereignisse und schlägt dem Anwender eine Aktualisierung der Zeitplanungsparameter vor.

Vor dem Hintergrund der beiden aufgezeigten Szenarien wird das Potential zur Implementierung der Entscheidungsheuristik mit neutral bewertet. Dies liegt in der Bildung eines Mittelwertes begründet. Für eine Initialparametrierung, welche außerhalb des eingesetzten Planungssystems erfolgt, wird das Potential konsequenterweise mit sehr niedrig bewertet. Für das Ziel einer regelungsbasierten Vorgehensweise zur Aktualisierung und Anpassung der Zeitplanungsparameter erfolgt eine sehr hohe Bewertung. Der daraus resultierende neutrale Mittelwert ist nachfolgender Abbildung zu entnehmen (vgl. Abbildung 8-10).

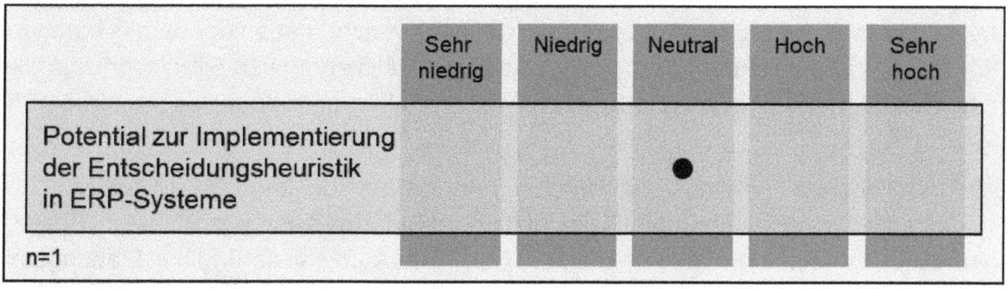

Abbildung 8-10: Bewertung der inhaltlichen Anforderungen aus Anwenderperspektive - Leitfrage 5

8.3 Zusammenfassende Bewertung der Evaluationsergebnisse

In den vorangegangenen Abschnitten wurde das entwickelte Gestaltungskonzept aus Perspektive von Systemanbietern sowie eines Anwenderunternehmens inhaltlich reflektiert und bewertet. Im nun folgenden Abschnitt erfolgt zunächst nochmals eine zusammenfassende Darstellung der inhaltlichen Bewertung sowie im Anschluss eine Bewertung der aufgestellten formalen Anforderungen an das Gestaltungskonzept. Die Bewertung beider Anforderungskategorien wurde innerhalb der geführten Experteninterviews vorgenommen.

Bewertung der inhaltlichen Anforderungen

Die inhaltlichen Anforderungen adressieren maßgeblich die Vollständigkeit der betrachteten Einfluss- und Gestaltungsfaktoren und damit die Abbildung und Berücksichtigung der relevanten Größen innerhalb des gewählten Betrachtungsbereichs. Zudem müssen die Auswirkungen auf das Zielsystem dargestellt sowie die Wirkbeziehungen visualisiert werden.

Empirisch induktiver Aufbau des Beschreibungsmodells und die darin vorgenommene Identifikation der Einfluss- und Gestaltungsfaktoren innerhalb der Systemgrenzen dieser Dissertationsschrift sowie die analytisch-deduktive Ableitung eines geeigneten Zielsystems erfolgte in Kapitel 5. Beide Strukturelemente finden sich in der ersten Phase des vorgeschlagenen Vorgehensmodells wieder.

Innerhalb der durchgeführten Evaluation in den vorherigen Kapiteln wurde die Vollständigkeit der Einfluss- und Gestaltungsfaktoren sowie des Zielsystems zwischen hoch und sehr hoch eingestuft. Zur Überprüfung der Wechselwirkungen zwischen den identifizierten Faktoren und dem Zielsystem wurde das Untersuchungsdesign erläutert, welches letztendlich zum Aufbau eines Gestaltungskonzepts zur simulationsgestützten Synchronisation der Zeitplanungsparameter sowie eines Vorgehensmodells zur unternehmensspezifischen Synchronisation der Zeitplanungsparameter genutzt werden konnte. Hierzu wurden Leitfragen definiert, welche neben der bereits durchgeführten statistischen Absicherung im Rahmen der Validierung des Simulationsmodells (vgl. Kapitel 6.4.2) eine weitere Bewertung der inhaltlichen Anforderungen ermöglichten.

Als grundlegende Hypothese der durchgeführten Untersuchung wird die Planung der Variantenfertigung zunehmend IT-gestützt vollzogen. Um diese Hypothese zu bestätigen wurde zunächst die Möglichkeit zur IT-seitigen Automatisierung der Planungsaktivitäten abgefragt. Insgesamt wurde die Möglichkeit von allen Evaluationspartner als sehr hoch eingestuft.

Zur Reduktion der Komplexität in Entscheidungssituationen wurde im Rahmen dieser Dissertationsschrift eine Entscheidungsheuristik abgeleitet, welche sich aus der Detailanalyse der Simulationsergebnisse ergibt. Das zugrundeliegende Simulationsmodell fördert die Akzeptanz dieser Entscheidungsunterstützung durch transparente Darstellung der Wechselwirkungen innerhalb der komplexen Planungszusammenhänge der Variantenfertigung. Um fundierte und richtige Ergebnisse zu liefern sollten die für das Modell benötigten Daten direkt aus den in der Planung genutzten IT-Systemen bezogen werden. Daher wurde die grundsätzliche Möglichkeit zur Speicherung bzw. zum Abruf der für das Simulationsmodell benötigten Daten abgefragt und zwischen hoch und sehr hoch bewertet. Auch die eher weichen Faktoren, welche für die Heuristik bzw. das Vorgehensmodell erhoben werden müssen können grundsätzlich in den Systemen gespeichert bzw. diese aus den eingestellten Planungsparametern abgeleitet werden. Sollte dies im Einzelfall nicht möglich sein, können durch Workshops mit den beteiligten Unternehmensfunktionen oder durch bestehende Prozess- und IT-Aufnahmen diese Faktoren ermittelt werden.

Neben der Relevanz, der in dieser Forschungsarbeit im Mittelpunkt stehenden ERP-Systeme wurde des Weiteren die inhaltliche Passung zur Nutzung in weiteren Systemen abgefragt, um die Breitenwirksamkeit des erstellten Vorgehens zu überprüfen. Dabei wurden die Relevanz bzw. die Implikationen bei systemübergreifender Betrachtung zwischen hoch und sehr hoch bewertet. Daraus abgeleitet, können die ermittelten Zeitplanungsparameter durchaus auch Berücksichtigung in weiteren an der Planung beteiligten Systemen finden.

Die entwickelte Heuristik sollte als weitere inhaltliche Anforderung in etablierten ERP-Lösungen implementierbar sein. Daher wurde als abschließende Leitfrage das Potential zur Implementierung der Entscheidungsheuristik in ERP-Systeme diskutiert. Das Ergebnis der Untersuchung fällt hierbei zweigeteilt aus. Grundsätzlich wird die Möglichkeit zur Implementierung als hoch eingestuft. Allerdings wird auch der Anwendung in einer eigenen Software- oder Systemumgebung hohe Bedeutung beigemessen. Dies hängt maßgeblich vom Zeitpunkt der Überprüfung der Zeitplanungsparameter ab. Wird diese beispielsweise bei Neueinführung eines Systems zur Initialparametrierung herangezogen, bietet sich eine eigenständige Lösung an, deren Ergebnisse anschließend in das Planungssystem übertragen werden können. Im Falle einer rollierenden Überprüfung der Zeitplanungsparameter im laufenden Betrieb bietet sich die tatsächliche Implementierung der Heuristik an, hierzu gilt es allerdings noch Geschäftsvorfälle oder Änderungen der planerischen Aktivitäten zu definieren, welche durch das Planungssystem als Signal bzw. Impuls interpretiert werden können, um dem Systemnutzer eine Aktualisierung oder Anpassung der Zeitplanungsparameter vorzuschlagen, sowie die resultierenden Konsequenzen aufzeigen zu können. Daher wurde das Potential zur Implementierung in ERP-Systemen im Durchschnitt mit neutral bewertet.

Die zusammenfassende Bewertung der inhaltlichen Anforderungen ist Abbildung 8-11 zu entnehmen.

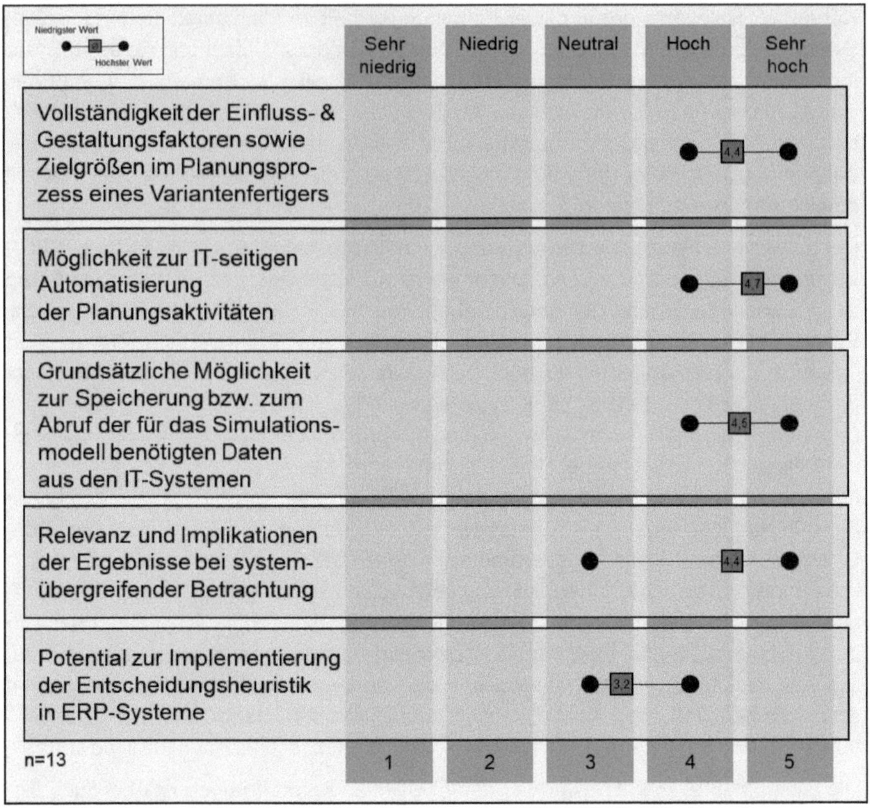

Abbildung 8-11: Zusammenfassende Darstellung zur Bewertung der inhaltlichen Anforderungen

Als abschließendes inhaltliches Feedback wurde die Nutzung des entwickelten Gestaltungskonzeptes unter Einbezug der Heuristik der Nutzung des Vorgehensmodells gegenübergestellt. Als Ergebnis wurde herausgestellt, dass die Heuristik mit geringem Aufwand zu sinnvollen Zeitplanungsparametern führen kann. Fraglich ist hier allerdings, ob bei differierenden Rahmenbedingungen oder anderer Zielgewichtung die Ergebnisse noch sinnvoll interpretiert und verwendet, sowie für die Parametrierung genutzt werden können. Dieser Zusammenhang ergibt sich automatisch daraus, dass das Vorgehen nur innerhalb der definierten Systemgrenzen validiert wurde. Insofern gilt es vor der Anwendung zu prüfen, ob die vorliegenden Systemgrenzen zu den Systemgrenzen des anwendenden Unternehmens passen, um die Heuristik verwenden zu können. Eine Richtigkeit der Ergebnisse bei Anwendung außerhalb der definierten Grenzen kann zwar theoretisch zu richtigen Ergebnissen führen, diese sind allerdings nicht statistisch abgesichert und validiert.

Die Nutzung des Vorgehensmodells wird daher als vielversprechende Alternative bewertet, sollte dies beispielsweise im Rahmen eines Tagesworkshops möglich sein, um eine eigene unternehmensspezifische Heuristik abzuleiten. In einem solchen Rahmen wurde die Anwendung durchaus als realistisch bewertet. Allerdings besteht hierbei die Voraussetzung für eine schnelle Ermittlung der erforderlichen Eingabegrößen. Hierzu sind hinreichend genaue Prozess- und IT-Analysen sowie eine Kenntnis über die Planungsprozesse und -aktivitäten der Funktionsbereiche erforderlich.

Bewertung der formalen Anforderungen

Neben den inhaltlichen Anforderungen gilt es eine Reihe von formalen Anforderungen zu erfüllen. Diese lassen sich grundlegend in empirische und formale Richtigkeit sowie die Handhabbarkeit und den geringen Aufwand der Anwendung unterteilen. Die formalen Anforderungen können anhand der in Kapitel 4.1.2 definierten Kriterien bewertet werden. Hierzu zählen die Reliabilität, Validität und Utilität.

Die *Reliabilität* lässt sich grundsätzlich nur mit einer statistisch abgesicherten Anzahl von Anwendung überprüfen. Eine umfängliche Überprüfung der Reliabilität ist vor dem Hintergrund des Umfangs dieser Dissertationsschrift in diesem Ausmaß nicht zu leisten. Allerdings konnte - durch die stochastische Beschaffenheit des Modells und der aus diesem Grund erforderlichen Durchführung von statistischen Analysen - im Rahmen der Validierung des Simulationsmodells eine eingeschränkte Prüfung vorgenommen werden.

Die formale Anforderung der *Validität* gilt dann als erfüllt, wenn der Einsatz des Gestaltungskonzeptes zu richtigen und zuverlässigen Ergebnissen führt. Die Überprüfung der Zeitplanungsparameter kann nicht durch eine Zeitpunkt- sondern muss durch eine Zeitraumbetrachtung der Planungsgüte mit eingestelltem Set an Zeitplanungsparametern durchgeführt werden. Somit ist ein unter Umständen sehr langer Betrachtungszeitraum zu wählen (in Abhängigkeit der gewählten Zeitplanungsparameter), welcher die Güte der Effizienz der zeitlichen Parameter zum Startzeitpunkt der Planung mit neuer Parametrierung der Effizienz am Ende des Betrachtungszeitraums gegenüberstellt. Da dies im Rahmen dieser Dissertationsschrift nicht möglich ist, wurde das Gestaltungskonzept bzw. das Vorgehensmodell zur Ermittlung der Zeitplanungsparameter evaluiert. Innerhalb der Evaluation konnte die Validität vor diesem Hintergrund bestätigt werden. Eine umfängliche Validitätsprüfung der Ergebnisse des Gesatltungskonzeptes bzw. des Vorgehensmodells durch praktische Anwendung kann allerdings nicht abschließend vorgenommen werden.

Als dritte zu prüfende Anforderung wird abschließend die *Utilität* des Gestaltungskonzeptes bewertet. Diese setzt sich aus den Kriterien der Relevanz, Funktionalität, Praktikabilität und Effizienz zusammen. Die Bewertung dieser Kriterien erfolgte durch die Teilnehmer der Evaluationsgespräche in den geführten Gesprächen bzw. Workshops.

Das Kriterium der Relevanz beschreibt die Bedeutung der Betrachtung der Zeitplanungsparameter selbst, sowie die Synchronisation dieser im planerischen Ablauf der Variantenfertigung. Dabei steht die Bedeutung im

Anwendungszusammenhang im Vordergrund, nach welcher die Beurteilung vorgenommen werden sollte. Generell wird der Relevanz eine hohe bis sehr hohe Bedeutung beigemessen. Dies liegt unter anderem darin begründet, dass im Rahmen der Einführung von ERP Systemen (bei der möglichweise das gesamte Planungsmodell verändert wird) in der Praxis die zugrundeliegenden Planungsparameter häufig intuitiv eingestellt werden. Eine Überprüfung auf Richtigkeit im laufenden Betrieb erfolgt, wenn überhaupt, singulär im jeweiligen Funktionsbereich, nicht aber aus einer gesamtunternehmerischen Perspektive heraus.

Die Funktionalität des Gestaltungskonzeptes bewerten die befragten Experten ebenfalls als hoch bis sehr hoch. Unter Funktionalität wird die Relevanz der Ergebnisse im Anwendungskontext verstanden. Demzufolge wird die Eigenschaft des entwickelten Konzeptes im Hinblick auf den Grad der Unterstützung bei der Ausübung der operativen Planungsaktivitäten der relevanten Adressaten der Entscheidungsunterstützung bewertet. Das Gestaltungskonzept beinhaltet zwar die zentralen Planungsaufgaben entlang der Auftragsabwicklung eines Variantenfertigers, allerdings können sich die Teilnehmer eine Erweiterung um logistische Restriktionen und Fragestellungen vorstellen. Hierzu zählen beispielsweise zeitliche Restriktionen bei der Bereitstellung gefertigter Endprodukte in der logistischen Kette.

Die Praktikabilität beschreibt die einfache Handhabbarkeit der entwickelten Entscheidungsunterstützung. Diese wird generell als hoch bewertet. Die hohe Streuung der Antworten liegt in der Tatsache begründet, dass die Praktikabilität maßgeblich davon abhängt, wie gut die erforderlichen Daten gesammelt, erhoben oder abgerufen werden können, was von Unternehmen zu Unternehmen ganz unterschiedlich ausfallen kann. Hierbei ist nochmals klar zwischen den Planungsparametern, welche sich theoretisch relativ trivial aus den im Einsatz befindlichen Systemen extrahieren lassen, und den eher weichen Faktoren zu differenzieren. Insbesondere zur Ermittlung letztgenannter Faktoren konnte an dieser Stelle weiterer Konkretisierungs- und Forschungsbedarf identifiziert werden.

Die Effizienz als letztes zu bewertendes Kriterium beschreibt die Qualität und Verlässlichkeit, in welcher die resultierenden Ergebnisse vorliegen bzw. mit welchem Aufwand diese generiert werden können. Auch innerhalb dieses Kriteriums wurde durch die Experten eine differenzierte Betrachtung vorgenommen. Dabei wurden in die Effizienz der Anwendung und die Effizienz der Ergebnisse unterteilt. Maßgeblich für die sehr hohe Bewertung der Effizienz war die Effizienz der Anwendung des Gestaltungskonzeptes bzw. des Vorgehensmodells. Grundsätzlich tendiert hierbei das evaluierte Anwenderunternehmen sogar in Richtung des Vorgehensmodells, wenn dies mit vertretbarem Aufwand umgesetzt werden kann. Eine Bewertung der Effizienz der Ergebnisse ist erst nach konkreter Durchführung in der Praxis über einen definierten Betrachtungszeitraum und dem nachfolgenden Vergleich der Zielerreichung zum Zeitpunkt t mit der Zielerreichung zum Zeitpunkt t+1 möglich.

Die konsolidierten Ergebnisse zur Bewertung der formalen Anforderungen lassen sich Abbildung 8-12 entnehmen.

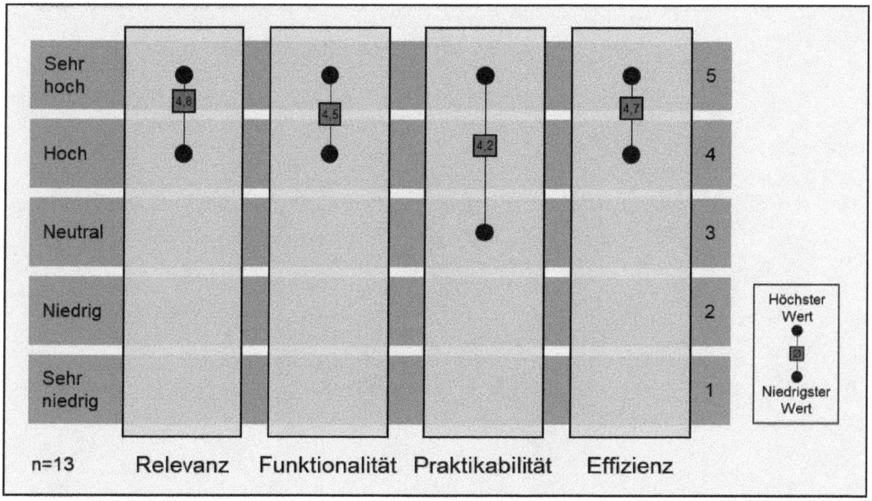

Abbildung 8-12: Zusammenfassende Darstellung zur Bewertung der formalen Anforderungen

Ausblickend wurden exemplarische Verbesserungspotentiale identifiziert, was wiederum als Bestätigung der hohen Relevanz interpretiert werden kann. So wurde beispielsweise eine mathematische Optimierung mittels geeigneter Algorithmen diskutiert, welche nicht durch Szenarien basierten Vergleich der Zeitplanungsparameter ein Ergebnis liefert, sondern ein wirkliches Optimum (im Sinne eines optimalen Sets der Zeitplanungsparameter) ermittelt. Zusätzlich wurde die Möglichkeit diskutiert weitere Heuristiken abzuleiten, welche die gesamte Bandbreite der Variantenfertiger abdecken sodass letztlich nur noch die für das Unternehmen oder die Unternehmensklasse gültige Heuristik ausgewählt und angewendet werden muss.

Zusammenfassend lässt sich dem abgeleiteten Gestaltungskonzept zur simulationsgestützten Synchronisation der Zeitplanungsparameter für Variantenfertiger sowohl im Hinblick auf die inhaltlichen als auch formalen Anforderungen ein hoher Erfüllungsgrad attestieren.

9 Zusammenfassung und Ausblick

Zusammenfassung

Durch die fortschreitende Ausrichtung der Unternehmensprozesse und Ziele an den individuellen Wünschen der Kunden und der daraus resultierenden Senkung der Losgrößen, um kundenindividuelle Produkte mit kurzen Durchlaufzeiten anbieten zu können, gewinnt die Variantenfertigung zunehmend an Bedeutung. Grundsätzlich stehen sämtliche produzierenden Unternehmen vor der Herausforderung immer kürzerer Produktlebenszyklen sowie steigender Volatilität der Kundenbedürfnisse in Art und Menge. Die kunden- und auftragsanonyme Vorfertigung mit standardisierten Prozessen in großen Losen, welche mit hohen Skaleneffekten und sinkenden Grenzkosten gefertigt werden können, bietet dabei die Möglichkeit - durch entsprechende Verschiebung des Kundenentkopplungspunktes – die Durchlaufzeit für die kundenindividuelle, auftragsbezogene Endfertigung zu reduzieren und dadurch kurze Lieferzeiten für individuelle Produkte anbieten zu können. Beide Teilbereiche der Variantenfertigung erfordern gänzlich unterschiedliche Methoden zur Prognose von Bedarfsmengen, der Planung von Vertriebs- und Einkaufsprozessen sowie der letztendlich im Mittelpunkt stehenden wertschöpfenden Tätigkeiten innerhalb der Produktion.

Einen wesentlichen Aspekt stellt die Häufigkeit und Fristigkeit, mit welcher Planungsprozesse innerhalb der Variantenfertigung initiiert, durchgeführt und durch frequente Wiederholung aktualisiert werden, dar. Diese Zusammenhänge können, durch die im Mittelpunkt dieser Dissertationsschrift stehenden Zeitplanungsparameter, aufgezeigt werden, bzw. durch eine effiziente Parametrierung dieser die Planungsgüte und die Erreichung logistischer Zielgrößen signifikant gesteigert werden.

Vor diesem Hintergrund bestand die Zielsetzung dieser Dissertationsschrift darin, ein Simulationsmodell zu entwickeln, mit welchem die Einstellung der Zeitplanungsparameter sowie die Wahl eines geeigneten Kundenentkopplungspunkt für Variantenfertiger bewertet werden können. Die Relevanz dieser zeitlichen Einstellungen wird in der einschlägigen Literatur immer wieder hervorgehoben. Eine konkrete Möglichkeit zur Bewertung oder gar eine Einstellungsempfehlung liegen jedoch nicht vor. Um diesem Defizit entgegenzuwirken wurden verschiedene Teilziele verfolgt: Zunächst die analytische Aufbereitung der Struktur der Planungs- und Steuerungsprozesse der Variantenfertigung sowie der Entwicklung eines geeigneten Zielsystems zur Synchronisation der Zeitplanungsparameter entlang des Auftragsabwicklungsprozesses. Anschließend der Identifikation der in den Prozessen enthaltenen relevanten Einfluss- und Gestaltungsgrößen sowie deren qualitativer Abhängigkeiten. Des Weiteren die qualitative Beschreibung der Wechselwirkungen dieser Größen mit den Zeitplanungsparametern sowie dem entwickelten Zielsystem. Abschließend der Quantifizierung dieser Zusammenhänge im Rahmen eines modular aufgebauten Simulationsmodells sowie einer Analyse und Interpretation der vorliegenden Resultate.

Die Zielsetzung dieser Dissertationsschrift konnte erreicht werden, indem eine Heuristik abgeleitet wurde, welche zur Parametrierung der den Planungsprozessen zugrundeliegenden Zeitplanungsparameter herangezogen respektive unmittelbar in produktionsnahe betriebliche Anwendungssysteme integriert werden kann. Hierdurch konnte der praxistaugliche Einsatz der Einstellungsempfehlung sichergestellt werden.

Zur Zielerreichung wurden die nachfolgenden Forschungsschritte durchlaufen. In **Kapitel 1** wurden zunächst Ausgangssituation und Problemstellung formuliert und dargestellt sowie daraus die dieser Dissertationsschrift zugrundeliegenden Forschungsfragen abgeleitet. Anschließend erfolgten eine wissenschaftstheoretische Einordnung und Strukturierung der Untersuchung. Diese orientiert sich am Forschungsvorgehen nach Ulrich. In **Kapitel 2** wurden die verwendeten Begrifflichkeiten beschrieben und damit die terminologischen Grundlagen deskriptiv untersucht. Hierzu zählten die Grundlagen des Produktionsmanagements, die Beschreibung des Auftragsabwicklungstyps der Variantenfertigung, die definitorische Herleitung der Zeitplanungsparameter, die Synchronisation im Kontext der PPS sowie die Simulation dynamischer Systeme, aus welchen der Untersuchungsbereich abgegrenzt werden konnte. In **Kapitel 3** wurden bestehende Ansätze und Lösungsverfahren beleuchtet, welche sich der Fragestellung dieser Dissertationsschrift bereits in vorherigen wissenschaftlichen und anwendungsorientierten Projekten und Publikationen angenommen haben. Es konnte herausgestellt werden, dass die Relevanz der Zeitplanungsparameter zwar in vielen theoretischen Modellen angesprochen wird, eine konkrete Einstellungsempfehlung jedoch nicht vorhanden ist. Während die Relevanz und auch die Art der verschiedenen ZPP in vielen Modellen herausgestellt wird, erfolgt in keinem der theoretischen Modelle eine konkrete Einstellungsempfehlung. Gleiches gilt für die Einstellung der Parameter in gängigen betrieblichen Anwendungssystemen. Nach der Untersuchung verschiedener ERP-Systeme wurde deutlich, dass moderne ERP-Systeme zwar dazu dienen, die PPS zu optimieren und die manuelle Einstellung von Zeitplanungsparametern erlauben, eine wirkliche Empfehlung für die Einstellung der ZPP auf empirischer oder analytischer Basis jedoch nicht vorgenommen wird.

Auf der Grundlage dieses Erkenntnisstandes wurden in **Kapitel 4** die methodischen Grundlagen geschaffen, um den Anforderungen an ein Gestaltungskonzept zur Synchronisation der Zeitplanungsparameter gerecht zu werden und die bestehenden Defizite zu verringern bzw. die identifizierte Forschungslücke zu füllen. Des Weiteren konnte unter Berücksichtigung der wissenschaftlichen Methoden und formalen Anforderungen an diese Dissertationsschrift, das Verfahren zur Erstellung eines Modells zur simulationsgestützten Synchronisation der Zeitplanungsparameter von Variantenfertigern konkret ausgestaltet werden.

Die Identifikation der relevanten Beschreibungselemente, welche aus der Struktur der Planungs- und Steuerungsprozesse der Variantenfertigung gewonnen werden konnte, erfolgte in **Kapitel 5.** Zunächst erfolgt die Entwicklung eines geeigneten Zielsystems welches sich aus der Synthese eines ökonomischen Zielsystems mit der obersten Zielgröße des ROCE (Return on Capital Employed) sowie dem Zielsystem zur Bewertung der Zeitplanungsparameter mit der obersten Zielgröße der Effizienz der zeitlichen Einstellungsparameter in der PPS ergab. Als Zwischenzielgrößen konnten die Betriebsaufwendungen, der Umsatz und das eingesetzte Kapital sowie die Absatzprognosegüte, der Termintreue, die Durchlaufzeit, der Planungsaufwand sowie der Bestand (im Sinne der Kapitalbindung) identifiziert werden. Zur Überführung der Zielgrößen in ein Simulationsmodell wurden die Zielgrößen im Anschluss operationalisiert, was eine zentrale Anforderung an ein Zielsystem darstellt. Für das Simulationsmodell zusätzlich zwingend erforderlich, ist die Kenntnis der qualitativen Wirkungszusammenhänge innerhalb der Planungsprozesse eines Variantenfertigers. Hierzu wurden zahlreiche Einflussgrößen in einer Wirkungsmatrix zusammengeführt sowie deren Wirkbeziehungen erläutert.

Im darauffolgenden **Kapitel 6** wurden die im vorherigen Abschnitt diskutierten Beschreibungselemente im Rahmen eines modularen Simulationsmodells zusammengeführt. Hierzu erfolgte zunächst eine Problemdefinition des dynamischen Systems sowie der Aufbau eines modellhaften Variantenfertigers mit konkretem vereinfachten Produktportfolio. Im Rahmen der Formulierung der dynamischen Hypothesen des Modells wurden anschließend die Eingangsgrößen des Modells kategorisiert und nochmals detailliert beschrieben. Diese gehen in die Struktur der Simulation ein, welche sich aus den drei Modulen Darstellung des Variantenfertigers (Modul 1: Excel-Zeitreihengenerator, OR-Modell und Vensim System Dynamics Modell), Leistungsbewertung der Zwischenziele (Modul 2: Vensim System Dynamics Modell) und Leistungsbewertung der Oberzielgrößen (Modul 3: Vensim System Dynamics Modell) zusammensetzt. Zur Überprüfung, ob die komplexen Wirkungszusammenhänge das Verhalten produzierender Unternehmen hinreichend widerspiegeln, wurde das erstellte Modell Validierungstests unterzogen. Nach der erfolgreichen Durchführung der Extremwerttests und der Sensitivitätsanalyse, konnte das Simulationsmodell schließlich für die quantitative Bewertung der Zeitplanungsparameter und des Kundenentkopplungspunkts genutzt werden. Zur Validierung des Simulationsmodells wurden Extremwerttests durchgeführt, welche das vermutete Verhalten des Systems belegen konnten.

In der abschließenden Screening-Analyse konnten (neben den bereits identifizierten Faktoren) die Aktualität und Auflösung der Datengrundlage, sowie die IT-Nutzungsgrade der einzelnen Funktionsbereiche zur Planung als weitere relevante Einflussfaktoren zur Bewertung des modellhaften Variantenfertigers hinzugefügt werden .Als abschließendes Ergebnis konnten in **Kapitel 7** nach Durchführung und Auswertung von Simulationsexperimenten eine Heuristik in Form eines mathematischen Beschreibungsmodells (quadratische Funktionsgleichung) abgeleitet werden welche in ein Gestaltungskonzept zur simulationsgestützten Synchronisation eingebettet, sowie in ein anwendungsneutrales Vorgehensmodell überführt wurde.

Die sehr umfangreiche Analyse der vielschichtigen Wechselwirkungen innerhalb der Planungs- und Steuerungsprozesse der Variantenfertigung ermöglichen somit als Kerninnovation dieser Dissertationsschrift die simulationsgestützte Quantifizierung der Zeitplanungsparameter. Diese können anschließend in den im Einsatz befindlichen Systemen parametriert und damit zur Erhöhung der Planungsgüte beitragen.

In **Kapitel 8** erfolgte dann die Evaluierung des Gestaltungskonzeptes im Anwendungszusammenhang durch einen Expertenkreis sowie einer Fallstudie im Anwenderunternehmen.

Empfehlungen für weiterführende Forschungsaktivitäten

Die Ergebnisse der Untersuchungen innerhalb dieser Dissertationsschrift liefern einen erheblichen Beitrag zum Verständnis der Abhängigkeiten zwischen Planungsprozessen und dem Faktor „Zeit" im Sinne der Zeitplanungsparameter für Variantenfertiger. Sie ermöglichen einen Szenarien-basierten Vergleich unterschiedlicher Sets an Zeitplanungsparametern unter Berücksichtigung zahlreicher Wechselwirkungen, die innerhalb der Planungs- und Steuerungsprozesse von Variantenfertigern auftreten. Aus wissenschaftlicher Perspektive besteht insbesondere aufbauender Forschungsbedarf in nachfolgenden Themengebieten:

- Erweiterung der Systemgrenzen bzw. Erhöhung der Komplexität der betrachteten Variantenfertigung. Der modellierte Variantenfertiger betrachtet nur eine eingeschränkte Anzahl an Halbfertigerzeugnissen welche kundenanonym vorgefertigt und letztlich zu kundenindividuell endgefertigten Produkten veredelt werden. In der Realität zeichnet sich der Variantenfertiger durch mehrstufige Wertschöpfungsprozesse mit einer Vielzahl ausgebrachter Varianten aus. Eine Erweiterung des Betrachtungsbereiches im Rahmen aufbauender Forschungsaktivitäten erscheint daher an dieser Stelle sinnvoll.
- Weiterer Forschungsbedarf besteht bei der Operationalisierung bzw. Unterstützung der Erhebung der Einflussfaktoren „Auflösung und Aktualität der Datengrundlage" sowie „IT-Nutzungsgrad". Zur einfacheren Nutzung des Simulationsmodells sollte ein Vorgehen entwickelt werden, wie diese Eingangsgrößen des Modells sinnvoll in der betrieblichen Praxis erfasst werden können.
- Die berechnete Effizienz der Einstellung der Zeitplanungsparameter hängt maßgeblich davon ab, mit welcher Auflösung und Aktualität der Datengrundlage sowie mit welchem IT-Nutzungsgrad die Planung vorgenommen wird. Konkrete Handlungsempfehlungen, um die Datengrundlage bzw. die IT-Nutzungsgrade zu verbessern, sollten in weiteren Forschungsaktivitäten fokussiert werden.
- Des Weiteren sollten neben der reinen Quantifizierung und Parametrierung der Zeitplanungsparameter auch ablauf- oder aufbauorganisatorische Veränderungen adressiert werden, welche bei der Ermittlung und Anwendung der für die Planungs- und Steuerungsprozesse sinnvollen zeitlichen Parametrierung unterstützen können.

- Das erstellte Modell erlaubt den Vergleich unterschiedlicher Sets an Zeitplanungsparametern, um diese anschließend in den im Einsatz befindlichen ERP-Systemen zu implementieren. Aufbauend auf der iterativen Annäherung an ein Optimum durch Vergleich verschiedener Szenarien in dieser Dissertationsschrift, könnte eine Algorithmus zur unmittelbaren Optimierung der Zeitplanungsparameter entwickelt werden.
- Ein Konzept zur regelmäßigen Überprüfung der Zeitplanungsparameter vor dem Hintergrund sich verändernder Planungs- und Wertschöpfungsprozesse erscheint sinnvoll. Bei vollständiger Integration der Heuristik(en) in die IT-Systeme des anwendenden Unternehmens wäre so eine automatisierte Anpassung bzw. Aktualisierung der Zeitplanungsparameter möglich. Bei einer Abweichung von den unternehmensspezifischen Zielgrößen könnten so systemgestützt Vorschläge zum Gegensteuern unterbreitet werden, was den Mittelpunkt aufbauender Forschungsaktivitäten bilden könnte.
- Die Erhebung der für das Simulationsmodell erforderlichen Daten erfolgt manuell. So müssen die Stammdaten aus den im IT-Systemen extrahiert und in die Eingabemaske des Simulationsmodells übertragen werden. Bei der Entwicklung einer Schnittstelle zwischen den im Einsatz befindlichen IT-Systemen und dem Simulationsmodell und damit der unmittelbaren Einbindung des Gestaltungskonzeptes in ERP-Systeme besteht weiterer Forschungsbedarf.
- Des Weiteren könnten durch aufbauende Forschungsaktivitäten weitere Heuristiken abgeleitet werden, welche unmittelbar in die IT-Lösungen implementiert werden könnten.

Wie sich zeigt, leistet die vorliegende Dissertationsschrift im definierten Betrachtungsbereich erhebliche Erkenntnisgewinne und liefert eine im Anwendungskontext einfach anwenderbare Entscheidungsunterstützung. Gleichzeitig lässt sich aber die Notwendigkeit weiterer Aktivitäten konstatieren, mittels welcher die Synchronisation der Zeitplanungsparameter für Variantenfertiger noch effizienter und dabei insbesondere automatisierter vorgenommen werden kann.

10 Literaturverzeichnis

Albers, Sönke; Herrmann, Andreas (2002): Handbuch Produktmanagement. Strategieentwicklung - Produktplanung - Organisation - Kontrolle. 2., überarbeitete und erweiterte Auflage. Wiesbaden: Gabler Verlag; Imprint.

Alexander, Duncan (2013): S&OP and Strategy. Building the Bridge and Making the Process Stick. In: *Journal of Business Forecasting* (Spring), S. 16–19.

Alexandre, Paulo; Sasse, Alexander; Weber, Kurt (2004): Steigerung der Kapitaleffizienz durch Investitions- und Working Capital Management. In: *Controlling* 2004 (3), S. 125–133, zuletzt geprüft am 23.11.2017.

Alter, Roland (2011): Strategisches Controlling. Unterstützung des strategischen Managements. München: Oldenbourg. Online verfügbar unter http://www.oldenbourg-link.com/isbn/9783486709704.

Altıok, Tayfur; Melamed, Benjamin (2010): Simulation modeling and analysis with Arena. [reprint.]. Amsterdam [u.a.]: Elsevier Acad. Press (Technology : Engineering, general).

Anderson, David R. (2016): Quantitative methods for business. Thirteenth edition. Australia: Cengage Learning.

Anthony, Robert N. (1965): Planning and Control Systems. A Framework for Analysis. Boston: harvard University Press (Series in management control).

Arnold, Volker (2011): Product Lifecycle Management beherrschen. Ein Anwenderhandbuch für den Mittelstand. 2., neu bearb. Aufl. Heidelberg: Springer.

Asseco Solutions (2016a): APplus Broschuere. Hg. v. Asseco Solutions, zuletzt geprüft am 13.10.16.

Asseco Solutions (2016b): ERP-Software features. Online verfügbar unter https://www.applus- erp.de/erp-software/features/#kundenpflege, zuletzt geprüft am 13.10.16.

Asseco Solutions (2016c): Homepage-Unternehmen. Online verfügbar unter http://www.assecosolutions.com/de/unternehmen/, zuletzt geprüft am 13.10.16.

Asseco Solutions (2016d): Software Applus. Online verfügbar unter http://www.assecosolutions.com/de/software/applus/, zuletzt geprüft am 13.10.16.

Backhaus, Klaus; Voeth, Markus (2014): Industriegütermarketing. 10. Aufl. München: Vahlen, Franz (Vahlens Handbücher der Wirtschafts- und Sozialwissenschaften).

Baeumle-Courth, Peter (2004): Wirtschaftsinformatik. München: Oldenbourg (Wisorium).

Bamberg, Günter; Coenenberg, Adolf Gerhard; Krapp, Michael (2008): Betriebswirtschaftliche Entscheidungslehre. 14., überarb. Aufl. München: Vahlen (Vahlens Kurzlehrbücher).

Bänsch, Axel; Alewell, Dorothea (2009): Wissenschaftliches Arbeiten. 10., verb. und erw. Aufl. München: Oldenbourg (BWL-Starter-Kit, [3]).

Bauernhansl, Thomas; Vogel-Heuser, Birgit; Hompel, Michael ten (Hg.) (2017): Handbuch Industrie 4.0 Bd.4. Berlin, Heidelberg: Springer Berlin Heidelberg.

Bauhoff, Fabian (2013): Selbstoptimierende Regelung der artikelbezogenen Materialdisposition in der Beschaffung. 1. Aufl. Aachen: Apprimus Verlag (Edition Wissenschaft Apprimus, Bd 121).

Bechte, Wolfgang (1984): Steuerung der Durchlaufzeit durch belastungsorientierte Auftragsfreigabe bei Werkstattfertigung. Düsseldorf [Germany (West)]: VDI-Verlag (Fortschritt-Berichte der VDI-Zeitschriften. Reihe 2, Betriebstechnik, no. 70).

Becker, Fred G. (1993): Explorative Forschung mittels Bezugsrahmen - ein Beitrag zur Methodologie des Entdeckungszusammenhangs. In: *Zeitschrift für Personalforschung / German Journal of Research in Human Resource Management* (3/4), S. 111–127.

Becker, Jochen (2013): Marketing-Konzeption. Grundlagen des ziel-strategischen und operativen Marketing-Managements. 10., überarb. und erw. Aufl. München: Vahlen.

Becker, Jörg; Luczak, Holger (Hg.) (2003): Workflowmanagement in der Produktionsplanung und -steuerung. Qualität und Effizienz der Auftragsabwicklung steigern. Berlin, Heidelberg: Springer Berlin Heidelberg (VDI-Buch).

Begemann, Carsten (2005): Terminorientierte Kapazitätssteuerung in der Fertigung. Garbsen: PZH, Produktionstechn. Zentrum (Berichte aus dem IFA, 2005, Bd. 2).

Bichler, Klaus; Krohn, Ralf; Philippi, Peter (2011): Gabler Kompakt-Lexikon Logistik. Wiesbaden: Gabler Verlag.

Biedermann, Hubert (2008): Ersatzteilmanagement. Effiziente Ersatzteillogistik für Industrieunternehmen. 2., erw. und aktualis. Aufl. Berlin, Heidelberg: Springer-Verlag (VDI-Buch). Online verfügbar unter http://dx.doi.org/10.1007/978-3-540-68205-9.

Blackstone, John H. (2013): APICS Dictionary. 14th ed. Chicago, IL.: APICS.

Bonart, Thomas (1999): Industrieller Vertrieb. 1. Aufl. Wiesbaden: Gabler (Lehrbuch).

Bossel, Hartmut (1989): Simulation dynamischer Systeme. Grundwissen, Methoden, Programme. Wiesbaden, s.l.: Vieweg+Teubner Verlag. Online verfügbar unter http://dx.doi.org/10.1007/978-3-322-87782-6.

Bothe, Hans-Heinrich (1995): Fuzzy Logic. Einführung in Theorie und Anwendungen. Zweite, erweiterte Auflage. Berlin, Heidelberg: Springer Berlin Heidelberg; Imprint; Springer.

Boysen, Werner (2011): Kybernetisches Denken und Handeln in der Unternehmenspraxis. Komplexes Systemverhalten besser verstehen und gezielt beeinflussen. Wiesbaden: Gabler Verlag / Springer Fachmedien Wiesbaden GmbH, Wiesbaden (SpringerLink : Bücher).

Brandenburg, Ulrich; Frey, Dominik; Krebs, Ulrike; Reschke, Jan; Schiemann, Dennis; Sontow, Karsten et al. (2015): Marktspiegel Business Software ERP/PPS 2015/2016. Anbieter - Systeme - Projekte. 8. Aufl. [s.l.]: TROVARIT.

Brecher, Christian (2011): Integrative Produktionstechnik für Hochlohnländer. Berlin, Heidelberg: Springer-Verlag Berlin Heidelberg (VDI-Buch).

Brecher, Christian; Klocke, Fritz; Schmitt, Robert; Schuh, Günther (Hg.) (2017): Internet of production für agile Unternehmen. AWK Aachener Werkzeugmaschinen-Kolloquium 18. bis 19. Mai 2017. Aachener Werkzeugmaschinen-Kolloquium. 1. Auflage. Aachen: Apprimus Verlag.

Breithaupt, Jan-Wilhelm (2001): Rückstandsorientierte Produktionsregelung von Fertigungsbereichen. Grundlagen und Anwendung. Als Ms. gedr. Düsseldorf: VDI Verl (Fortschritt-Berichte VDI Reihe 2, Fertigungstechnik, 571).

Brockhoff, Klaus (2014): Betriebswirtschaftslehre in Wissenschaft und Geschichte. Wiesbaden: Gabler Verlag.

Brosze, Tobias (2011): Kybernetisches Management wandlungsfähiger Produktionssysteme. Aachen: RWTH Aachen.

Busse, Daniel (2005): Innovationsmanagement industrieller Dienstleistungen. Theoretische Grundlagen und praktische Gestaltungsmöglichkeiten. 1. Aufl. Wiesbaden: Dt. Univ.-Verl. (Gabler-Edition Wissenschaft).

Claus, Thorsten; Herrmann, Frank; Manitz, Michael (2015): Produktionsplanung und -steuerung. Forschungsansätze, Methoden und deren Anwendungen. Wiesbaden: Springer Gabler.

Dais, Siegfried (2017): Industrie 4.0 – Anstoß, Vision, Vorgehen. In: Thomas Bauernhansl, Birgit Vogel-Heuser und Michael ten Hompel (Hg.): Handbuch Industrie 4.0 Bd.4. Berlin, Heidelberg: Springer Berlin Heidelberg, S. 260–267.

Daum, Andreas; Greife, Wolfgang; Przywara, Rainer (2014): BWL für Ingenieurstudium und -praxis. Was man über Betriebswirtschaft wissen sollte. 2. überarb. u. erw. Aufl. Wiesbaden: Vieweg + Teubner (Studium).

Dickmann, Philipp (2015): Schlanker Materialfluss. 3. Aufl. 2015. Berlin, Heidelberg: Springer Berlin Heidelberg; Imprint: Springer Vieweg.

Digitales Wörterbuch der deutschen Sprache (Hg.) (2017a): Emanzipation. Online verfügbar unter https://www.dwds.de/wb/Emanzipation, zuletzt geprüft am 06.07.2017.

Digitales Wörterbuch der deutschen Sprache (Hg.) (2017b): Synchronisation. Online verfügbar unter https://www.dwds.de/wb/Synchronisation, zuletzt geprüft am 06.07.2017.

Dittrich, Jörg (2009): Dispositionsparameter in der Produktionsplanung mit SAP. Einstellhinweise, Wirkungen, Nebenwirkungen. 5., aktualisierte Aufl. Wiesbaden: Vieweg + Teubner in GWV Fachverlage (Vieweg Praxis).

Domschke, Wolfgang; Scholl, Armin (2005): Grundlagen der Betriebswirtschaftslehre. Eine Einführung aus entscheidungsorientierter Sicht ; mit 79 Tabellen. 3., verb. Aufl. Berlin, Heidelberg, New York: Springer (Springer-Lehrbuch).

Dyckhoff, Harald; Dyckhoff-Spengler.; Spengler, Thomas Stefan (2010): Produktionswirtschaft. Eine Einführung. 3., überarb. und erw. Aufl. Berlin [u.a.]: Springer (Springer-Lehrbuch).

Eigner, Martin; Stelzer, Ralph (2013): Product-Lifecycle-Management. Ein Leitfaden für Product-Development und Life-Cycle-Management. 2., neu bearb. Aufl. Berlin, Heidelberg: Springer (VDI).

Eley, Michael (2012): Simulation in der Logistik. Einführung in die Erstellung ereignisdiskreter Modelle unter Verwendung des Werkzeuges "Plant Simulation". Berlin: Springer Gabler (Springer-Lehrbuch).

Evers, Josef (1979): Der Vertrieb. Eine Analyse der Aufgaben, Mittel und Entscheidungen im System des Marketing. Heidelberg: Physica-Verlag HD; Imprint; Physica.

Eversheim, Walter (1996): Organisation in der Produktionstechnik. Band 1: Grundlagen. Dritte, neu bearbeitete und erweiterte Auflage. Berlin, Heidelberg: Springer Berlin Heidelberg; Imprint; Springer (Studium und Praxis).

Eversheim, Walter (2002): Organisation in der Produktionstechnik 3. Arbeitsvorbereitung. 4., bearbeitete und korrigierte Auflage. Berlin, Heidelberg: Springer Berlin Heidelberg (VDI-Buch).

Fastabend, Holger (1997): Kennliniengestutzte Synchronisation von Fertigungs- und Montageprozessen. Dusseldorf: VDI Verlag (IFA : Institut fur Fabrikanlagen, Universitat Hannover, Nr. 452).

Feldhusen, Jörg (2008): Product Lifecycle Management für die Praxis. Ein Leitfaden zur modularen Einführung, Umsetzung und praktischen Anwendung. Berlin: Springer.

Feng, Yan; D'Amours, Sophie; Beauregard, Robert (2008): The value of sales and operations planning in oriented strand board industry with make-to-order manufacturing system: Cross functional integration under deterministic demand and spot market recourse. In: *International journal of production economics* 115 (1), S. 189–209. DOI: 10.1016/j.ijpe.2008.06.002.

Festge, Fabian (2006): Kundenzufriedenheit und Kundenbindung im Investitionsgüterbereich. Ermittlung zentraler Einflussfaktoren. 1. Aufl. Wiesbaden: Dt. Univ.-Verl. (Gabler-Edition Wissenschaft).

Flemming, Christian; Schach, Rainer (2011): Zum Begriff der Simulation. In: Volkhard Franz (Hg.): Simulation von Unikatprozessen. Neue Anwendungen aus Forschung und Praxis ; 24. März 2011 an der Universität Kassel. [Online-Ausg.]. Kassel: Kassel Univ. Press (Schriftenreihe Bauwirtschaft / 3, 8), S. 1–10.

Frank, Jochen; Suchan, Christian (2012): Analyse und Gestaltung leistungsfähiger IS-Architekturen. Modellbasierte Methoden aus Forschung und Lehre in der Praxis ; Festschrift für Prof. Dr. Otto K. Ferstl zu seinem 65. Geburtstag. Unter Mitarbeit von Otto K. Ferstl. Berlin [u.a.]: Springer Gabler.

Frese, Erich (1998): Grundlagen der Organisation. Wiesbaden: Gabler Verlag.

Friedrichs, Jürgen (2002): Methoden empirischer Sozialforschung. 14. Aufl., [Nachdr.]. Opladen: Westdt. Verl. (WV-Studium, 28).

Fritz, Wolfgang (1993): Produktqualität, Marktanteil und Unternehmenserfolg. Ergebnisse der PIMS-Forschung und ihre empirische Relevanz für die westdeutsche Industrie. Braunschweig: Inst. für Wirtschaftswiss. der Techn. Univ (AP / Technische Universität Braunschweig, 93/03).

Fröming, Jane (2009): Ein Konzept zur Simulation wissensintensiver Aktivitäten in Geschäftsprozessen. Berlin: GITO.

Ganschar, Oliver; Gerlach, Stefan; Hämmerle, Moritz; Krause, Tobias; Schlund, Sebastian (2013): Produktionsarbeit der Zukunft - Industrie 4.0. Stuttgart: Fraunhofer-Verl.

Gehr, Frank; Hellingrath, Bernd (2007): Logistik in der Automobilindustrie. [New York]: Springer-Verlag Berlin Heidelberg (VDI-Buch).

Gienke, Helmut; Kämpf, Rainer (2007): Handbuch Produktion. Innovatives Produktionsmanagement: Organisation, Konzepte, Controlling. München: Hanser.

Göpfert, Ingrid; Braun, David; Schulz, Matthias (2013): Automobillogistik. Stand und Zukunftstrends. Wiesbaden: Springer Gabler.

Gotzel, Christian; Inderfurth, Karl (2010): MRP zur Materialplanung für Kreislaufprozesse. Optimierung von Absicherungsstrategien gegen Bedarfs- und Versorgungsrisiken. 1. Aufl. Wiesbaden: Gabler (Gabler Research. Produktion und Logistik).

Grabner, Thomas (2017): Operations Management. Auftragserfüllung bei Sach- und Dienstleistungen. 3. Aufl. 2017. Wiesbaden: Springer Gabler (SpringerLink : Bücher).

Grigoryev, Ilya (2015): AnyLogic 7 in three days. A quick course in simulation modeling. 2. ed. Middletown: [Selbstverlag].

Gronau, Norbert (2014): Enterprise Resource Planning. Architektur, Funktionen und Management von ERP-Systemen. 3., [überarbeitete] Auflage. München, München: De Gruyter Oldenbourg (Studium).

Grünewald, Christopher W. (1992): Beitrag zur unternehmensspezifischen Gestaltung einer integrierten Auftragsabwicklung für Instandhaltung und Produktion. 1. Aufl. Aachen: Verl. der Augustinus-Buchhandlung (Aachener Beiträge zu Humanisierung und Rationalisierung, 2).

Gubbels, Holger (2013): SAP® ERP - Praxishandbuch Projektmanagement. SAP® ERP als Werkzeug für professionelles Projektmanagement - aktualisiert auf ECC 6.0. 3. Aufl. 2013. Wiesbaden: Imprint: Springer Vieweg.

Gutenberg, Erich (1951): Grundlagen der Betriebswirtschaftslehre. Erster Band Die Produktion. Berlin, Heidelberg: Springer Berlin Heidelberg; Imprint; Springer (Enzyklopädie der Rechts- und Staatswissenschaft, Abteilung Staatswissenschaft).

Gutenberg, Erich (1971): Grundlagen der Betriebswirtschaftslehre. Die Produktion. 24., unveränd. Aufl. Berlin: Springer Berlin Heidelberg (Grundlagen der Betriebswirtschaftslehre, ; 1).

Hackstein, Rolf (1989): Produktionsplanung und -steuerung. (PPS) : ein Handbuch für die Betriebspraxis. Düsseldorf: VDI-Verl.

Häder, Michael (2015): Empirische Sozialforschung. Eine Einführung. 3. Aufl. Wiesbaden: Springer VS (SpringerLink : Bücher).

Haeseler, Herbert; Hörmann, Franz (2006): Wertorientierte Steuerung von Unternehmen und Konzernen mittels Kennzahlen. Beliebte Praktikerkonzepte auf dem wissenschaftlichen Prüfstand. In: Gerhard Seicht (Hg.): Jahrbuch für Controlling und Rechnungswesen 2006. Unternehmensbewertung und Risiko; Internes Rechnungswesen; Bilanzierung, Bilanzreformen und Abschlussprüfung; Corporate Governance und Reproting, Controllingfragen; Varia. Wien: LexisNexis Verl. ARD Orac (Jahrbuch für Controlling und Rechnungswesen, 2006), S. 115–130.

Hedtstück, Ulrich (2013): Simulation diskreter Prozesse. Methoden und Anwendungen. Berlin, Heidelberg: Springer Vieweg (eXamen.press). Online verfügbar unter http://dx.doi.org/10.1007/978-3-642-34871-6.

Heinen, Edmund (1966): Das Zielsystem der Unternehmung. Grundlagen betriebswirtschaftlicher Entscheidungen. Wiesbaden: Gabler Verlag (Die Betriebswirtschaft in Forschung und Praxis).

Heinen, Edmund (1976): Grundlagen betriebswirtschaftlicher Entscheidungen. Das Zielsystem der Unternehmung. 3., durchgesehene Aufl. Wiesbaden: Betriebswirtschaftlicher Verlag Dr. Th. Gabler (Die Betriebswirtschaft in Forschung und Praxis, Bd. 1).

Heinen, Edmund (1991): Industriebetriebslehre. Entscheidungen im Industriebetrieb. 9., vollst. neu bearb. und erw. Aufl. Wiesbaden: Gabler.

Heinen, Edmund (1992): Einführung in die Betriebswirtschaftslehre. Wiesbaden: Gabler Verlag.

Heinen, Edmund; Picot, Arnold (1991): Industriebetriebslehre. Entscheidungen im Industriebetrieb. 9., vollständig neu bearbeitete und erweiterte Auflage. Wiesbaden: Gabler Verlag.

Heinrich, Gert (2007): Operations-Research. München, Wien: Oldenbourg (Lehrbuch kompakt).

Heiserich, Otto-Ernst; Helbig, Klaus; Ullmann, Werner (2011): Logistik. Eine praxisorientierte Einführung. 4., vollständig überarbeitete und erweiterte Auflage. Wiesbaden: Gabler Verlag / Springer Fachmedien Wiesbaden GmbH, Wiesbaden (SpringerLink : Bücher).

Helmig, Jan Christoph (2012): Bewertung des Einsatzes von nachhaltigen Logistikkonzepten in Unternehmensnetzwerken. Aachen: Apprimus-Verl. (Schriftenreihe Rationalisierung, Bd. 114).

Hering, Niklas (2014): Echtzeitfähig-koordinierte Produktionsplanung in Supply-Chains der Verbrauchsgüterindustrie. 1. Aufl. Aachen: Apprimus Verlag (Schriftenreihe Rationalisierung, 125).

Herrmann, Frank (2011): Operative Planung in IT-Systemen für die Produktionsplanung und -steuerung. Wirkung, Auswahl und Einstellhinweise von Verfahren und Parametern. [Mit Online-Service]. 1. Aufl. Wiesbaden: Vieweg + Teubner (Studium : IT-Management und -Anwendung).

Hess, Gerhard (2008): Supply-Strategien in Einkauf und Beschaffung. Systematischer Ansatz und Praxisfälle. 1. Aufl. Wiesbaden: Gabler Verlag / GWV Fachverlage, Wiesbaden (Lehrbuch).

Hevner, Alan R.; March, Salvatore T.; Park, Jinsoo; Ram, Sudha (2004): Design Science in Information System Research. In: *MIS Quarterly* 2004, 2004 (Vol. 28 No.1), S. 75–105.

Hildebrand, Rudolf; Mertens, Peter (1992): PPS-Controlling mit Kennzahlen und Checklisten. Berlin, Heidelberg: Springer Berlin Heidelberg.

Hillebrand, Volker (2002): Gestaltung und Auswahl von Koordinationsschwerpunkten zwischen Produzent und Logistikdienstleister. Aachen: Shaker (Schriftenreihe Rationalisierung und Humanisierung, Bd. 46).

Hinterhuber, Hans H. (Hg.) (2006): Kundenorientierte Unternehmensführung. Kundenorientierung, Kundenzufriedenheit, Kundenbindung. 5., überarb. und erw. Aufl. Wiesbaden: Gabler.

Hippner, Hajo; Hubrich, Beate; Wilde, Klaus D. (2011): Grundlagen des CRM. Strategie, geschäftsprozesse und IT-unterstützung. 3., vollständig überarbeitete und erweiterte Auflage. Wiesbaden [Germany]: Gabler.

Holland, Heinrich (2017): Customer Relationship Management (CRM). Hg. v. Springer Gabler Verlag. Gabler Wirtschaftslexikon. Online verfügbar unter http://wirtschaftslexikon.gabler.de/Archiv/5072/customer-relationship-management-crm-v10.html, zuletzt geprüft am 30.06.2017.

Hopp, Wallace J.; Spearman, Mark L. (2011): Factory physics. 3rd ed. Long Grove, Ill.: Waveland Press.

Jacob, Herbert (1980): Neue Aspekte der betrieblichen Planung. Wiesbaden: Gabler Verlag; Imprint (Schriften zur Unternehmensführung, 28).

Jarre, Florian; Stoer, Josef (2004): Optimierung. Berlin, Heidelberg: Springer Berlin Heidelberg; Imprint; Springer (Springer-Lehrbuch).

Jodlbauer, Herbert (2008): Produktionsoptimierung. Wertschaffende sowie kundenorientierte Planung und Steuerung. Vienna: Springer-Verlag/Wien (Springers Kurzlehrbücher der Wirtschaftswissenschaften).

John, Ralph (2007): Vorgehensmodell für ein präventives Qualitätsmanagement in der frühen Phase von Entwicklungsprojekten. 1. Aufl. Aachen: P3 (Schriftenreihe Qualitätsmanagement, 2007,02).

Jungmann, Thorsten; Uygun, Yilmaz (2010): Das Dortmunder Prozesskettenmodell in der Intralogistik. In: Gerhard Bandow (Hg.): "Das ist gar kein Modell!". Unterschiedliche Modelle und Modellierungen in Betriebswirtschaftslehre und Ingenieurwissenschaften. 1. Aufl. Wiesbaden: Gabler (Gabler Research), S. 357–382.

Jürging, Jan (2008): Systemdynamische Analyse des Serienanlaufs in der Automobilindustrie. Hamburg: Kovač (Schriftenreihe innovative betriebswirtschaftliche Forschung und Praxis, 209).

Kagermann, Henning; Wahlster, Wolfgang; Helbig, Johannes (2012): Umsetzungsempfehlungen für das Zukunftsprojekt Industrie 4.0. Abschlussbericht des Arbeitskreises Industrie 4.0. Hg. v. Promotorengruppe Kommunikation der Forschungsunion Wirtschaft – Wissenschaft. Berlin.

Kagermann, Henning Prof. Dr.; Wahlster, Wolfgang Prof. Dr.; Helbig, Johannes Dr. (2013): Umsetzungsempfehlungen für das Zukunftsprojekt Industrie 4.0. Abschlussbericht des Arbeitskreises Industrie 4.0. Hg. v. acatech – Deutsche Akademie der Technikwissenschaften e.V.

Kirchhoff, Ulrich (1987): Zielwandel bei öffentlichen Unternehmen, aufgezeigt am Beispiel der Banken des Bundes. Berlin: Duncker & Humblot (Schriften zum Genossenschaftswesen und zur öffentlichen Wirtschaft, Bd. 20).

Kistner, Klaus-Peter; Steven, Marion (Hg.) (2001): Produktionsplanung. Heidelberg: Physica-Verlag HD.

Kleinaltenkamp, Michael; Saab, Samy (2009): Technischer Vertrieb. Eine praxisorientierte Einführung in das Business-to-Business-Marketing. Berlin, Heidelberg: Springer (VDI-Buch).

Kleining, Gerhard (2010): Qualitative Heuristik. In: Günter Mey und Katja Mruck (Hg.): Handbuch Qualitative Forschung in der Psychologie. 1. Aufl. Wiesbaden: VS, Verl. für Sozialwiss, S. 65–78.

Kletti, Jürgen (2015): MES - Manufacturing Execution System. Berlin, Heidelberg, GERMANY: Springer Berlin Heidelberg.

Kletti, Jürgen; Schumacher, Jochen (2011): Die perfekte Produktion. Manufacturing Excellence durch Short Interval Technology (SIT). Berlin: Springer.

Kletti, Jürgen; Schumacher, Jochen (2014): Die perfekte Produktion. Manufacturing Excellence durch Short Interval Technology (SIT). 2. Aufl. Berlin: Springer Vieweg. Online verfügbar unter http://ebooks.ciando.com/book/index.cfm/bok_id/1880176.

Koch, Eckart (2017): Globalisierung: Wirtschaft und Politik. Chancen Risiken Antworten. 2., aktualisierte Aufl. 2017. Wiesbaden: Springer Fachmedien Wiesbaden; Imprint: Springer Gabler.

Koch, Susanne (2011): Einführung in das Management von Geschäftsprozessen. Six Sigma, Kaizen und TQM. Heidelberg: Springer.

König, Wolfgang (2003): Taschenbuch der Wirtschaftsinformatik und Wirtschaftsmathematik. 2., überarb. und erw. Aufl. Frankfurt am Main [u.a.]: Deutsch.

Krallmann, Hermann; Frank, Helmut; Gronau, Norbert (2002): Systemanalyse im Unternehmen. Vorgehensmodelle, Modellierungsverfahren und Gestaltungsoptionen. 4., vollst. überarb. Aufl. München, Wien: Oldenbourg.

Kramer, Oliver (2002): Methode zur Optimierung der Wertschöpfungskette mittelständischer Betriebe. München: Utz (Forschungsberichte / IWB, Bd. 173).

Kromrey, Helmut (2002): Empirische Sozialforschung. Modelle und Methoden der standardisierten Datenerhebung und Datenauswertung. 10., vollständig überarbeitete Auflage. Basel: Birkhäuser Basel.

Krüger, Jens (2012): Kooperation und Wertschöpfung. Mit Beispielen aus der Produktentwicklung und unternehmensübergreifenden Logistik. Berlin, Heidelberg: Springer.

Kurbel, Karl (2005): Produktionsplanung und -steuerung im Enterprise Resource Planning und Supply Chain Management. 6., völlig überarb. Aufl. München [u.a.]: Oldenbourg.

Kurbel, Karl (2016): Enterprise Resource Planning und Supply Chain Management in der Industrie : Von MRP bis Industrie 4.0. 0008 Fully revised a: De Gruyter (De Gruyter Studium).

Lackes, Richard; Siepermann, Markus; Schewe, Gerhard (2017): Geschäftsprozess. Hg. v. Springer Gabler Verlag. Gabler Wirtschaftslexikon. Online verfügbar unter http://wirtschaftslexikon.gabler.de/Archiv/5598/geschaeftsprozess-v11.html, zuletzt geprüft am 28.06.2017.

Large, Rudolf (2012): Strategisches Beschaffungsmanagement. Eine praxisorientierte Einführung ; mit Fallstudien. 5. Aufl. Wiesbaden: Gabler (Lehrbuch).

Laux, Helmut; Gillenkirch, Robert M.; Schenk-Mathes, Heike Yasmin (2014): Entscheidungstheorie. 9., vollst. überarb. Aufl. 2014. Berlin, Heidelberg: Springer Gabler (Springer-Lehrbuch).

Lehmann, Günter (2011): Wissenschaftliches Arbeiten. Zielwirksam verfassen und präsentieren. 3., völlig neu bearb. Aufl. Renningen: expert-Verl. (Forum EIPOS, Bd. 13).

Lehner, Franz; Scholz, Michael; Wildner, Stephan (2008): Wirtschaftsinformatik. Eine Einführung. 2., Aufl. München: Hanser, Carl.

Lindemann, Thomas (2000): Konzept zum Aufbau prozessorientierter Qualitätsmanagementsysteme in der Textilindustrie. Als Ms. gedr. Aachen: Shaker (Schriftenreihe Rationalisierung und Humanisierung, Bd. 24).

Ling, Dick; Coldrick, Andy; Turner, Chris (2003): Evolution of Sales & Operations Planning. From Production Planning to Integrated Decision Making. Hg. v. Stratabridge.

Lingnau, Volker (1994): Variantenmanagement. Produktionsplanung im Rahmen einer Produktdifferenzierungsstrategie. Techn. Univ., Diss.--Berlin, 1994. Berlin: Schmidt (Betriebswirtschaftliche Studien, 58).

Little, John D. C. (1961): A Proof for the Queuing Formula. L = λ W. In: *Operations Research* 9 (3), S. 383–387. DOI: 10.1287/opre.9.3.383.

Lödding, Hermann (2001): Dezentrale bestandsorientierte Fertigungsregelung. Als Ms. gedr. Düsseldorf: VDI-Verl. (Fortschritt-Berichte VDI Reihe 2, Fertigungstechnik, 587).

Lödding, Hermann (2008): Verfahren der Fertigungssteuerung. Grundlagen, Beschreibung, Konfiguration. Berlin, Heidelberg: Springer-Verlag Berlin Heidelberg (VDI-Buch).

Lödding, Hermann (2016): Verfahren der Fertigungssteuerung. 3. Auflage. Berlin/Heidelberg: Springer-Verlag.

Luo, W.; Strong, D. (2004): A Framework for Evaluating ERP Implementation Choices. In: *IEEE Trans. Eng. Manage.* 51 (3), S. 322–333. DOI: 10.1109/TEM.2004.830862.

Malone, Thomas W.; Crowston, Kevin (1994): The interdisciplinary study of coordination. In: *ACM Comput. Surv.* 26 (1), S. 87–119. DOI: 10.1145/174666.174668.

Marczinski, Götz (2008): Einsatzgebiete von ERP-, APS- und MES-Lösungen. Hg. v. CIM Aachen. ERP Management. Online verfügbar unter http://www.cim-aachen.de/wissensdatenbank/einsatzgebiete-von-erp-aps-und-mes-lsungen/, zuletzt geprüft am 13.07.2017.

Meffert, Heribert; Burmann, Christoph; Kirchgeorg, Manfred (2015): Marketing. Grundlagen marktorientierter Unternehmensführung Konzepte - Instrumente - Praxisbeispiele. 12., überarb. u. aktualisierte Aufl. 2014. Wiesbaden: Springer Gabler (SpringerLink : Bücher).

Meister, Ulla; Meister, Holger (2002): Kundenzufriedenheit messen und managen. Kundenwünsche punktgenau umsetzen. München, Wien: Hanser (Pocket-Power Marketing und Vertrieb, 203).

Meyer, Jan Christoph (2011): Hybride supply chains. 1. Aufl. Aachen: Apprimus-Verl. (Schriftenreihe Rationalisierung, 103).

Meyer, Michael (1994): Ziele in Organisationen. Funktionen und Äquivalente von Zielentscheidungen. Wiesbaden, Wiesbaden: Dt. Univ.-Verl.; Gabler (Gabler Edition Wissenschaft).

Möller, Niklas (2008): Bestimmung der Wirtschaftlichkeit wandlungsfähiger Produktionssysteme. Zugl.: München, Techn. Univ., Diss., 2008. München: Utz (Forschungsberichte IWB, 212).

Mönch, Lars (2006): Autonome und kooperative Steuerung komplexer Produktionsprozesse mit Multi-Agenten-Systemen. In: *Wirtschaftsinformatik* (2), S. 107–119.

Mönch, Lars (2015a): Betriebsdatenerfassung. Hg. v. Norbert Gronau, Jörg Becker, Elmar J. Sinz, Leena Suhl und Jan Marco Leimeister. Lehrstuhl für Wirtschaftsinformatik (insb. Prozesse und Systeme), Universität Potsdam. GITO Enzyklopädie für Wirtschaftsinformatik. Online verfügbar unter http://www.enzyklopaedie-der-wirtschaftsinformatik.de/lexikon/informationssysteme/Sektorspezifische-Anwendungssysteme/Manufacturing-Execution-System/Betriebsdatenerfassung/index.html, zuletzt geprüft am 20.06.2017.

Mönch, Lars (2015b): Manufacturing Execution System. Hg. v. Norbert Gronau, Jörg Becker, Elmar J. Sinz, Leena Suhl und Jan Marco Leimeister. Lehrstuhl für Wirtschaftsinformatik (insb. Prozesse und Systeme), Universität Potsdam. GITO Enzyklopädie für Wirtschaftsinformatik. Online verfügbar unter http://www.enzyklopaedie-der-wirtschaftsinformatik.de/lexikon/informationssysteme/Sektorspezifische-Anwendungssysteme/Manufacturing-Execution-System, zuletzt geprüft am 20.06.2017.

Morecroft, John D. (2011): Strategic modelling and business dynamics. A feedback systems approach. Repr. Chichester, Weinheim [u.a.]: Wiley.

Much, Detlef; Nicolai, Harald (1995): PPS-Lexikon. 1. Aufl. Berlin: Cornelsen Girardet.

Müller, David (2006): Grundlagen der Betriebswirtschaftslehre für Ingenieure. Mit 70 Tabellen. Berlin, Heidelberg, New York: Springer.

Nachreiner, Friedhelm (1997): Grundlage naturwissenschaftlicher Methodik in der Arbeitswissenschaft. In: Walter Volpert und Thomas Müller (Hg.): Handbuch Arbeitswissenschaft. Stuttgart: Schäffer-Poeschel, S. 87–92.

Nebl, Theodor (2011): Produktionswirtschaft. 7., vollst. überarb. und erw. Aufl. München: Oldenbourg (Lehr- und Handbücher der Betriebswirtschaftslehre).

Niederauer, Christian (2014): Erfolgsauswirkungen der operativen Planung. Hamburg: Igel Verl. RWS.

Nyhuis, Peter; Kuprat, Thorben; Mayer, Jonas (2015): Aufgaben der Produktionsplanung im Kontext von Industrie 4.0. In: *Industrie 4.0 Management* (2), S. 11–14.

Nyhuis, Peter; Wiendahl, Hans-Peter (2012): Logistische Kennlinien. Grundlagen, Werkzeuge und Anwendungen. 3. Aufl. 2012. Berlin, Heidelberg: Springer Berlin Heidelberg (VDI-Buch).

Oedekoven, Dirk; Schuh, G. (2011): Nutzenpotenziale harmonisierter Stammdaten in den Prozessen der Auftragsabwicklung von Auftragsfertigern. Aachen: Apprimus Verlag (Schriftenreihe Rationalisierung, Bd. 110).

Okhrin, Irena (2015): Supply Chain Management. Hg. v. Norbert Gronau, Jörg Becker, Elmar J. Sinz, Leena Suhl und Jan Marco Leimeister. Lehrstuhl für Wirtschaftsinformatik (insb. Prozesse und Systeme), Universität Potsdam. GITO Enzyklopädie für Wirtschaftsinformatik. Online verfügbar unter http://www.enzyklopaedie-der-wirtschaftsinformatik.de/lexikon/informationssysteme/crm-scm-und-electronic-business/Supply-Chain-Management, zuletzt aktualisiert am 16.04.2015, zuletzt geprüft am 29.06.2017.

Olbrich, Rainer; Battenfeld, Dirk; Buhr, Carl-Christian (2012): Marktforschung. Ein einführendes Lehr- und Übungsbuch. Berlin, Heidelberg: Springer Berlin Heidelberg (Springer-Lehrbuch). Online verfügbar unter http://dx.doi.org/10.1007/978-3-642-24345-5.

Osterhage, Wolfgang W. (2014): ERP-Kompendium. Eine Evaluierung von Enterprise Resource Planning Systemen. Berlin: Springer Vieweg (Xpert.press). Online verfügbar unter http://dx.doi.org/10.1007/978-3-642-35885-2.

Ostertag, Ralph (2008): Supply-Chain-Koordination im Auslauf in der Automobilindustrie. Koordinationsmodell auf Basis von Fortschrittszahlen zur dezentralen Planung bei zentraler Informationsbereitstellung. Wiesbaden: Gabler (Gabler Edition Wissenschaft. Produktion und Logistik).

Ostgathe, Martin (2012): System zur produktbasierten Steuerung von Abläufen in der auftragsbezogenen Fertigung und Montage. Zugl.: München, Techn. Univ., Diss., 2012. München: Utz (Forschungsberichte IWB, 265).

Paegert, Christian (1997): Entwicklung eines Entscheidungsunterstützungssystems zur Zeitparametereinstellung. Als Ms. gedr. Aachen: Shaker (Berichte des Forschungsinstituts für Rationalisierung und des Instituts für Arbeitswissenschaft Aachen, Bd. 4).

Paegert, Christian; Reitz, Christian (Hg.) (1996): Planung bei kleinen und mittleren Unternehmen des Maschinenbaus (10). Aachen.

Papageorgiou, Markos; Leibold, Marion; Buss, Martin (2015): Optimierung. 4., korr. Aufl. 2015. Berlin, Heidelberg: Springer Berlin Heidelberg; Imprint: Springer Vieweg.

Patzak, G. (1982): Systemtechnik -- Planung komplexer innovativer Systeme. Grundlagen, Methoden, Techniken. Berlin, Heidelberg: Springer Berlin Heidelberg.

Piller, Frank T.; Tseng, Mitchell M. (2010): Handbook of research in mass customization and personalization. Singapore, Hackensack, N.J.: World Scientific Pub. Co.

Piller, Frank Thomas (2006): Mass customization. Ein wettbewerbsstrategisches Konzept im Informationszeitalter. 4., überarb. und erw. Aufl. Wiesbaden: Dt. Univ.-Verl. (Gabler Edition Wissenschaft).

PSI Automotive & Industry (2018): Standard-ERP-System PSIpenta. Maximaler Standard – minimale Individualisierung. Online verfügbar unter http://www.psipenta.de/de/erp/erp-kern/, zuletzt geprüft am 31.03.2018.

PSIpenta (2016a): ERP-System. Hg. v. PSIpenta. Online verfügbar unter http://www.psipenta.de/de/erp/enterprise-resource-planning/, zuletzt geprüft am 13.10.16.

PSIpenta (2016b): Unternehmensprofil. Hg. v. PSI penta. Online verfügbar unter http://www.psipenta.de/de/unternehmen/unternehmensprofil/, zuletzt geprüft am 13.10.16.

Ptak, Carol A.; Schragenheim, Eli (2004): ERP. Tools, techniques, and applications for integrating the supply chain. 2. ed. Boca Raton u.a.: St. Lucie Press (The St. Lucie Press series on resource management).

Rabe, Markus; Spiekermann, Sven; Wenzel, Sigrid (2008): Verifikation und Validierung für die Simulation in Produktion und Logistik. Vorgehensmodelle und Techniken. Berlin, Heidelberg: Springer (VDI-Buch). Online verfügbar unter http://dx.doi.org/10.1007/978-3-540-35282-2.

Raffée, Hans (1995): Grundprobleme der Betriebswirtschaftslehre. 9., unveränd. Nachdr. der 1. Aufl. Göttingen: Vandenhoeck & Ruprecht (UTB für Wissenschaft Uni-Taschenbücher, 97).

Ranganath, B. J.; Rodrigues, Lewlyn L. R. (2008): System dynamics. Theory and case studies. New Delhi, Bangalore, Mumbai: I. K. International Publ. House.

Rappaport, Alfred; Klien, Wolfgang (1999): Shareholder value. Ein Handbuch für Manager und Investoren. 2., vollst. überarb. und aktualisierte Aufl. Stuttgart: Schäffer-Poeschel (Handelsblatt-Reihe).

Reichwald, Ralf; Piller, Frank; Ihl, Christoph (2009): Interaktive Wertschöpfung. Open Innovation, Individualisierung und neue Formen der Arbeitsteilung. 2., vollständig überarbeitete und erweiterte Auflage. Wiesbaden: Gabler Verlag / GWV Fachverlage GmbH, Wiesbaden (SpringerLink : Bücher).

Reinhold, Achim (2001): Effektives Bestandscontrolling. Konzeption und Handlungsempfehlungen. Gabler Edition Wissenschaft. Wiesbaden: Deutscher Universitätsverlag. Online verfügbar unter http://dx.doi.org/10.1007/978-3-322-90686-1.

Reiter, Christian (1999): Toolbasierte Referenzmodellierung — State-of-the-Art und Entwicklungstrends. In: Jörg Becker, Michael Rosemann und Reinhard Schütte (Hg.): Referenzmodellierung. State-of-the-Art und Entwicklungsperspektiven. Heidelberg: Physica-Verlag HD, S. 45–68.

Reschke, Jan; Schuh, Günther (2017): Scheduling parameters in Production Planning and Control. In: *Journey of Systemics, Cybernetics and Informatics* 2017 (1), S. 62–66. Online verfügbar unter http://www.iiisci.org/journal/CV$/sci/pdfs/ZA190QF17.pdf, zuletzt geprüft am 02.02.2018.

Sandrock, Jörg (2006): System dynamics in der strategischen Planung. Zur Gestaltung von Geschäftsmodellen im E-Learning. 1. Aufl. Wiesbaden: Dt. Univ.-Verl. (Gabler Edition Wissenschaft).

SAP (2016a): Enterprise management. Hg. v. SAP SE. Online verfügbar unter http://go.sap.com/germany/product/enterprise-management/erp.html#item_0, zuletzt geprüft am 13.10.16.

SAP (2016b): Production Planning and Detailed Scheduling (PP/DS). Hg. v. SAP SE, zuletzt geprüft am 12.10.16.

SAP (2016c): SAP Homepage. Hg. v. SAP SE. Online verfügbar unter http://go.sap.com/germany/about.html, zuletzt geprüft am 13.10.16.

SAP SE (2018): HElp Portal. Online verfügbar unter http://help.sap.com/, zuletzt geprüft am 31.03.2018.

Scheer, August Wilhelm Prof. Dr. (1990): CIM Computer Integrated Manufacturing. Der computergesteuerte Industriebetrieb. Vierte, neu bearbeitete und erweiterte Auflage. Berlin, Heidelberg: Springer Berlin Heidelberg.

Scheibler, Albert (1974): Zielsysteme und Zielstrategien der Unternehmensführung. Wiesbaden: Betriebswirtschaftlicher Verlag Gabler.

Schemm, Jan Werner (2013): Zwischenbetriebliches Stammdatenmanagement. Lösungen für die Datensynchronisation zwischen Handel und Konsumgüterindustrie. Berlin: Springer (Business-Engineering).

Schiemenz, Bernd; Schönert, Olaf (2005): Entscheidung und Produktion. 3., überarb. Aufl. München: Oldenbourg (Lehr- und Handbücher der Betriebswirtschaftslehre). Online verfügbar unter http://www.oldenbourg-link.com/doi/book/10.1524/9783486700244.

Schlick, Christopher; Bruder, Ralph; Luczak, Holger (2010): Arbeitswissenschaft. Berlin, Heidelberg: Springer-Verlag Berlin Heidelberg (SpringerLink : Bücher).

Schmidt, Carsten (2008a): Konfiguration überbetrieblicher Koordinationsprozesse in der Auftragsabwicklung des Maschinen- und Anlagenbaus. Aachen: Shaker (Schriftenreihe Rationalisierung und Humanisierung, Bd. 87).

Schmidt, M. (2008b): Produktionsplanung und -steuerung. In: Dieter Arnold, Kai Furmans, Heinz Isermann, Axel Kuhn und Horst Tempelmeier (Hg.): Handbuch Logistik (VDI-Buch) (German Edition). 3rd ed. Dordrecht: Springer (VDI-Buch), S. 323–343.

Schmidt-Sudhoff, Ulrich (1967): Unternehmerziele und unternehmerisches Zielsystem. Wiesbaden: Gabler Verlag; Imprint: Gabler Verlag (Betriebswirtschaftliche Beiträge, 10).

Schneeweiß, Christoph (1991): Systemanalytische und entscheidungstheoretische Grundlagen. Berlin [u.a.]: Springer (Springer-Lehrbuch, 1).

Schneider, Willy; Hennig, Alexander (2008): Lexikon Kennzahlen für Marketing und Vertrieb. Das Marketing-Cockpit von A-Z. 2. Aufl. Berlin: Springer.

Scholz-Reiter, Bernd; Jakobza, Jens (1999): Supply Chain Management. Überblick und Konzeption. In: Knut Hildebrand und Stefan Meinhardt (Hg.): Supply Chain Management (HMD 207). Heidelberg: dpunkt.verlag, S. 7–15.

Schöneborn, Frank (2004): Strategisches Controlling mit System Dynamics. Heidelberg: Physica-Verlag HD (Betriebswirtschaftliche Studien).

Schönsleben, Paul (2007): Integrales Logistikmanagement. Operations und Supply Chain Management in umfassenden Wertschöpfungsnetzwerken. 5., bearbeitete und erweiterte Auflage. Berlin, Heidelberg: Springer-Verlag Berlin Heidelberg. Online verfügbar unter http://dx.doi.org/10.1007/978-3-540-68179-3.

Schönsleben, Paul (2011): Integrales Logistikmanagement. Operations und Supply Chain Management innerhalb des Unternehmens und unternehmensübergreifend. 6., bearb. und erw. Aufl. Berlin, Heidelberg: Springer Berlin Heidelberg. Online verfügbar unter http://site.ebrary.com/lib/alltitles/docDetail.action?docID=10480278.

Schotten, Martin; Luczak, Holger; Eversheim, Walter (1998): Produktionsplanung und -steuerung. Grundlagen, Gestaltung und Konzepte. Berlin, Heidelberg: Springer Berlin Heidelberg; Imprint; Springer (VDI-Buch).

Schröter, Marcus (2006): Strategisches Ersatzteilmanagement in Closed-Loop Supply Chains. Ein systemdynamischer Ansatz. Wiesbaden: Deutscher Universitäts-Verlag/GWV-Fachverlage, Wiesbaden.

Schuh, Günther (2013): Logistikmanagement. 2., vollständig neu bearb. und erweiterte Aufl. Berlin: Springer (Handbuch Produktion und Management, 6).

Schuh, Günther (2014): Produktionsmanagement. Handbuch Produktion und Management 5. 2. Aufl. Berlin: Springer Vieweg (Handbuch Produktion und Management, 5).

Schuh, Günther (2015): PLM (Product Lifecycle Management). Hg. v. Norbert Gronau, Jörg Becker, Elmar J. Sinz, Leena Suhl und Jan Marco Leimeister. Lehrstuhl für Wirtschaftsinformatik (insb. Prozesse und Systeme), Universität Potsdam. GITO Enzyklopädie für Wirtschaftsinformatik. Online verfügbar unter http://www.enzyklopaedie-der-wirtschaftsinformatik.de/lexikon/informationssysteme/Sektorspezifische-Anwendungssysteme/Product-Life-Cycle-Management, zuletzt geprüft am 16.05.2017.

Schuh, Günther; Basse, Felix; Franzkoch, Bastian; Harzenetter, Florian; Luckert, Melanie; Prote, Jan-Philipp et al. (2017): Change Request im Produktionsbetrieb. In: Christian Brecher, Fritz Klocke, Robert Schmitt und Günther Schuh (Hg.): Internet of production für agile Unternehmen. AWK Aachener Werkzeugmaschinen-Kolloquium 18. bis 19. Mai 2017. 1. Auflage. Aachen: Apprimus Verlag, S. 109–131.

Schuh, Günther; Gudergan, Gerhard; Kampker, Achim (Hg.) (2016): Management industrieller Dienstleistungen. Handbuch Produktion und Management 8. 2. Aufl. 2016. Berlin, Heidelberg: Springer Berlin Heidelberg (VDI-Buch).

Schuh, Günther; Hoppe, Michael (2014): Einleitung und Abgrenzung. In: Günther Schuh (Hg.): Einkaufsmanagement. 2., vollst. neu bearb. und erw. Aufl. Berlin [u.a.]: Springer Vieweg (Handbuch Produktion und Management, / Günther Schuh (Hrsg.) ; 7), S. 5–9.

Schuh, Günther; Stich, Volker (Hg.) (2012): Produktionsplanung und -steuerung 1. Grundlagen der PPS. 4., überarbeitete Aufl. Berlin: Springer Vieweg (Produktionsplanung und -steuerung, 1).

Schulte-Zurhausen, Manfred (2014): Organisation. 6., überarb. u. aktual. Aufl. München: Vahlen (Vahlens Handbücher der Wirtschafts- und Sozialwissenschaften).

Sendler, Ulrich (2009): Das PLM-Kompendium. Referenzbuch des Produkt-Lebenszyklus-Managements. Berlin [u.a.]: Springer (Xpert.press).

Siebert, Johannes (2009): Modellierung komplementärer Interaktionen. Konzeption eines innovativen Ansatzes in der multiattributiven Nutzentheorie. 1. Aufl. Lohmar, Köln: Eul (Reihe: Produktionswirtschaft und Industriebetriebslehre, Bd. 20).

Siebertz, Karl; van Bebber, David; Hochkirchen, Thomas (2010): Statistische Versuchsplanung. Design of Experiments (DoE). Heidelberg: Springer (VDI-Buch). Online verfügbar unter http://site.ebrary.com/lib/alltitles/docDetail.action?docID=10391819.

Siedenbiedel, Georg (2008): Internationales Management. Einflussgrößen - Erfolgskriterien - Konzepte. 1. Aufl. Stuttgart: UTB GmbH (utb-studi-e-book, 8364).

Siepermann, Christoph (2015): Produktionsplanungs- und -steuerungssystem. Hg. v. Norbert Gronau, Jörg Becker, Elmar J. Sinz, Leena Suhl und Jan Marco Leimeister. Lehrstuhl für Wirtschaftsinformatik (insb. Prozesse und Systeme), Universität Potsdam. GITO Enzyklopädie für Wirtschaftsinformatik. Online verfügbar unter http://www.enzyklopaedie-der-wirtschaftsinformatik.de/lexikon/informationssysteme/Sektorspezifische-Anwendungssysteme/Produktionsplanungs--und--steuerungssystem/, zuletzt geprüft am 03.05.2017.

Simon, Hermann; Homburg, Christian (1997): Kundenzufriedenheit. Wiesbaden: Gabler Verlag.

Simon, Walter (2005): GABALs großer Methodenkoffer Managementtechniken. Offenbach: GABAL Verlag (Business-Reihe).

SimPlan AG (2017): Advanced Planning. Grobplanung mit Preactor - ein strategisches Entscheidungswerkzeug. Online verfügbar unter http://www.preactor-aps.de/advanced-planning.html, zuletzt aktualisiert am 09.11.2017, zuletzt geprüft am 09.11.2017.

Richtlinie 3633, 2013-12: Simulation von Logistik-, Materialfluss- und Produktionssystemen - Begriffe. Online verfügbar unter https://www.vdi.de/richtlinie/entwurf_vdi_3633-simulation_von_logistik_materialfluss_und_produktionssystemen_begriffe/, zuletzt geprüft am 18.02.2017.

Snabe, Birgitte (2007): The usage of system dynamics in organizational interventions. A participative modeling approach supporting change management efforts. 1. Aufl. Wiesbaden: Dt. Univ.-Verl. (Wirtschaftswissenschaft).

Söhner, Volkmar (1995): Hierarchisch integrierte Produktionsplanung und -steuerung. Heidelberg: Physica-Verlag HD (Schriften zur Quantitativen Betriebswirtschaftslehre, 9).

Sprung, Lothar; Sprung, Helga (1984): Grundlagen der Methodologie und Methodik der Psychologie. Eine Einführung in die Forschungs- u. Diagnosemethodik für empirisch arbeitende Humanwissenschaftler. Berlin: VEB Deutscher Verlag der Wissenschaften.

Stachowiak, Herbert (op. 1973): Allgemeine Modelltheorie. Wien, New York, Springer-Verlag.

Stachowiak, Herbert (1973): Allgemeine Modelltheorie. Wien, New York: Springer-Verlag.

Stadtler, Hartmut (Hg.) (2015): Supply Chain Management and Advanced Planning. Concepts, models, software, and case studies. 5. ed. Berlin [u.a.]: Springer (Springer texts in business and economics).

Statistisches Bundesamt (2017): Unternehmen und Arbeitsstätten. Nutzung von Informations- und Kommunikationstechnologien, S. 1–69. Online verfügbar unter https://www.destatis.de/DE/Publikationen/Thematisch/UnternehmenHandwerk/Unternehmen/InformationstechnologieUnternehmen5529102177004.pdf?__blob=publicationFile, zuletzt geprüft am 20.05.2018.

Stelzer, Ralph (2015): Produktdatenmanagement. Hg. v. Norbert Gronau, Jörg Becker, Elmar J. Sinz, Leena Suhl und Jan Marco Leimeister. Lehrstuhl für Wirtschaftsinformatik (insb. Prozesse und Systeme), Universität Potsdam. GITO Enzyklopädie für Wirtschaftsinformatik. Online verfügbar unter http://www.enzyklopaedie-der-wirtschaftsinformatik.de/lexikon/informationssysteme/Sektorspezifische-Anwendungssysteme/Produktdatenmanagement, zuletzt geprüft am 08.06.2017.

Sterman, John (2000): Business dynamics. Systems thinking and modeling for a complex world. Boston: Irwin/McGraw-Hill.

Sterman, John D. (2004): Business dynamics. Systems thinking and modeling for a complex world. Boston: Irwin/McGraw-Hill.

Stock-Homburg, Ruth (2011): Der Zusammenhang zwischen Mitarbeiter- und Kundenzufriedenheit. Direkte, indirekte und moderierende Effekte. 5. Aufl. Wiesbaden: Gabler Verlag / Springer Fachmedien Wiesbaden GmbH, Wiesbaden (Nbf, Neue betriebswirtschaftliche Forschung, 281).

Stöppler, Siegmar (1984): Nachfrageprognose und Produktionsplanung. bei saisonalen und konjunkturellen Schwankungen. Heidelberg: Physica-Verlag HD (Physica-Schriften zur Betriebswirtschaft, 11).

DIN 199-1: 2002-3, 2002-03: Technische Produktdokumentation - CAD-Modelle, Zeichnungen und Stücklisten - Teil 1: Begriffe.

Tegel, Andreas (2012): Analyse und Optimierung der Produktionsglättung für Mehrprodukt-Fließlinien. Eine Studie zum Lean-Production-Konzept. Wiesbaden: Gabler Verlag; Imprint (Produktion und Logistik).

Thomassen, Peter (2013): Kooperationskonzepte für Servicenetzwerke am Beispiel der erneuerbaren Energien. 1. Aufl. Aachen: Apprimus-Verl. (Edition Wissenschaft Apprimus, 119).

Thommen, Jean-Paul Prof. Dr. (2018): Ger Wirtschaftslexikon. Formalwissenschaft. Online verfügbar unter https://wirtschaftslexikon.gabler.de/definition/formalwissenschaft-32511/version-256054, zuletzt aktualisiert am 14.02.2018.

Thun, Jörn-Henrik (2002): Die zeitbasierte Fertigungsstrategie. Methoden zur Leistungssteigerung in Industriebetrieben. Gabler Edition Wissenschaft. Wiesbaden, s.l.: Deutscher Universitätsverlag. Online verfügbar unter http://dx.doi.org/10.1007/978-3-663-08012-1.

Töpfer, Armin (2007): Betriebswirtschaftslehre. Anwendungs- und prozessorientierte Grundlagen. 2., überarbeitete Aufl. Berlin, Heidelberg: Springer-Verlag Berlin Heidelberg.

Toutenburg, Helge; Knöfel, Philipp (2009): Six Sigma. Methoden und Statistik für die Praxis. 2., verbesserte und erweiterte Aufl. Berlin, Heidelberg: Springer Berlin Heidelberg. Online verfügbar unter http://site.ebrary.com/lib/alltitles/docDetail.action?docID=10253487.

Uam, Ju-Young (2012): Interaktive Einführung von Product Lifecycle Management im Maschinenbau. 1. Aufl. Aachen: Apprimus-Verl. (Edition Wissenschaft Apprimus, 26/2012).

Ulrich, Hans (1981): Die Betriebswirtschaftslehre als anwendungsorientierte Sozialwissenschaft. In: Curt Sandig, Manfred N. Geist und Richard Köhler (Hg.): Die Führung des Betriebes. Herrn Professor Dr. Dr. h.c. Curt Sandig zu seinem 80. Geburtstag gewidmet. Stuttgart: Poeschel, S. 1–26.

Ulrich, Hans; Dyllick, Thomas; Probst, Gilbert (1984): Management. Bern: P. Haupt (Schriftenreihe Unternehmung und Unternehmungsführung, Bd. 13).

Ulrich, Peter Dr. des.; Hill, Wilhelm Prof. Dr. (1976): Wissenschaftstheoretische Grundlagen der Betriebswirtschaftslehre (Teil I). In: *WiSt - Wissenschaftliches Studium* (7), S. 304–309.

Unger, Maike S. (2014): Kollektive Intelligenz. Entstehung, Relevanz und Nutzungsmöglichkeiten in Wirtschaftsunternehmen. Hamburg: Igel Verl. RWS. Online verfügbar unter http://www.igelverlag.com/.

Unternehmenskolloquium der Universität Siegen (2017): UKUS: Semi-automatisierte Produktionsplanung für den Mittelstand. Online verfügbar unter https://www.uni-siegen.de/smi/aktuelles/671272.html, zuletzt aktualisiert am 21.09.2017, zuletzt geprüft am 09.11.2017.

Verein Deutscher Ingenieure (1976): Begriffszusammenhänge, Begriffsdefinitionen (Elektronische Datenverarbeitung bei der Produktionsplanung und -steuerung, Band 6. Düsseldorf: VDI-Verl.

Versteeg, André (1999): Revolution im Einkauf. Höchste Qualität und bester Service zum günstigsten Preis. Frankfurt/Main, New York: Campus-Verl.

Walerowski, Peter (2008): Python. Grundlagen und Praxis. München: Addison-Wesley (Open source library).

Wannenwetsch, Helmut (2014): Integrierte Materialwirtschaft, Logistik und Beschaffung. 5., neu bearb. Aufl. Berlin: Springer Vieweg (Springer-Lehrbuch). Online verfügbar unter http://dx.doi.org/10.1007/978-3-642-45023-5.

Weber, Björn (2017): SAP PP (Produktionsplanung). Online verfügbar unter https://www.dv-treff.de/sap-module/sap-pp-modul, zuletzt aktualisiert am 2017, zuletzt geprüft am 09.11.2017.

Welge, Martin K.; Al-Laham, Andreas (2003): Strategisches Management. Aktualisierte 4th ed. [S.l.]: Gabler Verlag Springer Fachmedien Wiesbaden GmbH, Wiesbaden.

Wenzel, Sigrid; Collisi-Böhmer, Simone; Pitsch, Holger; Rose, Oliver; Weiß, Matthias (2008): Qualitätskriterien für die Simulation in Produktion und Logistik. Planung und Durchführung von Simulationsstudien. Berlin, Heidelberg: Springer-Verlag Berlin Heidelberg (VDI-Buch).

Werners, Brigitte (2008): Grundlagen des Operations Research. Mit Aufgaben und Lösungen. 2., überarb. Aufl. Berlin [u.a.]: Springer (Springer-Lehrbuch).

Wessely, Philip; Stölzle, Wolfgang (2011): Value determination of supply chain initiatives. A quantification approach based on fuzzy logic and system dynamics. 1. ed. Wiesbaden: Gabler Verlag (Gabler research. Supply chain management).

Westkämper, Engelbert (2006): Einführung in die Organisation der Produktion. 1. Aufl. Berlin: Springer (Springer-Lehrbuch).

Wiendahl, H.-P.; Lödding, H. (2001): Dezentrale Bestandsorientierte Fertigungsregelung. Grundlagen und Anwendung. In: *Werkstatttechnik Online* 91 (4), S. 202–207.

Wiendahl, Hans-Hermann (2002): Situative Konfiguration des Auftragsmanagements im turbulenten Umfeld. Heimsheim: Jost-Jetter (IPA-IAO-Forschung und -Praxis, Nr. 358).

Wiendahl, Hans-Hermann (2012): Auftragsmanagement der industriellen Produktion. Grundlagen, Konfiguration, Einführung. Berlin, Heidelberg: Springer Berlin Heidelberg (VDI-Buch).

Wiendahl, Hans-Peter (1997): Fertigungsregelung. Logistische Beherrschung von Fertigungsabläufen auf Basis des Trichtermodells : 42 Tabellen. München [u.a.]: Hanser.

Wiendahl, Hans-Peter (2008): Betriebsorganisation für Ingenieure. Mit 2 Tabellen. 6., aktualisierte Aufl. München: Hanser.

Wiendahl, Hans-Peter (2010): Betriebsorganisation für Ingenieure. 7., aktual. Aufl. München: Carl Hanser.

Wiendahl, Hans-Peter (2014): Betriebsorganisation für Ingenieure. 8., überarbeitete Auflage. München: Hanser, Carl.

Wiendahl, Hans-Peter; Reichardt, Jürgen; Nyhuis, Peter (2010): Handbuch Fabrikplanung. Konzept, Gestaltung und Umsetzung wandlungsfähiger Produktionsstätten. 1. Aufl. s.l.: Carl Hanser Fachbuchverlag. Online verfügbar unter http://dx.doi.org/10.3139/9783446423237.

Wienholdt, Henrik (2011): Dynamische Konfiguration der Ersatzteillogistik im Maschinen- und Anlagenbau. 1. Aufl. Aachen: Apprimus-Verl. (Edition Wissenschaft - Apprimus, Bd. 108).

Wilke, Jörg (2012): Supply Chain Koordination durch Lieferverträge mit rollierender Mengenflexibilität. Eine Simulationsstudie am Beispiel von Lieferketten der deutschen Automobilindustrie. Wiesbaden: Gabler Verlag (SpringerLink : Bücher).

Winkelmann, Axel (2013a): Enterprise Resource Planning. Hg. v. Norbert Gronau, Jörg Becker, Elmar J. Sinz, Leena Suhl und Jan Marco Leimeister. Lehrstuhl für Wirtschaftsinformatik (insb. Prozesse und Systeme), Universität Potsdam. GITO Enzyklopädie für Wirtschaftsinformatik. Online verfügbar unter http://www.enzyklopaedie-der-wirtschaftsinformatik.de/lexikon/informationssysteme/Sektorspezifische-Anwendungssysteme/enterprise-resource-planning, zuletzt geprüft am 16.05.2017.

Winkelmann, Peter (2010): Marketing und Vertrieb. Fundamente für die marktorientierte Unternehmensführung ; [mit Leserservice, Wissenstest und Aktualisierungen im Internet]. 7., vollst. überarb. u. aktualisierte Aufl. München: Oldenbourg.

Winkelmann, Peter (2013b): Marketing und Vertrieb. Fundamente für die marktorientierte Unternehmensführung. 8. vollst. überarb. und aktualisierte Aufl. München: Oldenbourg.

Wirtschaftslexikon 24 (2015): Synchronisation von Produktion und Absatz. Online verfügbar unter http://www.wirtschaftslexikon24.com/d/synchronisation-von-produktion-und-absatz/synchronisation-von-produktion-und-absatz.htm, zuletzt geprüft am 18.02.2017.

Wöhe, Günter; Döring, Ulrich (2010): Einführung in die allgemeine Betriebswirtschaftslehre. 24., überarb. und aktualisierte Aufl. München: Vahlen (Vahlens Handbücher der Wirtschafts- und Sozialwissenschaften).

Yu, Kwok-Wai (2001): Terminkennlinie. Eine Beschreibungsmethodik für die Terminabweichung im Produktionsbereich. Als Ms. gedr. Düsseldorf: VDI-Verl. (Fortschritt-Berichte VDI Reihe 2, Fertigungstechnik, 576).

Zäpfel, Günther (2001): Grundzüge des Produktions- und Logistikmanagement. 2., unwesentlich veränd. Aufl. München, Wien: Oldenbourg (Internationale Standardlehrbücher der Wirtschafts- und Sozialwissenschaften).

Zimmermann, Hans-Jürgen (1993): Prinzipien der Fuzzy Logik. Hg. v. Spektrum der Wissenschaft. Spektrum der Wissenschaft 3. Online verfügbar unter http://www.spektrum.de/magazin/prinzipien-der-fuzzy-logic/820699, zuletzt aktualisiert am 01.03.1993, zuletzt geprüft am 04.07.2017.

Zimmermann, Hans-Jürgen (2008): Operations Research. Methoden und Modelle ; für Wirtschaftsingenieure, Betriebswirte, Informatiker. 2., aktualisierte Aufl. Wiesbaden: Friedr. Vieweg & Sohn Verlag.

11 Anhang

A Simulationsmodell

A-1 OR-Modell Quellcode

```
import pandas as pd
import collections
from itertools import permutations

input_file = 'ZPP-Modell-Excel.xlsx'



DATA = pd.read_excel(input_file,
                'Einkaufsabteilung',
                 header=0,
                 columns=['int', 'int', 'int', 'int', 'int', 'int'],
                 usecols=[0, 1, 2, 3, 4, 5],
                 index_col=None,
                 na_values=['NA'])

DefaultData = pd.read_excel(input_file,
                'Daten Einkaufsabteilung',
                 header=0,
                 columns=['int', 'int', 'int', 'int', 'int', 'int'],
                 usecols=[0, 1, 2, 3, 4, 5],
                 index_col=None,
                 na_values=['NA'])

# Default Parameter
b_fix_kosten = 50
lagerhaltungskosten = 10
strafkosten = 10
preis = 2
```

```
bedarfe = []
tatsaechlich = []
lager = []
los = []
lager_gesamt = [0]
tat_gesamt = [0]
los_gesamt = [0]
pro_gesamt = [0]
lager_summe = 0
gesamt_kosten = 0
current_planungsperiode = 0
current_planungsraster = 1

raster = 0
planungsperiode_size = 0
rasterVar = True
planungsperiodeVar = True

for row_tuple in DefaultData.itertuples():
    b_fix_kosten = row_tuple.Bestellkosten
    lagerhaltungskosten = row_tuple.Lagerhaltungskosten
    strafkosten = row_tuple.Strafkosten
    preis = row_tuple.Preis

def averageCosts(bedarfe):
    kumuliertes_lager = 0
    bedarf = sum(bedarfe)
    for entry, key in enumerate(bedarfe):
            kumuliertes_lager = kumuliertes_lager + (key * entry)
    if bedarf == 0:
        return 0
    kosten = 1/bedarf * (b_fix_kosten  + lagerhaltungskosten * kumuliertes_lager)
```

```
    return kosten


def findLowest(liste):
    lowest = liste[0]
    for i in liste:
        if lowest[0] != i[0]:
            return lowest
        elif lowest[2] >= i[2]:
            lowest = i
        else:
            return lowest


    return lowest


for row_tuple in DATA.itertuples():
    if(current_planungsraster != row_tuple.Planungsraster):
        rasterVar = False
        current_planungsraster = row_tuple.Planungsraster
    if(current_planungsperiode != row_tuple.Planungsperiode):
        planungsperiodeVar= False
        current_planungsperiode = row_tuple.Planungsperiode
        anzahl_raster = planugnsperiode_size//raster
        result = []


        print(bedarfe)
        for x in permutations(range(planugnsperiode_size//raster + 1), 2):
            av_cost = averageCosts(bedarfe[ x[0] * raster: x[1] * raster ])
            if(av_cost > 0):
                result.append( [x[0] + 1, x[1], av_cost, sum(bedarfe[ x[0] * raster: x[1] * raster
])])


        result_list = []
```

```
    for r in result:
        if sum(bedarfe[0: r[0]*raster]) > 0:
            result_list.append(r)
    result = result_list
    print(result)

    # <Bestellreihenfolge>
    print("Bestellreihenfolge:")

    resultList = []

    if(len(result) > 0):
        lowest = findLowest(result)
        resultList.append(lowest)

        while lowest[1] != anzahl_raster:
            slicer = 0
            for i, x in enumerate(result):
                if lowest[1] + 1 == x[0]:
                    slicer = i
                    break
            lowest = findLowest(result[slicer:])
            resultList.append(lowest)

        print("Resultlist: {}".format(resultList))
        # </Bestellreihenfolge>

for i in range(len(bedarfe)):
    los.append(0)

for t in resultList:
    x = (t[0] - 1) * raster
```

```
            los[x] = t[3]

        for i in los:
            lager.append(i)
            lager_gesamt.append(i)
            los_gesamt.append(i)

        for x in tatsaechlich:
            tat_gesamt.append(x)

        print("Los: {}".format(los))
        print("Bestell Reihenfolge: {}".format(resultList))
        print("Bedarfe: {}".format(bedarfe))
        print("Lager: {}".format(lager))
        print("Lager Gesamt: {}".format(lager_gesamt))
        print("Tat Gesamt: {}".format(tat_gesamt))

        for item in resultList:
            gesamt_kosten = gesamt_kosten + item[2]

        print("\n------ Planungsperiode: {}\n".format(current_planungsperiode))

        bedarfe = []
        lager = []
        tatsaechlich = []
        los = []

    if(rasterVar):
        raster = raster + 1
    if(planungsperiodeVar):
        planugnsperiode_size = planugnsperiode_size + 1
```

```
    bedarf = row_tuple.Prognostiziert
    bedarfe.append(bedarf)
    pro_gesamt.append(bedarf)
    tatsaechlich.append(row_tuple.Tatsächlich)

    bedarf = 0

lager_summe = 0
lager_real = []
for entry, key in enumerate(lager_gesamt):
    lager_summe = lager_summe + key - tat_gesamt[entry]
    lager_real.append(lager_summe)

print(lager_real)

f = open('out_file.csv', 'w')

f.write("{};{};{};{};{};{}\n".format("TimeStep", "Pro",  "Bestellungen", "Tat", "Lager", "Gesamtkosten" ))
f.write(";;;;;{};\n".format(gesamt_kosten))

for key, entry in enumerate(lager_real):
    f.write("{};{};{};{};{};{}\n".format(key,  pro_gesamt[key],     los_gesamt[key],  tat_gesamt[key], entry ))

f.close()
```

A-2 System-Dynamics Modell

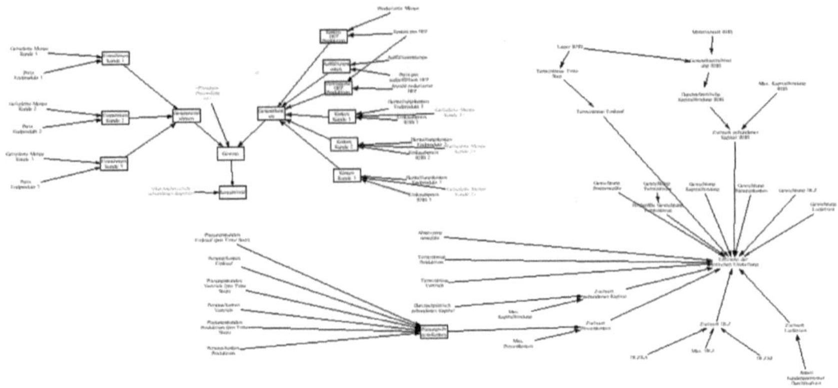

Abbildung A-1: System Dynamics Modell

$$Termintreue\ Produktion = \frac{\#\ pünktlicher\ Bereitstellung\ der\ HFP\ für\ alle\ Endkunden}{\#\ aller\ geforderten\ Bereitstellungen}$$

$$Termintreue\ Vertrieb = \frac{\#termingerechter, kompletter\ Lieferungen\ an\ Endkunden}{\#\ aller\ Bestellungen\ von\ Endkunden}$$

$$Termintreue\ Einkauf = \frac{\#\ pünktlich\ bereitgestellter\ RHB}{\#\ aller\ benötigter\ RHB}$$

$$Absatzprognosegüte = 1 - \emptyset\ aller\ verwendeter\ MAPEs$$

$$Zielwert\ gebundenes\ Kapital\ RHB = 1 - \frac{Mittelwert\ des\ RHB\ Lagerbestands * Wert\ RHB}{Maximalwert\ RHB\ Bestand\ (konstant)}$$

$$Zielwert\ gebundenes\ Kapital\ HFP = 1 - \frac{Mittelwert\ HFP\ Bestand * Wert\ HFP}{Maximalwert\ HFP\ Bestand\ (konstant)}$$

$$Zielwert\ Planungsaufwand = 1 - \frac{Prozesskosten}{Maximalprozesskosten\ (konstant)}$$

$$Zielwert\ DLZ = 1 - \frac{\emptyset DLZ_{KA} + \emptyset DLZ_{KI}}{Maximalwert\ Gesamtdurchlaufzeit\ (konstant)}$$

$$Zielwert\ Lieferzeit = \frac{Anteil\ kundenanonymer\ DLZ}{100}$$

B Validierung des Simulationsmodells

In den folgenden Kapiteln sind die einzelnen Versuchspläne und Simulationsdurchführungen, auf die im Hauptteil Bezug genommen wird, tabellarisch aufgeführt. Die Eingangsgrößen, die unverändert belassen werden, auf die im Hauptteil auch nicht näher eingegangen werden, werden während der Validierungstests und Simulationsexperimente auf den in Kapitel B-1 dargestellten Werten belassen. Die Darstellung der Ergebnisse wird durch notwendige statistische Auswertungen ergänzt.

B-1 Ausgangswerte der Validierungstests und der Simulationsexperimente

Tabelle B-1: Ausgangswerte Validierung

Parameter	Einheit	Ausgangswert für Validierung
Planungsraster	Time Steps	4
Planungsperiode	Time Steps	8
Position des KEPs (Anteil kundenindividueller Produktion)	%	50
d (Aktualität und Auflösung der Datengrundlage)	Normiert	0,5
μ_{Bedarf}	Mengeneinheiten	40
σ_{Bedarf}	Mengeneinheiten	4
Kapazitätsauslastung kundenanonym	%	über 90%
Kapazitätsauslastung kundenindividuell	%	über 90%
Gesamtbearbeitungszeit	Minuten	600
Rüstzeit kundenindividuell	Minuten	1
Risikofaktor Produktion (HFP)	Normiert	0,5
Risikofaktor Vertrieb	Normiert	0,5
Risikofaktor Einkauf	Normiert	0,4
Wert eines HFP	€/Mengeneinheit	1.000,00 €
Zukauf HFP	€/Mengeneinheit	1.500,00 €
Verkaufspreis Kunde 1	€/Mengeneinheit	1.600,00 €
Verkaufspreis Kunde 2	€/Mengeneinheit	1.650,00 €
Verkaufspreis Kunde 3	€/Mengeneinheit	1.630,00 €
Einkaufspreis Rohteil 1	€/Mengeneinheit	500,00 €
Einkaufspreis Rohteil 2	€/Mengeneinheit	200,00 €
Einkaufspreis Rohteil 3	€/Mengeneinheit	700,00 €
Herstellungskosten Produkt 1	€/Mengeneinheit	500,00 €
Herstellungskosten Produkt 2	€/Mengeneinheit	400,00 €
Herstellungskosten Produkt 3	€/Mengeneinheit	700,00 €
Personalkosten Einkauf	€/Std.	40,00 €
Personalkosten Vertrieb	€/Std.	45,00 €
Personalkosten Produktion	€/Std.	35,00 €
Beteiligte Mitartbeiter Einkauf	Anzahl Mitarbeiter	2
Beteiligte Mitartbeiter Vertrieb	Anzahl Mitarbeiter	3
Beteiligte Mitartbeiter Produktion	Anzahl Mitarbeiter	4
IT-Nutzungsgrad Einkauf	%	50
IT-Nutzungsgrad Vertrieb	%	50
IT-Nutzungsgrad Produktion	%	50
Gewichtung Absatzprohnosegüte	%	15,00%
Gewichtung Termintreue	%	20,00%
Gewichtung Kapitalbindung	%	15,00%
Gewichtung Planungsaufwand	%	20,00%
Gewichtung Durchlaufzeit	%	15,00%
Gewichtung Lieferzeit	%	15,00%
Lagerhaltungskostensatz	%	10,00%
Bestellfixe Kosten	€	200,00 €
Einkaufspreis Rohteil HFP	€/Mengeneinheit	10,00 €
Frozen Zone der Einkaufsabteilung	Time Steps	2

B-2 Sensitivitätsanalyse

B-3 Versuchsplan und -ergebnisse

Tabelle B-2: Legende Versuchsplan

A	Risikofaktor Vertrieb
B	IT-Nutzungsgrad Einkauf
C	Standardabweichung der Nachfrage
D	Effizienz für ZPP klein
E	Effizienz für ZPP groß
F	Differenz

Tabelle B-3: Versuchsplan

Nr.	A	B	C	D	E	F
1	0,41	64%	9	0,7816	0,7560	0,0256
2	0,43	56%	6	0,7894	0,7536	0,0358
3	0,42	45%	1	0,8155	0,7582	0,0573
4	0,63	60%	3	0,8039	0,7525	0,0514
5	0,56	56%	9	0,7962	0,7454	0,0508
6	0,55	46%	3	0,8039	0,7658	0,0381
7	0,50	48%	8	0,7981	0,7481	0,0500
8	0,63	64%	5	0,7963	0,7631	0,0332
9	0,61	64%	5	0,8159	0,7600	0,0559
10	0,36	50%	9	0,7819	0,7315	0,0504
11	0,60	45%	9	0,7831	0,7537	0,0294
12	0,49	35%	1	0,8055	0,7887	0,0168
13	0,55	64%	4	0,8177	0,7650	0,0527
14	0,42	36%	8	0,7997	0,7520	0,0477
15	0,57	58%	3	0,7971	0,7633	0,0338
16	0,42	48%	8	0,7779	0,7529	0,0250
17	0,39	61%	8	0,7930	0,7382	0,0548
18	0,64	40%	10	0,8021	0,7475	0,0546
19	0,38	38%	9	0,7916	0,7320	0,0596
20	0,64	45%	1	0,8201	0,7825	0,0376
21	0,49	64%	10	0,7892	0,7292	0,0600
22	0,51	64%	9	0,7980	0,7512	0,0468
23	0,51	55%	7	0,8019	0,7530	0,0489
24	0,47	50%	4	0,8025	0,7653	0,0372
25	0,36	40%	8	0,7870	0,7164	0,0706
26	0,52	49%	2	0,8128	0,7642	0,0486
27	0,51	50%	1	0,8117	0,7622	0,0495
28	0,61	39%	4	0,8169	0,7556	0,0613
29	0,49	56%	5	0,8159	0,7692	0,0467
30	0,44	52%	1	0,8252	0,7803	0,0449
31	0,51	37%	8	0,8105	0,7353	0,0752
32	0,55	50%	1	0,8316	0,7610	0,0706
33	0,62	48%	8	0,7910	0,7472	0,0438
34	0,64	48%	1	0,8335	0,7759	0,0576
35	0,61	63%	4	0,8003	0,7381	0,0622
36	0,51	44%	9	0,7953	0,7432	0,0521
37	0,61	55%	1	0,8252	0,7666	0,0586
38	0,38	61%	7	0,8032	0,7475	0,0557
39	0,44	53%	7	0,8122	0,7696	0,0426
40	0,49	40%	2	0,8228	0,7557	0,0671
41	0,51	47%	9	0,7991	0,7493	0,0498
42	0,36	58%	6	0,7997	0,7570	0,0427
43	0,60	52%	7	0,8066	0,7247	0,0819

44	0,48	65%	1	0,8100	0,7512	0,0588
45	0,47	54%	4	0,8098	0,7547	0,0551
46	0,61	37%	4	0,8207	0,7665	0,0542
47	0,41	47%	4	0,8079	0,7734	0,0345
48	0,37	57%	7	0,7981	0,7448	0,0533
49	0,64	62%	3	0,8193	0,7687	0,0506
50	0,40	62%	1	0,8168	0,7467	0,0701
51	0,43	61%	9	0,7953	0,7631	0,0322
52	0,40	38%	1	0,8157	0,7612	0,0545
53	0,36	56%	4	0,7998	0,7561	0,0437
54	0,57	42%	8	0,8036	0,7595	0,0441
55	0,60	48%	9	0,8075	0,7296	0,0779
56	0,36	40%	1	0,8037	0,7609	0,0428
57	0,59	44%	2	0,8111	0,7702	0,0409
58	0,58	58%	8	0,8005	0,7484	0,0521
59	0,58	45%	4	0,8101	0,7596	0,0505
60	0,49	35%	1	0,8281	0,7722	0,0559
61	0,57	57%	10	0,8010	0,7547	0,0463
62	0,62	60%	2	0,8153	0,7718	0,0435
63	0,49	39%	2	0,8171	0,7407	0,0764
64	0,56	61%	8	0,8052	0,7541	0,0511
65	0,50	57%	7	0,8119	0,7397	0,0722
66	0,65	57%	1	0,8265	0,7769	0,0496
67	0,41	41%	5	0,8097	0,7564	0,0533
68	0,49	51%	1	0,8252	0,7731	0,0521
69	0,48	36%	2	0,8277	0,7680	0,0597
70	0,53	53%	7	0,8118	0,7571	0,0547
71	0,47	47%	4	0,8140	0,7528	0,0612
72	0,40	63%	4	0,8114	0,7758	0,0356
73	0,39	39%	8	0,7829	0,7390	0,0439
74	0,42	58%	1	0,8156	0,7587	0,0569
75	0,54	63%	1	0,8292	0,7628	0,0664
76	0,64	36%	6	0,8129	0,7336	0,0793
77	0,41	37%	6	0,8097	0,7476	0,0621
78	0,46	41%	2	0,8172	0,7710	0,0462
79	0,62	63%	1	0,8230	0,7756	0,0474
80	0,46	65%	5	0,8133	0,7482	0,0651
81	0,64	42%	1	0,8238	0,7752	0,0486
82	0,45	60%	8	0,7866	0,7456	0,0410
83	0,50	55%	6	0,8136	0,7443	0,0693
84	0,50	35%	4	0,8093	0,7706	0,0387
85	0,49	53%	7	0,8128	0,7531	0,0597
86	0,45	62%	5	0,8152	0,7663	0,0489
87	0,45	63%	8	0,8071	0,7454	0,0617
88	0,55	50%	3	0,8248	0,7486	0,0762
89	0,42	54%	2	0,8043	0,7691	0,0352
90	0,55	62%	1	0,8307	0,7619	0,0688
91	0,53	60%	8	0,7982	0,7537	0,0445
92	0,57	64%	2	0,8226	0,7604	0,0622
93	0,53	54%	1	0,8207	0,7672	0,0535
94	0,38	62%	7	0,7937	0,7451	0,0486
95	0,51	60%	10	0,8034	0,7578	0,0456
96	0,41	35%	6	0,7897	0,7359	0,0538
97	0,52	43%	10	0,8065	0,7459	0,0606
98	0,59	64%	4	0,7885	0,7437	0,0448
99	0,48	62%	6	0,8135	0,7553	0,0582
100	0,51	40%	1	0,8175	0,7640	0,0535
101	0,42	45%	7	0,8128	0,7515	0,0613
102	0,51	40%	5	0,8183	0,7530	0,0653
103	0,36	35%	3	0,8066	0,7383	0,0683
104	0,63	55%	9	0,8038	0,7463	0,0575

105	0,60	56%	6	0,8177	0,7505	0,0672
106	0,37	61%	8	0,7971	0,7289	0,0682
107	0,57	64%	1	0,8257	0,7734	0,0523
108	0,38	63%	1	0,8210	0,7695	0,0515
109	0,53	38%	5	0,8105	0,7240	0,0865
110	0,61	38%	1	0,8158	0,7671	0,0487
111	0,50	63%	1	0,8215	0,7621	0,0594
112	0,48	40%	10	0,7980	0,7365	0,0615
113	0,38	65%	6	0,7925	0,7628	0,0297
114	0,46	62%	4	0,7964	0,7779	0,0185
115	0,50	42%	4	0,8155	0,7663	0,0492
116	0,54	36%	10	0,7899	0,7370	0,0529
117	0,64	63%	6	0,8165	0,7460	0,0705
118	0,40	53%	4	0,8226	0,7624	0,0602
119	0,48	35%	8	0,8035	0,7329	0,0706
120	0,35	50%	7	0,7984	0,7313	0,0671
121	0,46	65%	6	0,8000	0,7593	0,0407
122	0,41	35%	8	0,7980	0,7583	0,0397
123	0,53	35%	1	0,7948	0,7813	0,0135
124	0,60	65%	7	0,8042	0,7605	0,0437
125	0,36	58%	2	0,8179	0,7578	0,0601
126	0,56	58%	10	0,7945	0,7564	0,0381
127	0,53	58%	4	0,8199	0,7488	0,0711
128	0,52	41%	3	0,8122	0,7631	0,0491
129	0,45	42%	3	0,8261	0,7566	0,0695
130	0,53	44%	6	0,8152	0,7625	0,0527
131	0,40	61%	9	0,7904	0,7258	0,0646
132	0,58	63%	10	0,8030	0,7483	0,0547
133	0,38	45%	7	0,8053	0,7478	0,0575
134	0,44	48%	5	0,8154	0,7392	0,0762
135	0,36	47%	6	0,7855	0,7439	0,0416
136	0,57	65%	10	0,7908	0,7508	0,0400
137	0,59	38%	4	0,8211	0,7675	0,0536
138	0,61	43%	4	0,8128	0,7688	0,0440
139	0,57	42%	9	0,8067	0,7458	0,0609
140	0,46	65%	3	0,7967	0,7614	0,0353
141	0,35	61%	2	0,8071	0,7738	0,0333
142	0,57	63%	8	0,7959	0,7299	0,0660
143	0,61	39%	3	0,8126	0,7471	0,0655
144	0,56	59%	10	0,8030	0,7573	0,0457
145	0,38	38%	1	0,8008	0,7801	0,0207
146	0,35	63%	1	0,8158	0,7653	0,0505
147	0,57	38%	4	0,8219	0,7660	0,0559
148	0,46	47%	2	0,8115	0,7559	0,0556
149	0,52	40%	1	0,8207	0,7527	0,0680
150	0,59	61%	4	0,8092	0,7710	0,0382
151	0,46	63%	2	0,8244	0,7717	0,0527
152	0,61	45%	1	0,8153	0,7724	0,0429
153	0,41	61%	5	0,8018	0,7667	0,0351
154	0,35	63%	3	0,8067	0,7552	0,0515
155	0,58	58%	7	0,7950	0,7528	0,0422
156	0,51	37%	6	0,7977	0,7471	0,0506
157	0,41	47%	2	0,8184	0,7852	0,0332
158	0,61	64%	6	0,8012	0,7578	0,0434
159	0,42	51%	2	0,8112	0,7703	0,0409
160	0,38	47%	3	0,8092	0,7663	0,0429
161	0,52	60%	7	0,8172	0,7586	0,0586
162	0,57	56%	9	0,8087	0,7634	0,0453
163	0,37	58%	2	0,8112	0,7619	0,0493
164	0,52	49%	2	0,8122	0,7623	0,0499
165	0,40	59%	10	0,7854	0,7361	0,0493

166	0,47	54%	6	0,7967	0,7510	0,0457
167	0,48	44%	9	0,8026	0,7561	0,0465
168	0,57	57%	6	0,8004	0,7696	0,0308
169	0,45	57%	8	0,7981	0,7521	0,0460
170	0,59	52%	4	0,8135	0,7541	0,0594
171	0,56	59%	3	0,8022	0,7618	0,0404
172	0,47	57%	2	0,8135	0,7635	0,0500
173	0,49	39%	9	0,8038	0,7464	0,0574
174	0,58	42%	7	0,8189	0,7508	0,0681
175	0,59	54%	1	0,8284	0,7794	0,0490
176	0,35	51%	8	0,7956	0,7526	0,0430
177	0,62	40%	8	0,8124	0,7482	0,0642
178	0,51	57%	5	0,8088	0,7642	0,0446
179	0,55	41%	6	0,8097	0,7711	0,0386
180	0,36	53%	2	0,8181	0,7532	0,0649
181	0,39	47%	4	0,8042	0,7678	0,0364
182	0,44	50%	9	0,8065	0,7569	0,0496
183	0,39	63%	4	0,8066	0,7696	0,0370
184	0,51	42%	2	0,8240	0,7676	0,0564
185	0,44	42%	1	0,8187	0,7749	0,0438
186	0,56	54%	5	0,8152	0,7726	0,0426
187	0,44	61%	1	0,8128	0,7710	0,0418
188	0,39	35%	1	0,8081	0,7474	0,0607
189	0,55	54%	8	0,8124	0,7544	0,0580
190	0,47	55%	5	0,8186	0,7640	0,0546
191	0,44	38%	4	0,8163	0,7551	0,0612
192	0,44	35%	10	0,7784	0,7369	0,0415
193	0,53	59%	10	0,8116	0,7324	0,0792
194	0,60	47%	6	0,8135	0,7585	0,0550
195	0,51	49%	4	0,8157	0,7523	0,0634
196	0,58	58%	6	0,8094	0,7652	0,0442
197	0,62	65%	5	0,8215	0,7537	0,0678
198	0,50	57%	5	0,8062	0,7526	0,0536
199	0,60	39%	6	0,8104	0,7589	0,0515
200	0,57	48%	5	0,8219	0,7574	0,0645

B-4 Statistische Versuchsauswertung

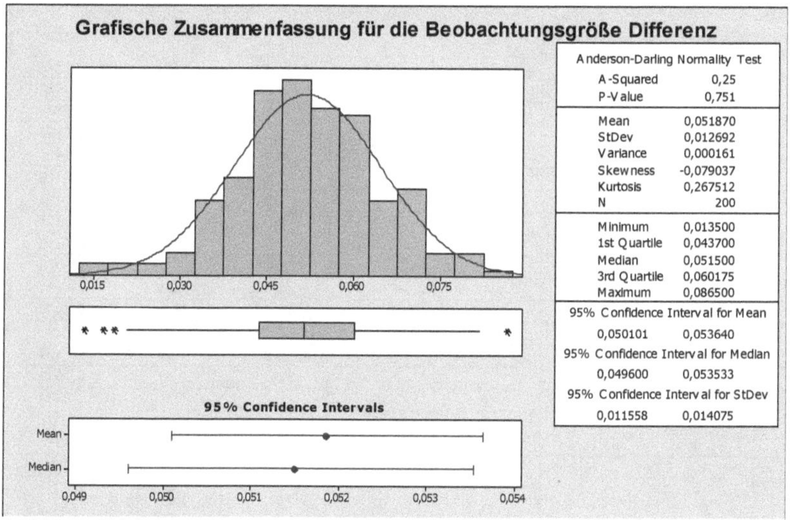

Abbildung B-1: Statistische Versuchsauswertung Beobachtungsgröße Differenz

C Simulationsexperimente

C-1 Screening-Analyse

C-2 Versuchsplan und -ergebnisse

Tabelle C-1: Legende Versuchsplan

A	Planungsperiode
B	Planungsraster
C	Frozen Zone Einkauf
D	Anteil kundenanonymer Bearbeitungszeit
E	Aktualität und Auflösung der Datengrundlage
F	IT-Nutzungsgrad aller Funktionsbereiche
G	Oberzielgröße (Effizienz der zeitlichen Einstellungsparameter in der PPS)

Tabelle C-2: Versuchsplan

Nr.	A	B	C	D	E	F	G
1	10	5	16	30	0,8	70	0,7327
2	30	5	4	70	0,2	70	0,712
3	30	5	4	70	0,2	70	0,7146
4	10	5	16	30	0,8	70	0,7414
5	10	2	4	30	0,8	70	0,7507
6	10	2	16	70	0,2	30	0,6985

7	10	2	16	30	0,8	30	0,6973
8	30	2	4	30	0,8	30	0,6753
9	30	2	4	30	0,2	70	0,6816
10	30	5	4	70	0,8	30	0,7401
11	10	2	16	30	0,8	30	0,7061
12	10	2	16	70	0,2	30	0,7096
13	10	5	16	70	0,2	70	0,7504
14	30	5	16	30	0,2	30	0,664
15	30	5	16	30	0,2	30	0,6557
16	30	2	16	70	0,8	30	0,697
17	10	2	16	30	0,2	70	0,7212
18	10	2	4	70	0,8	30	0,7412
19	10	5	16	70	0,8	70	0,7617
20	10	5	4	30	0,8	30	0,7318
21	30	2	16	30	0,8	70	0,7048
22	30	5	4	70	0,8	70	0,7581
23	30	2	4	70	0,2	30	0,6809
24	10	2	16	70	0,2	30	0,7028
25	10	2	16	30	0,8	30	0,7121
26	30	2	16	70	0,2	70	0,7011
27	30	5	16	30	0,2	30	0,6534
28	10	2	4	30	0,8	70	0,754
29	30	2	16	70	0,8	70	0,7396
30	10	5	16	70	0,2	70	0,7627
31	10	5	4	30	0,8	30	0,7375
32	30	5	16	30	0,2	30	0,6493
33	30	2	16	70	0,8	30	0,7025
34	10	2	4	30	0,2	30	0,6824
35	10	5	16	70	0,8	70	0,7904
36	10	5	16	70	0,2	70	0,7649
37	30	5	16	30	0,2	30	0,6429
38	10	5	16	70	0,8	30	0,774
39	10	2	16	30	0,2	70	0,7261
40	10	5	4	70	0,2	30	0,7366
41	10	5	4	30	0,2	70	0,7055
42	10	5	4	30	0,2	70	0,6955
43	10	2	4	70	0,2	70	0,7535
44	10	2	4	70	0,2	70	0,7587
45	10	2	4	30	0,2	30	0,6755
46	10	5	16	70	0,8	30	0,759
47	10	5	16	70	0,8	70	0,7862
48	10	2	4	70	0,8	30	0,7419
49	30	5	16	30	0,2	30	0,6593
50	10	5	16	70	0,8	70	0,7874
51	30	5	4	70	0,2	70	0,7169
52	10	2	16	70	0,2	30	0,7134
53	30	5	4	30	0,8	70	0,7144
54	30	2	4	30	0,8	30	0,6777
55	10	5	16	70	0,8	30	0,7677
56	30	2	16	70	0,2	70	0,7133
57	10	5	4	70	0,2	30	0,7391
58	30	5	4	70	0,8	70	0,724
59	10	5	4	30	0,8	30	0,7206
60	30	5	4	30	0,8	70	0,7084
61	30	2	4	30	0,2	70	0,6751
62	10	5	4	30	0,2	70	0,7094
63	30	2	4	30	0,2	70	0,6693
64	30	2	16	30	0,8	70	0,692
65	10	2	4	70	0,2	70	0,7446
66	30	2	4	70	0,2	30	0,691
67	30	2	4	30	0,2	70	0,6675

68	30	5	4	30	0,8	70	0,706
69	30	2	16	70	0,8	30	0,7114
70	30	5	16	30	0,2	30	0,6592
71	30	2	4	30	0,8	30	0,6756
72	30	5	4	70	0,8	70	0,7339
73	30	2	4	70	0,2	30	0,6868
74	30	5	4	70	0,8	30	0,7363
75	10	2	4	30	0,2	30	0,6857
76	30	2	16	70	0,8	70	0,7446
77	30	2	16	70	0,8	70	0,7375
78	30	5	4	70	0,8	30	0,7578
79	30	5	4	70	0,2	70	0,7092
80	10	5	4	70	0,2	30	0,7332
81	30	5	16	30	0,2	30	0,6705
82	10	2	4	30	0,2	30	0,6835
83	30	2	16	30	0,8	70	0,7187
84	30	5	16	30	0,2	30	0,6627
85	30	5	4	70	0,8	30	0,7461
86	30	5	16	30	0,2	30	0,6612
87	10	5	4	30	0,8	30	0,7233
88	30	2	16	70	0,8	30	0,7034
89	30	2	16	30	0,8	70	0,6984
90	10	2	16	30	0,2	70	0,7165
91	10	5	4	30	0,2	70	0,7161
92	30	5	4	70	0,8	70	0,7418
93	30	2	16	70	0,8	70	0,7363
94	30	5	16	30	0,2	30	0,6651
95	30	5	4	30	0,8	70	0,7001
96	30	2	16	70	0,2	70	0,7144
97	30	2	16	70	0,2	70	0,698
98	30	2	4	70	0,2	30	0,6836
99	10	2	16	30	0,2	70	0,7166
100	10	5	16	70	0,2	70	0,7515
101	10	2	4	30	0,8	70	0,7491
102	10	5	16	30	0,8	70	0,7423
103	10	5	16	30	0,8	70	0,7431
104	10	5	4	70	0,2	30	0,7365
105	30	2	4	30	0,8	30	0,6736
106	10	5	16	70	0,8	30	0,776
107	10	2	4	70	0,8	30	0,7261
108	10	2	16	30	0,8	30	0,7093
109	30	5	16	30	0,2	30	0,6391
110	10	2	4	70	0,8	30	0,7393
111	10	2	4	70	0,2	70	0,7502
112	10	2	4	30	0,8	70	0,7528

C-3 Statistische Versuchsauswertung

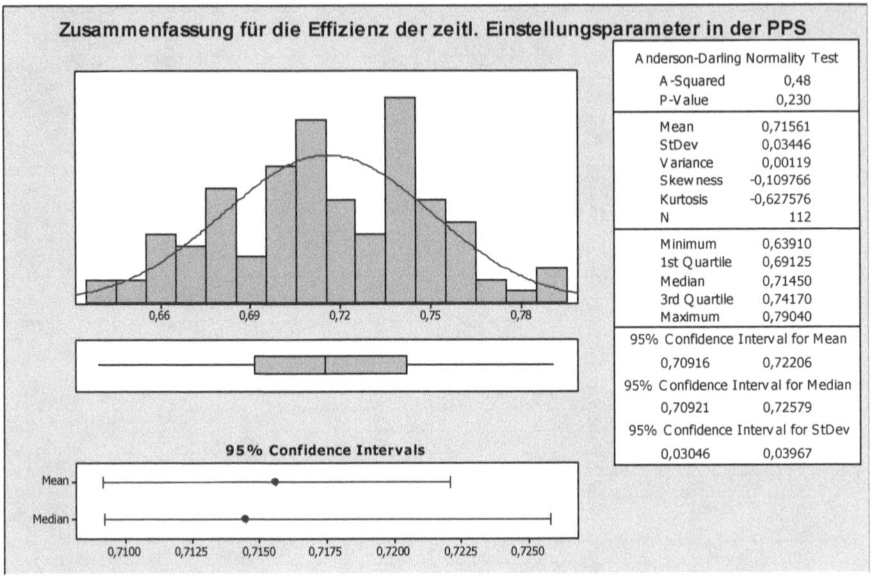

Predictor	Coef	SE Coef	T	P
Constant	0,639983	0,005443	117,59	0,000
Planungsperiode	-0,0018233	0,0001019	-17,88	0,000
Planungsraster	0,0036244	0,0006797	5,33	0,000
Frozen Zone Eink.	-0,0001722	0,0001699	-1,01	0,313
Anteil kundenanonymer BZ	0,00090638	0,00005097	17,78	0,000
Datengrundlage	0,049777	0,003398	14,65	0,000
IT-Nutzungsgrad	0,00061844	0,00005097	12,13	0,000

S = 0,0107891   R-Sq = 90,7%   R-Sq(adj) = 90,2%

Abbildung C-1: Statistische Zusammenfassung und Ergebnisse der Varianz- und Regressionsanalyse bezüglich der Oberzielgröße des Zielsystems im Rahmen der Screening-Analyse

C-4 Detailanalyse

C-5 Versuchsplan und -ergebnisse

Tabelle C-3: Legende Versuchsplan

A	Planungsperiode
B	Planungsraster
C	Anteil kundenanonymer Bearbeitungszeit

D	Aktualität und Auflösung der Datengrundlage
E	IT-Nutzungsgrad aller Funktionsbereiche
F	Oberzielgröße (Effizienz der zeitlichen Einstellungsparameter in der PPS)

Tabelle C-4: Versuchsplan

Nr.	A	B	C	D	E	F
1	30	5	50	0,5	30	0,7103
2	45	15	30	0,8	30	0,6437
3	45	15	70	0,8	70	0,6715
4	30	5	50	0,5	70	0,6952
5	30	5	50	0,5	50	0,7049
6	30	3	50	0,5	50	0,7109
7	45	15	30	0,2	70	0,5819
8	45	3	30	0,2	30	0,6406
9	30	5	50	0,5	50	0,7058
10	45	3	70	0,8	30	0,7027
11	30	5	50	0,5	50	0,7178
12	30	5	50	0,5	50	0,7071
13	15	3	70	0,2	30	0,7136
14	30	5	50	0,8	50	0,7091
15	15	3	30	0,8	30	0,7187
16	30	5	50	0,5	50	0,7158
17	30	5	30	0,5	50	0,6760
18	45	3	70	0,2	70	0,7022
19	45	5	50	0,5	50	0,6893
20	45	3	30	0,8	70	0,6901
21	15	3	70	0,8	70	0,7702
22	30	5	50	0,2	50	0,6666
23	15	3	30	0,2	70	0,7145
24	45	15	70	0,2	30	0,6383
25	30	5	50	0,5	50	0,7008
26	30	15	50	0,5	50	0,6534
27	15	5	50	0,5	50	0,7367
28	30	5	70	0,5	50	0,7284
29	30	5	50	0,5	70	0,6982
30	15	3	30	0,2	70	0,7111
31	30	5	70	0,5	50	0,7365
32	30	5	50	0,5	50	0,7100
33	30	5	50	0,5	50	0,7114
34	30	5	50	0,5	30	0,6843
35	30	5	50	0,5	50	0,7118
36	45	3	30	0,8	70	0,6970
37	30	5	50	0,2	50	0,6968
38	30	5	50	0,5	50	0,7146
39	45	3	70	0,2	70	0,6919
40	45	3	70	0,8	30	0,7108
41	30	15	50	0,5	50	0,6508
42	15	5	50	0,5	50	0,7270
43	30	5	50	0,5	50	0,6920
44	15	3	30	0,8	30	0,7157
45	15	3	70	0,8	70	0,7835
46	30	5	50	0,5	50	0,7196
47	15	3	70	0,2	30	0,7297
48	45	5	50	0,5	50	0,7112
49	45	15	70	0,2	30	0,6471
50	45	15	70	0,8	70	0,6686
51	45	3	30	0,2	30	0,6447
52	30	5	50	0,8	50	0,7334

53	45	15	30	0,2	70	0,6008
54	45	15	30	0,8	30	0,5950
55	30	3	50	0,5	50	0,6988
56	30	5	30	0,5	50	0,6837
57	30	5	50	0,2	50	0,7105
58	30	5	50	0,5	50	0,7184
59	30	5	70	0,5	50	0,7099
60	15	5	50	0,5	50	0,7312
61	30	5	50	0,5	50	0,7053
62	30	3	50	0,5	50	0,6907
63	45	15	30	0,2	70	0,6082
64	45	15	70	0,2	30	0,5915
65	15	3	70	0,8	70	0,7486
66	15	3	30	0,2	70	0,7095
67	30	5	50	0,5	30	0,7140
68	45	3	70	0,8	30	0,7328
69	30	5	50	0,5	50	0,7176
70	45	15	30	0,8	30	0,6227
71	30	5	50	0,8	50	0,7380
72	45	5	50	0,5	50	0,7042
73	30	5	50	0,5	50	0,7087
74	30	5	30	0,5	50	0,6718
75	30	5	50	0,5	50	0,7194
76	15	3	70	0,2	30	0,6952
77	45	3	30	0,8	70	0,6868
78	45	15	70	0,8	70	0,6689
79	30	15	50	0,5	50	0,6434
80	30	5	50	0,5	50	0,6812
81	45	3	70	0,2	70	0,6860
82	45	3	30	0,2	30	0,6335
83	15	3	30	0,8	30	0,7218
84	30	5	50	0,5	70	0,7072
85	45	3	70	0,2	70	0,6860
86	30	5	30	0,5	50	0,6842
87	30	5	50	0,5	50	0,7306
88	30	5	50	0,5	50	0,6981
89	30	5	70	0,5	50	0,7278
90	15	3	30	0,8	30	0,7261
91	45	15	70	0,8	70	0,6932
92	45	5	50	0,5	50	0,6625
93	45	15	30	0,2	70	0,5863
94	15	3	70	0,8	70	0,7806
95	45	3	30	0,2	30	0,6244
96	30	5	50	0,5	50	0,7010
97	15	3	30	0,2	70	0,7028
98	30	3	50	0,5	50	0,7093
99	30	5	50	0,5	30	0,7056
100	45	3	70	0,8	30	0,7233
101	30	15	50	0,5	50	0,6449
102	30	5	50	0,5	70	0,7284
103	30	5	50	0,5	50	0,7132
104	30	5	50	0,5	50	0,7316
105	15	3	70	0,2	30	0,7231
106	30	5	50	0,2	50	0,6866
107	45	15	70	0,2	30	0,6253
108	15	5	50	0,5	50	0,7263
109	30	5	50	0,8	50	0,7117
110	45	3	30	0,8	70	0,6831
111	45	15	30	0,8	30	0,6161
112	30	5	50	0,5	50	0,7202

C-6 Statistische Auswertung

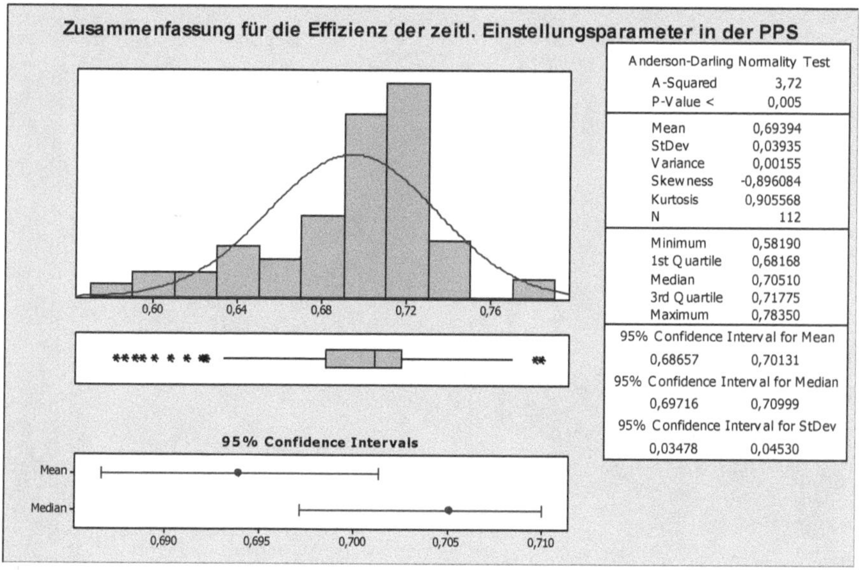

Predictor	Coef	SE Coef	T	P
Constant	0,676143	0,008356	80,92	0,000
Planungsperiode	-0,0015199	0,0001391	-10,93	0,000
Planungsraster	-0,0049548	0,0003421	-14,48	0,000
Anteil kundenanonymer BZ	0,00097893	0,00009211	10,63	0,000
Datengrundlage	0,060417	0,006141	9,84	0,000
IT-Nutzungsgrad	0,00035866	0,00009211	3,89	0,000

S = 0,0137858   R-Sq = 88,3%   R-Sq(adj) = 87,7%

Abbildung C-2: Statistische Zusammenfassung und Ergebnisse der Varianz- und Regressionsanalyse bezüglich der Oberzielgröße des Zielsystems im Rahmen der Screening-Analyse

In der Reihe **Schriftenreihe Rationalisierung** zuletzt erschienen:

Blum, Matthias Florian:
Der Digitale Schatten in der Auftragsabwicklung in der Einzel- und Kleinserienfertigung
ISBN: 978-3-86359-746-7
Erscheinungsdatum: 29.08.2019

Bleider, Martin:
Gestaltungsmodell eines Energieinformationssystems im Internet of Production
ISBN: 978-3-86359-724-5
Erscheinungsdatum: 24.05.2019

Harland, Tobias:
Gestaltung des Digitalen Schattens für Instandhaltungsdienstleistungen im Maschinen- und Anlagenbau
ISBN: 978-3-86359-694-1
Erscheinungsdatum: 07.02.2019

Hoffmann, Jörg:
Informationssystem-Architekturen produzierender Unternehmen bei software-definierten Plattformen
ISBN: 978-3-86359-675-0
Erscheinungsdatum: 07.12.2018

Nienke, Steffen Tim:
Ontologie für Energieinformationssysteme produzierender Unternehmen
ISBN: 978-3-86359-630-9
Erscheinungsdatum: 22.05.2018

Reschke, Jan:
Simulationsgestützte Synchronisation der Zeitplanungsparameter für Variantenfertiger
ISBN: 978-3-86359-748-1
Erscheinungsdatum: 23.08.2019

Lukas, Maximilian:
Quantitative Bewertung von Standardisierung für Ausführungsprozesse im Industrieservice
ISBN: 978-3-86359-714-6
Erscheinungsdatum: 26.04.2019

Schmitz, Sebastian:
Bewertbarkeit des Reifegrads vom Informationsmanagement in produzierenden Unternehmen in Industrie-4.0-Umgebungen
ISBN: 978-3-86359-681-1
Erscheinungsdatum: 21.12.2018

Graus, Marcel:
Datenanalytik für Energieinformationssysteme produzierender Unternehmen
ISBN: 978-3-86359-652-1
Erscheinungsdatum: 21.08.2018

Meissner, Jan Peter:
Adaptives Abweichungsmanagement in der Fertigungssteuerung bei Kleinserien
ISBN: 978-3-86359-594-4
Erscheinungsdatum: 28.02.2018

Edition Wissenschaft
Apprimus

Kurz, Michael:
Koordination zwischen Instandhaltung und Produktion mittels Handelsmechanismus
ISBN: 978-3-86359-593-7
Erscheinungsdatum: 28.02.2018

Zeller, Violett:
Systematische Verbesserung von Prozessen für IT-Dienstleistungen
ISBN: 978-3-86359-597-5
Erscheinungsdatum: 27.02.2018

Cuber, Stefan:
Gestaltung des Datenmanagements zur Regelung der Auftragsabwicklung in wandlungsfähigen Produktionssystemen
ISBN: 978-3-86359-553-1
Erscheinungsdatum: 07.12.2017

Schenk, Michael Johann
Betriebsübergreifendes echtzeitfähiges Störungsmanagement in Beschaffungsnetzwerken
ISBN: 978-3-86359-513-5
Erscheinungsdatum: 25.06.2017

Groten, Marcel
Integrierte Planung von Distributionsnetzwerken auf Basis des Viable-System-Models
ISBN: 978-3-86359-494-7
Erscheinungsdatum: 02.03.2017

Brandenburg, Ulrich:
Quantifizierbare Wirkungen von Energieeffizienz auf die Produktionslogistik
ISBN: 978-3-86359-457-2
Erscheinungsdatum: 14.11.2016

Oflazgil, Kerem:
Simulationsbasierte Bewertung alternativer Reverse Supply Chains
ISBN: 978-3-86359-571-5
Erscheinungsdatum: 27.02.2018

Schwartz, Marcel:
Typologie zum lebenszyklusorientierten Management unternehmensinterner Communitys
ISBN: 978-3-86359-597-5
Erscheinungsdatum: 15.02.2018

Ihne, Manfred Christian:
Morphologie für Completely Knocked Down Baugruppen in Supply Chains des Maschinenbaus
ISBN: 978-3-86359-564-7
Erscheinungsdatum: 07.12.2017

Buschmeyer, Achim
Verhaltenstransformation vom Investitionsgüterhersteller zum Lösungsanbieter
ISBN: 978-3-86359-511-1
Erscheinungsdatum: 04.04.2017

Jussen, Philipp:
Betriebskennlinien für industrielle Dienstleistungen
ISBN: 978-3-86359-463-3
Erscheinungsdatum: 02.12.2016

Honné, Michael:
Erklärungsmodell ausgewählter Lean-Prinzipien für industrielle Dienstleistungen
ISBN: 978-3-86359-441-1
Erscheinungsdatum: 11.07.2016

MIX
Papier | Fördert
gute Waldnutzung
FSC® C083411

Zeitfracht Medien GmbH
Ferdinand-Jühlke-Straße 7
99095 Erfurt, Deutschland
produktsicherheit@kolibri360.de